面向新工科普通高等教育系列教材

机械控制工程基础

张洪鑫　吴开宇　杜海艳　李建英　编著

机 械 工 业 出 版 社

本书以控制工程应用为背景，介绍了机械控制工程理论的概念、原理和方法。具体内容包括：第1~6章为经典控制理论，介绍了自动控制理论的基本概念，控制系统的时域和复域数学模型的建立，线性系统对典型输入的时间响应分析、稳态误差计算、频率特性分析和稳定性分析，以及控制系统的设计与校正。第7章介绍线性离散控制系统数学模型的建立和性能分析方法。本书在理论讲解部分注重启发性和引导性，逻辑清晰，重点突出，细节详尽，配有大量例题和习题，便于读者阅读、理解、练习和掌握。此外，每章配有工程案例分析和MATLAB程序分析，力求帮助读者学会理论联系实际，提高运用控制理论解决机械工程实际问题的能力。

本书可作为普通高等院校机械工程、机械设计制造及其自动化、机械电子工程等专业的教材，适合现代产业学院授课，也可作为相关工程技术人员和自学者的参考书。

本书配有授课电子课件、试卷及解答等配套资源，需要的教师可登录www.cmpedu.com免费注册，审核通过后下载，或联系编辑索取（微信：18515977506，电话：010-88379753）。

图书在版编目（CIP）数据

机械控制工程基础/张洪鑫等编著．—北京：机械工业出版社，2023.11
面向新工科普通高等教育系列教材
ISBN 978-7-111-73822-0

Ⅰ.①机…　Ⅱ.①张…　Ⅲ.①机械工程-控制系统-高等学校-教材
Ⅳ.①TH-39

中国国家版本馆CIP数据核字（2023）第168580号

机械工业出版社（北京市百万庄大街22号　邮政编码100037）
策划编辑：汤　枫　　　　责任编辑：汤　枫　尚　晨
责任校对：牟丽英　陈　越　　责任印制：常天培

固安县铭成印刷有限公司印刷

2023年12月第1版第1次印刷
184mm×260mm · 16.75印张 · 424千字
标准书号：ISBN 978-7-111-73822-0
定价：65.00元

电话服务　　　　　　　　　网络服务
客服电话：010-88361066　　机　工　官　网：www.cmpbook.com
　　　　　010-88379833　　机　工　官　博：weibo.com/cmp1952
　　　　　010-68326294　　金　书　网：www.golden-book.com
封底无防伪标均为盗版　　机工教育服务网：www.cmpedu.com

前　言

当前，在国家实施教育、科技、人才强国战略的大背景下，深化教育领域综合改革，培养造就大批德才兼备的高素质人才，是高等教育工作者义不容辞的责任。党的二十大报告指出："我们要坚持教育优先发展、科技自立自强、人才引领驱动，加快建设教育强国、科技强国、人才强国，坚持为党育人、为国育才，全面提高人才自主培养质量，着力造就拔尖创新人才，聚天下英才而用之。"本书以二十大报告精神为引领，传承钱学森等老一代科学家的爱国主义精神和开拓创新精神，以人造卫星、载人航天、月球探测、空间站建造等航空航天领域取得的辉煌成就为激励，坚持教育创新，聚焦提高工科人才的培养质量，着重培养大学生将控制理论知识应用于解决工程实际问题的能力，使其更好地服务于国家科技创新和制造强国战略。

本书首先介绍了经典控制理论的基本概念、发展历程、控制系统的分类与组成、反馈控制与闭环控制系统的工作原理，以及对控制系统的基本要求，这部分内容是学习控制理论的入门基础。然后，以线性控制系统为对象，介绍了控制系统的时域、复域数学模型的建立，包括：建立和求解线性微分方程；利用拉氏变换数学工具，在时域和复域之间变换数学模型，并建立传递函数；给控制系统建立框图，并利用框图化简获得传递函数。建立数学模型是应用控制理论量化分析与解决工程问题的关键，因此数学建模是分析控制系统的基础。接下来，介绍了分析控制系统数学模型的方法——时域分析和频域分析方法。时域分析主要是从求解系统对典型输入的时间响应入手，通过瞬态响应过程的性能指标的计算，评价系统响应的稳定性和快速性；通过稳态响应过程稳态误差的求解和分析，评价稳态响应的准确性。时域分析能够为系统设计提供满足性能要求的结构参数的合理取值。频域分析是分析系统对正弦输入的时间响应达到稳态后，闭环系统动态响应过程的平稳性和快速性，为满足系统的动态性能要求而设计系统的参数，通常借助奈奎斯特图和伯德图来分析。关于系统稳定性的分析主要介绍了劳斯判据和奈奎斯特判据，分别通过解析法和图示法判断系统稳定与否，通过稳定裕度的计算获得系统的相对稳定性。控制系统的分析与校正是在数学模型建立与系统分析基础上的综合应用。本书最后一章简要介绍了线性离散系统的分析工具——Z 变换、离散系统数学模型的建立以及稳定性和动态特性的分析方法。

各章内容通过"学习要求"和"本章知识总结"串联起来，使得知识点脉络清晰，重点突出，同时每章配有大量例题和习题，帮助读者理解、练习和掌握。此外，在每章引入了工程案例分析和 MATLAB 计算机软件辅助分析，以机、电、液控制系统为工程应用案例，力求提高学生将控制理论和方法运用到解决实际工程问题中的能力。

本书由哈尔滨理工大学教师编写：张洪鑫编写第 1 章和第 5 章；李建英编写第 2 章、第 3 章 3.1~3.5 节；杜海艳编写第 3 章 3.6~3.8 节和习题，以及第 4 章；吴开宇编写第 6 章和第 7 章。全书由张洪鑫统稿。本书配备了多媒体课件，可供授课教师参考使用。

由于编者水平有限，书中难免存在不足之处，敬请读者见谅，并提出宝贵意见。

编　者

目　　录

第1章 绪 论

[学习要求]：

- 了解自动控制理论发展历程；
- 熟悉自动控制系统的分类及组成；
- 掌握反馈的概念及闭环控制系统的工作原理；
- 掌握控制系统的基本组成；
- 了解控制理论在工程领域中的应用。

机械控制工程是研究自动控制理论在机械工程中应用的一门学科。在第一次工业革命时期，自动控制技术就已经应用到机械工程中，实现了机械制造和生产过程的自动化，减少了人们在生产过程中紧张而繁重的劳动，大大提高了劳动生产效率和产品的质量。

在寻求解决自动控制装置性能的问题过程中，产生了自动控制理论。自动控制理论是一门理论性较强的科学，它研究控制系统的分析和设计等一般性理论，是方法论，并不能直接解决工程实际中的具体技术问题，但是它对工程实践具有重要的指导作用。因此，自动控制理论不仅仅是学术研究者关心的课题，也是工程技术人员的必修课。钱学森在《工程控制论》再版前言中谈到“无论学习工程控制论的读者或者严谨工作者，都至少应该熟悉一个具体领域中的工程实际问题，这样才能对这一学科中的基本命题、方法和结论有深刻的理解”。在工业生产和交通运输等各个领域中，机械系统的应用是最为广泛的，因此建立以机械工程为应用背景的“机械控制工程”这门学科具有重要的意义。

1.1 自动控制技术与理论概述

自动控制技术自从第一次工业革命时期就在欧洲出现并迅速发展起来，推动了工业技术的迅猛发展，自动控制技术的应用不仅使生产过程实现了自动化，极大地提高了劳动生产率，减轻了人们的劳动强度，而且也使得生产过程具有高度的准确性，大大提高了产品的质量和数量。随着电子技术和计算机技术的发展，自动控制技术的应用无处不在，从机械制造行业机械位移、转速的控制，到工业过程中温度、压力、流量等的控制，自动控制技术和理论已经渗透到机械、电气、化工、医疗、核电、航空航天、环境保护、生物工程等各行各业。

所谓自动控制技术，是指在没有人直接参与的情况下，利用外部的设备或装置，使机器、设备或生产过程的某个工作状态或参数自动地按照预定的规律运行。例如，数控机床按照预先编写好的程序自动地加工工件，工业锅炉内的温度或压力自动地维持恒定，导弹发射系统准确瞄准并精准地打击目标，无人驾驶飞机按照预先设定好的航行轨迹自动地升降和飞行等。各种控制系统尽管结构和功能各不相同，但是它们具有共同的规律，都是由控制器和被控对象构成，控制器控制着被控对象的某一种工作状态或某个物理量，被控物理量跟随另一个物理量的变化而变化，或者以另一个物理量为期望目标保持恒定。当然控制系统并不仅限于物理系统，也包含了生物学、经济学、管理学等领域的系统。

随着自动控制技术的发展，在不断地解决生产实践问题的过程中，诞生了自动控制理论。自动控制理论帮助人们获得自动控制技术及系统的最佳性能，促使工业自动化程度进一步提高。自动控制理论根据自动控制技术发展的不同阶段，分为经典控制理论和现代控制理论，21 世纪，又出现了大系统理论和智能控制理论。由于控制系统的设计问题和控制过程往往涉及系统动态过程的分析与综合，因此自动控制理论是研究工程领域中的广义系统动力学问题，具体而言，如图 1-1 所示，控制理论主要研究系统及其输入量、输出量三者之间的动态关系，围绕三者之间的动态关系，研究的主要问题如下：

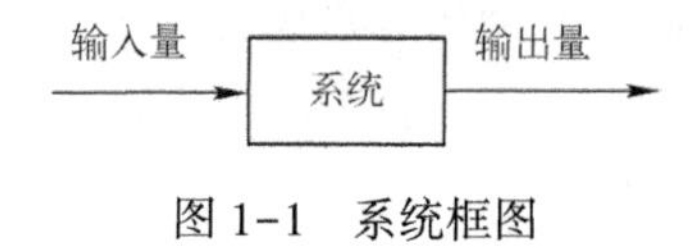

图 1-1　系统框图

1）当系统已经确定，并且已知输入时，求系统的输出，并通过系统的输出研究系统本身存在的问题，这是系统分析过程。

2）当系统已经确定，并且已知输出时，求系统的输入，以满足输出达到最佳控制需求，或输出达到期望值这个要求，这是系统的最优控制。

3）当已知系统的输入和输出时，确定系统的结构或参数，这是系统辨识。

4）当已知系统的输入和输出时，确定系统，以满足输出达到最佳控制要求，这是最优设计。

5）当系统已经确定，并且已知输出时，识别系统输入的相关信息，这是系统的滤波或预测。

可将问题 1）归类为已知系统和输入，求输出；问题 2）与问题 5）归类为已知系统和输出，求输入；问题 3）与问题 4）归类为已知输入和输出，求系统。本书主要以经典控制理论来研究问题 1），以适当篇幅介绍其他问题的研究。

1.2　自动控制理论发展历程

1.2.1　经典控制理论的形成

1. 经典控制理论体系的形成

追述自动控制技术最早出现的年代，可以跨越到过去古老的文明，世界文明古国对此都做出了许多贡献。我国东汉的张衡所研制的候风地动仪、三国时期的诸葛亮发明的木牛流马、北宋的燕肃所造的指南车、北宋的苏颂与韩公廉制作的水运仪象台、欧洲的钟表报时装置等，都蕴含着自动控制的原理。而自动控制技术在工业中得到应用则是第一次工业革命的产物。1765 年，俄国的波尔祖诺夫发明了蒸汽机锅炉的水位自动调节器。1788 年，英国发明家詹姆斯·瓦特（J. Watt）改良了蒸汽机，研制出离心调速器并用于蒸汽机转速的自动控制，在锅炉压力和负荷变化的条件下，将蒸汽机转速的变化维持在一定的范围内。以蒸汽动力驱动机械设备带动工业走向自动化的初级阶段，然而调速系统运行时出现的振荡问题唤起许多学者开启了对自动控制理论的探索和研究。

1868年，英国物理学家詹姆斯·麦克斯韦（J. C. Maxwell）发表了论文“论调节器”，他是第一个对反馈控制系统的稳定性进行系统分析并发表论文的人，也开辟了用数学方法研究控制系统的途径。在论文中，他建立了蒸汽机调速系统的微分方程，通过求解和分析微分方程，解释了瓦特蒸汽机速度控制系统中出现的剧烈振荡的不稳定问题，并得出了系统的稳定性条件：系统的稳定性取决于特征方程的根是否具有负的实部。但是该结论仅限于四阶以下的线性系统，由于五阶以上的多项式没有直接的求根公式，这给判断高阶系统的稳定性带来了困难。后来的两位数学家，英国数学家艾德沃·劳斯（E. J. Routh）和德国数学家赫尔维茨（A. Hurwitz）分别于1877年和1895年提出了可用于高阶线性系统的稳定性判据——劳斯判据和赫尔维茨判据。他们把麦克斯韦的思想扩展到更复杂的高阶微分方程的描述中，无须求解方程的根，直接根据代数方程的系数判别系统的稳定性。1892年，俄国数学家李雅普诺夫发表了论文“运动稳定性的一般问题”，他用数学分析方法全面论述了系统稳定性的问题，提出了李雅普诺夫分析法，该方法不仅可用于线性定常系统的分析，也可用于非线性时变系统的分析与设计，为控制理论打下了坚实的基础。这一时期，学者研究的主要问题是系统的稳定性，他们采用的数学工具是微分方程，分析方法是解析法，这些方法通常被称为控制理论的时域分析方法。

20世纪初，随着电子技术和通信技术的发展，一些控制系统不仅对稳定性和稳态精度有要求，而且对过渡过程的快速性和平稳性也有所要求。第二次世界大战爆发以后，对高性能伺服系统的需求更加迫切，例如，火炮定位系统和雷达跟踪系统等。使用代数判据分析控制系统的稳定性已经无法满足需求。1927年，美国29岁工程师布莱克（H. Black）发明了在当今控制理论中占据核心地位的负反馈放大器，但是反馈放大器的振荡问题给其实用化带来了难以克服的障碍。1932年，哈里·奈奎斯特（H. Nyquist）提出了稳定性的频域判据——奈奎斯特判据，该判据不仅可以判断系统的稳定性，解决负反馈放大器的稳定性问题，而且可以用来分析系统的稳定裕量，奠定了频域分析方法的基础。1940年，亨德里克·伯德（H. Bode）引入了对数坐标系，使得频率特性曲线的绘制更加适用于工程设计。1942年，海瑞斯（H. Harris）引入了传递函数的概念，用框图、环节、输入和输出等信息传输的概念来描述系统的性能和关系。这样就把原来由研究反馈放大器稳定性而建立起来的频率法更加抽象化了，因而也更具有普遍意义，可以把对具体物理系统，如力学、电学系统的描述，统一用传递函数、频率响应等抽象的概念来研究。1948年，美国电信工程师伊万思（W. Evans）用系统参数变化时的特征方程的根的变化轨迹，来研究动态系统的稳定性问题，建立了根轨迹法的完整理论。从此，基于复域或频域分析系统的方法趋于成熟。

2. 经典控制理论诞生的标志

在控制理论发展的历史上，有两部著作对经典控制理论的贡献非常大。1948年，美国数学家，被世人称为“控制论之父”的诺伯特·维纳（N. Wiener）出版了专著《控制论：或关于在动物和机器中控制或通信的科学》，标志着控制理论作为一门新兴学科的诞生。该书以数学为纽带，把研究自动调节、通信工程、计算机和计算技术以及生物科学中的神经生理学和病理学等学科共同关心的共性问题联系起来，揭示了机器中的通信和控制机能与人的神经、感觉机能的共同规律。维纳在书中将控制论定义为：“设有两个状态变量，其中一个是能由我们进行调节的，而另一个则不能控制，这时我们面临的问题是如何根据那个不可控制变量从过去到现在的信息来适当地确定可以调节的变量的最优值，以实现对于我们最为合适、最有利的状态。”他将控制论看作是一门研究机器、生命社会中控制和通信的一般规律的科学，人类、生物和具有智能的机器等都是通过“由负反馈和循环因果律逻辑来控制的行为”来实现自身目的的。

1954年，钱学森在美国出版了专著《工程控制论》。该书跨越了自然科学领域，进入系统科学的范畴。自然科学是从物质在时空中运动的角度来研究客观世界的，而工程控制论研究的并不是物质运动本身，而是研究代表物质运动的事物之间的关系，研究这些关系的系统性质。因此，系统和系统控制是工程控制论所要研究的基本问题。钱学森在该书中把工程实践中所经常运用的设计原则和实验方法加以整理和总结，取其共性，提炼成科学理论，使科学技术人员能获得更广阔的眼界，用更系统的方法去观察技术问题，指导千差万别的工程实践。《工程控制论》系统地阐述了控制论与工程相结合的理论与实践，揭示了控制论对自动化、航空航天、电子通信等工程技术领域的意义和深远影响，标志着控制论学科的第一个分支“工程控制论”的诞生。

自1956年以来，在钱学森等老一代科学家的努力下，我国开始发展航空航天事业。几十年来经过几代航天人承前启后，不断创新，我国创造了人造卫星、载人航天、月球探测、空间站建造等里程碑式的辉煌成就。继往开来，进入21世纪，我国继续秉持科技是第一生产力、人才是第一资源、创新是第一动力的策略，深入实施科教兴国战略、人才强国战略、创新驱动发展战略，开辟发展新领域新赛道，不断塑造发展新动能新优势。党的二十大报告为我们描绘出新的蓝图：“建设现代化产业体系。坚持把发展经济的着力点放在实体经济上，推进新型工业化，加快建设制造强国、质量强国、航天强国、交通强国、网络强国、数字中国。”未来，教育、科技、人才始终是全面建设社会主义现代化国家的基础性、战略性支撑。

1.2.2 控制理论的三个发展阶段

控制理论的发展可以分为三个阶段，经典控制理论、现代控制理论、大系统理论与智能控制理论。

20世纪40年代至50年代为第一阶段，经典控制理论；

20世纪50年代末期至70年代初期为第二阶段，现代控制理论；

20世纪70年代初期至今为第三阶段，大系统理论与智能控制理论。

经典控制理论主要研究单输入和单输出线性系统的一般规律，如图1-2所示。它建立了系统、信息、调节、控制、反馈、稳定性等控制论的基本概念和分析方法，研究的重点是反馈控制，核心装置是自动调节器，主要应用于单机自动化或局部自动化。经典控制理论的分析方法侧重于复域和频域方法，以传递函数作为系统数学模型，常借助频率特性的图示进行系统的分析和设计，比求解时域微分方程更简便。如果系统的数学模型未知，可以通过实验方法建立数学模型，物理概念更清晰，工程应用更广泛。但是经典控制理论只适用于单变量线性定常系统，忽略了对系统内部状态的关注。

图1-2　经典控制理论研究模型

随着控制理论在航空航天技术的快速应用，许多更复杂、更精密的自动控制系统相继出现，如雷达、导弹、人造卫星、载人飞船等。系统中的控制变量数也随之增多，对控制性能的要求也逐步提高，同时要求系统的综合性能是最优的，如耗时最短、误差最小、能耗最省、体积最小、成本最低、效益最大等，而且要求系统对环境的变化有较强的适应能力。那么，经典控制理论已经难以满足技术发展的需求，从而出现了现代控制理论。

现代控制理论是一种以状态空间分析为基础的控制方法，本质上是一种时域分析法。它克服了经典控制理论的局限性，以状态空间描述（实质上是一阶微分或差分方程组）作为数学模型，利用计算机作为系统建模分析、设计乃至控制的手段，将研究对象扩展到多输入和多输出的非线性时变系统，如图1-3所示。现代控制理论深入研究系统内部的结构关系，建立了可控性和可观测性这两个表征系统结构特性的重要概念，以及最优控制、随机控制和自适应控制等重要理论。这一时期的主要代表人物有贝尔曼、卡尔曼、庞特里亚金、罗森布洛克等。1957年，美国数学家贝尔曼提出了最优控制的动态规划法；3年后，美国数学家卡尔曼又提出了著名的卡尔曼滤波器，以及系统的能控性和能观性；1956年，苏联科学家庞特里亚金提出了极大值原理。1960年初，以最优控制和卡尔曼滤波为核心的现代控制理论应运而生。

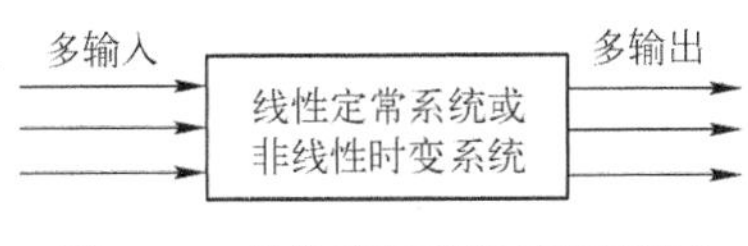

图1-3　现代控制理论研究模型

伴随着社会需求的日益增加与科学技术的进步，生产系统的规模越来越庞大，结构越来越复杂，经典控制理论和现代控制理论已经难以满足技术的需求。在这样的背景下，控制理论的发展进入了第三个阶段：大系统理论与智能控制理论阶段。其中，大系统理论是控制理论在广度上的开拓，是用控制和信息的观点，研究规模庞大、结构复杂、目标多样、功能综合的工程和非工程大系统的自动化和有效控制的理论。大系统控制理论的主要研究对象是众多因素复杂的控制系统（如宏观经济系统、资源分配系统、生态和环境系统、能源系统等），研究的重点是大系统的多级递阶控制、分解-协调原理、分散最优控制和大系统模型降阶理论等。

智能控制理论是控制理论在深度上的延伸，依托于计算机科学、人工智能、运筹学等学科，该理论主要用来解决传统方法难以解决的复杂系统的控制问题，是控制理论发展的高级阶段。智能控制的指导思想是依据人的思维方式和处理问题的技巧，解决那些目前需要人的智能才能解决的复杂的控制问题。智能控制的注意力并不放在对数学公式的表达、计算和处理上，而放在对任务和模型的描述、符号和环境的识别以及知识库和推理机的设计开发上。智能控制让计算机系统模仿专家或熟练操作人员的经验，建立起以知识为基础的广义模型，采用符号信息处理、启发式程序设计、知识表示和自学习、推理与决策等智能化技术，对外界环境和系统过程进行理解、判断、预测和规划，使被控对象按一定要求达到预期的目的。智能控制理论涉及模糊控制、神经网络控制、专家控制等。

1.3　控制系统的分类

控制系统按照不同的分类标准有不同的分类。常见的分类如下。

1. 按照信号传递的形式分类

(1) 连续控制系统

控制系统中，如果各个环节的输入信号和输出信号都是关于时间的连续函数，该系统称为连续控制系统。连续控制系统的运动状态或特性需要用连续微分方程来描述和分析，以拉普拉斯变换为主要数学工具，以传递函数为数学模型。实际的物理系统多数都属于连续控制系统，在系统各元件之间传递的信号通常是模拟量。本书以连续线性定常控制系统为主要研究对象。

(2) 离散控制系统

控制系统中，如果有一个或多个环节传递的信号是离散的脉冲信号或数字信号，该系统称为离散控制系统。区别于连续信号，离散信号只在若干个离散时刻才有值，而在两个相邻离散时刻之间是没有信号的，因此脉冲信号与数字信号都属于离散信号。离散控制系统的动态特性一般采用差分方程来描述和分析，以 Z 变换为主要数学工具。

2. 按照系统是否满足叠加定理分类

(1) 线性控制系统

如果系统各个元件的输入与输出之间表现为线性特性，则此类系统称为线性控制系统。线性控制系统的动态特性可用线性微分方程或线性差分方程来描述，如果方程中的各项系数是不随时间变化的常数时，所描述的系统为线性定常系统；反之，如果方程中的系数是随时间或环境变化的函数时，所描述的系统为线性时变系统。

(2) 非线性控制系统

如果系统中包含一个或一个以上具有非线性特性的元件或环节，则此类系统称为非线性控制系统。非线性控制系统不具备叠加性和齐次性，其动态特性需要用非线性微分方程来描述。工程实际中，任何系统都存在一定的非线性特性，理想的线性系统是不存在的。在对系统建立数学模型时，为了简化分析，在误差允许范围内，可以将非线性系统近似线性化，用经典控制理论进行分析。

3. 按照给定信号的特征分类

(1) 恒值控制系统

恒值控制系统是指给定输入量为一恒定的常值，无论在何种扰动作用下，要求系统的输出都要保持在恒定的期望输出值上。该系统也称为自动调节系统。工程中恒温、恒速、恒压等参数控制系统，均为恒值控制系统，该系统广泛应用于温度、压力、流量、液位、直流电动机调速等参数的控制。

(2) 随动控制系统

随动控制系统是指给定输入量是未知的，即给定输入随时间变化的函数关系是未知的，要求被控输出量以一定的精度和速度跟踪输入量，跟随输入量的变化而变化。该系统也叫自动跟踪系统。如果被控输出量是机械量，如位移或速度，那么该随动系统也叫伺服控制系统。实际工程中电信号记录仪、卫星控制系统、火炮控制系统、雷达天线控制系统等都属于随动控制系统。

(3) 程序控制系统

程序控制系统是指给定输入量是按照预定的时间函数的规律变化的，系统的控制过程按照预定的程序进行，要求被控输出量按照预定的规律变化或者准确复现给定输入量。由于被控量的变化规律是已知的，因此，可以事先选择好程序控制方案，保证控制过程的性能和精度。实际工程中机床数控加工控制系统、加热炉温度控制系统、炼钢炉微机控制系统等都属于程序控制系统，前面所述恒值控制系统也是程序控制系统的一种特例。

4. 按照有无反馈分类

（1）开环控制系统

开环控制系统是指系统中只有从输入端到输出端的单向控制，即信号在系统中是从输入端到输出端单向传递的。开环控制系统的特点是结构简单，成本低廉，适用于对系统精度要求不高、扰动影响小或扰动作用可预先补偿的场合。由于开环系统不含有反馈控制环节，输出量不会对系统的控制作用反向施加影响，所以控制精度完全取决于控制器的精度以及性能调整的准确度。该系统的缺点是抗扰动能力差。

图1-4a为直流电动机转速开环控制系统原理示意图。电压放大器和功率放大器为控制器，电动机为被控对象，电压 U_i 为输入量，电动机转速 n 为被控输出量，负载转矩 T 为干扰。为了直接揭示系统各个环节的相互作用和变量的传递方向，可用图1-4b所示的框图表示该系统。其工作原理如下：在输入端通过调节电位器电阻 R，设定一个给定电压 U_i，经过电压放大器和功率放大器放大之后，被放大的电压 U_a 控制电动机的转速 n 使其带动负载运行。如果负载的转矩不变，就不会影响电动机的转速发生变化，保证电动机恒速运转的控制精度。然而如果给定电压不变，负载的转矩发生变化，就会使电动机的实际转速随之变化，从而与恒定转速之间产生一定的偏差。由于是开环控制，系统无法通过自动补偿来修正这个误差。

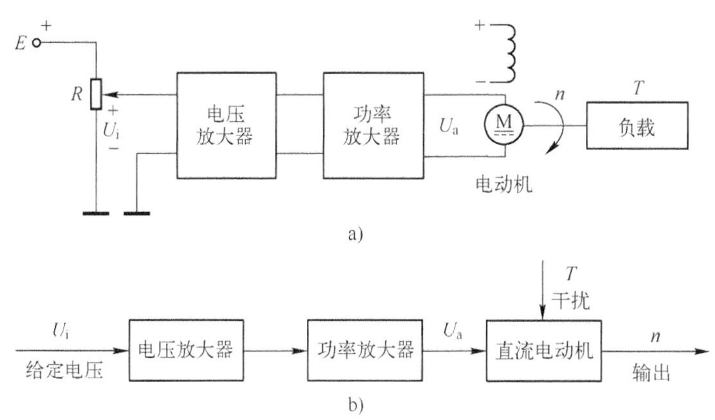

图1-4　直流电动机转速开环控制系统

a）直流电动机转速开环控制系统原理图　b）系统框图

（2）闭环控制系统

闭环控制系统是指系统中不仅有从输入端到输出端的顺序控制，还有从输出端返回到输入端的反向控制，顺序控制与反向控制形成闭环。闭环控制系统的特点是加入了反馈控制环节，当外部或内部干扰的作用导致输出实际值与期望值之间产生偏差时，通过反馈控制能够自动纠正偏差，保持较高的控制精度。该系统的缺点是由于引入了反馈环节，当参数不匹配时，可能导致系统产生振荡，带来不稳定的问题。

图1-5a为直流电动机转速闭环控制系统原理示意图。在原来的开环控制系统中，引入了一个测速发电机作为反馈控制环节。该系统的框图如图1-5b所示。其工作原理是：测速发电机测量电动机的实际转速 n，并将其转化为电压信号 U_o 返送回输入端，与给定电压 U_i 进行比较，得到偏差电压 $U_r=U_i-U_o$，U_r 经过电压放大器和功率放大器放大后变成 U_a，U_a

作为电枢电压控制电动机的转速逼近恒定转速。由于引入了测速发电机这个反馈环节，通过反馈控制作用，系统能够自动纠正由于负载的转矩变化导致输出产生的偏差，保证电动机的恒速控制精度。

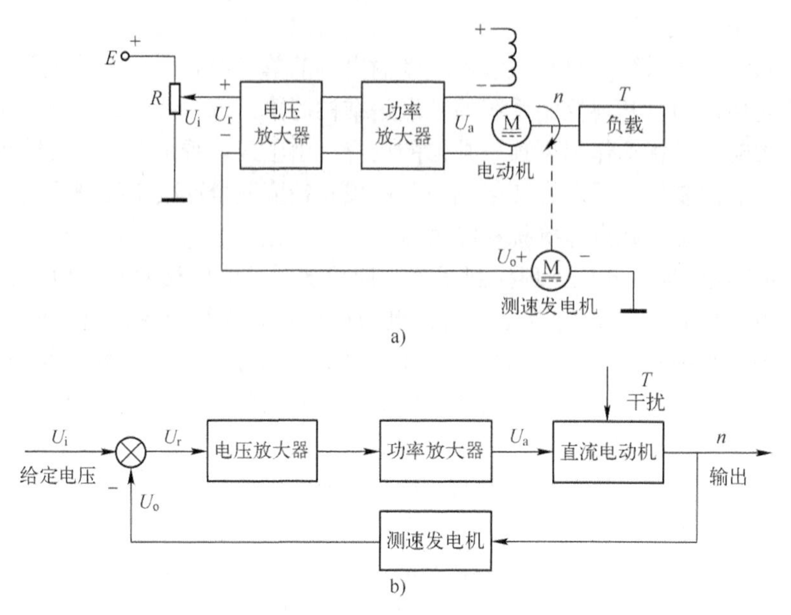

图 1-5　直流电动机转速闭环控制系统

a）直流电动机转速闭环控制系统原理图　b）系统框图

闭环控制系统是基于闭环反馈控制原理工作的，当扰动作用导致实际输出量偏离期望值时，系统就能够通过反馈控制自动纠正偏差。所以闭环控制系统具有自动纠正偏差的功能，对扰动有明显的抑制作用。

1.4　闭环控制系统

实际控制系统受到外部的干扰是不可避免的，那么控制精度和系统的性能势必会受到影响，因此对于系统的控制精度要求较高时，通常需要引入反馈控制，构成闭环控制系统。控制理论所研究的多数系统均为基于反馈控制的闭环控制系统。

1.4.1　反馈控制

闭环控制系统是基于反馈控制原理工作的，反馈是控制理论的重要概念。所谓反馈是指将系统的输出全部或部分地返送回系统的输入端，并与输入信号共同作用于系统的过程。反馈分为负反馈和正反馈，如果反馈回来的信号与输入信号的作用方向相反，二者呈现相减的关系，该反馈称为负反馈；如果反馈回来的信号与输入信号的作用方向相同，二者呈相加的关系，该反馈称为正反馈。闭环控制系统的主反馈大多为负反馈控制，负反馈与给定输入量通过比较元件比较形成偏差，偏差通过执行元件产生控制作用，消除输出量相对于期望值之间的误差。负反馈通常是人为施加的外部反馈，正反馈往往出现在系统的内部，正反馈会起到对输入信号叠加放大的作用，不能起到减小输出端误差的作用。

反馈控制是采用负反馈，利用偏差进行控制的过程。由于反馈环节引入了输出量的反馈信息，整个控制过程形成闭环，因此反馈控制也可以称为闭环控制。人为加入系统的反馈称为外反馈，反馈控制系统是通过外反馈作用于系统的。在许多系统中，往往存在因相互耦合作用而形成的内在反馈，称为内反馈，也会形成一个闭环，例如，机械系统中作用力与反作用力的相互耦合会形成内反馈；在机床切削过程中，刀架的自激振动，也是因为内反馈造成机械能在系统内部循环，从而产生振动并持续进行下去。因此，许多系统从表面看是开环系统，因为并未施加外部的反馈控制，但是从动力学观点而不是静力学观点，从系统而不是孤立的观点进行分析，系统不是绝对的开环系统，而是相对的闭环系统。

反馈控制有两个关键因素：一是要有反馈装置，二是控制器按照偏差进行控制。实际工程中自动控制系统组成的物理结构各不相同，但是反馈控制原理却是相同的。反馈控制是实现自动控制最基本的方法，它不仅可以实现系统对物理量的恒值控制，也可以实现被控输出量跟随目标值的随动控制，因此反馈控制应用非常广泛。

1.4.2　闭环控制系统的工作原理

图 1-6a 为水箱液位自动控制系统原理示意图。下面以液位自动控制过程为例说明闭环控制系统的工作原理。图中水箱为被控对象，浮子、连杆和电位器组成反馈装置，放大器、电动机、减速器和控制阀门组成控制器。水箱液位自动控制过程如下：当水箱液面高度 h 等于恒定值时，电位器电刷位于中间位置，电位器电压 u_2 与给定电压 u_1 相等，放大器差动输入电压为零，电动机 M 不工作，阀门不动，水箱进水量 q_1 与出水量 q_2 相等。当出水量 q_2 大于进水量 q_1 时，液面高度 h 下降，随之下降的浮子通过连杆使电位器电刷上移，电位器电压 u_2 减小，放大器输入端产生偏差电压 $\Delta u=u_1-u_2$，Δu 经放大器放大后，驱动电动机带动减速器加大阀门的开口，使水箱进水量 q_1 增大，水箱液面高度 h 开始回升，直到达到液面高度期望值，电动机停止工作，系统恢复到平衡状态。反之，如果出水量 q_2 小于进水量 q_1 时，水箱液面高度 h 上升，则浮子位置升高，电位器电压 u_2 增大，放大器输入端的偏差

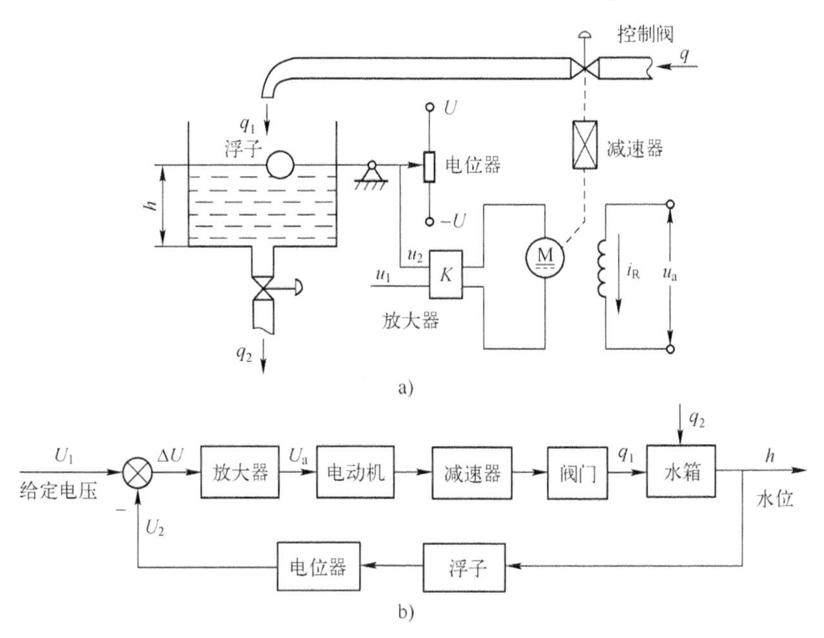

图 1-6　水箱液位自动控制系统

a）水箱液位自动控制系统原理图　b）系统框图

电压 Δu 符号为负，驱动电动机反向旋转，通过减速器减小阀门的开口，使水箱进水量 q_1 减小，导致水箱液面高度 h 下降，回落到期望值，系统恢复到平衡状态。

通过上面实例的分析，水箱液位自动控制系统是基于反馈控制原理工作的，其核心是检测实际输出量，比较实际输出量与给定输入量得到偏差，偏差通过控制器产生控制作用消除输出端误差。闭环控制系统的工作原理可以总结如下：

1）检测实际输出量。

2）比较实际输出量与给定输入量得到偏差。

3）用偏差产生控制作用消除输出端的误差。

分析控制系统的原理，也可以将原理示意图转换为系统框图表示，如图 1-6b 所示。框图直接揭示各个环节之间的相互作用关系，以及信号的传递过程。放大器、电动机、减速器和控制阀门组成控制器，水箱为被控对象，浮子和电位器组成反馈环节，符号⊗表示比较环节，即放大器的差动输入端。系统的输入量为给定电压 u_1，输出量为水箱液面高度 h，反馈量为电位器电压 u_2，作用在水箱上的扰动量为出水量 q_2。通过框图可更清楚地了解闭环控制系统的工作原理。

1.5 控制系统的基本组成

控制系统根据其执行任务不同，应用场合不同，组成的物理结构也不同。但是从组成结构所执行的功能来看，还是有一定的共性的：控制系统都是由具有一定功能的基本元件组成。概括地讲，一个典型的反馈控制系统一般都由控制器、被控对象和反馈环节等组成，每个环节又可以由多个元件组成。

1.5.1 控制系统的组成元件

图 1-7 为一个反馈控制系统的框图，该系统的组成元件包括给定元件、反馈元件、比较元件、放大元件、执行元件、串联校正元件和被控对象等。

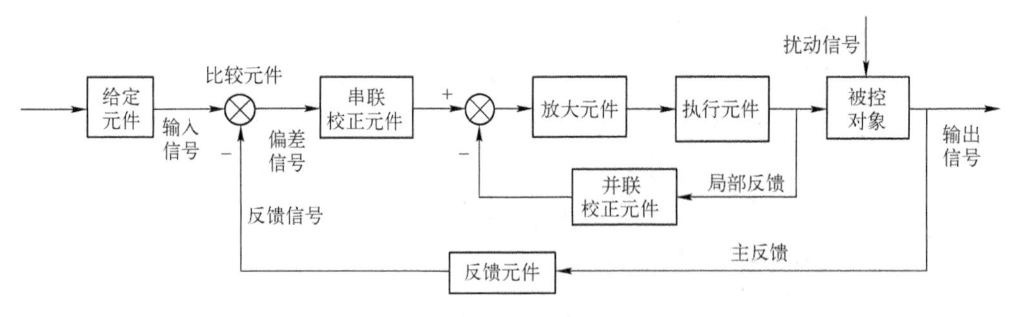

图 1-7　反馈控制系统框图

给定元件：用于产生给定的输入信号，用作被控输出信号的目标值或参考值。如电位器就是一个给定元件，可以产生输入电压。

反馈元件：用于测量输出的实际值，并将其返送回系统的输入端，形成反馈信号。反馈元件通常由测量装置及参数转换装置构成，测量的物理量如果是非电量，由转换装置将其转换为电量，方便与给定输入信号进行比较。如测速发电机、浮子等。

比较元件：用于比较给定输入信号与反馈信号，并在二者之间产生偏差。常见的比较元件如差动放大器、电桥电路、机械差动装置等。比较元件在框图中用⊗符号表示。

放大元件：对比较元件给出的偏差进行放大，使得控制信号以足够大的幅值和功率驱动执行元件控制被控对象。如果偏差为电信号，放大元件通常是由晶体管、集成电路、晶闸管等组成的电压放大器和功率放大器。

执行元件：用于控制被控对象，使其被控输出量按照预期的规律变化。常见的执行元件有液压马达、直流电动机、伺服电动机和机械传动装置等。

串联校正元件：用于改善系统的性能而加入的元件，常以串联或并联的方式接入系统，串联到系统前向通道的元件称为串联校正元件，以局部反馈的方式并联到系统中的元件称为并联校正元件。

比较元件、放大元件、串联校正元件和反馈元件合并在一起统称为控制器，用于控制被控对象。

被控对象：是指控制器所要操纵的对象，比如电动机控制系统中的直流电动机、液位控制系统中的水箱。被控对象的某一参数作为被控输出量按照一定的规律变化，最终达到预定的期望值。

1.5.2　控制系统的信号

将组成系统的基本元件连接好之后，形成了一个闭环反馈控制系统。如果系统要产生控制作用，还需要有控制信号贯穿系统的每一个元件。将主要的控制信号表示如下。

输入信号（给定输入或输入量）：由给定元件产生的给定输入量，是根据系统的期望输出预先设定的输入量，也作为比较元件的参考输入。输入信号被看作是有用的输入信号，因为它决定系统被控输出量的变化规律。输入信号也称为系统的激励。

输出信号（输出量或被控量）：表征被控对象运动规律或状态的物理量。反馈控制系统的任务是使输出信号按照预定规律变化，并最终达到期望值。输出信号的变化规律应与输入信号之间保持确定的关系。输出信号也称为系统的响应。

反馈信号：反馈元件测量输出的实际值，并将其返送回系统的输入端，形成反馈信号。反馈信号通常与输入信号具有同一物理量纲，方便与比较环节进行比较。反馈信号有正负之分，当反馈信号与输入信号符号相同时，有利于加强输入信号的作用，这样的反馈称为正反馈；当反馈信号与输入信号符号相反时，会抵消输入信号的作用，这样的反馈称为负反馈。来自于系统输出端的反馈称为主反馈，主反馈通常为负反馈，否则会使系统的偏差越来越大，导致系统失去控制。有的系统还存在局部反馈，主要用于对系统进行校正、补偿或线性化，改善系统的性能。

偏差：是由比较元件输出的信号，偏差等于给定输入信号与反馈信号之差。偏差只存在于闭环控制系统中，是直接作用于控制器的信号，也可以理解为控制器的输入信号。

误差：系统输出信号的实际值与期望值之差。在很多情况下，输出的期望值就是系统的输入信号。误差与偏差容易混淆，二者是不同的概念，只有当系统的主反馈为单位反馈时，反馈信号等于输出信号，误差才等同于偏差。

扰动信号（干扰）：通常来自于系统的外部或内部，干扰或阻碍被控输出量按照预定规律变化的信号，称为扰动信号。扰动信号是偶然发生的，无法预先控制的信号。可以把扰动信号看作是一种输入信号，但是它是有害输入信号。扰动信号包含外部扰动和内部扰动，由系统外部因素造成的扰动，例如电源电压的波动、电动机所带负载的变化等，均可以看作是外部扰动；由系统内部因素造成的扰动，例如系统元器件的老化、磨损以及性能的变化等，均可以看作是内部扰动。为了分析方便通常将外部扰动和内部扰动统一视作系统的扰动信号。

图 1-7 中，输入信号从输入端沿着信号线箭头方向到达输出端的传递通道称为前向通道；与前向通道传递方向相反的传递通道称为反馈通道；从输出端将信号返送回输入端的通道称为主反馈通道；在环节之间反向传递信号的通道称为局部反馈通道。前向通道与主反馈通道构成闭环主回路，系统可以存在多个回路。如果系统的主反馈信号直接取自于输出信号，不经过任何变换、放大或衰减，这样的系统称为单位反馈系统；反之，如果系统的反馈信号是将输出信号经过反馈变换后得到的，这样的反馈是非单位反馈，系统称为一般反馈系统。

1.6 控制系统的基本要求

工程中对控制系统的性能要有具体的要求，针对控制任务、控制方式、系统的类型、物理属性以及控制对象不同，对控制系统的性能要求也要有所不同。自动控制理论从不同的控制系统总结出共同的规律并进行归纳，将对控制系统的基本要求概括为稳定性、快速性和准确性。

系统的控制过程通常是以被控输出量随时间的变化过程来表征的，这一过程可以用时间响应曲线来表示，如图 1-8 所示，虚线为输出量的期望值，实线为输出实际值。从系统的控制任务出发，我们希望响应曲线越平稳越好，响应的动态过程越短越好，当达到稳态时，响应曲线越逼近期望值越好。那么，对控制系统的基本要求可以借助时间响应曲线的响应过程来表达。

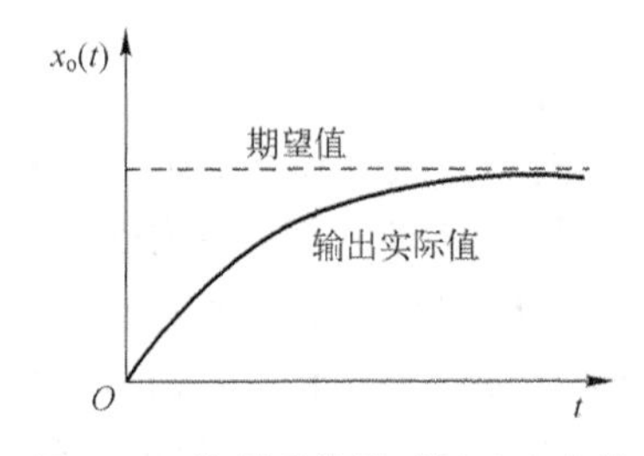

图 1-8　控制系统的时间响应曲线

1. 稳定性

稳定性是控制系统能够正常工作的前提和基本条件。了解什么是控制系统的稳定性以及如何判断系统是否稳定非常重要。稳定性是指系统在受到干扰时输出量的振荡倾向以及在干扰消除后系统能否恢复到平衡状态的能力。如果系统能够恢复到平衡状态，则系统是稳定的；如果系统不能恢复到平衡状态，则系统是不稳定的。不稳定的控制系统是无法在工程实际中应用的。

由于控制系统内部含有两个或两个以上不同的储能元件，在系统工作过程中，储能元件相互交换能量，导致系统的输出量在响应过程中出现振荡，当系统内部参数出现匹配或不匹配的情况时，响应曲线的振荡倾向也会不同，如图 1-9a 所示，响应曲线的振荡倾向是衰减的或者是收敛的，输出量会逐渐逼近期望值，所以系统是稳定的；图 1-9b 所示响应曲线的振荡倾向是发散的，输出量与期望值之间的偏差越来越大，所以系统是不稳定的；图 1-9c 所示响应曲线出现等幅振荡的现象，这表明系统介于稳定与不稳定之间的临界稳定状态，但是经过较长的时间系统也无法恢复到平衡状态，所以临界稳定也是不稳定的。

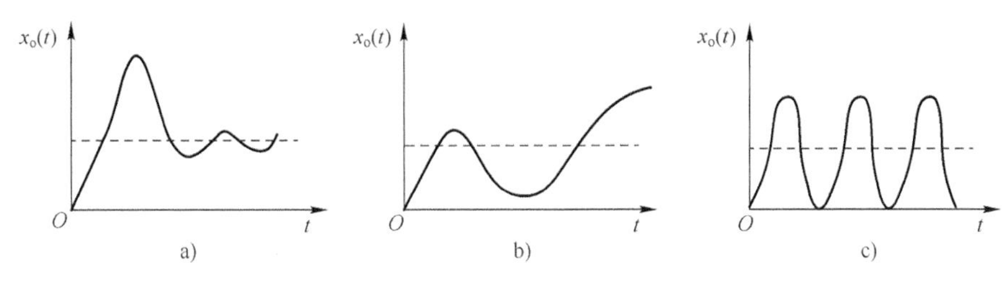

图 1-9 系统响应的三种状态

a）稳定 b）不稳定 c）临界稳定

2. 快速性

快速性是衡量控制系统动态响应特性的重要指标。快速性是指当系统的输出量与期望值之间产生偏差时，系统消除这种偏差的快慢程度。快速性反映了系统快速复现输入信号的能力。如果系统时间响应的动态过程长，表明系统响应慢；如果系统时间响应的动态过程短，表明系统响应快。

快速性一般可以通过时间响应曲线或频率特性曲线来表达。在时域内，当时间响应进入稳态响应时，由所需要的调节时间 t_s 表示快速性，如图 1-10a 所示；在频域内，用频率特性曲线在频率响应范围内的带宽的大小 $0\sim\omega_b$ 表示快速性，如图 1-10b 所示。

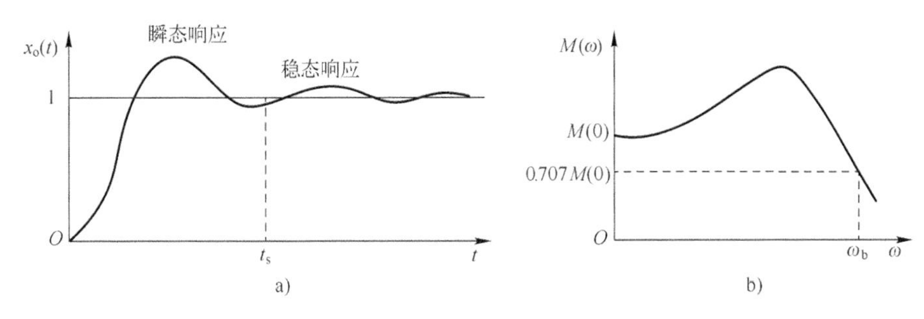

图 1-10 快速性表示方法

a）时域内时间响应曲线 b）频域内频率特性曲线

在系统稳定的前提下，动态响应过程中，响应曲线振荡的幅度大小也反映了系统响应的平稳性，如图 1-10a 所示。平稳性要求系统在动态调整过程中有相对小的振荡幅度和较少的振荡次数。可见快速性与平稳性是一对矛盾的特性，如果要求系统响应快，则平稳性就较差；如果要求平稳性好，则快速性就无法保证。因此设计控制系统时，需要根据控制目标和控制任务，确定以哪个特性为主，或在这两个特性之间寻找平衡点。

3. 准确性

准确性是衡量控制系统控制精度的重要指标，一般用稳态误差来评价，即当系统动态响应过程结束进入稳态时，输出实际值与期望值之间的偏差，如图 1-11 所示。在理想状态下，系统的稳态值能够达到期望值，但是在工程实际中，由于系统的结构问题、间隙、摩擦等因素的影响，响应的稳态值与期望值之间总是存在一定的误差，并难以消除，所以应尽量通过减小误差来保持系统的控制精度。

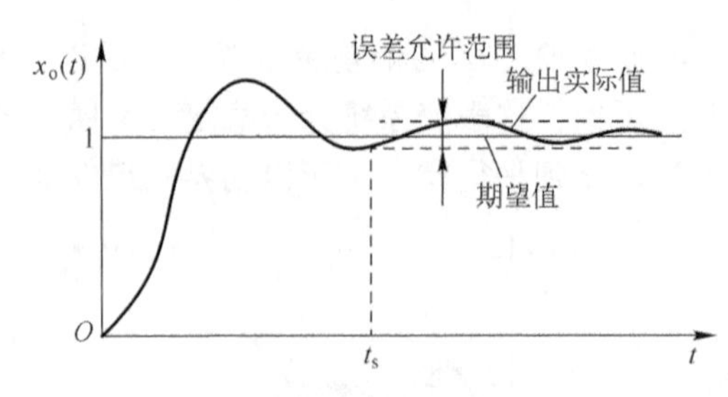

图 1-11　准确性表示方法

总之，对控制系统的基本要求是，系统必须是稳定的，这是前提条件，同时系统也要满足快速性与准确性的要求。实际工程中，由于受控对象不同，控制任务不同，对稳定性、快速性与准确性的要求是各有侧重的。例如，在系统稳定的前提下，恒值控制系统对平稳性和准确性要求较高，而随动控制系统对快速性要求较高。稳定性、快速性与准确性这三个性能指标既相互矛盾又相互关联。提高准确性，使系统达到规定的稳态精度需要更长的时间，必然会降低快速性；反之，提高快速性，导致系统相对平稳性变差，必然会降低控制精度。能否达到对控制系统的基本要求，需要研究响应的全过程中系统性能。控制工程既关心系统的稳态特性，也关注系统的动态性能，用系统的思想去分析控制系统性能是掌握控制理论的关键。

1.7　控制理论在工程领域中的应用实例

1. 蒸汽机离心调速系统

图 1-12a 为蒸汽机离心调速器结构图，图 1-12b 为原理示意图。该系统的任务是，调节进入蒸汽机的蒸汽量 Q，使蒸汽机在所带负载 T 变化时，输出转速 n 保持不变。该系统的工作原理是，当所带负载 T 变小时，蒸汽机输出转速 n 将增大，蒸汽机通过传动链所带动的离心机构的飞球进一步张开，进而带动比较机构的滑套上升，滑套通过连杆与蒸汽调节阀门连接，阀门关小，蒸汽量减小，使得蒸汽机的转速 n 逐渐减小到原给定值。可见，当蒸汽机的转速 n 偏离原给定值时，离心机构同步随转速 n 的变化而变化，并通过比较机构和转换机构，将转速 n 的变化转换为控制蒸汽进气量的大小，从而调节转速 n 使其恢复到给定值。图 1-12c 为系统框图，比较机构、转换机构、阀门、蒸汽系统为控制器，蒸汽机为被控对象，离心机构为反馈元件。给定转速为输入量，实际转速为输出量。

2. 匀速转台控制系统

图 1-13a 为一个匀速转台设备，图 1-13b 为匀速转台原理示意图。其工作原理为，具有大功率的直流放大器提供驱动电压，直流电动机作为执行机构，在电压的驱动下，以一定的转速控制转台旋转。转速测量仪与电动机和转台同轴，能够测量转台的转速，并将其转换为一定比例的电压信号返送回直流放大器的差动输入端。当电动机和其他元件对转台转速有扰动时，转速测量仪反馈回来的电压与输入电压进行比较，得到一个偏差电压，直流电动机对偏差信号做出响应，使得转台的实际转速保持在允许误差范围内波动。图 1-13c 为系统框图，直流放大器与直流电动机为控制器，转台为被控对象，转速测量仪为反馈元件，预期转速为输入量，实际转速为输出量。

3. 工业机器人自动装配系统

图 1-14a 为工业机器人，图 1-14b 为机器人自动装配原理示意图。机器人为六轴机械

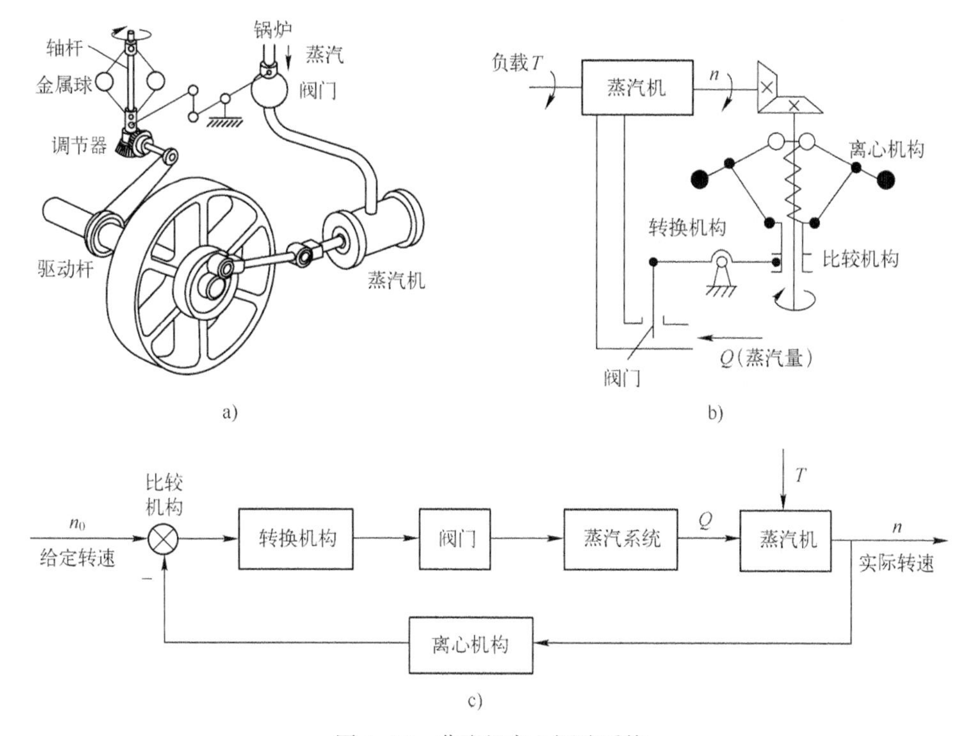

图 1-12　蒸汽机离心调速系统

a）结构图　b）原理示意图　c）系统框图

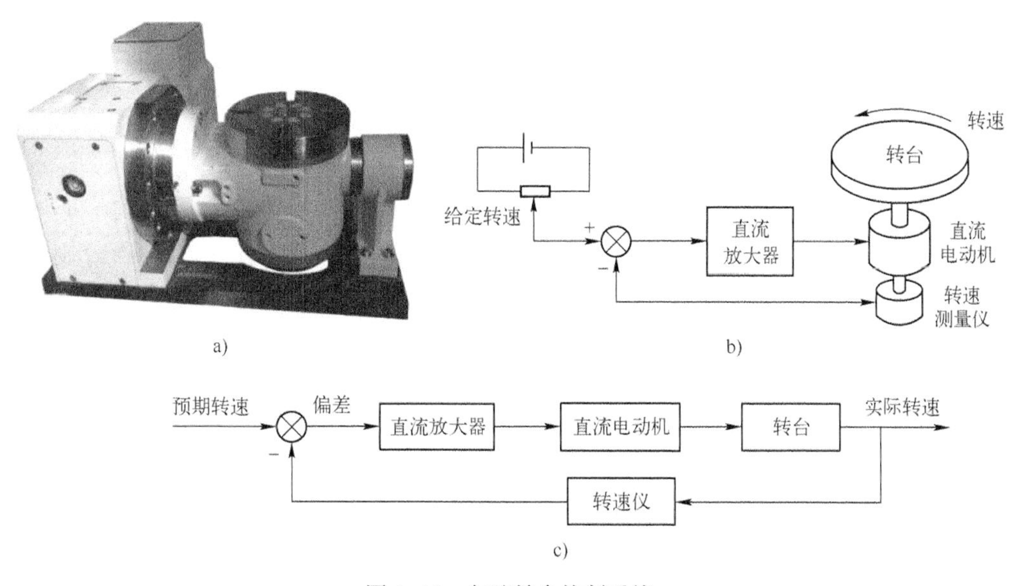

图 1-13　匀速转台控制系统

a）匀速转台设备　b）匀速转台原理示意图　c）系统框图

臂，首先根据轴孔装配的目标位置，对机械臂末端进行轨迹规划，使其完成由初始位置运动到螺栓上方并抓取螺栓，然后运动到螺孔上方，将螺栓插入螺孔，完成一次装配任务。规划好的轨迹转换成控制命令，输入控制器，控制器将控制命令转换成驱动电压，驱动电动机旋转，通过减速器带动机械臂各个关节旋转，使得机械臂末端按照规划轨迹运动，机械臂关节上的位置传感器作为反馈环节，检测各个关节角位移并反馈回来与参考输入形成偏差，偏差通过控制装置保持末端位置误差在允许误差范围内。图 1-14c 为系统框图，轨迹规划、控制器和驱动器为控制器，机械臂为被控对象，位置传感器为反馈元件，控制指令为参考输入，各个关节的输出角位移为输出量，传感器测量的关节实际角位移为反馈量。

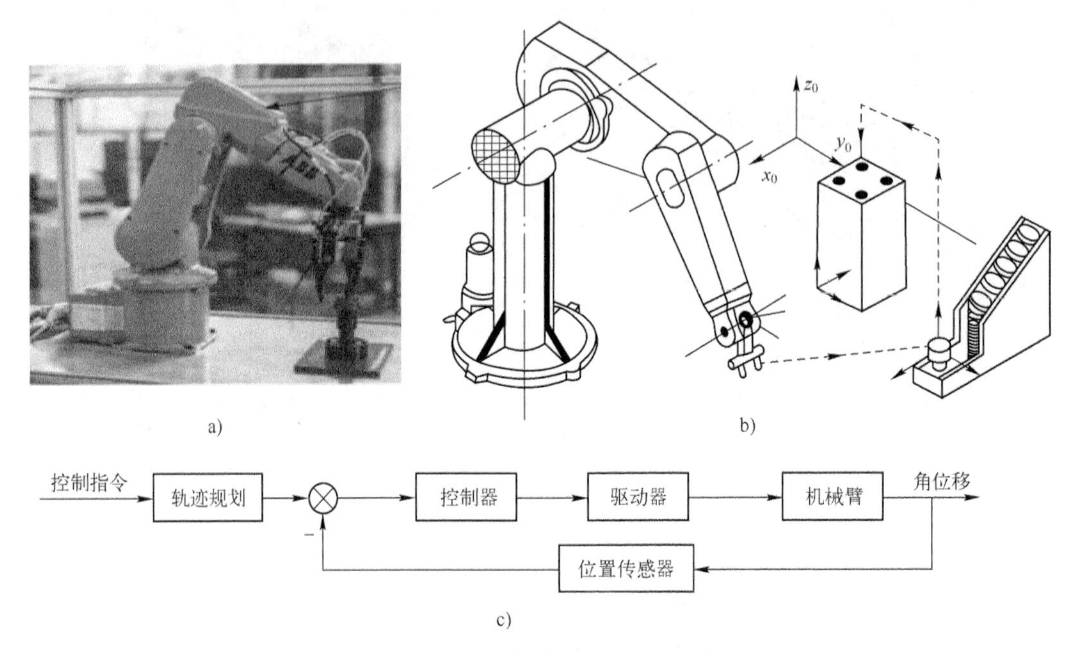

图 1-14　工业机器人自动装配系统

a）工业机器人　b）自动装配原理示意图　c）系统框图

1.8　MATLAB 分析与设计实用程序

MATLAB 程序（Matrix Laboratory，矩阵实验室）是美国 MathWorks 公司于 20 世纪 80 年代中期推出的高性能科学计算软件。MATLAB 具有矩阵运算、数值计算、图形绘制、数据处理和图像处理等齐备的功能，并且该程序易学易用，编程语句简单，功能强大，因此无论是用于科学研究与工程运算，还是作为计算机辅助教学工具，MATLAB 都是科研、教学与工程领域最优秀的科学计算软件。在高校 MATLAB 已经成为线性代数、数理统计、自动控制理论、信号分析与处理、数学建模与系统仿真等许多课程的实用工具，是大学生和研究生必须掌握的基本工具。

MATLAB 已经成为国际上控制领域最流行的软件，公司先后开发了许多工具包，世界上许多从事自动控制的知名专家，包括英国、美国、瑞典和日本等国的学者也在自己擅长的领域编写了许多具有特殊功能的工具包，包括控制系统工具箱（Control Systems Toolbox）、信号处理工具箱（Signal Processing Toolbox）、系统识别工具箱（System Identification Toolbox）、非线性控制系统设计工具箱（Nonlinear Control Systems Design Toolbox）、μ 分析与综合工具箱（u-Analysis and Synthesis Toolbox）、鲁棒控制工具箱（Robust Control Toolbox）、模糊控制工具箱（Fuzzy Control Toolbox）、神经网络工具箱（Neural Network Toolbox）、多变量频域设计工具箱（Multivariable Frequency Design Toolbox）、最优化控制工具箱（Optimization Toolbox），以及仿真环境 Simulink。这些工具包成为自动控制最强有力的工具。

1. MATLAB 系统界面

启动 MATLAB 程序后，出现的程序界面如图 1-15 所示，以 MATLAB R2018a 版本为例。在系统界面最上端“MATLAB R2018a”标题栏下是菜单栏，打开下拉菜单可以启动任意一个功能，菜单栏下面是程序当前所在路径，再下面就是启动程序后通常出现四个子窗口，即命令窗口（Command Window）、程序编辑器（Editor Window）、命令历史窗口（Command History Window），以及工作空间窗口（Workspace Window）。命令窗口是运行输入命令和显示输出结果的窗口；程序编辑器是编辑程序指令的窗口，MATLAB 提供了一种交互式操作环境，用户在程序编辑器编辑完程序后，单击“运行”按钮，程序就会运行，或者用户在命令窗口提示符号“>>”位置直接输入命令，按〈Enter〉键后，命令直接运行；命令历史窗口按照命令运行的时间顺序。显示运行过的命令的历史记录，相当于一个函数日志；工作空间窗口是一个函数集合，存放程序运行后的变量和结果。

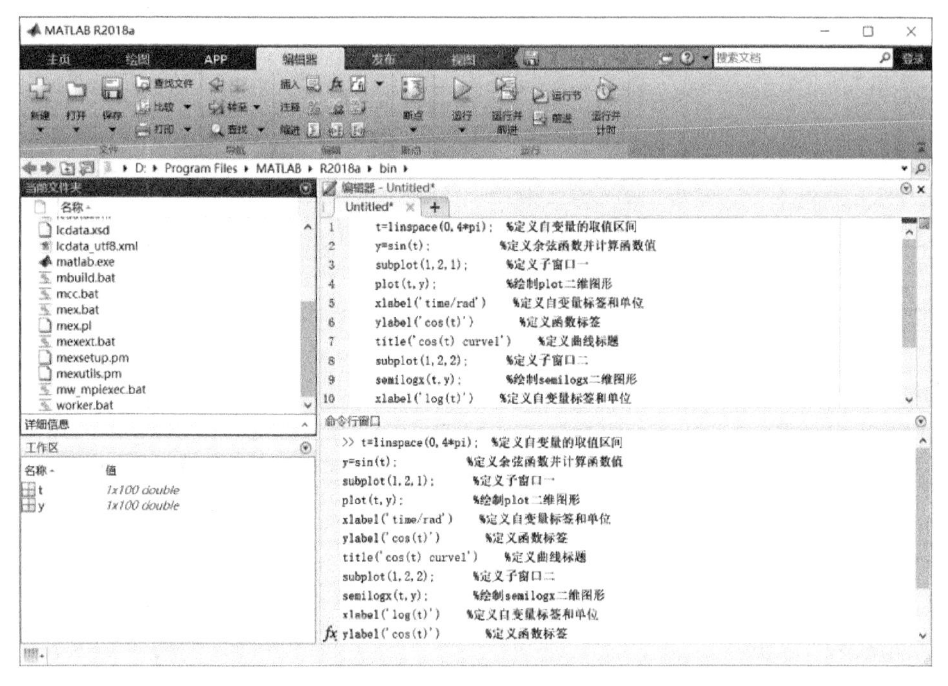

图 1-15　MATLAB 程序界面

2. MATLAB 数学运算

MATLAB 可以完成一些常用的数学运算，比如加（+）、减（-）、乘（*）、除（/）、幂次（^）等运算，也能够完成一些复杂的数学运算，比如复数运算、数组与矩阵运算、多项式运算和函数运算等。表 1-1 给出了常用算术运算符及其意义，表 1-2 给出了常用数学函数及其意义。

表 1-1　MATLAB 常用算术运算符及其意义

运 算 符	意　义	运 算 符	意　义
+	矩阵/数组相加	'	矩阵转置
-	矩阵/数组相减	.'	数组转置
*	矩阵相乘	.*	数组相乘

（续）

运算符	意义	运算符	意义
^	矩阵幂运算	.^	数组乘方
/	矩阵左除	./	数组左除
\	矩阵右除	.\	数组右除
<	小于	<=	小于或等于
>	大于	>=	大于或等于
==	等于	~=	不相等

表 1-2 MATLAB 常用数学函数及其意义

函数	说明	函数	说明
abs(x)	标量的绝对值或复数的幅值	fix(x)	对原点方向取紧邻整数
exp(x)	自然指数 e^x	ceil(x)	对 $+\infty$ 方向取紧邻整数
sqrt(x)	开平方	floor(x)	对 $-\infty$ 方向取紧邻整数
ln(x)	自然对数 $\ln(x)$	rem(x,y)	求 x 除以 y 的余数
log10(x)	以 10 为底的对数 $\log_{10}(x)$	round(x)	四舍五入到最近的整数
sin(x)	正弦函数	asin(x)	反正弦函数
cos(x)	余弦函数	acos(x)	反余弦函数
tan(x)	正切函数	atan(x)	反正切函数
angle(z)	复数 z 的相角	sign(x)	符号函数 当 $x<0$ 时，$\mathrm{sign}(x)=-1$ 当 $x=0$ 时，$\mathrm{sign}(x)=0$ 当 $x>0$ 时，$\mathrm{sign}(x)=1$
real(z)	复数 z 的实部		
imag(z)	复数 z 的虚部		
conj(z)	复数 z 的共轭复数		

下面以多项式运算为例说明编程方法。多项式运算是控制理论分析线性系统的重要内容。一个 n 次多项式如下：

$$M(x)=a_nx^n+a_{n-1}x^{n-1}+\cdots+a_1x+a_0$$

MATLAB 语句可以用一个 $n+1$ 个元素的数组来表示，

$$M=[a_n,a_{n-1},\cdots,a_1,a_0]\text{或者}M=[a_n\quad a_{n-1}\quad\cdots\quad a_1\quad a_0]$$

例 1-1 已知一个 4 次多项式 $M(x)=x^4+2x^3+4x^2+3x+1$，求多项式的根。

解 输入程序及运行结果如下：

```
>>m=[1 2 4 3 1];            %定义多项式
>>r=roots(m)                %对多项式 m 求根
```

运行结果：

```
r =
  -0.5000 + 1.5388i
  -0.5000 - 1.5388i
  -0.5000 + 0.3633i
  -0.5000 - 0.3633i
```

程序运行结果表明，该 4 次多项式有 2 对共轭复根，分别为 $r=-0.5\pm1.5388j$ 和 $r=-0.5\pm0.3633j$。

例 1-2　已知一个有理分式，$F(s)=\frac{s+2}{s^2+2s+3}$，将其分解为部分分式。

解　输入程序及运行结果如下：

```
>>num=[1 2];                        %定义分子多项式
>>den=[1 2 3];                      %定义分母多项式
>>[z,p k]=residue(num,den)          %进行部分分式展开，并求分子和分母的待定系数，以及部分
                                     分式的常系数
```

运行结果：

```
z =
   0.5000 - 0.3536i
   0.5000 + 0.3536i
p =
  -1.0000 + 1.4142i
  -1.0000 - 1.4142i
k =
      [ ]
```

程序运行结果得到部分分式的常系数和分子、分母的系数，那么展开后的部分分式为

$$F(s)=\frac{0.5-j0.3536}{s+1-j1.4142}+\frac{0.5+j0.3536}{s+1+j1.4142}$$

3. MATLAB 绘图

MATLAB 具有强大的绘图功能，适用于各种科学计算的可视化。表 1-3 为常用二维绘图命令。

表 1-3　MATLAB 常用二维绘图命令

命　　令	说　　明
plot	x 轴和 y 轴均为线性刻度
loglog	x 轴和 y 轴均为对数刻度
semilogx	x 轴为对数刻度，y 轴为线性刻度
semilogy	x 轴为线性刻度，y 轴为对数刻度
plotyy	绘制两个刻度不同的 y 轴

plot 是 MATLAB 最基本的二维绘图命令，可以对一组数据在 xOy 坐标系中进行描点绘图。

例 1-3　分别利用 plot 与 semilogx 二维绘图函数绘制正弦曲线。

解　程序指令如下：

```
>>t=linspace(0, 4 * pi);            %定义自变量的取值区间
>>y=cos(t);                         %定义余弦函数并计算函数值
>>subplot(1,2,1);                   %定义子窗口一
>>plot(t,y);                        %绘制 plot 二维图形
>>xlabel('time/rad')                %定义自变量标签和单位
>>ylabel('cos(t)')                  %定义函数标签
```

```
>>title('cos(t) curve1')            %定义曲线标题
>>subplot(1,2,2);                   %定义子窗口二
>>semilogx(t,y);                    %绘制 semilogx 二维图形
>>xlabel('log(t)')                  %定义自变量标签
>>ylabel('cos(t)')                  %定义函数标签
>>title('cos(t) curve2')            %定义曲线标题
>>grid on                           %绘制网格线
```

程序运行结果如图 1-16 所示，图 1-16a 为 plot 图形，图 1-16b 为 semilogx 图形。

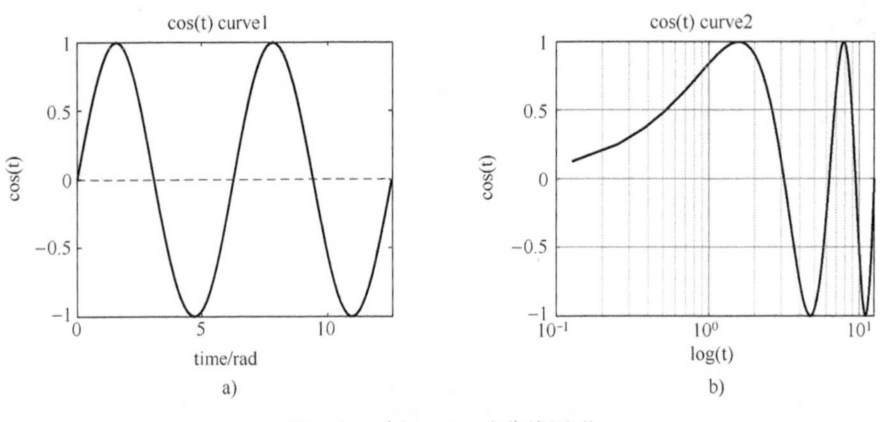

图 1-16　例 1-3 正弦曲线图形

a）plot 图形　b）semilogx 图形

4. Simulink 仿真

Simulink 是 MATLAB 的先进高效的建模工具，被概括为基于模型的设计工具（Tool for Model Based Design）、仿真工具（Tool for Simulation）和分析工具（Tool for Analysis），能实现动态系统的建模、仿真与分析。它可以处理线性与非线性系统，连续、混合与离散系统，也可以处理单任务与多任务系统，支持多种采样频率的系统。Simulink 采用图形化编程方式，在仿真的同时能够看到仿真结果。

为了便于仿真，Simulink 提供了丰富的功能模块，包括常用模块组、输入源与输出显示模块组、数学运算模块组、连续系统模块组、离散系统模块组、非线性系统模块组等。对功能模块进行操作时，首先选中一个模块，单击鼠标左键并拖动鼠标到编程区域释放，或者鼠标右键单击该模块，选择添加模块到编程窗口，重复该操作，直到将编程所需模块都移动到编程区域；然后对每一个模块设置模块属性以满足编程要求，用信号线正确连接各个模块得到系统模型，选择所需输入信号，单击程序运行按钮“Run”开始仿真，并在输出显示窗口观察仿真结果。

Simulink 建模过程如下：

1）启动 Simulink。从 MATLAB 菜单直接单击“Simulink”启动按钮，或者选择“新建”，从下拉菜单选择“Simulink Model”，或者在 MATLAB 命令窗口输入 Simulink 指令并按〈Enter〉键，这三种方式都可以启动 Simulink。

2）创建模型窗口。启动 Simulink 后，在新建菜单“New”单击“Create Model”创建一个新的模型窗口“Untitled”。

3）查找与选择模块。在模型窗口上面的菜单单击“Library Browser”打开模块库，选择需要的模块组，打开下拉菜单，浏览功能模块并选择所需模块，鼠标右键单击该模块，添加模块到编程窗口，或者鼠标左键选中该模块，直接拖动模块到编程窗口，重复以上操作，直到将编程所需模块都移动到编程区域。

4）连接模块。按住〈Ctrl〉键同时鼠标连续单击需要连接的两个模块，就会自动出现信号线并连接两个模块，或者鼠标单击一个模块输出端口，当光标变为十字形，拖拽鼠标到另一个模块的输入端口，也可以用信号线连接两个模块。

5）设置模块参数。双击一个模块，或者鼠标右键单击模块，选择“Block Parameters”和“Properties”设置模块参数。

6）运行程序。单击程序运行按钮“Run”运行程序，并打开输出显示模块，观察程序运行结果。

例 1-4 对振荡环节 $G=\dfrac{3600}{s^2+18s+3600}$，建立仿真模型并显示阶跃响应曲线。

解 打开 MATLAB 程序，并启动 Simulink 仿真程序，创建仿真程序窗口“Untitled”，单击窗口菜单的模块库，选择“Simulink”模块组菜单下的“Sources”子模块组，找到“Step”阶跃信号模块，将其拖拽到程序窗口；再查找并选择“Continuous”子模块组，找到“Transfer Fen”连续传递函数模块，将其拖拽到程序窗口，双击该模块，输入已知的传递函数分子、分母系数；再查找并选择“Sinks”子模块组，找到“Scope”示波器模块，将其拖拽到程序窗口。用信号线将三个模块连接，并单击运行按钮“Run”运行程序，如图 1-17a 所示。双击“Scope”示波器就会显示程序运行结果，即阶跃响应曲线，如图 1-17b 所示。

在后续章节中，根据每一章所介绍的内容，会相应地介绍 MATLAB 仿真、建模、计算、分析的编程方法和程序实例，包括用 MATLAB 进行系统的数学建模、时域响应、频域响应、稳定性分析和系统的设计与校正等。

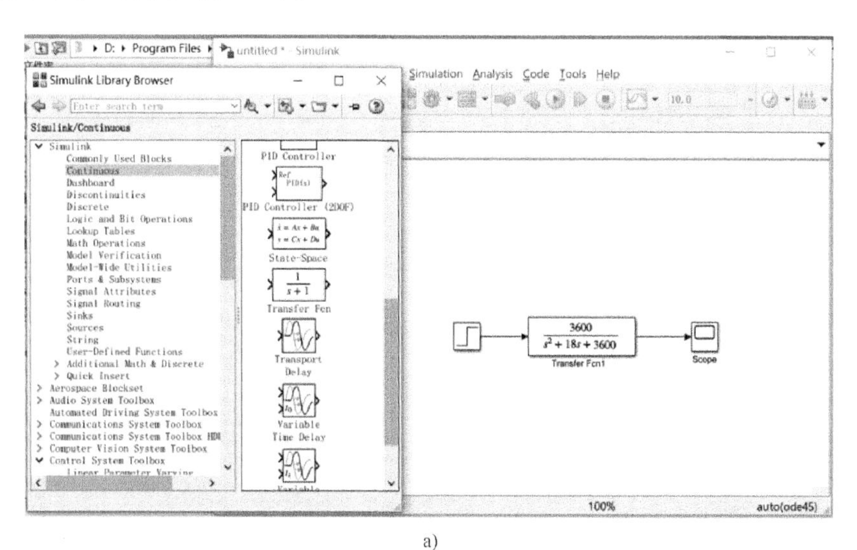

a)

图 1-17 例 1-4 Simulink 仿真结果

a）建模窗口

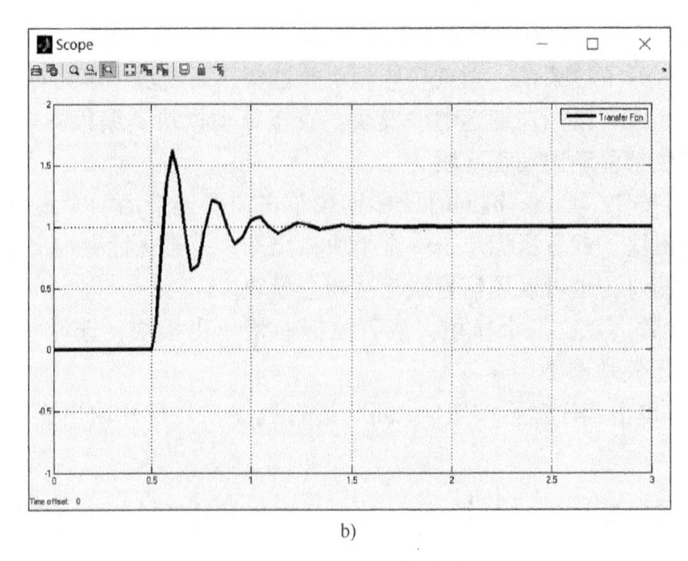

b)

图 1-17 例 1-4 Simulink 仿真结果（续）

b）示波器显示阶跃响应曲线

[本章知识总结]：

1. 机械控制工程是研究自动控制理论在机械工程中应用的一门学科。自动控制理论是一门理论性较强的科学，研究控制系统的分析和设计等一般性理论，对工程实践具有重要的指导作用。

2. 自动控制理论的发展经历了三个阶段，即经典控制理论、现代控制理论、大系统理论与智能控制理论。经典控制理论以传递函数作为主要的数学模型，研究单输入和单输出的线性控制系统的一般规律；现代控制理论以状态空间方程作为主要的数学模型，研究多输入和多输出的非线性时变系统的一般规律；大系统理论主要研究众多因素、复杂的控制系统，涉及多级递阶控制、分解-协调原理、分散最优控制和大系统模型降阶理论等。智能控制理论让计算机系统模仿专家或熟练操作人员的经验，建立起以知识为基础的广义模型，采用符号信息处理、启发式程序设计、知识表示和自学习、推理与决策等智能化技术，对外界环境和系统过程进行理解、判断、预测和规划，使被控对象按一定要求达到预定的目的。

3. 控制系统按照不同的分类标准有不同的分类，可以分为连续控制系统与离散控制系统，线性控制系统与非线性控制系统，恒值控制系统、随动控制系统与程序控制系统，开环控制系统与闭环控制系统等。开环控制系统与闭环控制系统的区别在于，开环控制系统的控制方向是从输入到输出的单向控制，输出量不会反作用于输入量，所以抗干扰能力差；闭环控制系统加入了反馈控制环节，不仅有从输入到输出的顺序控制，还有从输出返回到输入的反向控制，当外部或内部干扰的作用导致输出实际值与期望值之间产生偏差时，通过反馈控制系统能够自动纠正偏差，保持较高的控制精度。但是当系统结构参数不匹配时，可能产生振荡，带来不稳定的问题。

4. 闭环控制系统是基于反馈控制原理工作的。所谓反馈是指将系统的输出全部或部分地返送回系统的输入端，并与输入信号共同作用于系统的过程。闭环控制系统的工作原理是，检测输出的实际值，比较实际值与给定值得到偏差，偏差产生控制作用消除输出端偏差。

5. 控制系统的组成元件主要包括给定元件、反馈元件、比较元件、放大元件、执行元件、校正元件和被控对象等。贯穿于系统中的信号有输入信号、输出信号、反馈信号和扰动信号，输入信号与反馈信号通过比较环节形成偏差，输出信号的实际值与期望值之差为误差。

6. 对控制系统的基本要求概括为稳定性、快速性和准确性。

习题

1-1 对控制系统的基本要求是什么？

1-2 什么是反馈？为什么对控制系统要进行反馈控制？

1-3 试举例说明开环控制系统与闭环控制系统的区别。

1-4 自动控制系统主要由哪些元件组成？各自的功能是什么？

1-5 简述闭环控制系统的工作原理。

1-6 图1-18为电加热器温度控制原理示意图，它向用户提供热水并向水箱补充冷水。温控开关控制接通或断开电源，控制加热器工作，保持热水达到期望温度。试说明系统的工作原理并绘制系统框图。

1-7 某车库大门工作原理示意图如图1-19所示，试说明大门自动开启和关闭的工作原理并绘制系统框图。

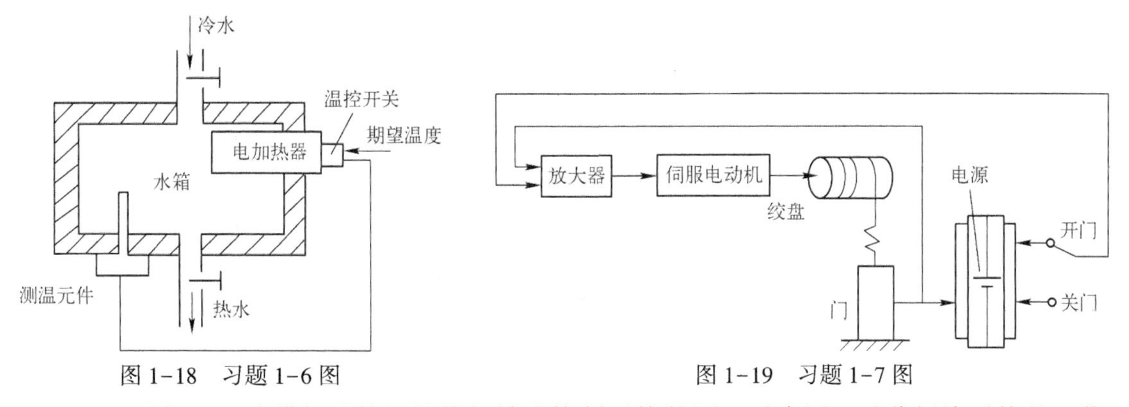

图1-18 习题1-6图　　图1-19 习题1-7图

1-8 图1-20为带钢连轧机的轧辊转速控制系统的原理示意图，试分析该系统的工作原理并绘制系统框图。

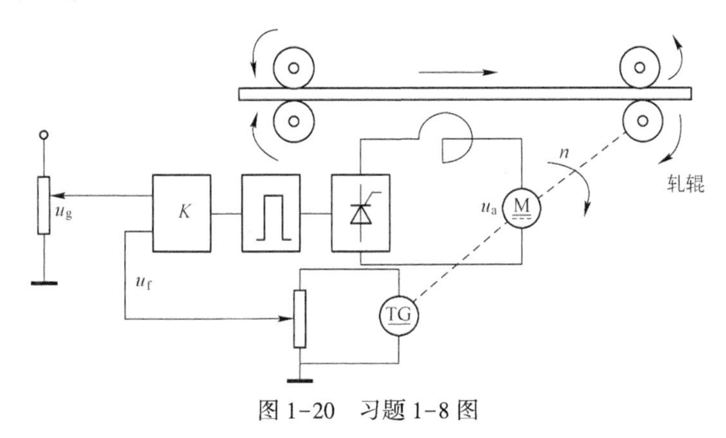

图1-20 习题1-8图

1-9　图 1-21 为飞机自动驾驶仪控制系统原理示意图，试说明飞机姿态自动控制原理并绘制系统框图。

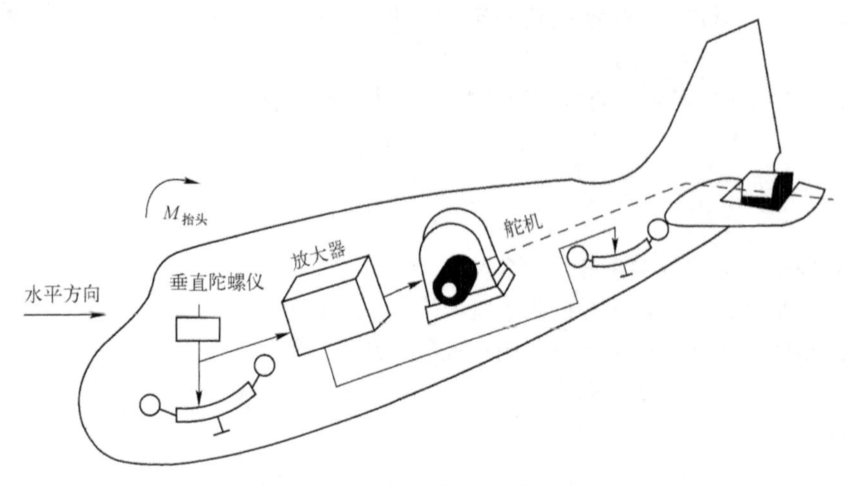

图 1-21　习题 1-9 图

1-10　图 1-22 为泵控式电液速度控制系统原理示意图，试说明其工作原理并绘制系统框图。

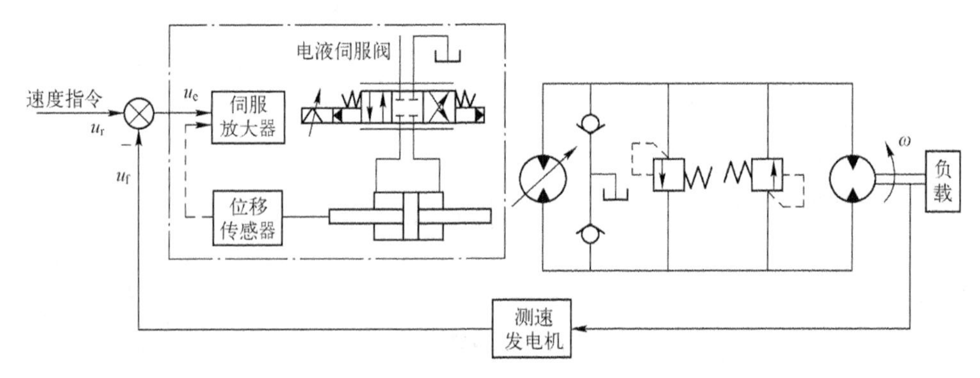

图 1-22　习题 1-10 图

第2章　控制系统的数学模型

[学习要求]：

- 理解机电系统的微分方程的建立和求解；
- 熟练运用拉氏变换和反变换求解微分方程；
- 掌握系统框图的变换与化简；
- 掌握闭环传递函数的推导和计算。

控制系统的数学模型，可以具体地描述被研究系统的输入、输出及其内部各变量之间的关系。在建立控制系统的数学模型的基础上，就可以对系统进行研究、分析、设计和校正。

分析系统需要从定性和定量两个层面展开，前者可以很好地了解系统的工作原理及其特性，后者则可以量化地描述系统的动态性能，从而揭示系统的结构、参数与动态性能之间的关系。在这个过程中数学模型就是很好的桥梁与工具。

在工程应用中，对于硬件构成和物理表现形式完全不同的系统，无论是机械系统、电气系统、流体系统、化工系统，还是热力系统等，一般都可以用微分方程的数学模型来描述，同时，微分方程还可以通过数学工具转化成系统的传递函数、频率特性或者状态空间形式的数学模型。

建立系统数学模型的方法一般有两种：一种是解析法，即通过理论推导完成对系统的建模；另一种是实验数据法，即通过实验实测得到的数据，利用辨识工具辨识得到系统的模型。解析法是根据系统中各组成单元的元部件所遵循的客观规律和守恒定律等，例如物理学中的牛顿定律、基尔霍夫定律、流量连续性等，以及化学反应方程式等列写出相应的关系式，进而导出系统的数学模型。实验法是将系统理解为一个黑箱，同时人为地给系统施加某种输入信号，记录该输入及对应的输出信号，基于记录的数据分析，用适当的数学模型去逼近系统的输入/输出特性。

本章只讨论上述解析法的建模思想和具体方法，重点介绍微分方程和传递函数这两种基本的数学模型，其他形式的数学模型将在后续章节中进行介绍。

2.1　控制系统的时域数学模型

控制系统（或者元件）在时域中的数学模型，通常是以微分方程的形式出现的，微分方程可以被用来描述系统的动态特性。基于此模型，还可以得到描述系统动态特性其他形式的数学模型，而这些模型就不一定完全是在时域中体现了，这些内容将在后续的环节中具体阐述。

首先，需要明确几个重要的概念。

1）线性系统：当一个系统的数学模型能够用线性微分方程进行描述时，该系统就称为线性系统。

2）定常系统：如果描述系统的微分方程的系数均为常数，则称该系统为定常系统。

其次，需要注意：

1）满足上述两个条件的控制系统，称为线性定常系统。

2）线性系统符合叠加定理。如果一个系统有两个及两个以上的输入量同时作用于系统时，可以让其他输入都为零，只针对其中一个输入，求出其对应的输出。以此类推逐个求出其他输入量对应的输出，然后把各个输出进行叠加，即可得出系统的总输出。

3）研究非线性系统不能应用上述叠加定理。

4）在实际的工程应用中，控制系统基本上都是非线性系统，而理想的线性系统只在近乎理想的状态下才会出现。但是在一定范围内或者一定的条件下，可以对非线性系统（本质非线性问题除外）进行合理的线性化处理，这样既可以忽略掉一些次要矛盾而抓住问题的主要矛盾，又可以使问题得到简化，即使有一些偏差也是在可接受范围之内。经过这样处理之后，就可以用线性模型来近似描述非线性系统的特性了。

2.1.1 线性系统微分方程的建立

本节主要探讨用解析法建立线性系统微分方程，该方法是数学建模时被广泛采用的方法，一般步骤如下：

1）根据具体的信息流和实际工作情况，确定系统的输入量和输出量。

2）根据各元件所遵循的基本定律，写出所有元件的微分方程组。

3）消去中间变量，求出仅含有输入量和输出量的微分方程。

4）整理系统微分方程，将输出量及其各阶导数项放在等号的左边，将输入量及其各阶导数项放在等号右边，并分别按照导数降阶顺序排列。

例 2-1 已知 RLC 无源网络如图 2-1 所示，R、L、C 分别是电路的电阻、电感和电容。根据该电路的工作原理，写出输入电压 u_r 与输出电压 u_C 之间的微分方程。

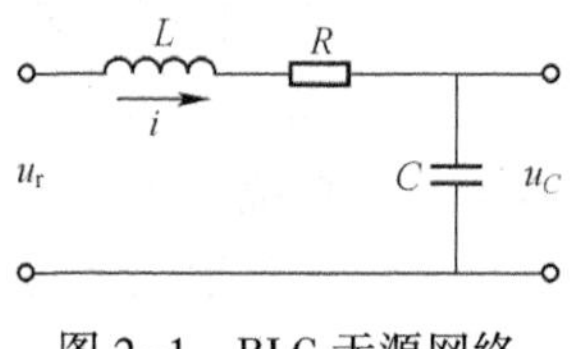

图 2-1 RLC 无源网络

解 根据基尔霍夫定律列写电路的电压平衡方程

$$u_r(t)=L\dot{i}(t)+Ri(t)+u_C(t) \tag{2-1}$$

$$i(t)=C\dot{u}_C(t) \tag{2-2}$$

联立方程式（2-1）和式（2-2），同时消去中间变量 $i(t)$，可以得到微分方程：

$$\ddot{u}_C(t)+\frac{R}{L}\dot{u}_C(t)+\frac{1}{LC}u_C(t)=\frac{1}{LC}u_r(t) \tag{2-3}$$

当 R、L、C 都是常数时，方程式（2-3）为二阶线性定常微分方程。其中，等号的左边分别是输出电压 u_C 及其一阶、二阶导数项，并按照导数降阶顺序排列，等号右边是输入电压 u_r。

例 2-2 已知弹簧-质量-阻尼系统如图 2-2 所示。其中，m 表示质量块的质量，k 是弹簧的弹性刚度，f 是阻尼器的阻尼系数。依据该系统受力后的力学特性，写出以对质量块所

施加的外力 $F(t)$ 为输入量，以质量块受力后运动产生的位移 $y(t)$ 为输出量的微分方程。

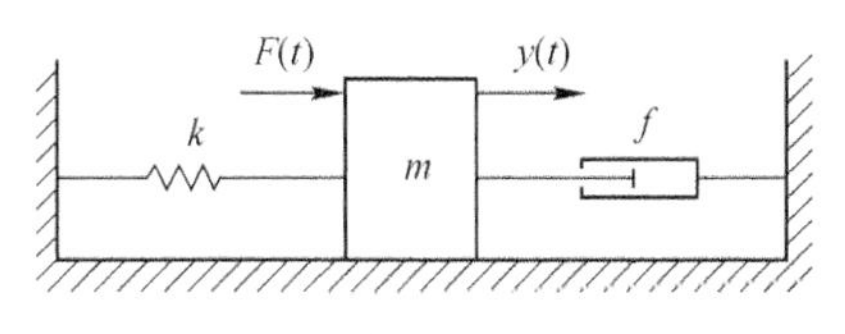

图 2-2　弹簧-质量-阻尼系统

解　对质量块 m 进行受力分析，如图 2-3 所示。根据受力物体运动的牛顿第二定律可以得到

$$F(t)-f\dot{y}(t)-ky(t)=m\ddot{y}(t)$$

整理成标准形式，可以得到微分方程：

$$\ddot{y}(t)+\frac{f}{m}\dot{y}(t)+\frac{k}{m}y(t)=\frac{1}{m}F(t) \tag{2-4}$$

当 k、f 和 m 为常数时，方程式（2-4）为二阶线性定常微分方程。在解题过程中，等量关系的建立是在牛顿第二定律的基础上列方程完成的。具体分析步骤如下：首先，要对质量块进行受力分析，以确定它所受外力的表达方式和方向；其次，需要确定加速度（位移 $y(t)$ 二阶导数）的方向，才能确定其所在项的符号。此处加速度的方向如何来确定呢？具体做法应该是跳出变量及其表达式本身，回归到物体受力后运动的物理规律本身。例如在图 2-2 中，质量块 m 受到向右的外力之后，在合力作用下是向右做减速运动的；所以加速度方向应该是向左的，这一点必须在此环节确定清楚，否则方程式（2-4）中加速度项的符号将无法确定或者被确定错误，从而影响整个方程的正确性。

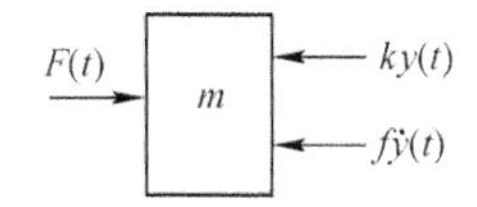

图 2-3　质量块受力分析图

例 2-3　图 2-4 所示为电枢控制式直流电动机，根据其工作原理，写出微分方程。

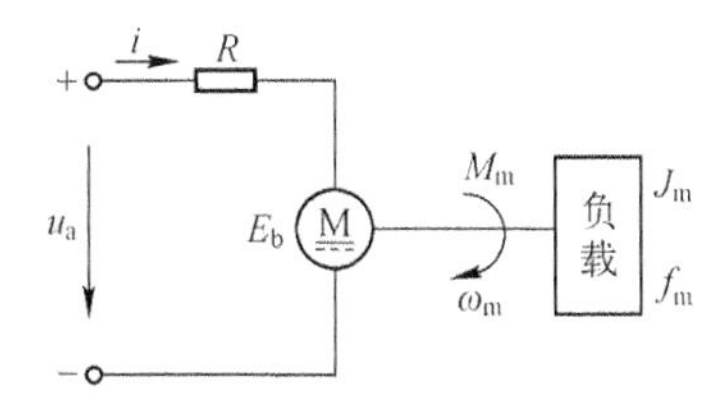

图 2-4　电枢控制式直流电动机

解　电枢控制式直流电动机的工作原理为电枢电压可以在电枢回路中产生电流，而通电的电枢转子绕组会在磁场的作用下产生电磁转矩，从而驱动负载进行回转运动。图 2-4 中，电枢电压 $u_a(t)$ 为输入量，电动机转速 $\omega_m(t)$ 为输出量。R 是电枢电路的电阻，f_m、J_m 分别是折合到电动机输出轴上的总黏性摩擦系数和总转动惯量。

由基尔霍夫定律写出电枢回路电压平衡方程，即

$$u_a(t)=Ri(t)+E_b(t) \tag{2-5}$$

式中，$E_b(t)$ 是电枢旋转时产生的反电动势，其大小与转速成正比，即

$$E_b = C_e \omega_m(t) \tag{2-6}$$

式中，C_e 是比例系数。由安培定律，电枢电流产生的电磁转矩可以表示为

$$M_m(t) = C_m i(t) \tag{2-7}$$

式中，C_m是电动机转矩系数。

由牛顿定律，可以写出电动机输出轴上的转矩平衡方程，即

$$J_m \dot{\omega}_m(t) + f_m \omega_m(t) = M_m(t) \tag{2-8}$$

联立方程式（2-5）~式（2-8），消去中间变量 $i(t)$、$E_b(t)$ 和 $\omega_m(t)$ 之后，即可得到电动机输入项电压 $u_a(t)$ 到输出项转速 $\omega_m(t)$ 之间的一阶线性微分方程：

$$T_m \dot{\omega}_m(t) + \omega_m(t) = K_a u_a(t) \tag{2-9}$$

式中，$T_m = \dfrac{RJ_m}{Rf_m + C_m C_e}$是电动机的机电时间常数；$K_a = \dfrac{C_m}{Rf_m + C_m C_e}$是电动机的传动系数。$T_m$、$K_a$ 均为常数时，方程式（2-9）是一阶线性定常微分方程。这两个参数 T_m、K_a 在一阶线性系统的响应特性中的作用是非常重要的，尤其是时间常数 T_m，它是表征系统响应快速性的重要指标。

在工程实际中，常以电动机的角位移 $\theta(t)$ 作为输出量，将 $\omega_m(t) = \dot{\theta}(t)$ 代入式（2-9），可得

$$T_m \ddot{\theta}_m(t) + \dot{\theta}_m(t) = K_a u_a(t) \tag{2-10}$$

此时，系统的一阶线性定常微分方程就变成二阶线性定常微分方程。微分方程由一阶变为二阶，是因为选择的输出量发生了变化，输出量由原来的角速度变为角位移。由此也强调，在建立控制系统微分方程之初，先确定好系统的输入量和输出量是非常重要的。

例 2-4 图 2-5 是函数记录仪的原理结构图，图中测速发电机的反馈回路和电桥电路的反馈回路都是负反馈回路。写出以给定电压 $u_r(t)$ 为输入量，以记录笔的位移 $L(t)$ 为输出量的系统微分方程。

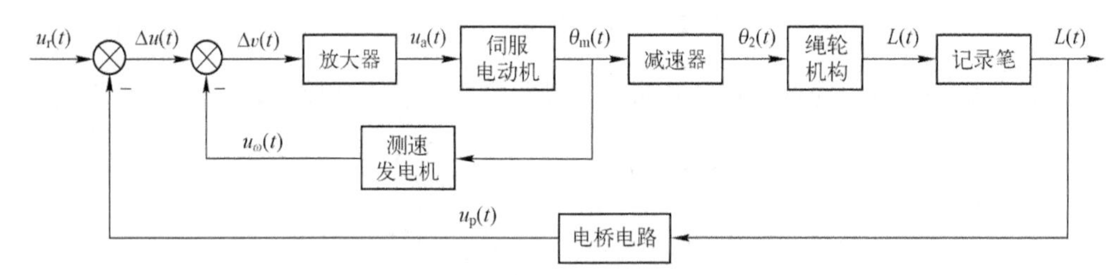

图 2-5　函数记录仪的原理结构图

解　由图 2-5 可见，函数记录仪中的元器件比较多，首先需要分别列写出各元器件的输入量、输出量之间的数学关系。

1）输入电压和反馈电压的综合关系为

$$\Delta v(t) = u_r(t) - u_p(t) - u_\omega(t) \tag{2-11}$$

2）放大器：设放大器放大倍数为 K_1，则有

$$u(t) = K_1 \Delta v(t) \tag{2-12}$$

3）伺服电动机：利用式（2-10）有

$$T_m \ddot{\theta}_m(t) + \dot{\theta}_m(t) = K_a u_a(t) \tag{2-13}$$

4）测速发电机：设测速发电机传递系数为 K_ω，则有

$$u_\omega(t)=K_\omega\dot{\theta}_m(t) \tag{2-14}$$

5）减速器：设减速比为 K_2，则有

$$\theta_2(t)=K_2\theta_m(t) \tag{2-15}$$

6）绳轮机构和记录笔：设绳轮半径为 K_3，有

$$L(t)=K_3\theta_2(t) \tag{2-16}$$

7）电桥电路：设电桥的传递系数为 K_4，有

$$u_p(t)=K_4L(t) \tag{2-17}$$

联立方程式（2-11）~式（2-17），消去中间变量 $\Delta v(t)$、$u(t)$、$\theta_m(t)$、$\theta_2(t)$、$u_p(t)$ 和 $u_\omega(t)$，可以得出系统微分方程：

$$\ddot{L}(t)+\frac{1+K_1K_aK_\omega}{T_m}\dot{L}(t)+\frac{K_1K_2K_3K_4K_a}{T_m}L(t)=\frac{K_1K_2K_3K_a}{T_m}u_r(t) \tag{2-18}$$

从上述例题可以看出，不同类型的物理系统可以具有相同形式的数学模型。例如，例 2-1、例 2-2 和例 2-4 导出的数学模型均是二阶线性定常微分方程。由此，称具有相同数学模型的物理系统为相似系统。通过上述例子还可以发现：对于同一个系统，当选择不同的输入量、输出量时，对应的数学模型完全不同。

2.1.2　非线性系统方程的线性化

在实际系统中，一般的物理系统都具有一定程度的非线性特征，即输入与输出之间的关系不是一次线性关系，而是二次或高次非线性关系，也可能是其他函数关系。例如，弹簧元件的刚度 k 与其形变量 x 有关，即在不同形变量的微小瞬间，其刚度 k 并不总是固定不变的常数；另外，电阻 R、电感 L、电容 C 等电气元件的物理特性参数与周围的环境（温度、湿度、压力等）以及流经它们的电流值大小有关。又如，当电动机在工作时因本身结构的摩擦、死区等非线性因素会使其运动复杂化而表现为非线性特性。上述非线性因素和由此导致的非线性问题是普遍存在的。

从例 2-3 电枢控制式直流电动机的微分方程可以看出，若电动机处于平衡状态，输出量的各阶导数均为零，此时的微分方程就变成了代数方程。这种表示在平衡状态下的输入量与输出量之间关系的数学式又称为系统的静态数学模型。静态数学模型的特性，可以用静态特性曲线来表示。当电动机工作在平衡状态下时，对应的输入量和输出量可分别用该平衡状态下这些量的具体值来表征。假如在某一时刻输入量发生了变化，则系统原来的平衡状态就会被破坏，其输出量也会随之发生变化。容易通过数学推导求出电动机微分方程在某一平衡状态附近的增量，而这一增量是变量以平衡状态为基础的增量，即把各变量的坐标零点（原点）放在原平衡点上。这样，在求解增量化表示的方程时，就可以把初始条件变为零，这一处理方法会为后续系统的分析和设计过程带来很大的便利。

通常控制系统在工作时，都有一个预定的平衡点，即系统处于某一平衡位置。如果控制系统的工作状态略微偏离此平衡位置，控制器就会对此立即予以响应，并力图使系统恢复到原来的平衡位置。在这一过程中，控制系统的各个变量不同程度地偏离了预定工作点，但是偏离之后的偏差值一般很小。因此，只要作为非线性函数的各个变量在预定工作点处有导数或偏导数存在，那么就可以在预定工作点处将控制系统的这一非线性函数以其自变量的偏差形式展开成泰勒级数。如果偏差值就在平衡点附近很小的范围内，即偏差非常小，则泰勒级

数中此偏差的高次项就是高阶无穷小，可以被忽略而只剩下一次项，最后可以获得以此偏差为变量的线性函数。

一般情况下，求解非线性微分方程是相当困难的。因此，在分析设计系统时，先将非线性问题在合理、可行、又被允许的微小误差范围内，简化为线性问题再加以处理。即便是在目前计算机的运算能力越来越强，对方程求解速度越来越快的情况下，依然需要通过某些近似化简或适当限制变量的变化范围，从而将大部分非线性方程在一定范围内近似用线性方程来代替，这就是非线性特性的线性化。这样，有利于我们从理论和方法上更好地理解系统的特性，或者在不借助计算机的情况下可以初步地分析系统的一些基本特性，所以，非线性特性的线性化依然有它存在的价值。只要将系统数学模型化为线性模型，就可以用线性系统理论来分析和设计系统。虽然这种方法是近似的，但是只要在给定的工作范围内能足够准确地反映系统的特性，且便于分析计算，在工程实践中就具有实际意义。

例 2-5 铁心线圈如图 2-6a 所示。写出以电压值 u_r 为输入量，以电流值 i 为输出量的铁心线圈的线性化微分方程。

解 根据基尔霍夫定律有

$$u_r(t)=u_1(t)+Ri(t) \tag{2-19}$$

其中，u_1 为线圈的感应电动势，它正比于线圈中的磁通变化率，即

$$u_1(t)=K_1\frac{\mathrm{d}\Phi(i)}{\mathrm{d}t} \tag{2-20}$$

其中，K_1 为比例常数。铁心线圈的磁通 $\Phi(i)$ 是线圈中电流 $i(t)$ 的非线性函数，如图 2-6b 所示，因此复合导数可表示为 $\frac{\mathrm{d}\Phi(i)}{\mathrm{d}t}=\frac{\mathrm{d}\Phi(i)}{\mathrm{d}i}\frac{\mathrm{d}i}{\mathrm{d}t}$。将式（2-20）代入式（2-19）得

$$K_1\frac{\mathrm{d}\Phi(i)}{\mathrm{d}i}\frac{\mathrm{d}i}{\mathrm{d}t}+Ri(t)=u_r(t) \tag{2-21}$$

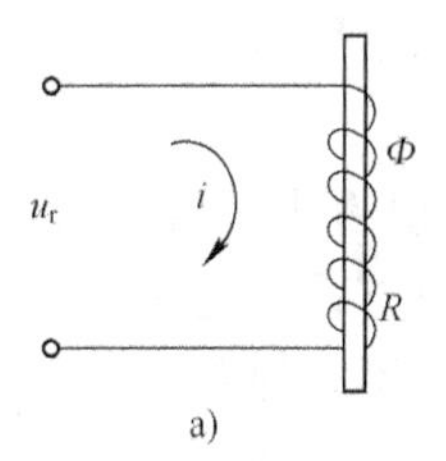

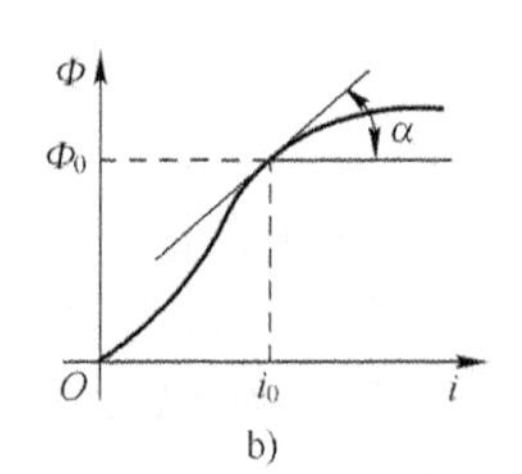

图 2-6 例 2-5 图

a）铁心线圈 b）磁通 $\Phi(i)$ 曲线

由式（2-21）可见，该方程是一个非线性微分方程。下面讨论如何将其线性化。

如果在工作过程中，线圈的电压、电流只在工作点 (u_0,i_0) 附近做微小的变化，$\Phi(i)$ 在 i_0 的邻域内连续可导，则在平衡点 i_0 邻域内，磁通 $\Phi(i)$ 可以表示成泰勒级数，即

$$\Phi(i)=\Phi_0+\left.\frac{\mathrm{d}\Phi(i)}{\mathrm{d}i}\right|_{i_0}\Delta i+\frac{1}{2!}\left.\frac{\mathrm{d}^2\Phi(i)}{\mathrm{d}i^2}\right|_{i_0}(\Delta i)^2+\cdots$$

式中，$\Delta i=i(t)-i_0$，当 Δi “足够小” 时，略去高阶项（高阶无穷小），只取其一次项近似值，则有

$$\Phi(i)\approx\Phi_0+\left.\frac{\mathrm{d}\Phi}{\mathrm{d}i}\right|_{i_0}\Delta i$$

令 $C_1=\left.\dfrac{\mathrm{d}\Phi}{\mathrm{d}i}\right|_{i_0}$，则有

$$\Delta\Phi(i)=\Phi(i)-\Phi_0\approx C_1\Delta i$$

上式表明，经增量线性化处理后，线圈中电流增量与磁通增量之间近似为线性关系。将方程式（2-21）中 $u_r(t)$、$\Phi(i)$、$i(t)$ 均表示成平衡点附近的增量方程，即

$$u_r(t)=u_0+\Delta u_r(t),\quad i(t)=i_0+\Delta i(t),\quad \Phi(i)\approx\Phi_0+C_1\Delta i$$

再将它们代入方程式（2-21），消去中间变量并整理，可得

$$K_1C_1\frac{\mathrm{d}\Delta i(t)}{\mathrm{d}t}+R\Delta i(t)=\Delta u_r(t) \tag{2-22}$$

方程式（2-22）就是铁心线圈在工作点 (u_0,i_0) 处的线性化增量微分方程。因为方程中的每一项都含有增量符号“Δ”，在实际使用中，为书写简便起见，常常略去符号“Δ”而写成

$$K_1C_1\frac{\mathrm{d}i(t)}{\mathrm{d}t}+Ri(t)=\Delta u_r(t) \tag{2-23}$$

注意：式（2-23）中的 $u_r(t)$ 和 $i(t)$ 均为相对于工作点的增量，而不是其实际值，这一点必须明确。

上述线性化方法称为小偏差法或增量法，线性化应注意的问题如下：

1）线性化方程中的参数与选择的工作点有关，工作点不同，相应的参数也不同。

2）当输入量变化较大时，用上述方法进行线性化处理会引起较大的误差，所以要注意应用的条件。

3）对于在工作点附近不连续的本质非线性问题，不适合进行线性化处理。

2.1.3　线性定常微分方程求解

在分析和设计控制系统时，除了定性判断系统的特性之外，还需要定量地研究系统的动态特性，微分方程就是可以被用来定量地研究控制系统的动态特性的有效数学模型。建立了微分方程之后，就可以在输入信号的作用下，得到系统的输出。由于微分方程尤其是高阶微分方程不容易直接求解，因此，可以借助拉普拉斯变换（简称拉氏变换）这一数学工具，将微分方程从时域变换到复域的代数方程，然后先求解代数方程，再对该代数方程的解进行拉氏反变换，即可得到原微分方程的解。

例 2-6　RC 无源网络如图 2-7 所示，已知 $u_r(t)=E\cdot 1(t)$，$u_C(0)=u_0$。求当开关 S 闭合后，电容器电压 $u_C(t)$ 的变化规律。

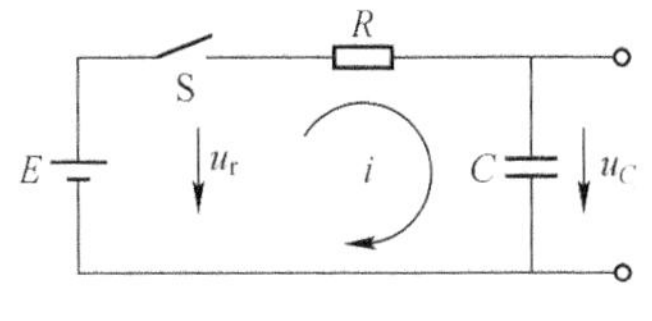

图 2-7　RC 无源网络

解　根据基尔霍夫定律，写出电压平衡方程如方程式（2-24）所示，其中，回路电流 $i(t)=C\dot{u}_C(t)$。

$$RC\dot{u}_C(t)+u_C(t)=u_r(t) \tag{2-24}$$

将方程式（2-24）两端进行拉氏变换，得

$$RC[sU_C(s)-u_0]+U_C(s)=U_r(s)=\frac{E}{s}$$

解出 $U_C(s)$ 并分解为部分分式

$$U_C(s)=\frac{E}{s(RCs+1)}+\frac{RCu_0}{RCs+1}=\frac{E}{s}-\frac{E}{s+\frac{1}{RC}}+\frac{u_0}{s+\frac{1}{RC}} \tag{2-25}$$

将式（2-25）两端进行拉氏反变换，得出微分方程的解析解，即

$$u_C(t)=E(1-e^{-\frac{t}{RC}})+u_0e^{-\frac{t}{RC}} \tag{2-26}$$

上式右端第一项是输入 $u_r(t)$ 作用下的特解，称为零状态响应；第二项是初始条件 u_0 引起的齐次解，称为零输入响应。

需要说明的是，这里在进行拉氏变换的时候用到了拉式变换的微分定理，并且是初始值不为零的完整形式；还用到了部分分式法及如何求留数；以及拉氏反变换的知识。这里只是先用一个例子来说明借助于拉氏变换求解微分方程的一般步骤。下面一节介绍拉氏变换和反变换的内容。

2.2 拉氏变换与反变换

若 $f(t)$ 为实变量 t 的单值函数，且 $t<0$ 时，$f(t)=0$，$t\geqslant 0$ 时，$f(t)$ 在任一有限区间上连续或分段连续，则函数 $f(t)$ 的拉氏变换定义为

$$F(s)=L[f(t)]=\int_0^{\infty}f(t)e^{-st}dt,\quad s=\sigma+j\omega \tag{2-27}$$

拉氏反变换为

$$f(t)=L^{-1}[F(s)]=\frac{1}{2\pi j}\int_{\sigma-j\omega}^{\sigma+j\omega}F(s)e^{st}ds \tag{2-28}$$

2.2.1 典型函数的拉氏变换

1. 单位阶跃函数

图 2-8 所示为单位阶跃函数 $1(t)$，其表达式为

$$1(t)=\begin{cases}0, & t<0\\1, & t\geqslant 0\end{cases}$$

单位阶跃函数的拉氏变换为

$$L[1(t)]=\int_0^{\infty}1(t)e^{-st}dt=\int_0^{\infty}e^{-st}dt=\int_0^{\infty}-\frac{1}{s}e^{-st}d(-st)=-\frac{e^{-st}}{s}\bigg|_0^{\infty}=\frac{1}{s}$$

2. 单位脉冲函数

图 2-9 所示为单位脉冲函数，其表达式为

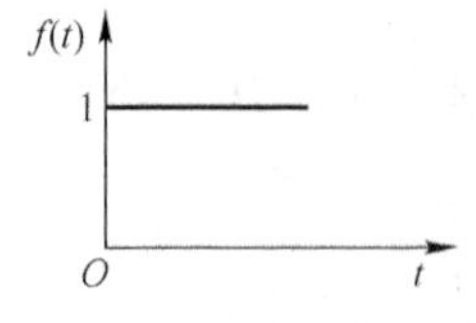

图 2-8 单位阶跃函数

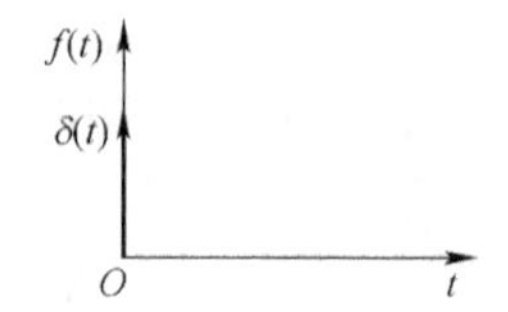

图 2-9 单位脉冲函数

$$\delta(t)=\begin{cases}\infty, & t=0\\ 0, & t\neq 0\end{cases}$$

单位脉冲函数的拉氏变换为

$$L[\delta(t)]=\int_0^{\infty}\delta(t)\mathrm{e}^{-st}\mathrm{d}t=\mathrm{e}^{-st}\Big|_{t=0}=1$$

3. 单位斜坡函数

图 2-10 所示为单位斜坡函数，其表达式为

$$f(t)=\begin{cases}0, & t<0\\ t, & t\geqslant 0\end{cases}$$

单位斜坡函数的拉氏变换为

$$L[f(t)]=\int_0^{\infty}t\mathrm{e}^{-st}\mathrm{d}t=\int_0^{\infty}t\mathrm{d}\left(\frac{\mathrm{e}^{-st}}{-s}\right)=t\frac{\mathrm{e}^{-st}}{-s}\Bigg|_0^{\infty}-\int_0^{\infty}-\frac{\mathrm{e}^{-st}}{s}\mathrm{d}t=\int_0^{\infty}\frac{\mathrm{e}^{-st}}{s}\mathrm{d}t=-\frac{1}{s^2}\mathrm{e}^{-st}\Bigg|_0^{\infty}=\frac{1}{s^2}$$

4. 指数函数 e^{at}

图 2-11 所示为指数函数，其拉氏变换为

$$L[\mathrm{e}^{at}]=\int_0^{\infty}\mathrm{e}^{at}\mathrm{e}^{-st}\mathrm{d}t=\int_0^{\infty}\mathrm{e}^{-(s-a)t}\mathrm{d}t=-\frac{\mathrm{e}^{-(s-a)t}}{s-a}\Bigg|_0^{\infty}=\frac{1}{s-a}$$

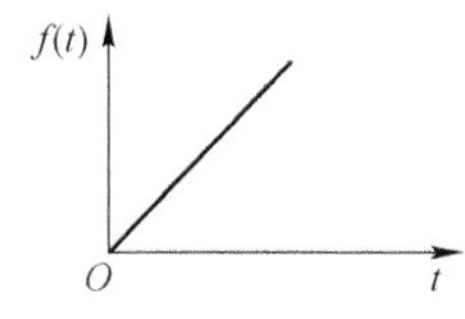

图 2-10　单位斜坡函数

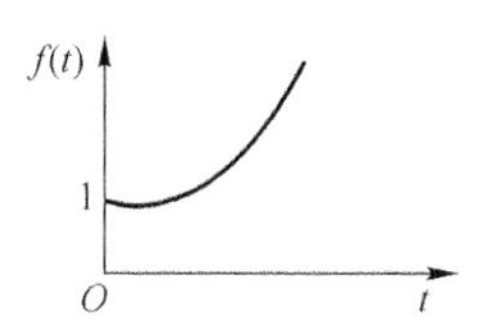

图 2-11　指数函数

5. 正弦函数 $\sin\omega t$

由欧拉公式：

$$\sin\omega t=\frac{1}{2\mathrm{j}}(\mathrm{e}^{\mathrm{j}\omega t}-\mathrm{e}^{-\mathrm{j}\omega t})$$

所以，正弦函数的拉氏变换为

$$\begin{aligned}L[\sin\omega t]&=\int_0^{\infty}\frac{1}{2\mathrm{j}}(\mathrm{e}^{\mathrm{j}\omega t}-\mathrm{e}^{-\mathrm{j}\omega t})\mathrm{e}^{-st}\mathrm{d}t\\&=\frac{1}{2\mathrm{j}}\int_0^{\infty}\mathrm{e}^{-(s-\mathrm{j}\omega)t}\mathrm{d}t-\frac{1}{2\mathrm{j}}\int_0^{\infty}\mathrm{e}^{-(s+\mathrm{j}\omega)t}\mathrm{d}t\\&=\frac{1}{2\mathrm{j}}\left[-\frac{\mathrm{e}^{-(s-\mathrm{j}\omega)t}}{s-\mathrm{j}\omega}\Bigg|_0^{\infty}+\frac{\mathrm{e}^{-(s+\mathrm{j}\omega)t}}{s+\mathrm{j}\omega}\Bigg|_0^{\infty}\right]\\&=\frac{1}{2\mathrm{j}}\left(\frac{1}{s-\mathrm{j}\omega}-\frac{1}{s+\mathrm{j}\omega}\right)=\frac{1}{2\mathrm{j}}\ \frac{s+\mathrm{j}\omega-s+\mathrm{j}\omega}{s^2+\omega^2}=\frac{\omega}{s^2+\omega^2}\end{aligned}$$

6. 余弦函数 $\cos\omega t$

由欧拉公式：

$$\cos\omega t=\frac{1}{2}(\mathrm{e}^{\mathrm{j}\omega t}+\mathrm{e}^{-\mathrm{j}\omega t})$$

所以，余弦函数的拉氏变换为

$$
\begin{aligned}
L[\cos\omega t] &= \int_0^{\infty} \frac{1}{2}(e^{j\omega t}+e^{-j\omega t})e^{-st}dt \\
&= \frac{1}{2}\int_0^{\infty} e^{-(s-j\omega)t}dt + \frac{1}{2}\int_0^{\infty} e^{-(s+j\omega)t}dt \\
&= \frac{1}{2}\left[-\frac{e^{-(s-j\omega)t}}{s-j\omega}\bigg|_0^{\infty} - \frac{e^{-(s+j\omega)t}}{s+j\omega}\bigg|_0^{\infty}\right] \\
&= \frac{1}{2}\left(\frac{1}{s-j\omega}+\frac{1}{s+j\omega}\right) = \frac{1}{2}\,\frac{s+j\omega+s-j\omega}{s^2+\omega^2} = \frac{s}{s^2+\omega^2}
\end{aligned}
$$

7. 单位加速度函数

图 2-12 所示为单位加速度函数，其表达式为

$$
f(t)=\begin{cases} 0, & t<0 \\ \dfrac{1}{2}t^2, & t\geqslant 0 \end{cases}
$$

单位加速度函数的拉氏变换为

$$
L[f(t)] = \int_0^{\infty} \frac{1}{2}t^2 e^{-st}dt = \int_0^{\infty} \frac{1}{2}t^2 d\left(\frac{e^{-st}}{-s}\right) = \frac{1}{2}t^2\frac{e^{-st}}{-s}\bigg|_0^{\infty} - \int_0^{\infty} -t\frac{e^{-st}}{s}dt = \frac{1}{s}\int_0^{\infty} te^{-st}dt = \frac{1}{s^3}
$$

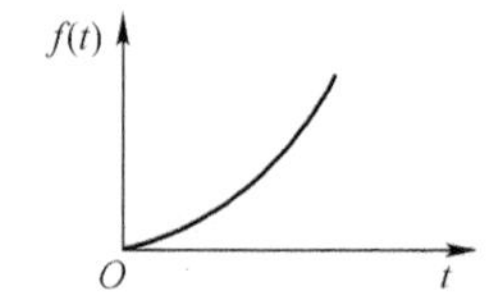

图 2-12　单位加速度函数

2.2.2　拉氏变换的主要定理

1）线性定理：$L[K_1f_1(t)+K_2f_2(t)]=K_1L[f_1(t)]+K_2L[f_2(t)]=K_1F_1(s)+K_2F_2(s)$

2）平移定理：$L[e^{-at}f(t)]=F(s+a)$

3）微分定理：函数 $f(t)$ 的各阶导数的拉氏变换

$$
L\left[\frac{df(t)}{dt}\right]=sF(s)-f(0)
$$

$$
L\left[\frac{d^2f(t)}{dt^2}\right]=s^2F(s)-sf(0)-f'(0)
$$

$$
L\left[\frac{d^3f(t)}{dt^3}\right]=s^3F(s)-s^2f(0)-sf'(0)-f''(0)
$$

$$
\vdots
$$

若函数 $f(t)$ 及各阶导数在 $t=0$ 时刻的值均为零，即在零初始条件下，函数 $f(t)$ 的各阶导数的拉氏变换为

$$
L[f'(t)]=sF(s)
$$

$$
L[f''(t)]=s^2F(s)
$$

$$
L[f'''(t)]=s^3F(s)
$$

$$
\vdots
$$

$$
L[f^{(n)}(t)]=s^nF(s)
$$

4）积分定理：函数$f(t)$的积分的拉氏变换

$$L\left[\int f(t)\mathrm{d}t\right]=\frac{1}{s}F(s)+\frac{1}{s}f^{(-1)}(0)$$

当初始条件为零时，即$\int f(t)\mathrm{d}t\Big|_{t=0}=0$，则有

$$L\left[\int f(t)\mathrm{d}t\right]=\frac{1}{s}F(s)$$

函数$f(t)$的多重积分的拉氏变换：

$$L\left[\int\cdots\int f(t)\mathrm{d}t\right]=\frac{1}{s^n}F(s)+\frac{1}{s^n}f^{(-1)}(0)+\frac{1}{s^{n-1}}f^{(-2)}(0)+\cdots+\frac{1}{s}f^{-(n)}(0)$$

当初始条件为零时，即$f^{-(n-1)}(0)=0$，则有

$$L\left[\int\cdots\int f(t)\mathrm{d}t\right]=\frac{1}{s^n}F(s)$$

5）延时定理：$L[f(t-\tau)]=\mathrm{e}^{-\tau s}F(s)$

6）终值定理：$\lim\limits_{t\to\infty}f(t)=f(\infty)=\lim\limits_{s\to 0}sF(s)$

7）初值定理：$\lim\limits_{t\to 0}f(t)=\lim\limits_{s\to\infty}sF(s)$

8）卷积定理：$L\left[\int_0^{\infty}f_1(t-\tau)f_2(\tau)\mathrm{d}\tau\right]=F_1(s)F_2(s)$

2.2.3 应用拉氏变换解线性微分方程

1）原始方法：通过拉氏变换将微分方程化为象函数的代数方程，然后解出象函数，由拉氏反变换求得微分方程的解。

2）部分分式展开法：将复变函数展开成有理分式之和，再由拉氏变换表分别查出对应的反变换函数，即得所求的原函数$f(t)$。

下面主要介绍部分分式展开法。

通常，象函数$F(s)$是s的有理代数式，可表示为

$$F(s)=\frac{B(s)}{A(s)}=\frac{b_0s^m+b_1s^{m-1}+\cdots+b_{m-1}s+b_m}{a_0s^n+a_1s^{n-1}+\cdots+a_{n-1}s+a_n},\quad n\geqslant m$$

为了将$F(s)$写成部分分式，首先把它的分母因式分解，则有

$$F(s)=\frac{B(s)}{A(s)}=\frac{b_0s^m+b_1s^{m-1}+\cdots+b_{m-1}s+b_m}{(s-p_1)(s-p_2)\cdots(s-p_n)},\quad n\geqslant m$$

式中，p_1，p_2，…，p_n是$A(s)=0$的根，也称为$F(s)$的极点。按照极点的性质，可分为以下几种情况研究。

（1）$F(s)$的极点为各不相同的实数

$$F(s)=\frac{B(s)}{A(s)}=\frac{b_0s^m+b_1s^{m-1}+\cdots+b_{m-1}s+b_m}{(s-p_1)(s-p_2)\cdots(s-p_n)}=\frac{A_1}{s-p_1}+\frac{A_2}{s-p_2}+\cdots+\frac{A_n}{s-p_n}=\sum_{i=1}^{n}\frac{A_i}{s-p_i}$$

式中，A_i是待定系数，它是$s=p_i$处的留数，其求法为

$$A_i=[F(s)(s-p_i)]_{s=p_i}$$

根据拉氏变换的线性定理，可求得原函数为

$$f(t)=L^{-1}[F(s)]=L^{-1}\left[\sum_{i=1}^{n}\frac{A_i}{s-p_i}\right]=\sum_{i=1}^{n}A_i e^{p_i}$$

例 2-7 求 $F(s)=\dfrac{s^2-s+2}{s(s^2-s-6)}$的原函数。

解 将 $F(s)$展开成部分分式

$$F(s)=\frac{s^2-s+2}{s(s^2-s-6)}=\frac{s^2-s+2}{s(s-3)(s+2)}=\frac{A_1}{s}+\frac{A_2}{s-3}+\frac{A_3}{s+2}$$

计算待定系数：

$$A_1=F(s)s\big|_{s=0}=\frac{s^2-s+2}{s(s-3)(s+2)}s\big|_{s=0}=-\frac{1}{3}$$

$$A_2=F(s)(s-3)\big|_{s=3}=\frac{s^2-s+2}{s(s-3)(s+2)}(s-3)\big|_{s=3}=\frac{8}{15}$$

$$A_3=F(s)(s+2)\big|_{s=3}=\frac{s^2-s+2}{s(s-3)(s+2)}(s+2)\big|_{s=-2}=\frac{4}{5}$$

则有

$$F(s)=\frac{A_1}{s}+\frac{A_2}{s-3}+\frac{A_3}{s+2}=-\frac{1}{3}\frac{1}{s}+\frac{8}{15}\frac{1}{s-3}+\frac{4}{5}\frac{1}{s+2}$$

对 $F(s)$进行拉氏反变换得

$$f(t)=L^{-1}[F(s)]=L^{-1}\left[-\frac{1}{3}\frac{1}{s}+\frac{8}{15}\frac{1}{s-3}+\frac{4}{5}\frac{1}{s+2}\right]$$

$$=-\frac{1}{3}L^{-1}\left[\frac{1}{s}\right]+\frac{8}{15}L^{-1}\left[\frac{1}{s-3}\right]+\frac{4}{5}L^{-1}\left[\frac{1}{s+2}\right]=-\frac{1}{3}+\frac{8}{15}e^{3t}+\frac{4}{5}e^{-2t}$$

（2）$F(s)$含有共轭复数极点

$F(s)$有一对共轭复数极点 p_1、p_2，其余极点均为各不相同的实数，则 $F(s)$可展开为

$$F(s)=\frac{b_0s^m+b_1s^{m-1}+\cdots+b_{m-1}s+b_m}{(s-p_1)(s-p_2)\cdots(s-p_n)}=\frac{A_1s+A_2}{(s-p_1)(s-p_2)}+\frac{A_3}{s-p_3}+\cdots+\frac{A_n}{s-p_n}$$

则 A_1、A_2求解如下：

令

$$[F(s)(s-p_1)(s-p_2)]_{\substack{s=p_1\\或s=p_2}}=\left[\frac{A_1s+A_2}{(s-p_1)(s-p_2)}+\frac{A_3}{s-p_3}+\cdots+\frac{A_n}{s-p_n}\right][(s-p_1)(s-p_2)]\Bigg|_{\substack{s=p_1\\或s=p_2}}$$

即

$$[F(s)(s-p_1)(s-p_2)]_{\substack{s=p_1\\或s=p_2}}=[A_1s+A_2]_{\substack{s=p_1\\或s=p_2}}$$

令等号两边的实部和虚部分别相等，即可求得 A_1、A_2。

例 2-8 已知 $F(s)=\dfrac{s+1}{s(s^2+s+1)}$，试求原函数 $f(t)$。

解 将 $F(s)$的分母进行因式分解，得

$$F(s)=\frac{s+1}{s\left(s+\frac{1}{2}+j\frac{\sqrt{3}}{2}\right)\left(s+\frac{1}{2}-j\frac{\sqrt{3}}{2}\right)}=\frac{A_0}{s}+\frac{A_1s+A_2}{s^2+s+1}$$

求出待定系数 A_0

$$A_0=\left[\frac{s+1}{s(s^2+s+1)}s\right]_{s=0}=1$$

共轭复数极点所对应的待定系数计算如下：

$$A_1s+A_2=[F(s)(s^2+s+1)]_{s=p_1}$$

令 $s=-\frac{1}{2}-j\frac{\sqrt{3}}{2}$，得

$$A_1\left(-\frac{1}{2}-j\frac{\sqrt{3}}{2}\right)+A_2=\frac{\frac{1}{2}-j\frac{\sqrt{3}}{2}}{-\frac{1}{2}-j\frac{\sqrt{3}}{2}}$$

可简化为

$$A_1\left(-\frac{1}{2}+j\frac{\sqrt{3}}{2}\right)+A_2\left(-\frac{1}{2}-j\frac{\sqrt{3}}{2}\right)=\frac{1}{2}-j\frac{\sqrt{3}}{2}$$

令上式两边实部和虚部分别相等，得

$$\begin{cases}A_1+A_2=-1\\A_1-A_2=-1\end{cases}$$

解得 $A_1=-1$，$A_2=0$，则有

$$\begin{aligned}F(s)&=\frac{1}{s}-\frac{s}{s^2+s+1}\\&=\frac{1}{s}-\frac{s}{\left(s+\frac{1}{2}\right)^2+\left(\frac{\sqrt{3}}{2}\right)^2}\\&=\frac{1}{s}-\frac{s+\frac{1}{2}}{\left(s+\frac{1}{2}\right)^2+\left(\frac{\sqrt{3}}{2}\right)^2}+\frac{\frac{1}{2}}{\left(s+\frac{1}{2}\right)^2+\left(\frac{\sqrt{3}}{2}\right)^2}\end{aligned}$$

原函数为

$$f(t)=L^{-1}[F(s)]=1-e^{-\frac{1}{2}t}\cos\frac{\sqrt{3}}{2}t+\frac{\sqrt{3}}{3}e^{-\frac{1}{2}t}\sin\frac{\sqrt{3}}{2}t$$

（3）$F(s)$含有重极点

$F(s)$有 r 个重极点，即 $A(s)=0$ 有 r 个重根 p_0，则 $F(s)$为

$$\begin{aligned}F(s)&=\frac{B(s)}{A(s)}=\frac{b_0s^m+b_1s^{m-1}+\cdots+b_{m-1}s+b_m}{(s-p_0)^r(s-p_{r+1})\cdots(s-p_n)}\\&=\frac{A_{01}}{(s-p_0)^r}+\frac{A_{02}}{(s-p_0)^{r-1}}+\cdots+\frac{A_{0r}}{(s-p_0)}+\frac{A_{r+1}}{(s-p_{r+1})}+\cdots+\frac{A_n}{(s-p_n)}\end{aligned}$$

$A_{r+1},A_{r+2},\cdots,A_n$的求法与单实数极点情况相同，即

$$\begin{aligned}A_{r+1}&=[F(s)(s-p_{r+1})]_{s=p_{r+1}}\\A_{r+2}&=[F(s)(s-p_{r+2})]_{s=p_{r+2}}\\A_n&=[F(s)(s-p_n)]_{s=p_n}\end{aligned}$$

$A_{01},A_{02},\cdots,A_{0r}$的求法如下：

$$A_{01}=[F(s)(s-p_0)^r]_{s=p_0}$$

$$A_{02}=\left[\frac{\mathrm{d}}{\mathrm{d}s}F(s)(s-p_0)^r\right]_{s=p_0}$$

$$A_{03}=\frac{1}{2!}\left[\frac{\mathrm{d}^2}{\mathrm{d}s^2}F(s)(s-p_0)^r\right]_{s=p_0}$$

$$\vdots$$

$$A_{0r}=\frac{1}{(r-1)!}\left[\frac{\mathrm{d}^{(r-1)}}{\mathrm{d}s^{(r-1)}}F(s)(s-p_0)^r\right]_{s=p_0}$$

然后，对 $F(s)$进行拉氏反变换，得原函数$f(t)$为

$$f(t)=L^{-1}[F(s)]=L^{-1}\left[\frac{A_{01}}{(s-p_0)^r}+\frac{A_{02}}{(s-p_0)^{r-1}}+\cdots+\frac{A_{0r}}{(s-p_0)}+\frac{A_{r+1}}{(s-p_{r+1})}+\cdots+\frac{A_n}{(s-p_n)}\right]$$

$$=\left[\frac{A_{01}}{(r-1)!}t^{(r-1)}+\frac{A_{02}}{(r-2)!}t^{(r-2)}+\cdots+A_{0r}\right]\mathrm{e}^{p_0t}+A_{r+1}\mathrm{e}^{p_{r+1}t}+\cdots+A_n\mathrm{e}^{p_nt},\quad t\geqslant 0$$

例 2-9 设系统微分方程为$\frac{\mathrm{d}^2x_\mathrm{o}(t)}{\mathrm{d}t^2}+5\frac{\mathrm{d}x_\mathrm{o}(t)}{\mathrm{d}t}+6x_\mathrm{o}(t)=x_\mathrm{i}(t)$，若 $x_\mathrm{i}(t)=1(t)$，初始条件 $x_\mathrm{o}(0)=x_\mathrm{o}'(0)=0$，试求 $x_\mathrm{o}(t)$。

解 分别对方程的两边进行拉氏变换，并应用拉氏变换的微分定理和线性定理得

$$L\left[\frac{\mathrm{d}^2x_\mathrm{o}(t)}{\mathrm{d}t^2}+5\frac{\mathrm{d}x_\mathrm{o}(t)}{\mathrm{d}t}+6x_\mathrm{o}(t)\right]=L[x_\mathrm{i}(t)]$$

$$[s^2X_\mathrm{o}(s)-sX_\mathrm{o}(0)-X_\mathrm{o}'(0)]+5[sX_\mathrm{o}(s)-X_\mathrm{o}(0)]+6X_\mathrm{o}(s)=L[1(t)]=\frac{1}{s}$$

$$(s^2+5s+6)X_\mathrm{o}(s)-(s+5)X_\mathrm{o}(0)-X_\mathrm{o}'(0)=L[1(t)]=\frac{1}{s}$$

$$(s^2+5s+6)X_\mathrm{o}(s)=\frac{1}{s}$$

整理得

$$X_\mathrm{o}(s)=\frac{1}{s}\frac{1}{s^2+5s+6}$$

利用部分分式展开得

$$X_\mathrm{o}(s)=\frac{1}{s(s+2)(s+3)}=\frac{A_1}{s}+\frac{A_2}{s+2}+\frac{A_3}{s+3}$$

确定待定系数：

$$A_1=X_\mathrm{o}(s)s\,|_{s=0}=\frac{1}{s(s+3)(s+2)}s\,|_{s=0}=\frac{1}{6}$$

$$A_2=X_\mathrm{o}(s)(s+2)\,|_{s=-2}=\frac{1}{s(s+3)(s+2)}(s+2)\,|_{s=-2}=-\frac{1}{2}$$

$$A_3=X_\mathrm{o}(s)(s+3)\,|_{s=-3}=\frac{1}{s(s+3)(s+2)}(s+3)\,|_{s=-3}=\frac{1}{3}$$

则有

$$X_o(s)=\frac{A_1}{s}+\frac{A_2}{s+2}+\frac{A_3}{s+3}=\frac{1}{6}\frac{1}{s}-\frac{1}{2}\frac{1}{s+2}+\frac{1}{3}\frac{1}{s+3}$$

进行拉氏反变换得

$$x_o(t)=L^{-1}[X_o(s)]=L^{-1}\left[\frac{1}{6}\frac{1}{s}-\frac{1}{2}\frac{1}{s+2}+\frac{1}{3}\frac{1}{s+3}\right]$$

$$=\frac{1}{6}-\frac{1}{2}e^{-2t}+\frac{1}{3}e^{-3t},\quad t\geqslant 0$$

2.3　控制系统的复域数学模型

通过对前面所讲知识内容的理解和观察，可以发现在控制系统的微分方程中，输入量和输出量及其各阶导数都是在时域里面关于时间的函数，即微分方程是在时域内被用来描述系统的动态规律的数学模型。若给定了施加于控制系统的外作用及系统的初始条件，对微分方程进行求解就可得到控制系统输出响应的解析解，而解析解中则包含了控制系统运动的全部时间信息。因为时域就是人们日常生活的时空范畴，所以利用物理规律建立控制系统微分方程的方法与过程比较直观，容易被理解和接受，准确度也很高。但是，如果在后续工作时，控制系统的内部结构发生了改变，或者是某个具体参数发生了变化，就需要重新建立微分方程并重新求解新的微分方程，这样大量又完全重复性的工作，对于控制系统的分析和设计来讲，效率很低并且非常不方便。

传递函数是经典控制理论中对线性系统进行研究、分析与综合的数学工具。对标准形式的微分方程进行拉氏变换，可以将其化为代数方程；再将此代数方程右端变量的算子除以左端变量的算子，则可获得传递函数。这样就可以将时域中的微分、积分运算转化为复域中的代数运算，从而大大简化了计算工作量。

传递函数是在拉氏变换的基础上定义的，所以是在复域内描述控制系统动态特性的数学模型。传递函数的优势体现在：它不仅可以表征系统的动态特性，还可以被用来研究当控制系统的内部结构或具体参数发生变化的情况下，这些因素对系统性能所造成的各种影响。在经典控制理论中，被广泛应用的根轨迹法和频域法，都是以传递函数为基础而建立起来的。因此，传递函数是在复域范畴内、经典控制理论中最基本也是最重要的数学模型。

2.3.1　传递函数

1. 传递函数的定义

传递函数是在零初始条件下，线性定常系统输出量的拉氏变换与输入量的拉氏变换之比。

线性定常系统的微分方程一般可写为

$$a_n\frac{d^n x_o(t)}{dt^n}+a_{n-1}\frac{d^{n-1}x_o(t)}{dt^{n-1}}+\cdots+a_1\frac{dx_o(t)}{dt_1}+a_0x_o(t)$$

$$=b_m\frac{d^m x_i(t)}{dt^m}+b_{m-1}\frac{d^{m-1}x_i(t)}{dt^{m-1}}+\cdots+b_1\frac{dx_i(t)}{dt}+b_0x_i(t)\qquad(2-29)$$

式中，$x_o(t)$为输出量；$x_i(t)$为输入量；$a_n,a_{n-1},\cdots,a_0$ 及 $b_m,b_{m-1},\cdots,b_0$ 均为由系统结构、参数决定的常系数，$n\geqslant m$。

在零初始条件下，即当外界输入作用前，输入、输出的初始条件值均为零时，对式（2-29）两端进行拉氏变换，可得相应的代数方程

$$(a_ns^n+a_{n-1}s^{n-1}+\cdots+a_1s+a_0)X_o(s)=(b_ms^m+b_{m-1}s^{m-1}+\cdots+b_1s+b_0)X_i(s) \quad (2-30)$$

则系统的传递函数为

$$\frac{X_o(s)}{X_i(s)}=\frac{b_ms^m+b_{m-1}s^{m-1}+\cdots+b_1s+b_0}{a_ns^n+a_{n-1}s^{n-1}+\cdots+a_1s+a_0} \quad (2-31)$$

需要注意以下几点：

1）传递函数是在零初始条件下定义的。零初始条件有两方面含义：一是指输入是在时间 $t=0$ 以后才作用于系统的，因此，系统输入量及其各阶导数在时间 $t\leqslant 0$ 时均为零；二是指输入作用于系统之前，系统是"相对静止"的，即系统输出量及各阶导数在时间 $t\leqslant 0$ 时的值也为零。大多数实际工程系统都满足这样的条件。零初始条件的规定不仅能简化运算，而且有利于在同等条件下比较系统性能。

2）由于式（2-29）左端导数的阶次及各项系数只取决于系统本身的，而与外界无关的固有特性，右端导数的阶次及各项系数取决于系统与外界之间的关系，所以，传递函数的分母与分子分别反映系统本身与外界无关的固有特性和系统同外界之间的关系。

3）如果控制系统的输入量已经给定了，则系统的输出完全取决于其传递函数。再通过拉氏反变换，便可求得系统在时域内的输出，而这一输出是与系统在输入作用前的初始状态无关的，因为此时已经设初始状态为零了。

4）在传递函数中，必存在关系 $n\geqslant m$，因为实际的控制系统（元器件）总是具有惯性的，并且动力源功率有限，所以实际控制系统传递函数的分母阶次 n 总是大于或等于分子的阶次 m。例如，对于单自由度（二阶）的机械振动系统来说，在对其输入作用力之后，总是先要克服其惯性，然后产生加速度，随后才能产生速度，从而才可能有位移的输出，而与输入有关的项的阶次是不可能高于二阶的，这一点请读者仔细体会。

5）传递函数可以是有量纲的，也可以是无量纲的。如在机械系统中，如果输出量为位移（cm），输入为力（N），则传递函数是有量纲的，单位为 cm/N；如果输出量为位移（cm），输入量也是位移（cm），则传递函数为无量纲的比值。在传递函数的计算中，应特别注意量纲的正确性。

6）物理性质不同的系统、环节或元件，可以具有相同类型的传递函数，因为既然可以用同样类型的微分方程来描述不同物理系统的动态过程，也就可以用同样类型的传递函数来描述不同物理系统的动态过程。因此，传递函数的分析方法可以用于不同的物理系统。

例 2-10 求例 2-1 中 RLC 无源网络的传递函数。

解 由式（2-3）可知，RLC 无源网络的微分方程为

$$LC\ddot{u}_C(t)+RC\dot{u}_C(t)+u_C(t)=u_r(t)$$

在零初始条件下，对上式两端取拉氏变换，并整理可得 RLC 无源网络的传递函数为

$$G(s)=\frac{U_C(s)}{U_r(s)}=\frac{1}{LCs^2+RCs+1}$$

实际上，在求解控制系统（元器件）的传递函数时，必须考虑负载效应，即所求得的传递函数应当反映元器件正常带负载工作时的特性。比如，电动机空载时的特性不能反映带载运行时的特性；两个无源网络串联时的特性不能被简单断开处理成两个单独作用时网络特性再串联起来；又如，液压伺服阀连接液压缸驱动负载工作时的特性，不能被简单处理成液

压伺服阀单独工作时的特性和液压缸独立工作时的特性的串联组合，而是要体现出两者在同时工作时流体的流量连续性特性，和控制体内流体的质量守恒特性，上述这些例子中的负载效应都不能被忽视。

2. 传递函数的性质

根据上述内容，我们对传递函数有了一个初步的认识，接下来为了更全面地认识传递函数并在后续章节中更好地应用这一有力工具，需要了解传递函数的性质如下：

1）传递函数是复变量 s 的有理分式函数，所以，它具有复变函数的所有性质。

2）传递函数只取决于系统（元器件）自身的结构和参数，与外作用的形式和大小无关。

3）传递函数与微分方程有直接联系。复变量 s 相当于时域中的微分算子。

4）传递函数的拉氏反变换即为系统的脉冲响应。

3. 传递函数的局限性

传递函数除了有上述性质之外，也有它的局限性，这也就限制了传递函数的应用范围。

1）传递函数是在零初始条件下定义的，因此它只反映系统在零状态下的动态特性，而不能反映非零初始条件下系统的全部动态运行规律。

2）传递函数通常只适合于描述单输入/单输出（SISO）系统。

3）传递函数是由拉氏变换定义的，拉氏变换是一种线性变换，因此传递函数只适用于线性定常系统。

2.3.2　常用元件的传递函数

任何一个控制系统都是由不同的物理元件组成的，深入理解各种元件的物理属性及其功能和原理，是正确建立控制系统数学模型的基础。在建立一个完整的控制系统的数学模型时，一般的方法是，将系统在考虑其负载效应的前提下，分解成每一个独立工作的元件单元，然后，根据每个独立元件单元的功能和工作原理，建立各个元件单元的数学模型，最后，依据每个元件单元之间的内在结构或者信号传递关系，将其逐次连接，消除中间变量，就构成了完整控制系统的数学模型。基于此，下面着重阐述一些典型元件单元的功能和原理，及其数学建模的过程，目的在于使读者一方面可以触类旁通地掌握分析问题理解思路的方法，另一方面则由简单对象入手，逐渐熟悉此类数学建模的思路，练好基本功。

1. 误差角检测器

用一对完全相同的电位器组成误差角检测器时，如图 2-13a 所示，其输出电压为

$$u(t)=u_1(t)-u_2(t)=K_1[\theta_1(t)-\theta_2(t)]=K_1\Delta\theta(t)$$

式中，K_1 是单个电位器的比例传递系数；$\Delta\theta(t)=\theta_1(t)-\theta_2(t)$ 是两个电位器电刷的角位移之差，称为误差角。以误差角作为输入量时，误差角检测器的传递函数为

$$G(s)=\frac{U(s)}{\Delta\Theta(s)}=K_1 \tag{2-32}$$

基于方程式（2-32），误差角检测器的框图如图 2-13b 所示。

2. 测速发电机

图 2-14 为测速发电机原理示意图。其中，测速发电机的转子与待测设备的转子轴相连，无论是直流或交流测速发电机，其输出电压均正比于转子的角速度，所以它的微分方程式可以写成

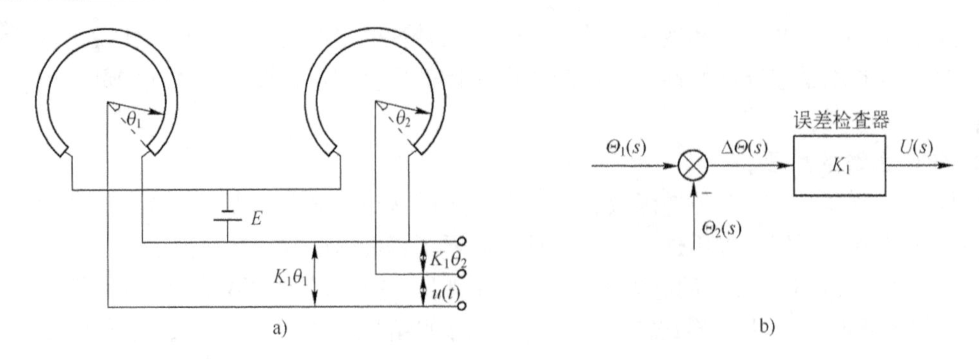

图 2-13　误差角检测器原理图及框图

a）误差角检测器原理图　b）误差角检测器框图

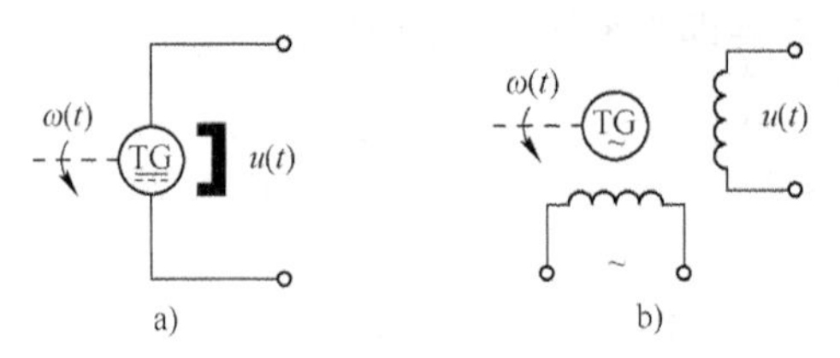

图 2-14　测速发电机原理示意图

a）直流测速发电机　b）交流测速发电机

$$u(t)=K_t\omega(t)=K_t\,\dot{\theta}(t) \tag{2-33}$$

式中，$\theta(t)$为转子的角位移；$\omega(t)$为其角速度；$u(t)$为输出；K_t 为测速发电机的输出电压的斜率。当转子改变旋转方向时，测速发电机改变输出电压的极性或相位。

在零初始条件下，对微分方程式（2-33）进行拉氏变换，得到方程式如下：

$$U(s)=K_t\Omega(s)=K_t s\Theta(s) \tag{2-34}$$

于是，可得测速发电机的传递函数如下：

$$G(s)=\frac{U(s)}{\Omega(s)}=K_t\quad 或\quad G(s)=\frac{U(s)}{\Theta(s)}=K_t s \tag{2-35}$$

方程式（2-35）中的两个式子都可以表示测速发电机的传递函数，区别就在于取不同的输入量：当输入量取转速 $\omega(t)$时用前者，输入量取转角 $\theta(t)$时用后者。

可见，对于同一个元件，若输入量和输出量选择得不同，对应的传递函数就不同。基于传递函数式（2-35），测速发电机的框图如图 2-15 所示。

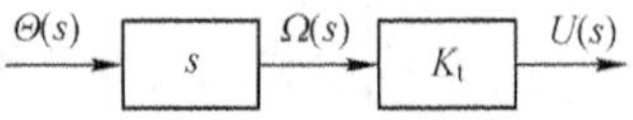

图 2-15　测速发电机框图

3. 两相异步电机

两相异步电动机具有自重小、惯量小、加速特性好的优点，所以，在控制系统中被广泛使用，其工作原理示意图如图 2-16a 所示。

两相异步电动机由相互垂直配置的两相定子绕组和一个高阻值转子绕组组成。定子绕组中一相是励磁绕组，另一相是控制绕组。

两相异步电动机的转矩-速度特性曲线有负的斜率，且呈非线性。图 2-16b 所示是在不同控制电压 u_a 下，实验测得的一组机械特性曲线。考虑到在控制系统中，异步电动机一般工作在零转速附近，作为线性化的一种方法，通常把低速部分的线性段延伸到高速范围，即用低速直线近似代替非线性特性，如图 2-16b 中虚线所示。此外，也可以应用小偏差线性

化的方法。通常两相异步电动机机械特性的线性化方程可表示为

$$M_m(t)=-f_m\omega_m(t)+M_s(t) \tag{2-36}$$

式中，$M_m(t)$是电动机输出转矩；$\omega_m(t)$是电动机的角速度；f_m 是电动机轴上的总黏性摩擦系数；$M_s(t)$是堵转转矩。由图 2-16b 表示的机械特性可求得

$$M_s(t)=C_m u_a(t) \tag{2-37}$$

其中，C_m 是由额定电压下的堵转转矩所确定的常数。

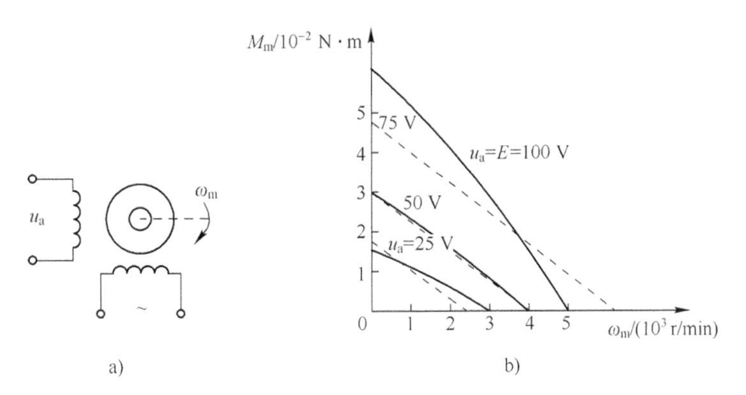

图 2-16　两相异步电动机及其机械特性

a）工作原理示意图　b）机械特性曲线

电动机输出转矩 M_m 用来驱动负载并克服黏性摩擦，由牛顿定律可写出电动机轴上的转矩平衡方程如下：

$$M_m(t)=J_m\dot{\omega}_m(t)+f_m\omega_m(t) \tag{2-38}$$

式中，J_m 是折算到电动机轴上的总转动惯量。

联立方程式（2-37）与式（2-38），消去中间变量 $M_s(t)$、$M_m(t)$，并在零初始条件下，求其拉氏变换，则可求得两相异步电动机的传递函数为

$$G(s)=\frac{\Omega_m(s)}{U_a(s)}=\frac{C_m}{J_m s+2f_m}=\frac{K_a}{T_m s+1} \tag{2-39}$$

式中，$K_a=C_m/(2f_m)$，是电动机的传递系数；$T_m=J_m/(2f_m)$，是电动机时间常数。由于 $\Omega_m(s)=s\Theta(s)$，则式（2-39）也可写为

$$G(s)=\frac{\Theta_m(s)}{U_a(s)}=\frac{K_a}{s(T_m s+1)} \tag{2-40}$$

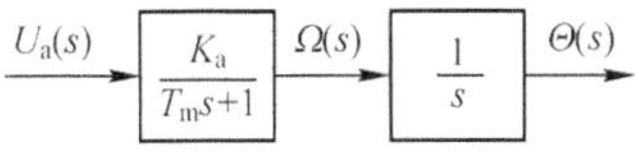

$U_a(s)$ → $\frac{K_a}{T_m s+1}$ → $\Omega(s)$ → $\frac{1}{s}$ → $\Theta(s)$

图 2-17　两相异步电动机框图

两相异步电动机的框图如图 2-17 所示，其在形式上与直流电动机的框图完全相同。

4. 齿轮系

在许多控制系统中，常常会用高转速、小转矩的电动机作为执行机构，而工作中的负载通常要求低转速、大转矩的进行调整，所以需要引入减速器进行匹配工作。减速器一般由齿轮系组合而成，它们在机械系统中的作用相当于电气系统中的变压器。图 2-18 表示一对齿轮减速器的结构。假设主动齿轮与从动齿轮的转速、齿数、转动惯量和黏性摩擦系数分别用 ω_1、z_1、J_1、f_1 和 ω_2、z_2、J_2、f_2 表示，一级齿轮的传动比定义为 $i_1=z_2/z_1>1$，则从动齿轮的转速为

$$\omega_2(t)=\frac{z_1}{z_2}\omega_1(t)=\frac{1}{i_1}\omega_1(t) \tag{2-41}$$

一级齿轮减速器的传递函数可写为

$$G(s)=\frac{\Omega_2(s)}{\Omega_1(s)}=\frac{1}{i_1} \tag{2-42}$$

齿轮减速器的框图如图 2-19 所示。

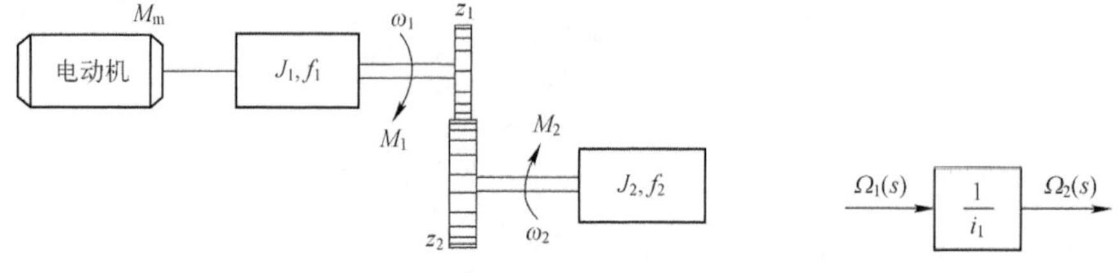

图 2-18　一对齿轮减速器　　　　图 2-19　齿轮减速器框图

为了考虑负载和齿轮系对电动机特性的影响，一般要将负载上的力矩、各级齿轮轴上的转动惯量以及黏性摩擦折算到电动机的输出轴上。依据牛顿定律列写各级齿轮轴上的力矩平衡方程，可以导出折算到电动机轴上的转动惯量和黏性摩擦系数分别为

$$J=J_1+\frac{1}{i_1^2}J_2 \quad f=f_1+\frac{1}{i_1^2}f_2$$

在实际应用中，通常要经过多级减速来实现较大的减速比。对于多级齿轮系，折算到电动机轴上的总的等效转动惯量和等效黏性摩擦系数分别为

$$J=J_1+\left(\frac{1}{i_1}\right)^2J_2+\left(\frac{1}{i_1i_2}\right)^2J_3+\cdots \tag{2-43}$$

$$f=f_1+\left(\frac{1}{i_1}\right)^2f_2+\left(\frac{1}{i_1i_2}\right)^2f_3+\cdots \tag{2-44}$$

从方程式（2-43）和式（2-44）可以得出，随着传动级数和传动比的增大，负载轴上的转动惯量和黏性摩擦的作用将迅速减小。因此，在实际系统中，越靠近输入轴的转动惯量及黏性摩擦对电动机的负载影响越大。尽量减小前级齿轮的转动惯量和黏性摩擦，有利于提高电动机的动态性能。

2.3.3　典型环节的传递函数

在控制系统中常用的元件有电气元件、机械元件、光电元件、液压元件、气动元件等，它们的具体结构和工作形式多种多样，并且其内在的工作机理也各不相同。即便如此，如果建立它们的微分方程，并将其所对应的传递函数抽象出来，基本上都可以看作是若干个基本单元的组合。

系统的微分方程如果不做假设和简化处理，一般都是高阶的；基于此，其传递函数也往往是高阶的。但不管其阶次有多高，均可以被化为零阶、一阶、二阶的若干典型环节（如比例环节、惯性环节、微分环节、积分环节、振荡环节和延时环节）。熟练掌握这些典型环节的传递函数，对于了解与研究系统会带来很大的方便。

1. 比例环节

凡是输出量与输入量成正比，并且输出量不失真也不延迟，而是按比例地反映输入量的

环节，称为比例环节（或放大环节、无惯性环节、零阶环节），其传递函数为

$$G(s)=\frac{X_o(s)}{X_i(s)}=K \tag{2-45}$$

式中，$X_o(s)$为输出量；$X_i(s)$为输入量；K 为环节的放大系数或增益。

2. 惯性环节

凡是动力学方程为一阶微分方程形式的环节称为惯性环节（或称一阶惯性环节），惯性环节一般包含一个储能元件和一个耗能元件，其传递函数为

$$G(s)=\frac{X_o(s)}{X_i(s)}=\frac{1}{Ts+1} \tag{2-46}$$

式中，T 为惯性环节的时间常数。

3. 微分环节

凡是具有输出量正比于输入量的微分作用形式特征的环节称为微分环节，其传递函数为

$$G(s)=\frac{X_o(s)}{X_i(s)}=Ts \tag{2-47}$$

式中，T 为微分环节的时间常数。

需要注意的是，微分环节的输出量反映的是输入量的微分，如当输入量为单位阶跃函数时，输出量就是脉冲函数，这在实际物理系统中是完全不可能发生的。这又一次证明了，对于传递函数而言，分子的阶数不可能高于分母的阶数。因此，微分环节是不可能单独存在的，而是需要与其他环节组合后同时存在的。实际上，微分特性总是含有惯性的，理想的微分环节只是数学上的假设而已。

另外，微分环节的控制作用主要表现在以下三个方面：使输出作用提前、增加系统的阻尼和强化噪声的作用。

4. 积分环节

凡是具有输出量正比于输入量对时间的积分作用形式特征的环节称为积分环节，其传递函数为

$$G(s)=\frac{X_o(s)}{X_i(s)}=\frac{1}{Ts} \tag{2-48}$$

式中，T 为积分环节的时间常数。

积分环节的特点是输出量为输入量对时间的累积，输出幅值呈线性增长。例如对于阶跃输入，输出要在 $t=T$ 时才能等于输入，故有滞后作用。经过一段时间的累积后，当输入变为零时，输出量不再增加，但保持该值不变，具有记忆功能。在控制系统中凡是具有储存或积累特点的元件，都具有积分环节的特性。

5. 振荡环节

振荡环节（或称二阶振荡环节）是二阶环节，其传递函数为

$$G(s)=\frac{X_o(s)}{X_i(s)}=\frac{1}{T^2s^2+2\xi Ts+1} \tag{2-49}$$

或者

$$G(s)=\frac{X_o(s)}{X_i(s)}=\frac{\omega_n^2}{s^2+2\xi\omega_n s+\omega_n^2} \tag{2-50}$$

式中，ω_n 为无阻尼固有频率；T 为振荡环节的时间常数，$T=1/\omega_n$；ξ 为阻尼比，$0\leqslant\xi<1$。

需要注意的是，对二阶环节在阶跃输入下，输出有两种情况：

1）当 $0\leqslant\xi<1$ 时，输出为一个振荡过程，此时二阶环节即为振荡环节。

2）当 $\xi\geqslant1$ 时，输出为一个指数上升曲线而不振荡，最后达到常值输出。这时，这个二阶环节不是振荡环节，而是两个一阶惯性环节的组合。由此可见，振荡环节是二阶环节，但二阶环节不一定是振荡环节。当 T 很小、ξ 较大时，T^2s^2 项可以被忽略不计，故而分母阶次变为一阶，二阶环节近似为惯性环节。

表现为振荡环节特征的控制系统，一般会含有两个储能元件和一个耗能元件，由于两个储能元件之间有能量交换，所以系统输出容易发生振荡。从数学模型来看，当振荡环节的传递函数的极点为一对共轭复数极点时，系统输出就会发生振荡。而且，阻尼比 ξ 越小，振荡就会越激烈。由于存在耗能元件，所以振荡是逐渐衰减的。

6. 延时环节

延时环节（或称迟延环节）是系统输出滞后于输入时间 τ 但不失真地反映输入的环节。具有延时环节的系统便称为延时系统。延时环节也是线性环节，符合叠加定理，延时环节的传递函数为

$$G(s)=\frac{L[x_o(t)]}{L[x_i(t)]}=\frac{L[x_i(t-\tau)]}{L[x_i(t)]}=\frac{X_i(s)\mathrm{e}^{-\tau s}}{X_i(s)}=\mathrm{e}^{-\tau s} \tag{2-51}$$

式中，τ 为延时环节的时间常数。

延时环节与惯性环节不同，惯性环节的输出需要延迟一段时间才接近于所要求的输出量，但它从输入开始时刻起就已有了输出。延时环节在输入开始之初的时间 τ 内并无输出，在达到延时 τ 后，输出就完全复现输入，且不再有其他滞后过程。简言之，延时环节的输出等于输入，只是在时间上延迟了一段时间间隔 τ。在控制系统中，单纯的延时环节是很少的，延时环节往往与其他环节一起出现。

在流体传动系统中，当系统被施加输入作用之后，例如阀口打开或者容积控制时，泵开始输出流量之后，一般由于沿程管路有一定的长度，从而延缓了信号传递的时间，因此会出现延时环节。另外，许多的机械传动系统也表现出具有延时环节的特性。但是，机械的铰链连接处、传动副（如齿轮副、丝杠螺母副等）等，其中的间隙就不是延时环节，而是所谓死区的本征非线性特征。它们的相同之处是在输入开始一段时间之后才会有输出，而二者的输出项却有着根本的不同：延时环节的输出完全复现输入，而死区的输出只反映与输出同一时间的输入的作用，而对输出开始前一段时间中的输入的作用，输出却无任何反映。

需要强调的是：

1）传递函数框图中的环节是根据运动微分方程划分的，一个环节并不一定代表一个物理元件（物理的环节或子系统），一个物理元件也不一定就是一个传递函数环节。也许几个物理元件的特性才组成一个传递函数环节，也许一个物理元件的特性分散在几个传递函数环节之中。所以，从根本上讲，这完全取决于组成系统的各物理元件之间有无负载效应。

2）不要把表示系统结构情况的物理框图与分析系统的传递函数的框图混淆起来。一定要区别这两种框图，切不可将物理框图中的每一个物理元件本身的传递函数代入物理框图中的相应框中，然后将整个框图作为传递函数框图进行数学分析，这就会造成不考虑负载效应的错误。

3）同一个物理元件在不同系统中的作用不同时，其传递函数也可以不同，因为传递函数与所选择的输入、输出物理量的种类有关，并不是不可改变的。

7. 一阶微分环节和二阶微分环节

一阶（复合）微分环节和二阶（复合）微分环节可以参照惯性环节和振荡环节来理解，但是这两个典型环节与微分环节类似，在实际物理系统中不可能单独存在，而是需要与其他环节组合后同时存在的。其传递函数如下面两式所示，但并不单独使用。

一阶（复合）微分环节：

$$G(s)=\frac{X_o(s)}{X_i(s)}=Ts+1 \tag{2-52}$$

二阶（复合）微分环节：

$$G(s)=\frac{X_o(s)}{X_i(s)}=T^2s^2+2\xi Ts+1 \tag{2-53}$$

称上述这些基本单元为典型环节，见表 2-1。

表 2-1　典型环节

序号	环节名称	微分方程	传递函数	举　例
1	比例环节	$x_o(t)=Kx_i(t)$	K	电位器、放大器、减速器、测速发电机等
2	惯性环节	$T\dot{x}_o(t)+x_o(t)=x_i(t)$	$\frac{1}{Ts+1}$	RC 电路，交、直流电动机等
3	振荡环节	$T^2\ddot{x}_o(t)+2\xi T\dot{x}_o(t)+x_o(t)=x_i(t)$	$\frac{1}{T^2s^2+2\xi Ts+1}$	RLC 电路、弹簧-质量块-阻尼器系统等
4	积分环节	$x_o(t)=\frac{1}{T}\int x_i(t)\mathrm{d}t$	$\frac{1}{Ts}$	电容上的电流与电压、测速发电机位移与电压等
5	微分环节	$x_o(t)=\tau x_i(t)$	τs	—
6	一阶复合微分环节	$x_o(t)=\tau\dot{x}_i(t)+x_i(t)$	$\tau s+1$	—
7	二阶复合微分环节	$x_o(t)=\tau^2\ddot{x}_i(t)+2\tau\xi x_i(t)+x_i(t)$	$\tau^2s^2+2\tau\xi s+1$	—

应当强调一下，如上所述，即便是控制系统中不同的元件可以有相同形式的传递函数，然而，对于同一个元件，当其选择不同的输入变量和输出变量时，所对应的传递函数一般也不一样。

表 2-1 中所列出的典型环节是非常具有代表性的，在许多实际应用场景中，控制系统的数学模型就是某个典型环节，或者是若干个典型环节的有机组合，此时，就可以直接用该环节或者若干个典型环节组合的形式来描述，非常方便。另外，复杂系统的传递函数，总能通过一定条件下的假设或者合理、有据、适当的变形，转化成若干个典型环节相组合的形式，这样对复杂系统数学模型的建立、简化和方便使用具有重要的理论和实际意义。

例如，液压动力机构的传递函数即动态方程为

$$X_p=\frac{\dfrac{K_q}{A_p}X_v-\dfrac{K_{ce}}{A_p^2}\left(1+\dfrac{V_t}{4\beta_e K_{ce}}s\right)F_L}{\dfrac{m_t V_t}{4\beta_e A_p^2}s^3+\left(\dfrac{m_t K_{ce}}{A_p^2}+\dfrac{B_p V_t}{4\beta_e A_p^2}\right)s^2+\left(1+\dfrac{B_p K_{ce}}{A_p^2}+\dfrac{K V_t}{4\beta_e A_p^2}\right)s+\dfrac{K K_{ce}}{A_p^2}}$$

其中，X_p是活塞杆的输出位移；X_v是滑阀的阀芯位移；F_L是外干扰力；K是负载刚度；m_t是活塞及负载折算到活塞上的总质量；B_p是活塞及负载的黏性阻尼系数。观察该动态方程等号右边的分母多项式形式比较繁杂，规律性不强；其中主要考虑了惯性负载、黏性摩擦负载、弹性负载以及液压油的压缩性和液压缸泄漏等因素的影响，是一个包含内容全面且十分通用的形式。在实际系统中，电液伺服系统的负载在很多情况下是以惯性负载为主的，而没有弹性负载或者弹性负载很小，因此弹性负载可以忽略。在液压马达作执行元件的伺服系统中，弹性负载更是少见。所以没有弹性负载的情况是比较普遍的，也是比较典型的，即可以认为负载刚度$K=0$。这样上述动态方程等号右边分母多项式的后两项就没有了。另外，黏性阻尼系数B_p一般很小，由黏性摩擦力$B_p sX_p$引起的泄漏流量$K_{ce}B_p sX_p/A_p$所产生的活塞速度$K_{ce}B_p sX_p/A_p^2$比活塞的运动速度sX_p小得多，即$K_{ce}B_p/A_p^2$项远远小于1，所以，$K_{ce}B_p/A_p^2$项与1相比可以忽略不计，这样上述动态方程等号右边分母多项式的倒数第三项也就没有了。即在$K=0$和（$K_{ce}B_p/A_p^2$）远小于1的条件下，上述动态方程式可以简化为

$$X_p=\frac{\dfrac{K_q}{A_p}X_v-\dfrac{K_{ce}}{A_p^2}\left(1+\dfrac{V_t}{4\beta_e K_{ce}}s\right)F_L}{s\left[\dfrac{m_t V_t}{4\beta_e A_p^2}s^2+\left(\dfrac{m_t K_{ce}}{A_p^2}+\dfrac{B_p V_t}{4\beta_e A_p^2}\right)s+1\right]}$$

式中，令$\omega_h=\sqrt{\dfrac{4\beta_e A_p^2}{V_t m_t}}$，$\omega_h$是液压固有频率；令$\xi_h=\dfrac{K_{ce}}{A_p}\sqrt{\dfrac{\beta_e m_t}{V_t}}+\dfrac{B_p}{4A_p}\sqrt{\dfrac{V_t}{\beta_e m_t}}$，$\xi_h$是液压阻尼比。

经过这样合理的处理之后，上述动态方程等号右边分母多项式，就被转化成了一个积分环节和一个二阶振荡环节的组合，这样再来分析和理解系统的特性就会方便很多。因为是线性系统，所以可以分别单独考虑阀芯位移X_v和外干扰力F_L对于活塞杆位移X_p的影响。

活塞杆的输出位移X_p对于阀芯位移X_v的传递函数为

$$\frac{X_p}{X_v}=\frac{\dfrac{K_q}{A_p}}{s\left(\dfrac{s^2}{\omega_h^2}+\dfrac{2\xi_h}{\omega_h}s+1\right)}$$

它是由比例环节、积分环节和二阶振荡环节这三个典型环节组成的。

活塞杆的输出位移X_p对于外干扰力F_L的传递函数为

$$\frac{X_p}{F_L}=\frac{-\dfrac{K_{ce}}{A_p^2}\left(1+\dfrac{V_t}{4\beta_e K_{ce}}s\right)}{s\left(\dfrac{s^2}{\omega_h^2}+\dfrac{2\xi_h}{\omega_h}s+1\right)}$$

它是由比例环节、一阶复合微分环节、积分环节和二阶振荡环节这四个典型环节组成的。

经过这样进一步的处理之后，典型环节的组合形式就更加明显了，在后续的应用中，可以快速手绘出该传递函数 Bode 图的草图，系统的动态特性既直观又清晰，也方便对系统施加校正。

2.3.4　传递函数的标准形式

为了便于分析系统，传递函数通常可以写成首 1 标准型或尾 1 标准型。

1. 首 1 标准型（零、极点形式）

将传递函数分子、分母最高次项（首项）系数均化为 1，称为首 1 标准型；因式分解后也称为传递函数的零、极点形式。其表示形式为

$$G(s)=\frac{K^{*}\prod_{j=1}^{m}(s-z_j)}{\prod_{i=1}^{n}(s-p_i)}=\frac{K^{*}(s-z_1)(s-z_2)\cdots(s-z_m)}{(s-p_1)(s-p_2)\cdots(s-p_n)} \tag{2-54}$$

式中，$z_1,z_2,\cdots,z_m$ 为传递函数分子多项式等于零时的 m 个根，称为传递函数的零点；p_1，$p_2,\cdots,p_n$ 为传递函数分母多项式等于零时的 n 个根，称为传递函数的极点。将零、极点标在复数 $[s]$ 平面上的图形，称为传递函数的零、极点图。

2. 尾 1 标准型（典型环节形式）

将传递函数分子、分母最低次项（尾项）系数均化为 1，称为尾 1 标准型；因式分解后也称为传递函数的典型环节形式。其表示形式为

$$G(s)=K\frac{\prod_{k=1}^{m_1}(\tau_k s+1)\prod_{l=1}^{m_2}(\tau_l^2 s^2+2\xi\tau_l s+1)}{s^v\prod_{i=1}^{n_1}(T_i s+1)\prod_{j=1}^{n_2}(T_j^2 s^2+2\xi T_j s+1)} \tag{2-55}$$

式中每个因子都对应一个典型环节。这里，K 称为增益。K 与首 1 标准型中的 K^{*} 有如下关系：

$$K=\frac{K^{*}\prod_{j=1}^{m}|z_j|}{\prod_{i=1}^{n}|p_i|} \tag{2-56}$$

例 2-11　已知闭环系统传递函数为

$$\Phi(s)=\frac{30(s+2)}{s(s+3)(s^2+2s+2)}$$

（1）求系统的增益 K；

（2）求系统的微分方程；

（3）画出闭环系统的零、极点分布图。

解　（1）由题意可知 $K^{*}=30$

$$K=\frac{30\times 2}{3\times 2}=10$$

（2）
$$\Phi(s)=\frac{X_o(s)}{X_i(s)}=\frac{30(s+2)}{s(s+3)(s^2+2s+2)}=\frac{30(s+2)}{s^4+5s^3+8s^2+6s}$$

$$(s^4+5s^3+8s^2+6s)X_o(s)=30(s+2)X_i(s)$$

进行拉氏反变换（零初始条件下）可得系统的微分方程

$$\frac{d^4x_o(t)}{dt^4}+5\frac{d^3x_o(t)}{dt^3}+8\frac{d^2x_o(t)}{dt^2}+6\frac{dx_o(t)}{dt}=30\frac{dx_i(t)}{dt}+60x_i(t)$$

（3）闭环系统零、极点分布如图 2-20 所示。零点用“。”表示，极点用“×”表示。

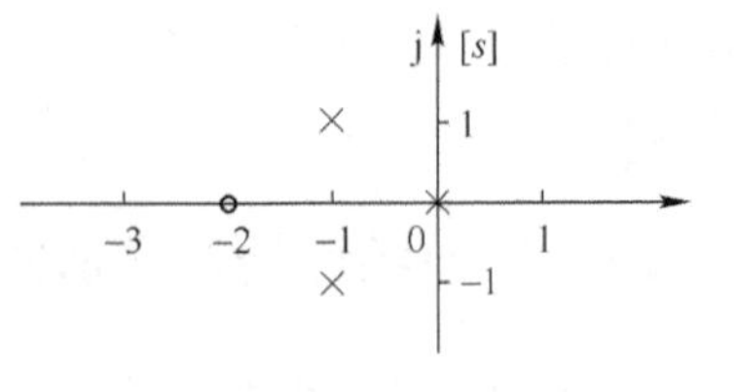

图 2-20　零、极点分布图

2.4　控制系统框图及其化简

2.4.1　控制系统框图

一个控制系统可以由若干个环节按一定的关系组成，将这些环节以方框的形式表示，其间用相应的变量及信号流向将其联系起来，就构成了系统的框图。系统框图具体而形象地表示了系统内部各环节的数学模型、各变量之间的相互关系以及信号流向。系统框图提供了关于系统动态性能的有关信息，并且可以揭示和评价每个组成环节对系统的影响。根据框图，通过一定的运算变换即可求得系统传递函数，所以框图被广泛应用于系统的描述、分析和计算等方面。综上所述，系统框图是描述组成系统的各个元部件之间信号传递关系的图形化的数学模型。

1. 框图的建立方法

在建立系统框图时，一般情况有下述两种方法：①在已知控制系统微分方程组的条件下，将方程组中各个子方程分别进行拉氏变换，再绘出各个子方程对应的子框图，将子框图用信号线连接，就可以获得系统的框图；②在得到系统结构图的条件下，将每个框图中的元件名称换成其相应的传递函数，并将所有变量用相应的拉氏变换形式表示，就可以将其转换成系统的框图。

2. 框图的结构要素

1）函数方框：函数方框是传递函数的图解表示，指向方框的箭头表示该环节的输入信号的方向，离开方框的箭头表示该环节输出信号的方向，而方框中所表示的就是该输入信号与输出信号之间的环节的传递函数，故而，输出信号的量纲等于输入信号的量纲与传递函数量纲的乘积，三者量纲之间的逻辑关系要正确。

2）相加点：相加点是信号之间代数求和运算的图解表示。在相加点处，输出信号等于各输入信号的代数和，每一个指向相加点的箭头前方的“+”号或“-”号表示该输入信号在代数运算中的符号。在相加点处加、减的信号必须是同种变量，运算时的量纲也要相同。相加点可以有多个输入，但输出只有一个。

3）分支点：分支点表示同一信号向不同方向的传递，在分支点引出的信号不仅量纲相同，而且数值也相等。

3. 框图的建立

下面举例说明如何建立系统框图。

例 2-12　描述电枢控制式直流电动机的微分方程组如下，试建立相应的系统框图。

$$\begin{cases} u_a(t)=Ri(t)+E_b(t) \\ E_b=C_e\omega_m(t) \\ M_m(t)=C_m i(t) \\ J_m\dot{\omega}_m(t)+f_m\omega_m(t)=M_m(t) \end{cases}$$

解　首先将上述方程组进行拉氏变换，得到代数方程组如下，然后，列出各子方程对应的子框图，如图 2-21a 所示，连接子框图成为系统框图，如图 2-21b 所示。

$$\begin{cases} \dfrac{I(s)}{U_a(s)-E_b(s)}=\dfrac{1}{R} \\ \dfrac{E_b(s)}{\Omega_m(s)}=C_e \\ \dfrac{M_m(s)}{I(s)}=C_m \\ \dfrac{\Omega_m(s)}{M_m(s)}=\dfrac{1}{J_m s+f_m} \end{cases}$$

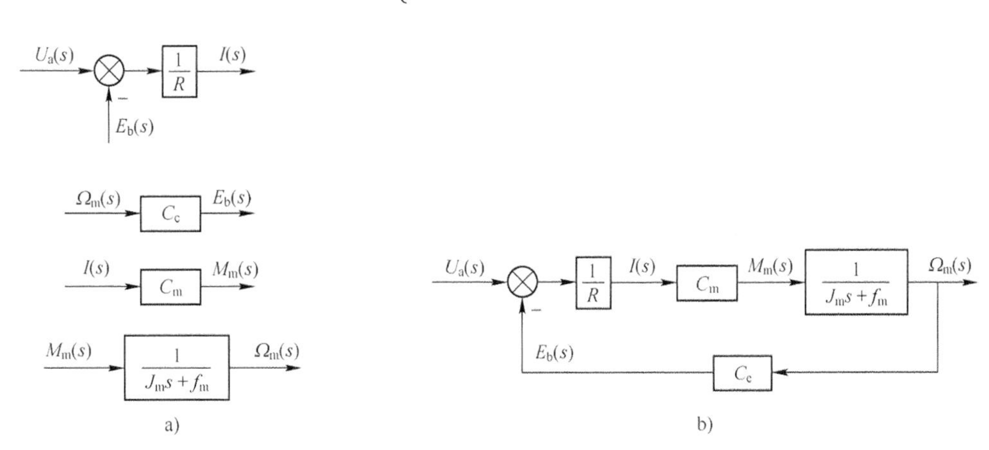

图 2-21　电枢控制式直流电动机的子框图及系统框图
a）子框图　b）系统框图

例 2-13　依据图 2-22 函数记录仪控制系统的结构图，建立相应的系统框图。

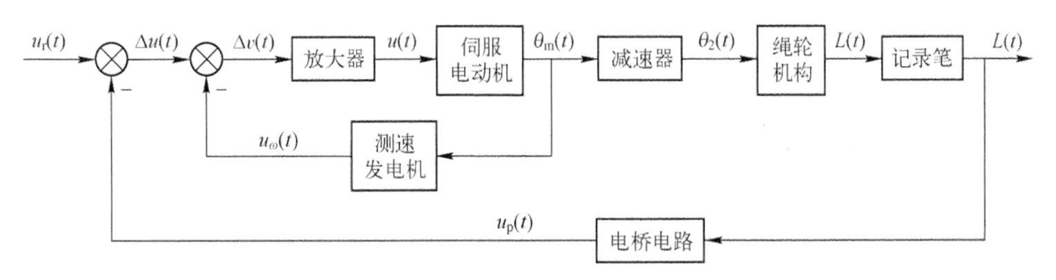

图 2-22　函数记录仪控制系统结构图

解　在此处用各元件的传递函数代替其文字名称，并且标出各环节输入量、输出量的拉氏变换形式，得出系统的框图如图 2-23 所示。

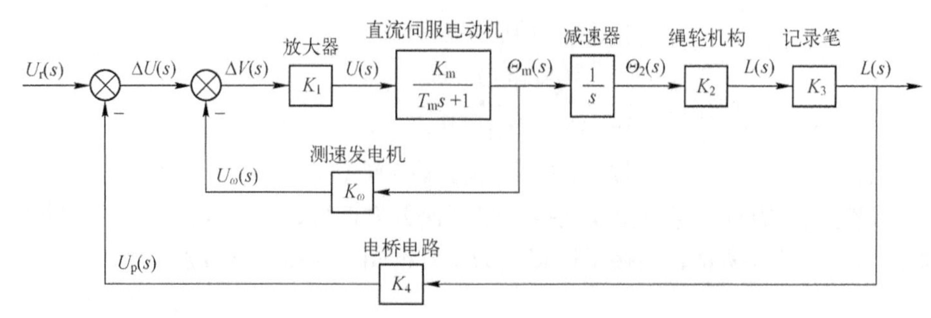

图 2-23　函数记录仪控制系统框图

2.4.2　框图的等效变换与化简

在实际应用中，一般的自动控制系统都比较复杂，通常会用多个回路“交错”“关联”的框图才能表达清楚与正确。为了便于分析与计算，常常需要利用等效变换的原则对原框图加以简化。“等效变换”就是指在变换前后，输入量、输出量总的数学关系必须保持不变。

同时，需要指出的是，框图是从实际物理系统中抽象出来的图形化数学模型，建立框图的目的之一也是更方便地获得控制系统的传递函数。当只讨论系统的输入、输出特性，而不考虑它的具体结构时，完全可以对其进行必要的变换来更有效地获得系统的传递函数。下面具体依据等效原则这一基本规则，推导框图变换的一般法则。

1. 串联环节的等效变换

图 2-24a 表示两个环节串联的结构，即前一环节的输出为后一环节的输入的连接方式称为环节的串联，当各环节之间不存在（或可忽略）负载效应时，等效传递函数等于各串联环节的传递函数的乘积。

由图 2-24a 可以写出

$$C(s)=G_1(s)U(s)=G_2(s)G_1(s)R(s)$$

所以两个环节串联后的等效传递函数为

$$G(s)=\frac{C(s)}{U(s)}=G_2(s)G_1(s) \tag{2-57}$$

其等效框图如图 2-24b 所示。

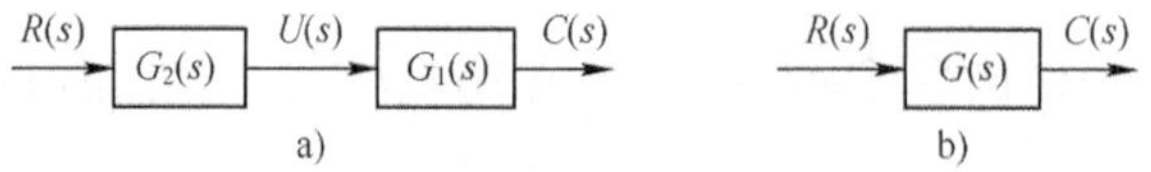

$R(s)$ → $G_2(s)$ → $U(s)$ → $G_1(s)$ → $C(s)$　　　$R(s)$ → $G(s)$ → $C(s)$

a)　　　b)

图 2-24　两个环节串联的等效变换

a）环节串联　b）串联等效框图

不难理解，此结论可以推广到三个及其以上的任意多个环节串联的情况，即环节串联后的总传递函数等于各个串联环节传递函数的乘积。

2. 并联环节的等效变换

当各个环节的输入都相同，而输出为各个环节输出的代数和时，这种连接方式称为环节的并联。

图 2-25a 表示两个环节并联的结构。由图可写出

$$\begin{aligned}C(s)&=G_1(s)R(s)\pm G_2(s)R(s)\\&=[G_1(s)\pm G_2(s)]R(s)\end{aligned}$$

所以两个环节并联后的等效传递函数为

$$G(s)=G_1(s)\pm G_2(s) \tag{2-58}$$

其等效框图如图 2-25b 所示。

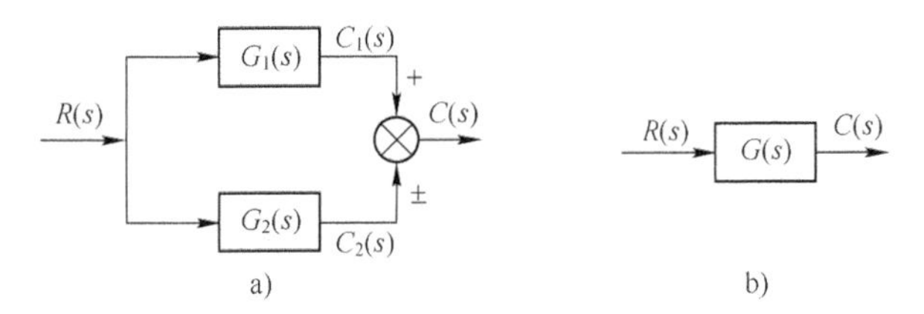

图 2-25　两个环节并联的等效变换

a）环节并联　b）并联等效框图

同样不难理解，此结论也可以推广到三个及其以上的任意多个环节并联的情况，即环节并联后的总传递函数等于各个并联环节传递函数的代数和。

3. 反馈连接的等效变换

图 2-26a 所示为反馈环节的等效变换形式，是闭环系统传递函数框图的最基本形式。实际上它也是反馈连接的一般形式。由图可写出

$$C(s)=G(s)E(s)=G(s)[R(s)\pm B(s)]$$

可得

$$C(s)=\frac{G(s)}{1\mp G(s)H(s)}R(s)$$

所以反馈连接后的等效（闭环）传递函数为

$$\Phi(s)=\frac{G(s)}{1\mp G(s)H(s)} \tag{2-59}$$

这里需要明确几个概念，$G(s)$被称为前向通道传递函数，它是输出信号 $X_o(s)$与偏差信号 $E(s)$之比，$H(s)$则被称为反馈回路传递函数，它是反馈信号 $B(s)$与输出信号 $X_o(s)$之比。前向通道传递函数 $G(s)$与反馈回路传递函数 $H(s)$之积被定义为系统的开环传递函数，它也是反馈信号 $B(s)$与偏差信号 $E(s)$之比。开环传递函数可以理解为：封闭回路在相加点断开以后，以偏差信号 $E(s)$作为输入，再经过环节 $G(s)$和 $H(s)$而产生输出信号 $B(s)$，此输出与输入的比值 $B(s)/E(s)$，可以认为是一个无反馈的开环系统的传递函数。开环传递函数无量纲，而且 $H(s)$的量纲是 $G(s)$的量纲的倒数。输出信号 $X_o(s)$与输入信号 $X_i(s)$之比，被定义为系统的闭环传递函数。闭环传递函数的量纲取决于 $X_o(s)$与 $X_i(s)$的量纲，两者可以相同也可以不同。

图 2-26a 的等效框图如图 2-26b 所示。

图 2-26　反馈连接的等效变换

a）反馈连接　b）等效框图

当反馈通道的传递函数$H(s)=1$时，称相应的控制系统为单位反馈系统，此时闭环传递函数为

$$\Phi(s)=\frac{G(s)}{1\mp G(s)} \tag{2-60}$$

4. 比较点和引出点的移动

比较点和引出点的移动，包括比较点前移、比较点后移、引出点前移、引出点后移以及比较点与引出点之间的相对移动等不同情况。

若比较点由方框之前移动到该方框之后，为了保持总的输出信号不变，应在移动的支路上串入具有相同传递函数的方框。若比较点由方框之后移动到该方框之前，为了保持总的输出信号不变，应在移动的支路上串入具有相同传递函数的倒数的方框。

若引出点由方框之后移动到该方框之前，为了保持移动后分支信号不变，应在分支路上串入具有相同传递函数的方框。若分支点由方框之前移动到该方框之后，为了保持移动后分支信号不变，应在分支路上串入具有相同传递函数的倒数的方框。

引出点之间、比较点之间相互移动，均不改变原有的数学关系，因此，可以相互移动。但是需要特别注意的是，引出点与比较点之间是不能直接简单地相互移动的，要做相应的等效处理才可以，否则它们并不等效。

表2-2中列出了框图等效变换的基本规则。

表2-2　框图等效变换规则

方式	变　换　前	变　换　后	等效关系
串联	$R(s)$, $G_1(s)$, $G_2(s)$, $C(s)$	$R(s)$, $G_1(s)G_2(s)$, $C(s)$	$C(s)=G_1(s)G_2(s)R(s)$
并联	$R(s)$, $G_1(s)$, $C_1(s)$, $+$, $C(s)$, $G_2(s)$, $\pm$, $C_2(s)$	$R(s)$, $G_1(s)\pm G_2(s)$, $C(s)$	$C(s)=[G_1(s)\pm G_2(s)]R(s)$
反馈	$R(s)$, $G(s)$, $C(s)$, $\pm$, $H(s)$	$R(s)$, $\dfrac{G(s)}{1\mp G(s)H(s)}$, $C(s)$	$C(s)=\dfrac{G(s)R(s)}{1\mp G(s)H(s)}$
比较点前移	$R(s)$, $G(s)$, $C(s)$, $\pm$, $Q(s)$	$R(s)$, $G(s)$, $C(s)$, $\pm$, $\dfrac{1}{G(s)}$, $Q(s)$	$C(s)=G(s)R(s)\pm Q(s)$ $=G(s)\left[R(s)\pm\dfrac{Q(s)}{G(s)}\right]$
比较点后移	$R(s)$, $G(s)$, $C(s)$, $Q(s)$, $\pm$	$R(s)$, $G(s)$, $C(s)$, $Q(s)$, $G(s)$, $\pm$	$C(s)=G(s)[R(s)\pm Q(s)]$ $=G(s)R(s)\pm G(s)Q(s)$
引出点前移	$R(s)$, $G(s)$, $C_1(s)$, $C_2(s)$	$R(s)$, $G(s)$, $C(s)$, $G(s)$, $C(s)$	$C(s)=G(s)R(s)$
引出点后移	$R(s)$, $G(s)$, $C_1(s)$, $C_2(s)$	$R(s)$, $G(s)$, $C_1(s)$, $\dfrac{1}{G(s)}$, $C_2(s)$	$C_1(s)=G(s)R(s)$ $C_2(s)=G(s)\dfrac{1}{G(s)}R(s)$

（续）

方式	变　换　前	变　换　后	等效关系
比较点与引出点之间的移动	$R_1(s)$　$C(s)$　$C(s)$　$R_2(s)$	$R_2(s)$　$C(s)$　$R_1(s)$　$C(s)$　$R_2(s)$	$C_1(s)=R_1(s)-R_2(s)$

例 2-14　化简图 2-27 所示系统的框图，求系统的闭环传递函数 $\Phi(s)=\dfrac{C(s)}{R(s)}$。

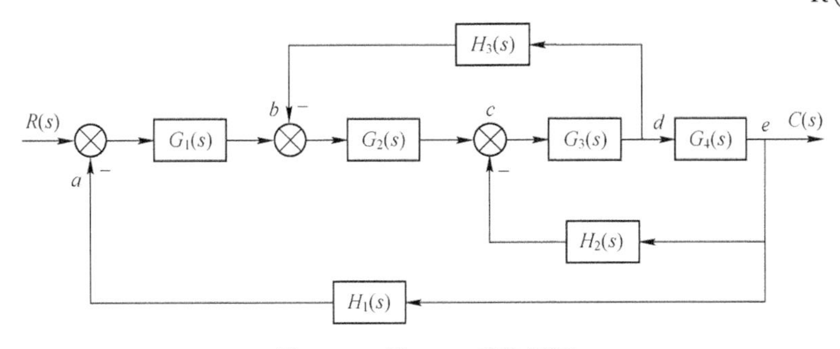

图 2-27　例 2-14 系统框图

解　这是一个多回路系统，可以有很多种求解方法，这里只讲其中的一种方法作为示例。

1）将比较点 a、b 后移至 c，将引出点 e 前移至 d，图 2-27 可简化成图 2-28a 所示结构。

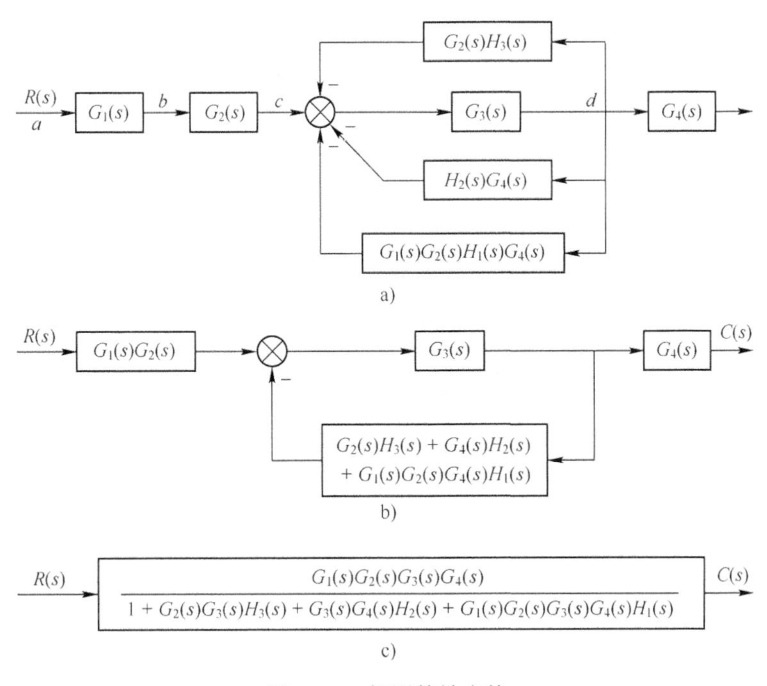

图 2-28　框图等效变换

2）将图 2-28a 中上边的反馈通道与下边两条反馈通道并成一路，组成一个反馈回路，进而简化成图 2-28b 所示结构。

3）对图 2-28b 中的反馈回路等效化简后，再与左、右环节进行串联等效化简，成为图 2-28c 所示形式。

最后可得系统闭环传递函数为

$$\Phi(s)=\frac{G_1(s)G_2(s)G_3(s)G_4(s)}{1+G_2(s)G_3(s)H_3(s)+G_3(s)G_4(s)H_2(s)+G_1(s)G_2(s)G_3(s)G_4(s)H_1(s)}$$

2.5 控制系统的信号流图

信号流图和框图一样，都可用以表示系统结构和各变量之间的数学关系，只是形式不同。由于信号流图符号简单，便于绘制，因而在信号、系统和控制等相关学科领域中被广泛采用。

2.5.1 信号流图

图 2-29a、b 分别是同一个系统的框图和对应的信号流图。

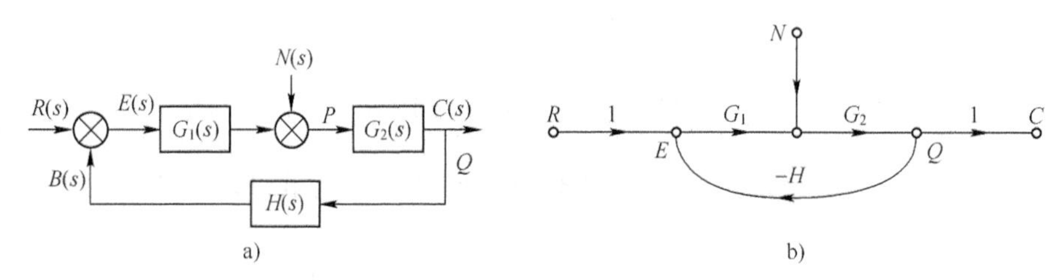

图 2-29 控制系统的框图和信号流图

a）框图 b）信号流图

信号流图中的基本图形符号有三种：节点、支路和支路增益。节点代表系统中的一个变量（信号），用符号“∘”表示；支路是连接两个节点的有向线段，用符号“→”表示，箭头表示信号传递的方向；支路增益表示支路上的信号传递关系，标在支路旁边，相当于框图中环节的传递函数。

在信号流图的表示和使用过程中，要注意如下的概念及其定义内容。

1）源节点：表示只有输出支路的节点，相当于输入信号。例如图 2-29b 中的 R、N 节点。

2）阱节点：表示只有输入支路的节点，相当于输出信号。例如图 2-29b 中的 C 节点。

3）混合节点：表示既有输入支路又有输出支路的节点，相当于框图中的比较点或引出点。例如图 2-29b 中的 E、Q 节点。

4）前向通路：表示从源节点开始，到阱节点终止，顺着信号流动的方向，并且与其他节点相交不多于一次的通路。例如图 2-29b 中的 $REQC$、NQC。

5）回路：表示从同一节点出发，顺着信号流动的方向再回到该节点，并且与其他节点相交不多于一次的闭合通路。例如图 2-29b 中的 EQE。

6）回路增益：表示在回路中，各支路增益的乘积。

7）前向通路增益：表示在前向通路中，各支路增益的乘积。

8）不接触回路：表示在信号流图中，没有公共节点的回路。

2.5.2　梅森增益公式

利用梅森（Mason）增益公式及其使用规则，可以直接写出系统的传递函数 $\Phi(s)$，非常方便。

梅森增益公式的一般表达式为

$$\Phi(s)=\frac{1}{\Delta}\sum_{k=1}^{n}P_k\Delta_k \tag{2-61}$$

式中，Δ 称为特征式，其计算公式为

$$\Delta=1-\sum L_a+\sum L_bL_c-\sum L_dL_eL_f+\cdots \tag{2-62}$$

其中，$\sum L_a$ 表示所有不同回路的回路增益之和；$\sum L_bL_c$ 表示所有两两互不接触回路的回路增益乘积之和；$\sum L_dL_eL_f$ 表示所有三个互不接触回路的回路增益乘积之和；n 表示系统前向通路的条数；P_k 表示从源节点到阱节点之间第 k 条前向通路的总增益；Δ_k 表示第 k 条前向通路的余子式，即把特征式 Δ 中与第 k 条前向通路接触的回路所在项除去后余下的部分。

例 2-15　系统信号流图如图 2-30 所示，求传递函数$\frac{C(s)}{R(s)}$。

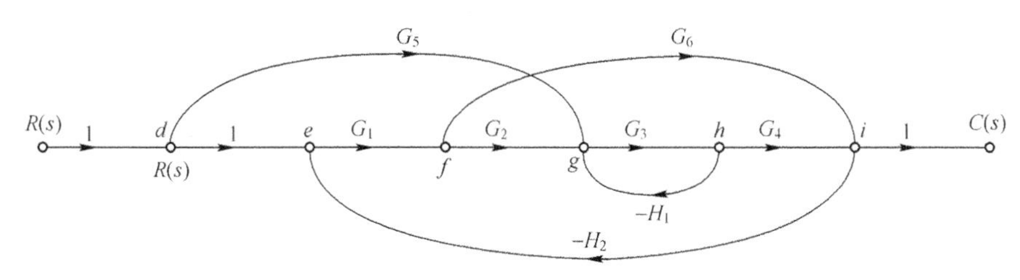

图 2-30　系统信号流图

解　系统有 3 个回路

$$L_1=-G_3H_1$$
$$L_2=-G_1G_2G_3G_4H_2$$
$$L_3=-G_1G_6H_2$$

其中，L_1 和 L_3 两回路互不接触。故特征式为

$$\begin{aligned}\Delta&=1-(L_1+L_2+L_3)+(L_1L_3)\\&=1+G_3H_1+G_1G_2G_3G_4H_2+G_1G_6H_2+G_1G_3G_6H_1H_2\end{aligned}$$

系统有 3 条前向通路，其增益分别为

$$P_1=G_1G_2G_3G_4$$
$$P_2=G_1G_6$$
$$P_3=G_5G_3G_4$$

其中，前向通路 P_2 与回路 L_1 不接触，所以前向通路的余子式分别为

$$\Delta_1=1$$
$$\Delta_2=1-(L_1)=1+G_3H_1$$
$$\Delta_3=1$$

由梅森增益公式（2-61）可得系统的传递函数为

$$\Phi(s)=\frac{C(s)}{R(s)}=\frac{1}{\Delta}(P_1\Delta_1+P_2\Delta_2+P_3\Delta_3)$$

$$=\frac{G_1G_2G_3G_4+G_1G_6(1+G_3H_1)+G_3G_4G_5}{1+G_3H_1+G_1G_2G_3G_4H_2+G_1G_6H_2+G_1G_3G_6H_1H_2}$$

例 2-16 已知系统框图如图 2-31 所示，试求传递函数$\frac{C(s)}{R(s)}$和$\frac{C(s)}{N(s)}$。

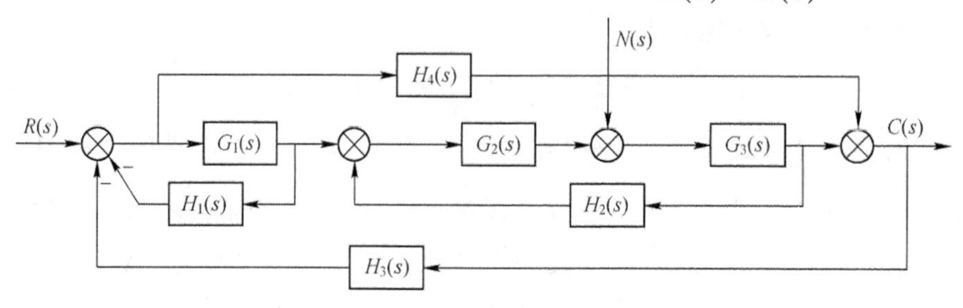

图 2-31　例 2-16 系统框图

解　系统有 4 个回路

$$L_1=-G_1H_1$$
$$L_2=G_2G_3H_2$$
$$L_3=-G_1G_2G_3H_3$$
$$L_4=-H_3H_4$$

有 2 组互不接通回路，L_1和L_2、L_2和L_4，写出系统特征式：

$$\Delta=1-(L_1+L_2+L_3+L_4)+(L_1L_2)+(L_2L_4)$$
$$=1+G_1H_1-G_2G_3H_2+G_1G_2G_3H_3+H_3H_4-G_1G_2G_3H_1H_2-G_2G_3H_2H_3H_4$$

当$R(s)$作用时，有 2 条前向通路，其增益和余子式分别为

$$p_1=G_1G_2G_3,\quad \Delta_1=1$$
$$p_2=H_4,\qquad \Delta_2=1-G_2G_3H_2$$

根据梅森增益公式可写出闭环传递函数：

$$\Phi(s)=\frac{C(s)}{R(s)}=\frac{p_1\Delta_1+p_2\Delta_2}{\Delta}$$

$$=\frac{G_1G_2G_3+H_4(1-G_2G_3H_2)}{1+G_1H_1-G_2G_3H_2+G_1G_2G_3H_3+H_3H_4-G_1G_2G_3H_1H_2-G_2G_3H_2H_3H_4}$$

当$N(s)$作用时，有 1 条前向通路，其增益和余子式分别为

$$p_{N1}=G_3,\quad \Delta_{N1}=1+G_1H_1$$

可写出系统在干扰作用下的闭环传递函数：

$$\Phi(s)=\frac{C(s)}{N(s)}=\frac{p_{N1}\Delta_{N1}}{\Delta}$$

$$=\frac{G_3(1+G_1H_1)}{1+G_1H_1-G_2G_3H_2+G_1G_2G_3H_3+H_3H_4-G_1G_2G_3H_1H_2-G_2G_3H_2H_3H_4}$$

系统的特征式只与回路有关，它反映系统自身的特性。同一个系统，输入、输出信号选

择不同，相应传递函数的分子就不同，但其特征式一定是相同的。

2.6　控制系统的传递函数

在实际工作过程中，如果将控制系统看作是一个单独研究对象单元，它一般都会受到多个输入作用的影响，但是无论数量有多少个，都可以被分成两类输入作用。一类是有用输入（或称为给定输入、参考输入以及理想输入等）作用；另一类则是扰动作用（或称干扰作用）。通常给定输入被加在控制装置的输入端，也就是系统的输入端；而干扰作用一般直接作用在被控对象上，对被控对象造成直接和实质性的影响。为了尽可能消除干扰作用对控制系统输出的影响，一般都会将控制系统设计成闭环反馈控制系统。另外，在分析控制系统的性能时，不仅会讨论系统的输出特性，还需要分析系统的误差响应，故而在不同的研究场合，需要写出不同形式的传递函数。一个考虑干扰作用的闭环反馈控制系统的典型结构，如图 2-32 所示。

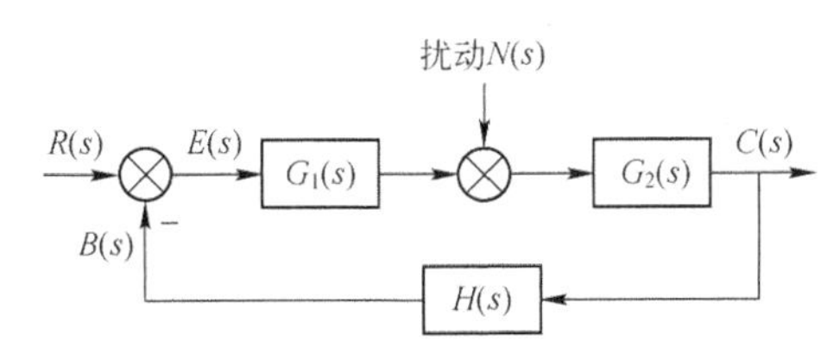

图 2-32　闭环反馈控制系统典型结构

2.6.1　系统的开环传递函数

在图 2-32 中，为便于分析控制系统，需要求出它的开环传递函数，简便做法是，需要有意识地在 $B(s)$处“剪断”系统的主反馈通路，再将前向通路与反馈通路上的传递函数串联相乘在一起，用 $G(s)H(s)$表示。即

$$G(s)H(s)=G_1(s)G_2(s)H(s) \tag{2-63}$$

这里所说的开环传递函数，是“闭环系统”的开环传递函数，即人为地将闭环系统的主反馈通路断开而得到的一种表现形式，并不是指无反馈不闭环的“真实”开环系统的传递函数。开环传递函数在后续分析和研究系统的特性时非常有用，要特别注意它与闭环系统及其特性的对应关系。

2.6.2　闭环系统的传递函数

由于线性定常系统满足叠加定理，所以为了简便明晰分析系统，可以对控制输入作用和干扰作用分别单独作用时系统的输出特性进行分析，然后将结果叠加即可。

1. 单独考虑控制输入作用下的闭环传递函数（$N(s)=0$）

当研究系统控制输入作用时，可令 $N(s)=0$，写出系统输出 $C(s)$对输入 $R(s)$的闭环传递函数：

$$\Phi(s)=\frac{C(s)}{R(s)}=\frac{G_1(s)G_2(s)}{1+G_1(s)G_2(s)H(s)} \tag{2-64}$$

2. 单独考虑干扰作用下的闭环传递函数（$R(s)=0$）

当研究扰动作用对系统的影响时，令 $R(s)=0$，可写出系统输出 $C(s)$对扰动作用 $N(s)$

的闭环传递函数：

$$\Phi_{n}(s)=\frac{C(s)}{N(s)}=\frac{G_2(s)}{1+G_1(s)G_2(s)H(s)} \tag{2-65}$$

然后，根据线性系统的叠加定理，系统的总输出等于不同外作用单独作用时所引起响应的代数和，所以，系统的总输出为

$$C(s)=\Phi(s)R(s)+\Phi_{n}(s)N(s)=\frac{G_1(s)G_2(s)R(s)+G_2(s)N(s)}{1+G_1(s)G_2(s)H(s)} \tag{2-66}$$

2.6.3 闭环系统的误差传递函数

根据线性系统的叠加定理，可以对控制输入作用和干扰作用分别单独作用时系统的误差特性进行分析，然后将结果叠加即可。

1. 单独考虑控制输入作用下系统的误差传递函数 ($N(s)=0$)

讨论控制输入作用引起的误差响应时，可写出系统的误差传递函数：

$$\Phi_{e}(s)=\frac{E(s)}{R(s)}=\frac{1}{1+G_1(s)G_2(s)H(s)} \tag{2-67}$$

2. 单独考虑干扰作用下系统的误差传递函数 ($R(s)=0$)

讨论干扰引起的误差影响时，可写出闭环系统在干扰作用下的误差传递函数：

$$\Phi_{ne}(s)=\frac{E(s)}{N(s)}=\frac{-G_2(s)H(s)}{1+G_1(s)G_2(s)H(s)} \tag{2-68}$$

然后，根据线性系统的叠加定理，在控制输入和干扰两者同时作用下，系统的总误差为

$$E(s)=\Phi_{e}(s)R(s)+\Phi_{en}(s)N(s)=\frac{R(s)-G_2(s)H(s)N(s)}{1+G_1(s)G_2(s)H(s)} \tag{2-69}$$

需要注意的是，通过观察式（2-63）、式（2-64）、式（2-65）和式（2-66）可见，对于一个闭环控制系统而言，当输入作用的选取量不同时，前向通道的传递函数不同，反馈回路的传递函数也不相同，系统的传递函数同样也不相同，但是控制系统传递函数的分母并未改变，因为这个分母反映了系统本身的固有特性，该特性与外界无关。所以，对于图 2-32 所表示的控制系统来说，当系统输出的选取量不同时，也有相同情况。与之对比，对于一个开环系统来说，系统的输入作用或输出的选取方法不同时，将导致系统输入与输出之间的工作环节的不同，即，原开环系统以不同环节参加了工作。输出与输入之间的传递函数只是反映这些参加工作的不同环节的工作情况，从而传递函数不同，传递函数分母也不同，因为这时不同的传递函数描述了由这些不同环节构成的不同的“系统”。

另外，采用合适的闭环控制系统还可以使系统参数的变化对系统特性的影响减到很小。因为系统参数（包括理论上所选择的参数与实际使用的参数）的变化就像是对系统施加了“干扰”，而合适的反馈连接形式的作用，可以使“干扰”对输出的影响减到很小。

例 2-17 已知系统框图如图 2-33 所示，求 $r(t)=1(t)$，$n(t)=\delta(t)$ 同时作用时系统的总输出 $c(t)$ 和总偏差 $e(t)$。

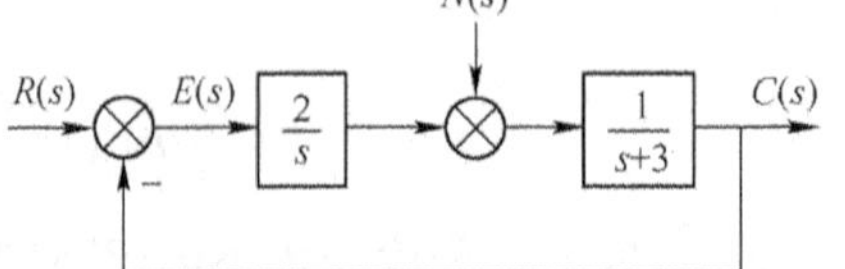

图 2-33 例 2-17 系统框图

解 系统开环传递函数为

$$G(s)=\frac{2}{s(s+3)}$$

控制系统在控制输入作用和干扰作用两者分别施

加于系统情况下的闭环传递函数为

$$\Phi(s)=\frac{C(s)}{R(s)}=\frac{\frac{2}{s(s+3)}}{1+\frac{2}{s(s+3)}}=\frac{2}{(s+1)(s+2)}$$

$$\Phi_{n}(s)=\frac{C(s)}{N(s)}=\frac{\frac{1}{s+3}}{1+\frac{2}{s(s+3)}}=\frac{s}{(s+1)(s+2)}$$

根据线性系统的叠加定理，可得控制系统的总输出为

$$C(s)=\Phi(s)R(s)+\Phi_{n}(s)N(s)=\frac{2}{(s+1)(s+2)}\frac{1}{s}+\frac{s}{(s+1)(s+2)}$$

$$=\frac{s^{2}+2}{s(s+1)(s+2)}=\frac{1}{s}-\frac{3}{s+1}+\frac{3}{s+2}$$

$$c(t)=1-3e^{-t}+3e^{-2t}$$

同理，在求控制系统的总误差时，可以如法炮制。在本题中，控制系统恰好是单位负反馈系统，所以输入信号直接减去输出信号就得到了偏差量，即

$$e(t)=r(t)-c(t)=1-(1-3e^{-t}+3e^{-2t})=3e^{-t}-3e^{-2t}$$

2.7　工程实例：阀控缸电液伺服系统分析

本节所讲的阀控缸特指的是由四边滑阀和对称液压缸所组成的应用形式，它是一种最常见、典型的液压动力机构形式；将该动力机构作为电液伺服系统的核心单元，则系统主要由双出杆液压缸、电液伺服阀、位移传感器、信号放大器以及液压辅助装置等部分组成，系统结构图如图 2-34 所示。

在建立系统模型前，为了将可能影响系统模型参数的各种外界及偶然因素降至最低，先忽略一些次要因素，做如下假设：

1）阀为理想的零开口四通滑阀，四个节流窗口是匹配和对称的。

2）节流窗口外的流动为紊流，流体的压缩性能在阀中予以忽略。

3）阀具有理想的响应性能，即对应阀芯位移和阀压降的变化，相应的流量变化能瞬间响应。

4）供油压力 P_{s} 恒定，回油压力 P_{0} 为零。

5）所有的连接管道都短而粗，管道内的摩擦损失、流体质量影响和管道动态忽略不计。

6）液压缸每个工作腔内各处压力相同，油液温度和容积弹性模数可以认为是常数。

7）液压缸的内、外泄为层流流动。

为了不失一般性，考虑系统稳定性最差的情况，即活塞在中间位置的情况，此时系统具有最低的液压固有频率。根据上述结构图，可以得到阀控缸系统的基本方程如下。

（1）伺服阀的线性化压力-流量方程

根据节流公式：

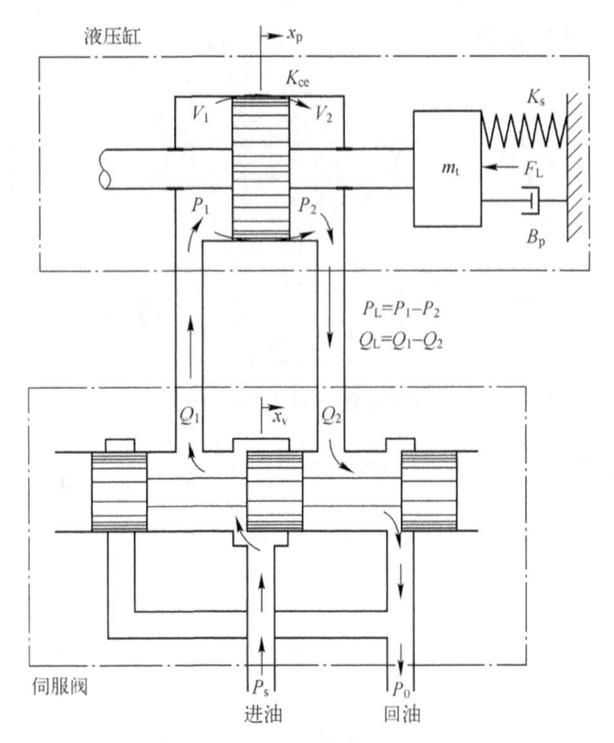

图 2-34 阀控缸系统结构图

$$Q_L=C_d w x_v \sqrt{\frac{1}{\rho}\left[P_s-\frac{x_v}{|x_v|}P_L\right]} \tag{2-70}$$

式中，Q_L 为滑阀的负载流量（m^3/s），$Q_L=(Q_1+Q_2)/2$；C_d 为滑阀的流量系数；w 为伺服阀的面积梯度（m）；x_v 为滑阀的阀芯位移（m）；ρ 为液压油密度（kg/m^3）；P_s 为油源压力（Pa）；P_L 为液压缸两腔产生的负载压降（Pa），$P_L=P_1-P_2$。

用线性理论对系统进行分析时，将式（2-70）在某一工作点附近展开成泰勒级数，如果把工作范围限制在工作点附近，则高阶无穷小可以省略，并且在原点时，增益和变量相等，这样就可以得出阀的线性流量化方程：

$$Q_L=K_q x_v-K_c P_L \tag{2-71}$$

式中，K_q 为滑阀流量增益，它影响系统的开环增益，$K_q=\frac{\partial Q_L}{\partial x_v}$（$m^2/s$）；$K_c$ 为滑阀的流量压力系数，它影响系统的阻尼比和速度刚性，$K_c=-\frac{\partial Q_L}{\partial P_L}$（$m^5/N\cdot s$）。

（2）流量连续性方程

$$Q_L=A_p\dot{x}_p+C_{tp}P_L+(V_t/4\beta_e)\dot{P}_L \tag{2-72}$$

式中，A_p 为活塞面积（m^2）；x_p 为液压缸活塞位移（m）；C_{tp}为液压缸的总泄漏系数，$C_{tp}=(C_{ip}+C_{ep})/2$（$m^5/N\cdot s$），其中，C_{ip}为内泄漏系数，C_{ep}为外泄漏系数；V_t 为进油腔和回油腔的总容积（m^3）；β_e 为系统有效体积弹性系数（Pa）。

（3）液压缸与负载间的力平衡方程

忽略库仑摩擦等非线性负载和液体质量，由牛顿第二定理得活塞的力平衡方程：

$$F_g = A_p P_L = m_t \ddot{x}_p + B_p \dot{x}_p + K_s x_p + F_L \tag{2-73}$$

式中，F_g 为液压缸产生的驱动力（N）；m_t 为活塞和负载折合到活塞上的总质量（kg）；B_p 为活塞和负载折合到活塞上的总阻尼系数（N · s/m）；K_s 为负载的弹簧刚度（N/m）；F_L 为作用在液压缸活塞上的外载荷（N）。

由式（2-71）、式（2-72）和式（2-73），消去无关的中间变量，可以得到阀控缸系统中液压缸输出位移对伺服阀的输入位移和输入干扰力的传递函数如下：

$$x_p = \frac{\dfrac{K_q}{A_p}x_v - \dfrac{K_{ce}}{A_p^2}\left(1+\dfrac{V_t}{4\beta_e K_{ce}}s\right)F_L}{\dfrac{V_t m_t}{4\beta_e A_p^2}s^3 + \left(\dfrac{K_{ce} m_t}{A_p^2} + \dfrac{B_p V_t}{4\beta_e A_p^2}\right)s^2 + \left(1+\dfrac{B_p K_{ce}}{A_p^2} + \dfrac{K_s V_t}{4\beta_e A_p^2}\right)s + \dfrac{K_s K_{ce}}{A_p^2}} \tag{2-74}$$

式中，K_{ce}为总流量-压力系数，$K_{ce} = K_c + C_{tp}$（$m^3/s \cdot Pa$）。

在所研究的伺服系统中，阀控缸作为功率输出元件，不含有弹性负载，即 $K_s = 0$，并且由于阻尼力远小于液压缸的输出力，泄漏损失流量远小于活塞运动所需的流量，故$\dfrac{B_p K_{ce}}{A_p^2} \ll 1$，可以忽略，式（2-74）可简化为

$$x_p = \frac{\dfrac{K_q}{A_p}x_v - \dfrac{K_{ce}}{A_p^2}\left(1+\dfrac{V_t}{4\beta_e K_{ce}}s\right)F_L}{s\left(\dfrac{s^2}{\omega_h^2} + \dfrac{2\zeta_h}{\omega_h}s + 1\right)} \tag{2-75}$$

式中，ω_h 为无阻尼液压固有频率（rad/s），$\omega_h = \sqrt{\dfrac{4\beta_e A_p^2}{m_t V_t}}$；$\zeta_h$ 为液压阻尼比，无量纲，$\zeta_h = \dfrac{K_{ce}}{A_p}\sqrt{\dfrac{\beta_e m_t}{V_t}} + \dfrac{B_p}{4A_p}\sqrt{\dfrac{V_t}{\beta_e m_t}}$。

则液压缸活塞位移 x_p 对阀芯位移 x_v 的传递函数为

$$G_0(s) = \frac{x_p(s)}{x_v(s)} = \frac{\dfrac{K_q}{A_p}}{s\left(\dfrac{s^2}{\omega_h^2} + \dfrac{2\zeta_h}{\omega_h}s + 1\right)} \tag{2-76}$$

2.8　建立数学模型的 MATLAB 程序

针对建立控制系统模型的函数及方法、模型间的转换方法及相关函数、模型环节框图的化简方法等内容，本节具体介绍如何通过 MATLAB 软件编程来实现。

1. tf( ) 函数

在 MATLAB 环境下获得传递函数，可以调用 tf( ) 函数。该函数的调用格式为 G = tf(num, den)，其中，num 和 den 分别为传递函数的分子和分母多项式的系数，G 为获得的传递函数。如果传递函数的分子或分母多项式不是展开的形式，而是若干个因式的乘积，可事先将因式展开，再调用 tf( ) 函数获得传递函数。

当然，也可以在 MATLAB 环境下，调用 conv(p1 , p2) 函数处理因式乘积的形式，该函数

的调用格式为 P=conv([p1,p2],[p3,p4])，其中，p1、p2、p3、p4 代表因式中的系数。如果有 3 个以上的因式乘积，可嵌套使用此函数，即：

P=conv(p1,conv(p2,p3))，或 P=conv(conv(p1,p2),p3)；

例 2-18 在 MATLAB 环境下，获得传递函数，该传递函数形式如下：

$$G=\frac{s^3+5s^2+3s+2}{s^4+2s^3+4s^2+3s+1}$$

解 程序指令如下：

```
>>num = [1, 5, 3, 2];                %分子多项式
>>den = [1, 2, 4, 3, 1];             %分母多项式
>>G = tf ( num, den )                %获得传递函数
```

程序运行结果：

```
Transfer function:
     G =
          s^3 + 5 s^2 + 3 s + 2
      ---------------------
      s^4 + 2 s^3 + 4 s^2 + 3 s + 1
```

例 2-19 已知传递函数如下，在 MATLAB 环境下，获得该传递函数。

$$G=\frac{5(s+2.4)}{(s+1)^2(s^2+3s+4)(s^2+1)}$$

解 程序指令如下：

```
>>num=conv([0,5],[1,2.4]);
>>den=conv(conv(conv([1,1],[1,1]),[1,3,4]),[1,0,1]);
G=tf(num,den)
```

程序运行结果：

```
Transfer function:
G =

                         5 s + 12
     ----------------------------------------
      s^6 + 5 s^5 + 12 s^4 + 16 s^3 + 15 s^2 + 11 s + 4
```

2. zpk( )函数

若要通过零点和极点获得传递函数，可以调用 zpk( )函数。该函数的调用格式为

G=zpk(Z, P, K)；

其中，K 为系统的增益，Z、P 分别为系统传递函数的零点和极点，G 为传递函数。

例 2-20 已知传递函数如下，在 MATLAB 环境下，获得该传递函数。

$$G=\frac{(s+1.539)(s+2.7305+2.8538j)(s+2.7305-2.8538j)}{(s+4)(s+3)(s+2)(s+1)}$$

解 程序指令如下：

```
Z=[-1.539; -2.7305+2.8538i; -2.7305-2.8538i];  %传递函数的零点
P=[-1;-2;-3;-4];                                %传递函数的极点
G=zpk(Z,P,1)
```

程序运行结果：

```
Zero/pole/gain:
(s+1.539) (s^2 + 5.461s + 15.6)
---------------------------------
   (s+1) (s+2) (s+3) (s+4)
```

3. 框图的化简

（1）串联环节连接的化简

对于图 2-35 中的两个环节串联，设它们的传递函数如下：

$$G_1(s)=\frac{\mathrm{num1}(s)}{\mathrm{den1}(s)},\quad G_2(s)=\frac{\mathrm{num2}(s)}{\mathrm{den2}(s)}$$

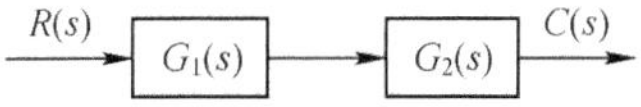

图 2-35　串联环节

则两个环节串联的等效传递函数为

$$G(s)=G_1(s)G_2(s)=\frac{\mathrm{num1}(s)\,\mathrm{num2}(s)}{\mathrm{den1}(s)\,\mathrm{den2}(s)}$$

在 MATLAB 中，实现两个环节传递函数串联连接的函数如下：

```
sys1=tf(num1,den1);
sys2=tf(num2,den2);
sys=sys1 * sys2;
```

（2）环节并联连接的化简

对于图 2-36 中的两个环节并联，则两个环节并联的等效传递函数为

$$G(s)=G_1(s)+G_2(s)=\frac{\mathrm{num1}(s)}{\mathrm{den1}(s)}+\frac{\mathrm{num2}(s)}{\mathrm{den2}(s)}$$

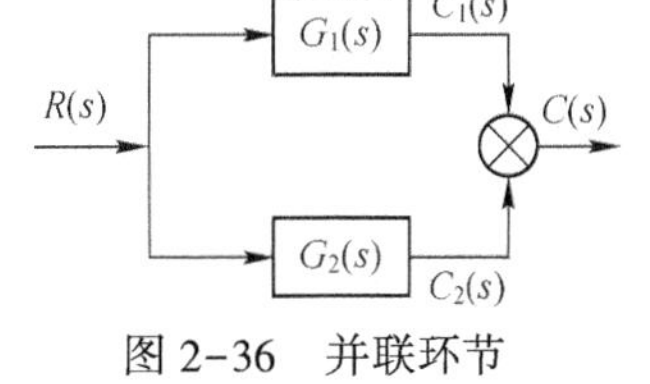

图 2-36　并联环节

在 MATLAB 中，实现两个环节传递函数并联连接的函数如下：

```
sys1=tf(num1,den1);
sys2=tf(num2,den2);
sys=sys1+sys2;
```

（3）反馈环节的化简

对于图 2-37 中的两个环节反馈链接，设它们的传递函数如下：

$$G(s)=\frac{\mathrm{num1}(s)}{\mathrm{den1}(s)},\quad H(s)=\frac{\mathrm{num2}(s)}{\mathrm{den2}(s)}$$

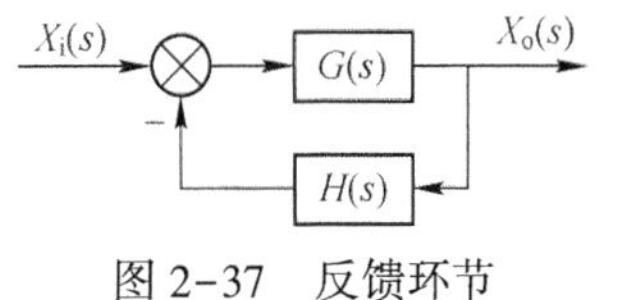

图 2-37　反馈环节

则两个环节反馈连接的等效传递函数为

$$\Phi(s)=\frac{G(s)}{1+G(s)H(s)}$$

在 MATLAB 中，实现反馈环节化简的函数如下：

```
sys1=tf(num1,den1);
sys2=tf(num2,den2);
sys=feedback (sys1, sys2, sign);
```

其中，sign 为反馈环节的符号，'+' 表示正反馈，'-' 为负反馈。默认为 '-'。

例 2-21　已知系统框图如图 2-38 所示，在 MATLAB 环境下，通过化简获得传递函数。

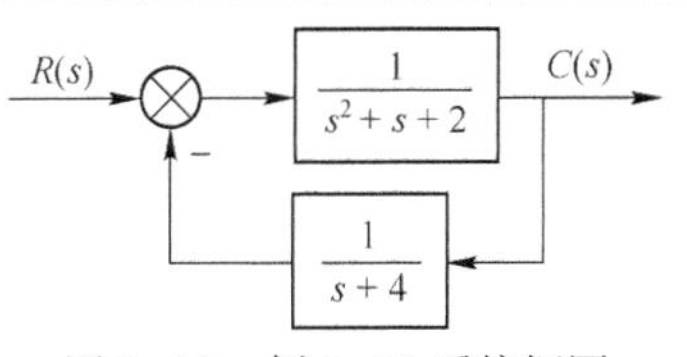

图 2-38　例 2-21 系统框图

解 程序指令如下：

```
>>num1=[0 0 1];
>>den1=[1 1 2];
>>G1=tf(num1, den1);
>>num2=[0 1];
>>den2=[1 4];
>>H=tf(num2,den2);
G=feedback(G1,H)
```

程序运行结果：

```
Transfer function:
G=
          s + 4
  ----------------
  s^3 + 5 s^2 + 6 s + 9
```

[本章知识总结]：

本章主要介绍如何利用解析法建立系统的数学模型，建立数学模型是对控制系统进行分析和设计的前提。

1. 数学模型是描述系统输入、输出以及内部各变量之间关系的数学表达式。

2. 微分方程是系统的时域数学模型。要求掌握线性定常微分方程的一般形式、建立微分方程的步骤、微分方程的求解方法以及非线性方程的线性化方法。

3. 传递函数是在零初始条件下，线性定常系统输出拉氏变换和输入拉氏变换之比。传递函数是系统的复域数学模型，也是经典控制理论中最常用的数学模型形式。要求掌握传递函数的定义、性质和标准形式，熟练运用传递函数概念对系统进行分析和计算。

4. 框图和信号流图都是系统数学模型的图形表达形式，两者在描述系统变量间的传递关系上是等价的，只是表现形式不同。框图等效变换和梅森增益公式是在系统分析过程中经常被运用的工具，应该熟练掌握。

5. 开环传递函数 $G(s)H(s)$，闭环传递函数 $\Phi(s)=\dfrac{C(s)}{R(s)}$、$\Phi_{n}(s)=\dfrac{C(s)}{N(s)}$和误差传递函数 $\Phi_{e}(s)=\dfrac{E(s)}{R(s)}$、$\Phi_{en}(s)=\dfrac{E(s)}{N(s)}$，它们在系统分析、设计中经常被用到，应能熟练地掌握和运用。

习题

2-1 控制系统的数学模型，如微分方程、传递函数和系统框图，三者之间有什么联系？

2-2 建立图 2-39 所示各机械系统的微分方程（其中，$F(t)$为外力，$x(t)$、$y(t)$为位移；k 为弹性系数，f 为阻尼系数，m 为质量；忽略重量影响及滑块与地面的摩擦）。

2-3 应用复数阻抗方法求图 2-40 所示各无源网络的传递函数。

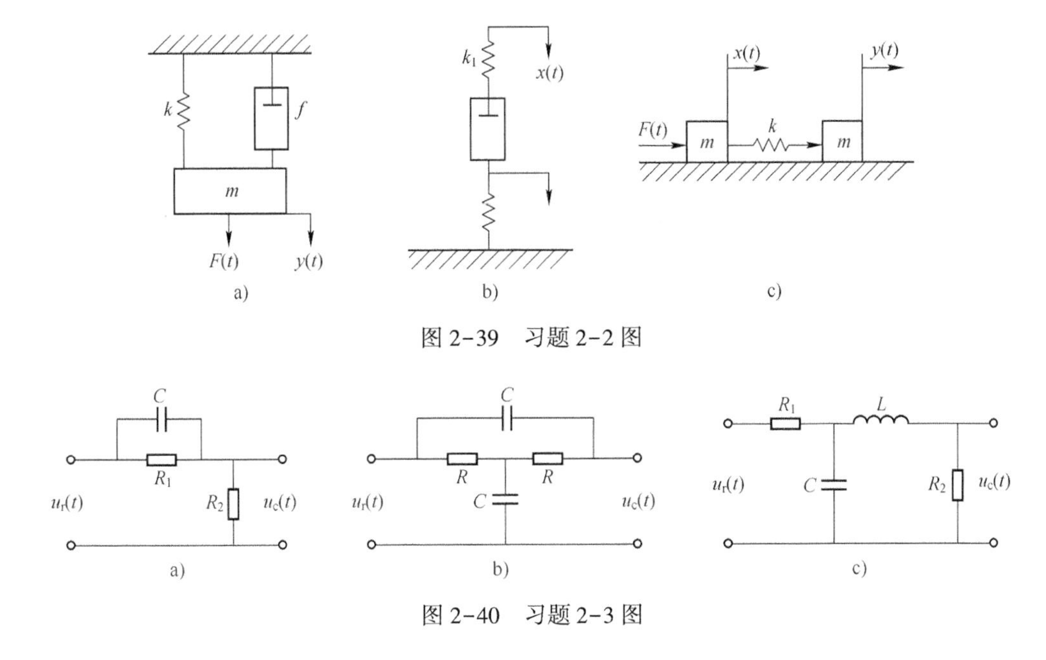

图 2-39　习题 2-2 图

图 2-40　习题 2-3 图

2-4　求下列各拉氏变换式的原函数。

（1）$X(s)=\dfrac{\mathrm{e}^{-s}}{s-1}$

（2）$X(s)=\dfrac{2}{s^2+9}$

（3）$X(s)=\dfrac{1}{s(s+2)^3(s+3)}$

（4）$X(s)=\dfrac{s+1}{s(s^2+2s+2)}$

2-5　已知在零初始条件下，系统的单位阶跃响应为 $x_o(t)=1-2\mathrm{e}^{-2t}+\mathrm{e}^{-t}$，试求系统的传递函数和脉冲响应。

2-6　已知系统传递函数$\dfrac{X_o(s)}{X_i(s)}=\dfrac{2}{s^2+3s+2}$，且初始条件为 $x_o(0)=-1$，$\dot{x}_o(0)=0$，试求系统在输入 $x_i(t)=1(t)$ 作用下的输出 $x_o(t)$。

2-7　飞机俯仰角控制系统框图如图 2-41 所示，试求闭环传递函数$\dfrac{Q_c(s)}{Q_r(s)}$。

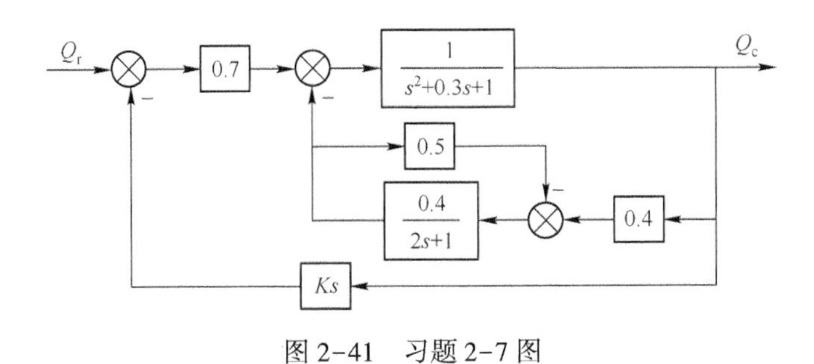

图 2-41　习题 2-7 图

2-8　已知系统方程组如下，试绘制系统框图，并求闭环传递函数$\dfrac{X_o(s)}{X_i(s)}$。

$$\begin{cases}X_1=G_1(s)X_i(s)-G_1(s)[G_7(s)-G_8(s)]X_o(s)\\X_2=G_2(s)[X_1(s)-G_6(s)X_3(s)]\\X_3=[X_2(s)-X_o(s)G_5(s)]G_3(s)\\X_o(s)=G_4(s)X_3(s)\end{cases}$$

2-9　试用框图等效化简的方法，求图 2-42 所示各系统的传递函数$\dfrac{C(s)}{R(s)}$。

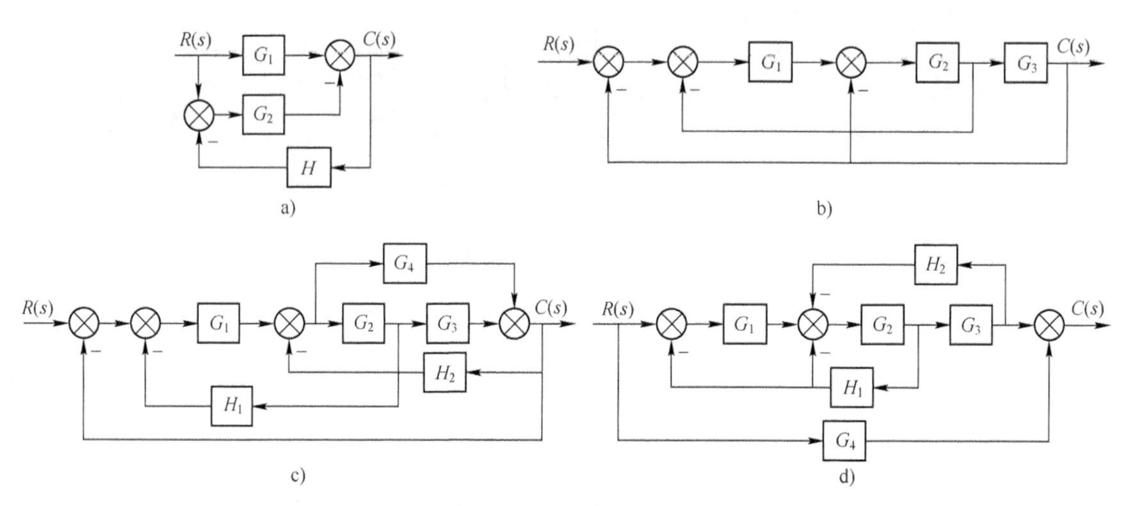

图 2-42　习题 2-9 图

2-10　已知系统的框图如图 2-43 所示，图中，$R(s)$为输入信号，$N(s)$为干扰信号，求传递函数$\dfrac{C(s)}{R(s)}$、$\dfrac{C(s)}{N(s)}$。

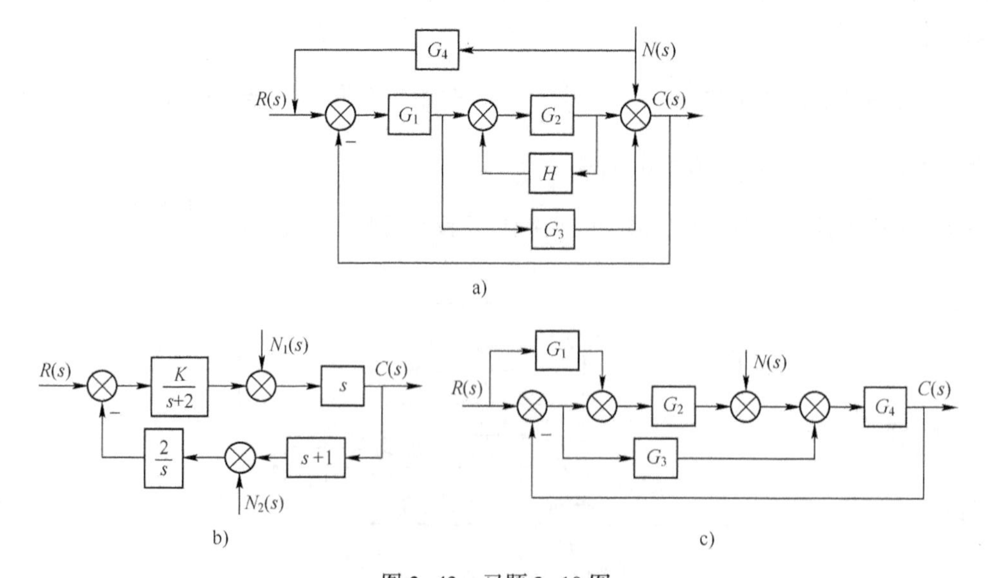

图 2-43　习题 2-10 图

2-11　已知系统的框图如图 2-44 所示。求当 $r(t)=n(t)=1(t)$ 同时作用时，系统的输出 $c(t)$ 及偏差 $e(t)$。

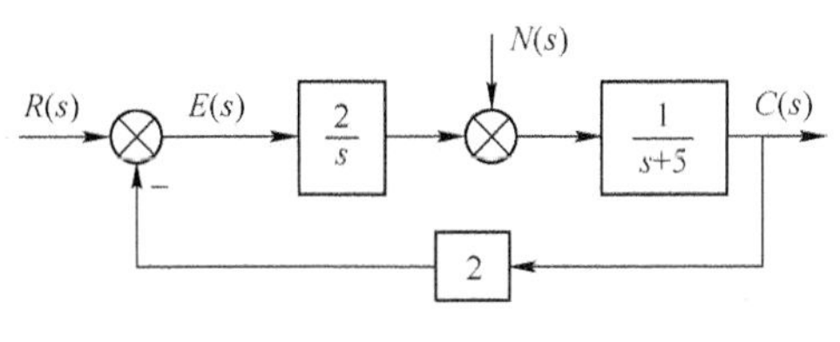

图 2-44　习题 2-11 图

2-12　设传递函数 $G_1(s)=\dfrac{2s^2+s+1}{s^3+s^2+2s+1}$，$G_2(s)=\dfrac{s+1}{s^2+s+1}$，试用 MATLAB 程序求 $G_1(s)$ 和 $G_2(s)$ 的串联、并联和反馈连接三种连接方式的传递函数。

第 3 章　控制系统的时域分析

［学习要求］：

- 了解时间响应定义和典型输入信号特点；
- 掌握一阶、二阶系统时域分析方法；
- 掌握一阶、二阶系统瞬态性能指标的计算；
- 掌握稳态误差的分析与计算方法。

当应用合理与正确的规则建立起控制系统的数学模型之后，就相当于完成了用数学语言描述物理系统的任务，然后，就可以应用各种数学工具对物理系统进行严谨精确的分析与量化计算了，即采用不同的方法，通过分析控制系统的数学模型来获得系统的特性。常用的分析方法包括时域分析法、频域分析法及根轨迹分析法。时域分析法是在时域内，对系统进行分析、设计和校正的方法，系统的时间响应过程可以反映系统在典型输入信号作用下的动态性能和稳态精度。时域分析法具有直观、准确、可靠的优点。可以说，时域分析法是分析系统最基本的方法，该方法引出的概念、方法和结论是学习其他方法的基础。

本章首先介绍系统的时间响应概念；其次，介绍典型的输入信号，以及在典型输入信号作用下，求解一阶、二阶系统时间响应的方法；再次，简要地讨论高阶系统的时间响应求解方法；最后，介绍系统误差的基本概念，推导稳态误差的求解公式，分析典型输入信号和系统的型别对稳态误差的作用规律，以及在扰动信号干扰下的稳态误差的计算；此外，对单位脉冲函数及单位脉冲响应进行了分析。

3.1　时间响应和典型输入信号

3.1.1　控制系统的时间响应

时间响应，即在输入信号的作用下，系统的输出随时间的变化过程。其过程如图 3-1 所示。时间响应可以简要分为瞬态响应和稳态响应两个过程。

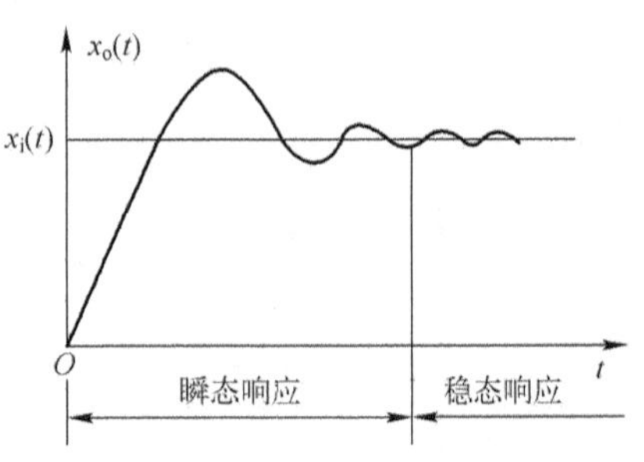

图 3-1　系统的时间响应

瞬态响应：指系统在某一输入信号作用下，其输出量从初始状态到稳定状态的响应过程。

稳态响应：指时间 t 趋于无穷大时，系统的输出状态。

工程上，响应曲线达到稳态值的 95%～98%，认为瞬态响应过程结束，进入稳态过程；即输出与输入信号误差小于 5%或 2%时，看作动态响应过程结束。

设线性系统的微分方程为

$$a_n y^{(n)}(t)+a_{n-1}y^{(n-1)}(t)+\cdots+a_1 y'(t)+a_0 y(t)=x(t) \tag{3-1}$$

此方程的解（即系统的时间响应）由通解 $y_1(t)$ 与特解 $y_2(t)$ 所组成，即

$$y(t)=y_1(t)+y_2(t)$$

而通解 $y_1(t)$ 又分为两部分，即

$$y_1(t)=\sum_{i=1}^{n}A_{1i}\mathrm{e}^{s_i t}+\sum_{i=1}^{n}A_{2i}\mathrm{e}^{s_i t}$$

式中，第一项为由系统的初始状态所引起的时间响应，第二项为由输入 $x(t)$ 所引起的时间响应。n 和 s_i 与控制系统的初始状态无关，也与控制系统的输入无关，它们只取决于控制系统自身的结构与参数。

需要注意的是，除了在本节中有特别声明之外，本书中其他部分所提到的时间响应，全都是指零初始状态响应。

3.1.2　典型输入信号

在实际控制系统中，输入形式虽然是多种多样的，但是，总能归结为确定性信号和非确定性信号。其中，确定性信号是因变量和自变量之间的关系能够用一个确定函数来描述的信号。例如，信号 $F=A\sin\omega t$ 就是一个确定性信号。而非确定性信号是因变量和自变量之间的关系不能用一个确定性函数来描述的信号，即它的因变量与自变量之间的关系是随机的，只服从于某些统计规律。

典型输入信号的选择原则是，应当反映系统在工作过程中的大部分实际情况；应当在形式上尽可能简单，以便于对系统响应进行分析；应当能够使系统工作在最不利的情况下；应当在实际中可以得到或近似地得到。

时域分析法通常采用表 3-1 中的典型输入信号。

表 3-1　典型输入信号

名　称	$r(t)$	时域关系	时 域 图 形	$R(s)$	复域关系	举　例
单位脉冲函数	$\delta(t)=\begin{cases}\infty, & t=0\\0, & t\neq 0\end{cases}$ $\int\delta(t)\,\mathrm{d}t=1$	↑ $\frac{\mathrm{d}}{\mathrm{d}t}$	$\delta(t)$	1	↑ $\times s$	撞击作用、后坐力、电脉冲
单位阶跃函数	$1(t)=\begin{cases}1, & t\geqslant 0\\0, & t<0\end{cases}$		$1(t)$	$\frac{1}{s}$		开关输入
单位斜坡函数	$f(t)=\begin{cases}t, & t=0\\0, & t<0\end{cases}$		t	$\frac{1}{s^2}$		等速跟踪信号
单位加速度函数	$f(t)=\begin{cases}\frac{1}{2}t^2, & t\geqslant 0\\0, & t<0\end{cases}$		$\frac{1}{2}t^2$	$\frac{1}{s^3}$		

3.1.3 系统的时域性能指标

在实际工程应用上，为了定量评价控制系统性能的好坏，必须给出控制系统的性能指标的准确定义和定量计算方法。对系统的基本要求中的稳定性，是控制系统正常工作的先决条件，只有控制系统稳定了才能谈及其他性能，否则可以说是“皮之不存，毛将焉附”。当控制系统满足稳定性条件时，它的时间响应过程才是收敛的，否则，就是发散的。在稳定条件下研究系统的性能（包括动态性能和稳态性能）才有意义。众所周知，实际物理系统一般都存在惯性，并且，在输入信号作用下的输出量的改变是与系统所储有的能量有关的，而系统所储有的能量的改变需要有一个过程。输入信号作为外作用被施加于系统，并使它从一个稳定状态转换到另一个稳定状态需要一定的时间。稳定系统的阶跃响应及动态性能指标如图 3-2 所示。响应过程分为动态过程（也称为过渡过程）和稳态过程，控制系统的动态性能指标和稳态性能指标就是分别针对这两个阶段来具体定义的。

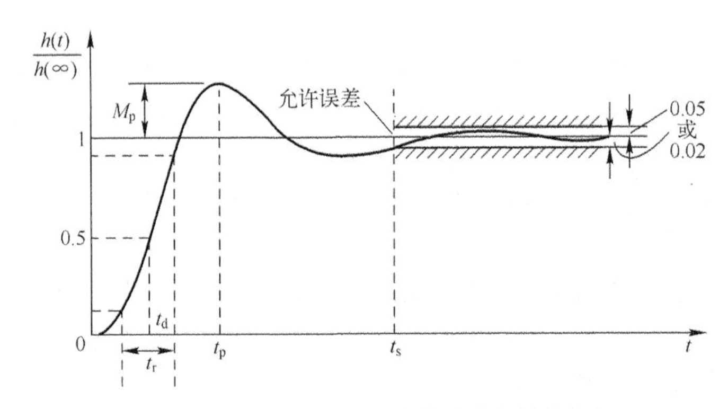

图 3-2　稳定系统的阶跃响应及动态性能指标

1. 动态性能

一个控制系统的动态性能是以其阶跃响应为基础来衡量的。一般认为，若控制系统能够在阶跃信号的作用下，动态性能能够满足要求，那么，控制系统在其他形式输入信号的作用下，它的动态响应也应该是满足要求的。

动态性能指标通常有如下几项。

延迟时间 t_d：阶跃响应第一次达到终值 $h(\infty)$ 的 50%所需的时间。

上升时间 t_r：阶跃响应从终值的 10%上升到终值的 90%所需的时间。对有振荡的系统，也可以定义为系统的时间响应从 $t=0$ 时刻的初值到第一次达到终值所需要的时间。

峰值时间 t_p：阶跃响应越过终值 $h(\infty)$ 达到第一个峰值所需要的时间。

调节时间 t_s：阶跃响应到达并保持在终值的误差带内±5%所需的最短时间。有时也用终值的±5%～±2% 误差带来定义调节时间。除非特别说明，本书以后所述调节时间均以这个误差带来定义。

超调量 M_p：峰值 $h(t_p)$ 超出终值 $h(\infty)$ 的百分比，即

$$M_p=\frac{h(t_p)-h(\infty)}{h(\infty)}\times 100\% \tag{3-2}$$

在上述动态性能指标中，调节时间 t_s 描述了系统在时间响应当中，过渡过程所用时间的长短，反映了系统对于输入信号响应的快慢程度。超调量 M_p 描述了系统在时间响应当

中，过渡过程围绕终值的波动程度。峰值时间 t_p 反映了系统时间响应达到最大振荡幅度所经历的时间。这几个指标都是系统在时域中被重点讨论的动态性能指标。

2. 稳态性能

稳态性能通常用稳态误差来描述。稳态误差是在输入信号作用下，当时间响应进入稳态响应过程之后，系统的实际输出值与理想输出值之间的差值。这一误差值反映了系统的控制精度或者系统的抗干扰能力。

需要注意的是，系统的多个性能指标从不同的角度对其性能进行描述和表征，往往这些指标之间存在着一定的矛盾性，从而在大多数情况下无法全部兼顾，所以，系统性能指标的确定，或者是具体对哪个指标提出严格的要求，则应该根据实际情况，对其优先级进行取舍、选择性考虑。例如，在民航客机起飞、航行、降落的过程中，都非常注重飞行器飞行时的平稳性，不允许有超调，否则轻则引起乘客的不适，重则产生危险状况；而对战斗机当中的歼击机，所携带的跟踪目标的导弹等则要求其有足够的机动灵活性，响应快速、跟踪精度高，允许有适当的超调量；对于一些在正常工作状态下需要长期、稳定、可靠运行的生产过程（如化工过程、自动化生产线等），则更强调系统的稳定性和稳态精度。

3.2　一阶系统的时间响应

3.2.1　一阶系统的数学模型

一阶系统定义：指可以用一阶微分方程描述的系统称为一阶系统，其典型形式是惯性环节。一阶系统的微分方程为

$$T\frac{\mathrm{d}x_o(t)}{\mathrm{d}t}+x_o(t)=x_i(t) \tag{3-3}$$

传递函数为

$$G(s)=\frac{X_o(s)}{X_i(s)}=\frac{1}{Ts+1} \tag{3-4}$$

式中，T 为一阶系统的时间常数。它表达了一阶系统本身的与外界作用无关的固有特性，所以也称为一阶系统的特征参数。

3.2.2　一阶系统的单位脉冲响应

一阶系统的典型框图如图 3-3 所示，K 是开环增益。

一阶系统传递函数的标准形式为

$$G(s)=\frac{K}{s+K}=\frac{1}{Ts+1} \tag{3-5}$$

式中，$T=1/K$，T 为系统的时间常数。

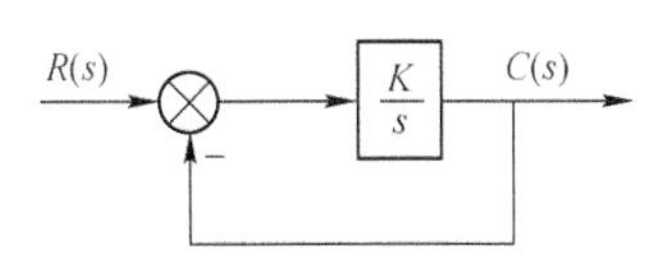

图 3-3　一阶系统的典型框图

当系统的输入信号 $x_i(t)$ 是理想的单位脉冲函数 $\delta(t)$ 时，系统的输出 $x_o(t)$ 称为单位脉冲响应。由于单位脉冲输入的拉氏变换为

$$X_i(s)=L[\delta(t)]=1$$

则脉冲响应的拉氏变换为

$$X_o(s)=G(s)\cdot 1=G(s)$$

脉冲响应的拉氏反变换为

$$x_o(t)=L^{-1}[G(s)]=\frac{1}{T}e^{-\frac{t}{T}}$$

可以得到脉冲响应为

$$x_o(t)=\frac{1}{T}e^{-\frac{t}{T}},\quad t\geqslant 0 \tag{3-6}$$

由式（3-6）可知，脉冲响应只有瞬态响应分量。

一阶系统的单位脉冲响应曲线如图 3-4 所示。

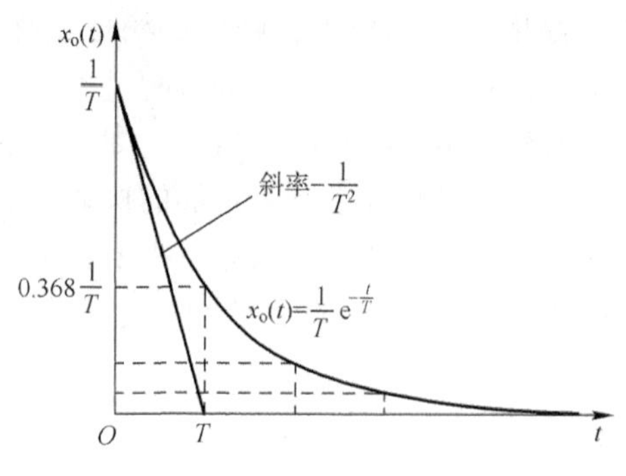

图 3-4　一阶系统的单位脉冲响应

由图 3-4 可见，时间响应的初始值为$\frac{1}{T}$，当自变量 t 趋于无穷时，其值趋近于零，故稳态分量为 0。

需要注意的是，在工程实际的应用中，理想的脉冲信号是不可能得到的，所以常常以具有一定的脉冲宽度和有限幅度的脉冲来近似地代替它。为了得到近似程度较高的脉冲响应函数，就要求脉冲信号的脉冲宽度 h 与系统的时间常数 T 相比足够小，一般要求 $h<0.1T$。

3.2.3　一阶系统的单位阶跃响应

当系统的输入信号 $x_i(t)$是理想的单位阶跃函数时，系统的输出称为单位阶跃响应。当一阶系统的输入信号为

$$x_i(t)=1(t),\quad t\geqslant 0$$

单位阶跃拉氏变换为

$$X_i(s)=L[1(t)]=\frac{1}{s}$$

则一阶系统单位阶跃响应的拉氏变换为

$$X_o(s)=G(s)X_i(s)=\frac{1}{Ts+1}\ \frac{1}{s}=\frac{1}{s}-\frac{1}{s+\frac{1}{T}}$$

经过拉氏反变换，一阶系统的单位阶跃响应为

$$x_o(t)=L^{-1}[X_o(s)]=1-e^{-\frac{1}{T}t},\quad t\geqslant 0 \tag{3-7}$$

由式（3-7）可知，$x_o(t)$中的 1 是稳态响应分量，$-e^{-\frac{t}{T}}$是瞬态响应分量。

一阶系统的单位阶跃响应曲线如图 3-5 所示。

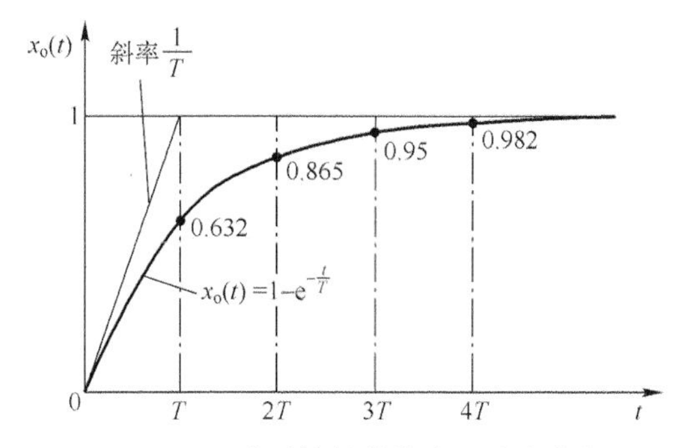

图 3-5　一阶系统的单位阶跃响应曲线

由图 3-5 可见，一阶系统的单位阶跃响应随 T 变化的趋势它是一条单调上升的指数型曲线。曲线有两个重要的特征点：一个是时间 $t=T$，表明当一阶系统的响应时间达到时间常数 T 时，阶跃响应达到稳态值的 63.2%；另一个是零点，当 $t=0$ 时，系统单位阶跃响应曲线的切线的斜率（它表示系统的响应速度）等于 $1/T$。这两个特征点的共同特征是，它们都直接与系统的时间常数 T 相关联。

同时，图中指数曲线的斜率，即一阶系统的响应速度是随时间 t 的增大而单调减小的。当时间 t 趋于无穷远时，一阶系统的响应速度为零；当 $t\geqslant 4T$ 时，一阶系统的单位阶跃响应已经达到稳态值的 98%以上。由此可见，时间常数 T 确实反映了一阶系统共同的固有特性。当时间常数 T 越小时，系统的惯性特征也就越小，从而系统对于输入信号的响应也就越快。

简要归纳如下：

1）当 $t=T$ 时，$x_o(t)=0.632$，即经过 T，响应曲线上升到稳态值 0.632 的高度。

2）在 $t=0$ 处，响应曲线的切线斜率为 $1/T$。

3）经过时间 $3T\sim 4T$，响应曲线达到稳态值的 95%～98%。

4）当 $t\to\infty$ 时，$x_o(t)=1$。

3.2.4　一阶系统的单位速度响应

系统在单位速度信号作用下的输出称为单位速度响应。当一阶系统的输入信号为单位速度信号 $x_i(t)=t$ 时，则单位速度信号的拉氏变换为

$$X_i(s)=\frac{1}{s^2}$$

单位速度响应的拉氏变换式为

$$X_o(s)=G(s)X_i(s)=\frac{1}{Ts+1}\frac{1}{s^2}=\frac{1}{s^2}-\frac{T}{s}+\frac{T}{s+\frac{1}{T}}$$

将上式进行拉氏反变换，得出一阶系统的单位速度响应为

$$x_o(t)=L^{-1}[X_o(s)]=t-T+Te^{-\frac{1}{T}t},\quad t\geqslant 0 \quad (3-8)$$

一阶系统的单位速度响应曲线如图 3-6 所示。

一阶系统在单位速度信号作用下输入与输出之间的误差为

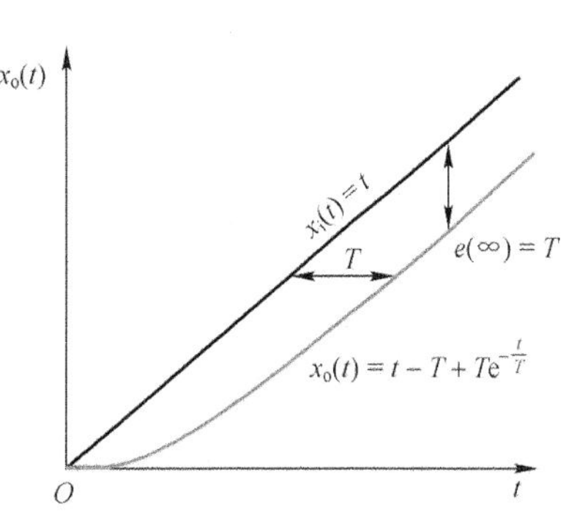

图 3-6　一阶系统的单位速度响应曲线

$$e(t)=x_i(t)-x_o(t)=t-(t-T+Te^{-\frac{1}{T}t})=T(1-e^{-\frac{1}{T}t})$$

$$\lim_{t\to\infty}e(t)=T$$

由此可见，一阶系统在单位速度信号作用下的稳态误差为 T，表明单位速度响应达到稳态后始终以误差 T 的大小跟踪输入信号。

3.2.5 一阶系统对典型输入时间响应的比较

表 3-2 所示为一阶系统对三种典型输入信号的时间响应。

表 3-2 一阶系统对三种典型输入信号的时间响应

$x(t)$	$X_i(s)$	$X_o(s)=G(s)X_i(s)$	$x_o(t)$
$\delta(t)$	1	$\frac{1}{Ts+1}=\frac{\frac{1}{T}}{s+\frac{1}{T}}$	$\frac{1}{T}e^{-\frac{1}{T}t}$
$1(t)$	$\frac{1}{s}$	$\frac{1}{Ts+1}\frac{1}{s}=\frac{1}{s}-\frac{1}{s+\frac{1}{T}}$	$1-e^{-\frac{1}{T}t},t\geqslant 0$
t	$\frac{1}{s^2}$	$\frac{1}{Ts+1}\frac{1}{s^2}=\frac{1}{s^2}-T\left(\frac{1}{s}-\frac{1}{s+\frac{1}{T}}\right)$	$t-T(1-e^{-\frac{1}{T}t}),t\geqslant 0$

由表 3-2 可见，三个典型输入信号单位脉冲、单位阶跃和单位速度之间存在着积分和微分的关系，因此，三种输入的时间响应之间也存在着同样的积分和微分关系。

由此可以得出线性定常系统时间响应的一个重要性质：如果系统的输入信号存在积分和微分关系，则系统的时间响应也存在对应的积分和微分关系。

例 3-1 用温度计测量水温，其显示温度随时间变化的规律为

$$h(t)=1-e^{-\frac{1}{T}t}$$

实验测得当 $t=60$ s 时，温度计读数达到实际水温的 95%，试确定该温度计的传递函数。

解 温度计显示温度恒定时，达到实际水温的 95%，那么调节时间为

$$t_s=60\text{ s}=3T$$

解得

$$T=20\text{ s}$$

温度计为一阶系统，其阶跃响应为

$$h(t)=1-e^{-\frac{1}{T}t}=1-e^{-\frac{1}{20}t}$$

通过对上式求一阶导数，可得脉冲响应为

$$k(t)=h'(t)=\frac{1}{20}e^{-\frac{1}{20}t}$$

则脉冲响应的拉氏变换，即系统的传递函数为

$$G(s)=L[k(t)]=\frac{1}{20s+1}$$

例 3-2　原系统传递函数为

$$G(s)=\frac{10}{0.2s+1}$$

现采用如图 3-7 所示的负反馈方式，欲将反馈系统的调节时间减小为原来的 0.1，并且保证原放大倍数 $K=10$ 不变。试确定参数 K_0 和 K_1 的取值。

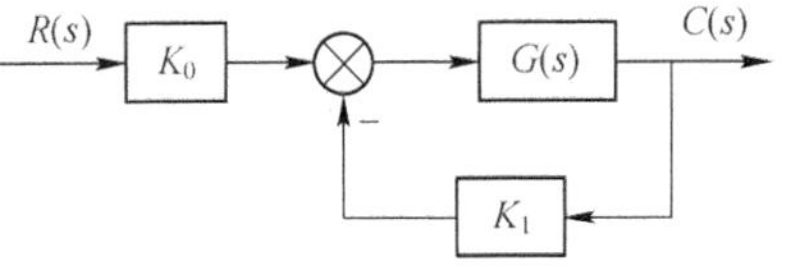

图 3-7　反馈系统框图

解　原系统时间常数 $T=0.2$，放大倍数 $K=10$，加入反馈环节后，系统的时间常数改变为 $T_{\Phi}=0.2\times0.1=0.02$。由框图可知，反馈系统传递函数为

$$\Phi(s)=\frac{K_0G(s)}{1+K_1G(s)}=\frac{10K_0}{0.2s+1+10K_1}=\frac{\dfrac{10K_0}{1+10K_1}}{\dfrac{0.2}{1+10K_1}s}=\frac{K_{\Phi}}{T_{\Phi}s+1}$$

应有

$$\begin{cases}K_{\Phi}=\dfrac{10K_0}{1+10K_1}=10\\ T_{\Phi}=\dfrac{0.2}{1+10K_1}=0.02\end{cases}$$

联立方程，求解得

$$\begin{cases}K_1=0.9\\ K_0=10\end{cases}$$

3.3　二阶系统的时间响应

在工程实践中二阶系统的实例也很多，例如，前面讲述过的 RCL 电网络、带有惯性载荷的液压助力器和质量-弹簧-阻尼机械系统等。实际中的一般控制系统都是高阶系统，但是，在一定的误差允许范围之内，或者在符合一定的简化条件之下，可以忽略某些次要因素，从而可以将高阶系统近似地处理成二阶系统，从这一点来讲，研究二阶系统也有非常大的实际意义。例如，描述力反馈型电液伺服阀的微分方程一般为四阶或五阶的高阶方程，但在实际应用中，电液伺服系统被简化作二阶系统来分析，就已经具备了足够的准确度。

3.3.1　二阶系统及其传递函数

二阶系统的定义，凡是能够用二阶微分方程描述的系统称为二阶系统，其典型形式是振荡环节。二阶系统的微分方程为

$$\frac{\mathrm{d}^2x_{\mathrm{o}}(t)}{\mathrm{d}t^2}+2\xi\omega_{\mathrm{n}}\frac{\mathrm{d}x_{\mathrm{o}}(t)}{\mathrm{d}t}+\omega_{\mathrm{n}}^2x_{\mathrm{o}}(t)=\omega_{\mathrm{n}}^2x_{\mathrm{i}}(t) \tag{3-9}$$

其传递函数为

$$G(s)=\frac{X_{\mathrm{o}}(s)}{X_{\mathrm{i}}(s)}=\frac{\omega_{\mathrm{n}}^2}{s^2+2\xi\omega_{\mathrm{n}}s+\omega_{\mathrm{n}}^2} \tag{3-10}$$

式中，ω_n 为无阻尼固有频率；ξ 为阻尼比。二者均为二阶系统的特征参数，表明二阶系统本身固有的特性。

常见的二阶系统的框图，如图 3-8a 所示，如果令

$$T=\sqrt{\frac{T_0}{K}}\ ,\quad \omega_n=\frac{1}{T}=\sqrt{\frac{K}{T_0}}\ ,\quad \xi=\frac{1}{2}\sqrt{\frac{1}{KT_0}}$$

其中，K 和 T_0 为二阶系统的特性参数，它们与 ω_n 和 ξ 之间满足数学换算关系；那么，传递函数也可以表示为

$$G(s)=\frac{K}{T_0s^2+s+K} \tag{3-11}$$

为了后续更加方便地对系统进行分析，经常将二阶系统的框图表示成如图 3-8b 所示的标准形式。则对比整理之后，系统的闭环传递函数表达有如下两种标准形式：

$$G(s)=\frac{\omega_n^2}{s^2+2\xi\omega_ns+\omega_n^2} \tag{3-12}$$

$$G(s)=\frac{1}{T^2s^2+2T\xi s+1} \tag{3-13}$$

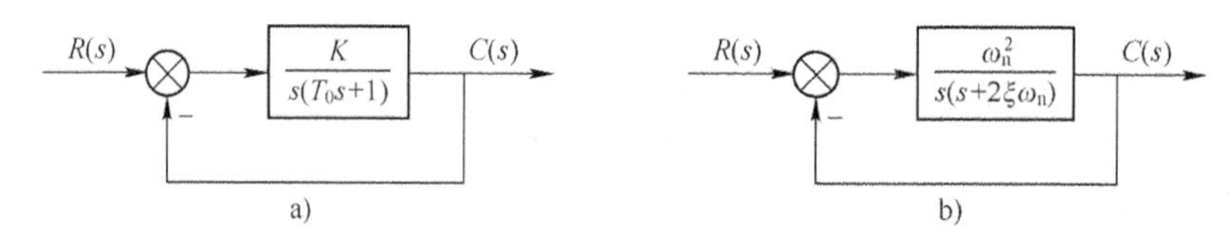

图 3-8　常见二阶系统框图

二阶系统传递函数的首 1 型和尾 1 型只是两种不同的表述形式，所对应的物理意义是相同的，二者各有侧重的应用场合：首 1 型传递函数常用于时域特性的分析中；而在频域分析时，则常用尾 1 型。

3.3.2　二阶系统闭环特征方程分析

由式（3-10）可得二阶系统的闭环特征方程为

$$s^2+2\xi\omega_ns+\omega_n^2=0 \tag{3-14}$$

求方程的两个特征根为

$$\lambda_{1,2}=-\xi\omega_n\pm\omega_n\sqrt{\xi^2-1} \tag{3-15}$$

下面对特征根做具体分析。

1）当 $0<\xi<1$ 时，两个特征根为共轭复根，即

$$\lambda_{1,2}=-\xi\omega_n\pm j\omega_n\sqrt{1-\xi^2}$$

此时，系统被称为欠阻尼系统。

2）当 $\xi=0$ 时，两个特征根为共轭虚根，即

$$\lambda_{1,2}=\pm j\omega_n$$

此时，系统被称为无阻尼系统。

3）当 $\xi=1$ 时，特征方程有两个相等的负实根，即

$$\lambda_{1,2}=-\omega_n$$

此时，系统被称为临界阻尼系统。

4）当 $\xi>1$ 时，特征方程有两个不相等的负实根，即

$$\lambda_{1,2}=-\xi\omega_n\pm\omega_n\sqrt{\xi^2-1}$$

此时，系统被称为过阻尼系统。

对上述分析过程，按照阻尼比 ξ 的不同对特征根以及特征根的分布，总结成表 3-3。

表 3-3　二阶系统特征根及分布表

阻尼比 ζ 取值	特　征　根	特征根分布
$\xi>1$ 过阻尼	$\lambda_{1,2}=-\xi\omega_n\pm\omega_n\sqrt{\xi^2-1}$	j；X_1；X_2；0
$\xi=1$ 临界阻尼	$\lambda_1=\lambda_2=-\omega_n$	j；X_1；0
$0<\xi<1$ 欠阻尼	$\lambda_{1,2}=-\xi\omega_n\pm j\omega_n\sqrt{1-\xi^2}$	j；X_1；0；X_2
$\xi=0$ 零阻尼	$\lambda_{1,2}=\pm j\omega_n$	j；X_1；0；X_2

3.3.3　二阶系统的阶跃响应分析

1. 过阻尼状态（$\xi>1$）

设过阻尼二阶系统的极点为

$$\lambda_1=-\frac{1}{T_1}=-(\xi-\sqrt{\xi^2-1})\omega_n,\quad \lambda_2=-\frac{1}{T_2}=-(\xi+\sqrt{\xi^2-1})\omega_n,\quad T_1>T_2$$

系统在单位阶跃输入信号作用下的输出响应的拉氏变换为

$$X_o(s)=G(s)X_i(s)=\frac{\omega_n^2}{s^2+2\xi\omega_n s+\omega_n^2}\ \frac{1}{s}$$

对其在 s 域进行运算、用部分分式法予以分解、求留数等一系列处理之后，再对其进行拉氏反变换，即可得出系统的单位阶跃响应为

$$x_o(t)=L^{-1}[X_o(s)]=L^{-1}\left[\frac{\omega_n^2}{s(s^2+2\xi\omega_n s+\omega_n^2)}\right],\quad t\geqslant 0 \tag{3-16}$$

从而得

$$x_o(t)=1-\frac{1}{2(1+\xi\sqrt{\xi^2-1}-\xi^2)}e^{-(\xi-\sqrt{\xi^2-1})\omega_n t}-\frac{1}{2(1-\xi\sqrt{\xi^2-1}-\xi^2)}e^{-(\xi+\sqrt{\xi^2-1})\omega_n t},\quad t\geqslant 0 \tag{3-17}$$

对式（3-17）绘图分析，过阻尼二阶系统的单位阶跃输出响应曲线是无振荡的单调上

升曲线，如图 3-9 所示。

当ξ很大时，特征根 $\lambda_2=-1/T_2$ 比 $\lambda_1=-1/T_1$ 远离虚轴，系统调节时间主要由 $\lambda_1=-1/T_1$ 对应的因素来决定。此时，就可以将过阻尼二阶系统近似地看作由 λ_1 确定的一阶系统，估算其动态性能指标。

从另外一个角度再来看一下这一重要规律，由式（3-17）求解可得，当$\xi>1.5$时，在式（3-17）的两个衰减的指数项中，e^{s_1t}的衰减比 e^{s_2t}的要快得多，因此，过渡过程的变化以 e^{s_2t}项起主要作用。从[s]平面看，越是靠近虚轴的根，过渡过程持续的时间越长，对过渡过程的影响越大，所以起到主导作用。

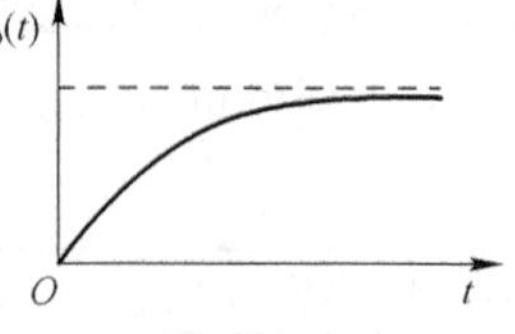

图 3-9　过阻尼二阶系统的单位阶跃输出响应

例 3-3　某系统闭环传递函数 $\Phi(s)=\dfrac{16}{s^2+10s+16}$，计算系统的动态性能指标。

解

$$\Phi(s)=\frac{16}{s^2+10s+16}=\frac{16}{(s+2)(s+8)}=\frac{\omega_n^2}{(s+1/T_1)(s+1/T_2)}$$

$$T_1=\frac{1}{2}\text{ s}=0.5\text{ s},\quad T_2=\frac{1}{8}\text{ s}=0.125\text{ s}$$

$$T_1/T_2=0.5/0.125=4,\quad \xi=\frac{1+(T_1/T_2)}{2\sqrt{T_1/T_2}}=1.25>1$$

计算得 $t_s=3.3\text{ s}$，　$T_1=3.3\times0.5\text{ s}=1.65\text{ s}$，图 3-10 给出系统单位阶跃响应曲线。

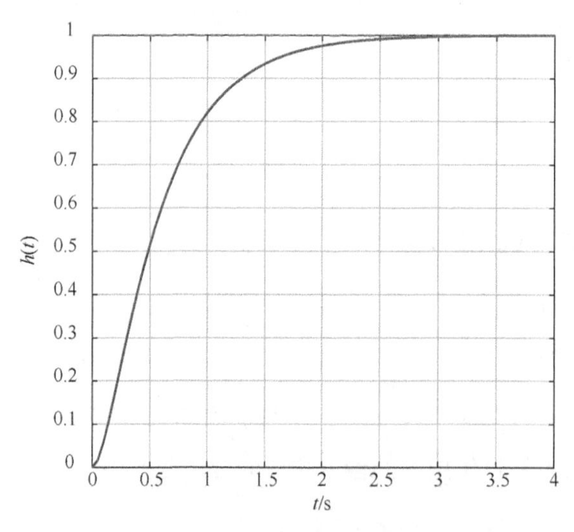

图 3-10　系统单位阶跃响应曲线

2. 临界阻尼状态（$\xi=1$）

当阻尼比$\xi=1$时，系统处于临界阻尼状态，此时闭环极点是一对相等的实根，即

$$\lambda_1=\lambda_2=-\omega_n=-1/T_1$$

系统单位阶跃响应的拉氏变换为

$$X_o(s)=\frac{\omega_n^2}{s(s^2+2\xi\omega_ns+\omega_n^2)}=\frac{\omega_n^2}{s(s+\omega_n)^2}=\frac{A_0}{s}+\frac{A_1}{(s+\omega_n)^2}+\frac{A_2}{s+\omega_n}$$

$$A_0=1;\quad A_1=-\omega_n;\quad A_2=-1$$

$$X_o(s)=\frac{1}{s}-\frac{1}{(s+\omega_n)}-\frac{\omega_n}{(s+\omega_n)^2}$$

则

$$x_o(t)=1-e^{-\omega_n t}-\omega_n t e^{-\omega_n t}$$
$$=1-e^{-\omega_n t}(1+\omega_n t),\quad t\geqslant 0$$

临界阻尼二阶系统的单位阶跃响应也是无振荡的单调上升的曲线，如图 3-11 所示，其调节时间可参照过阻尼二阶系统调节时间的方法计算，只是此时 $T_1/T_2=1$。

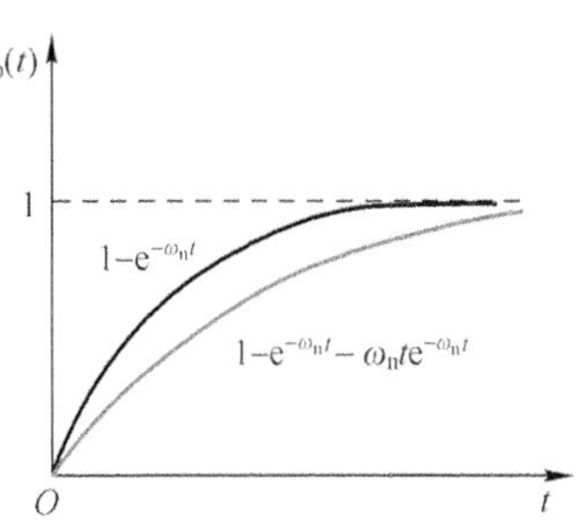

图 3-11　临界阻尼二阶系统的单位阶跃响应曲线

例 3-4　角度随动系统框图如图 3-12 所示。图中，K 为开环增益，$T=0.1\,s$ 为伺服电动机时间常数。若要求系统的单位阶跃响应无超调，且调节时间小于 1 s，问 K 应取多大？

解　根据题意，考虑使系统的调节时间尽量短，应取阻尼比 $\xi=1$，由图 3-12，令闭环特征方程

$$s^2+\frac{1}{T}s+\frac{K}{T}=\left(s+\frac{1}{T_1}\right)^2=s^2+\frac{2}{T_1}s+\frac{1}{T_1^2}=0$$

比较系数得 $\begin{cases}T_1=2T=2\times0.1\,s=0.2\,s\\K=T/T_1^2=0.1/0.2^2=2.5\end{cases}$

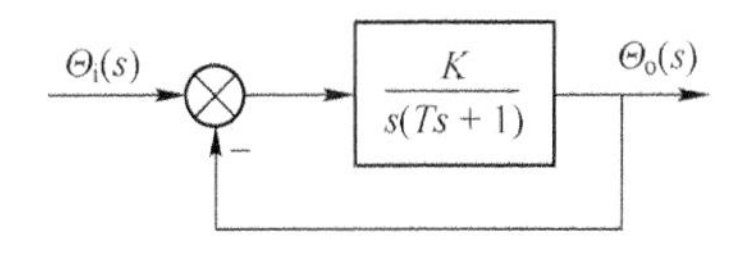

图 3-12　角度随动系统框图

可得系统调节时间 $t_s=4.75T_1=0.95\,s$，满足系统要求。

3. 欠阻尼状态（$0<\xi<1$）

$$\lambda_{1,2}=\sigma\pm j\omega_d=-\xi\omega_n\pm j\omega_n\sqrt{1-\xi^2}\tag{3-18}$$

$$X_o(s)=\frac{A_0}{s}-\frac{A_1 s+A_2}{(s+\xi\omega_n)^2+\omega_d^2}=\frac{1}{s}-\frac{s+2\xi\omega_n}{(s+\xi\omega_n)^2+\omega_d^2}$$
$$=\frac{1}{s}-\frac{s+\xi\omega_n}{(s+\xi\omega_n)^2+\omega_d^2}-\frac{\xi\omega_n}{(s+\xi\omega_n)^2+\omega_d^2}(\text{这里 }\omega_d=\sqrt{1-\xi^2}\,\omega_n)$$

$$x_o(t)=1-e^{\xi\omega_n t}\cos\omega_d t-\frac{\xi}{\sqrt{1-\xi^2}}e^{\zeta\omega_n t}\sin\omega_d t$$
$$=1-\frac{e^{-\xi\omega_n t}}{\sqrt{1-\xi^2}}(\sqrt{1-\xi^2}\cos\omega_d t+\xi\sin\omega_d t)$$
$$=1-\frac{e^{-\xi\omega_n t}}{\sqrt{1-\xi^2}}\sin(\omega_d t+\varphi),\quad t\geqslant 0$$

式中，$\varphi=\arctan\frac{\sqrt{1-\xi^2}}{\xi}$。

欠阻尼二阶系统的单位阶跃响应曲线如图 3-13 所示，响应曲线位于两条包络线 $1\pm e^{-\xi\omega_n t}/\sqrt{1-\xi^2}$ 之间，如图 3-14 所示。包络线收敛速率取决于 $\xi\omega_n$（特征根实部之模），响应的阻尼振荡频率取决于 $\omega_n\sqrt{1-\xi^2}$。

欠阻尼二阶系统的极点可以用如图 3-15 所示的两种形式表示。

（1）直角坐标表示

$$\lambda_{1,2}=\sigma\pm j\omega_d=-\xi\omega_n\pm j\omega_n\sqrt{1-\xi^2}\tag{3-19}$$

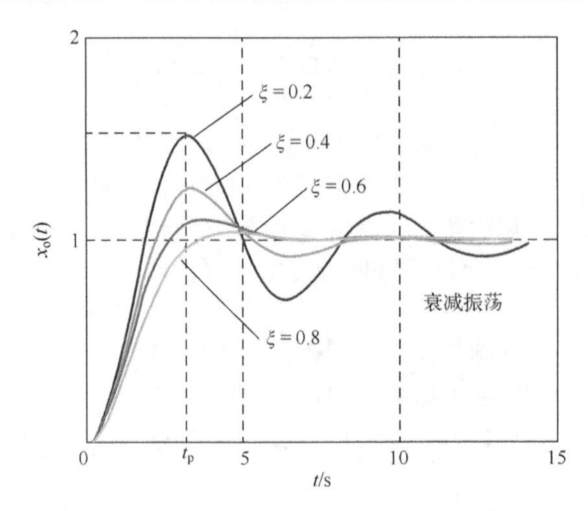

图 3-13　欠阻尼二阶系统单位阶跃响应曲线

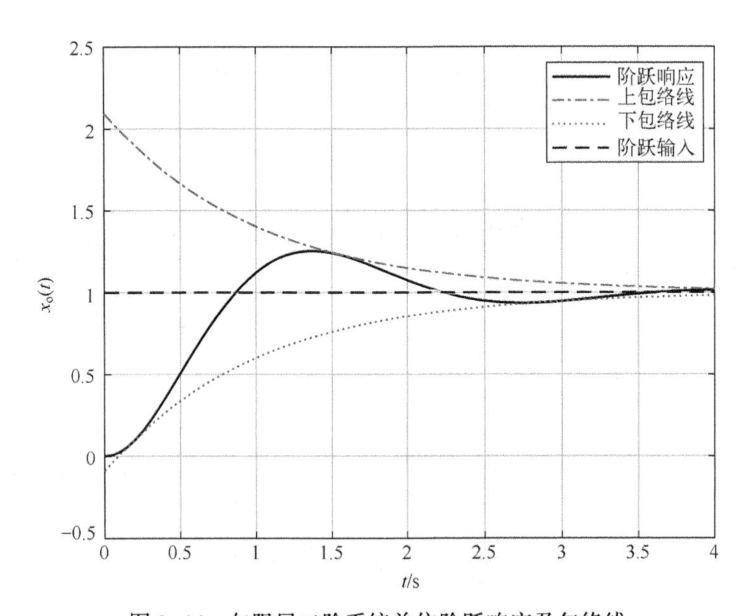

图 3-14　欠阻尼二阶系统单位阶跃响应及包络线

（2）极坐标表示

$$\begin{cases} |\lambda| = \omega_n \\ \angle\lambda = \beta \end{cases}, \quad \begin{cases} \cos\beta = \xi \\ \sin\beta = \sqrt{1-\xi^2} \end{cases} \tag{3-20}$$

同理，简要阐述无阻尼和负阻尼的单位阶跃响应特性如下。

4. 无阻尼状态（$\xi=0$）

$$X_o(s) = \frac{\omega_n^2}{s(s^2+\omega_n^2)} = \frac{1}{s} - \frac{s}{s^2+\omega_n^2} \tag{3-21}$$

$$x_o(t) = 1-\cos\omega_n t, \quad t \geqslant 0$$

无阻尼二阶系统的单位阶跃响应曲线如图 3-16 所示。

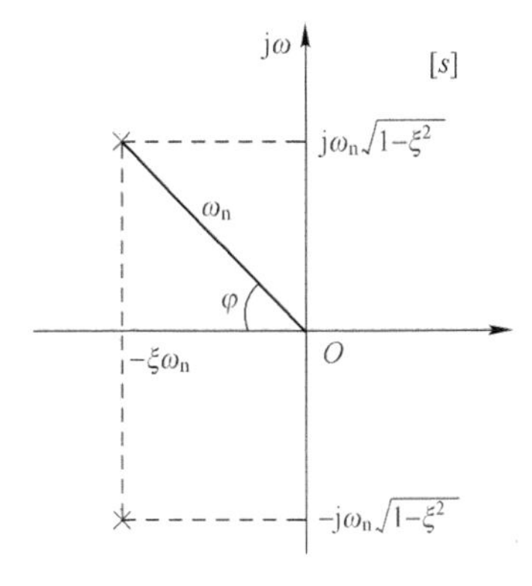

图 3-15 欠阻尼二阶系统极点表示

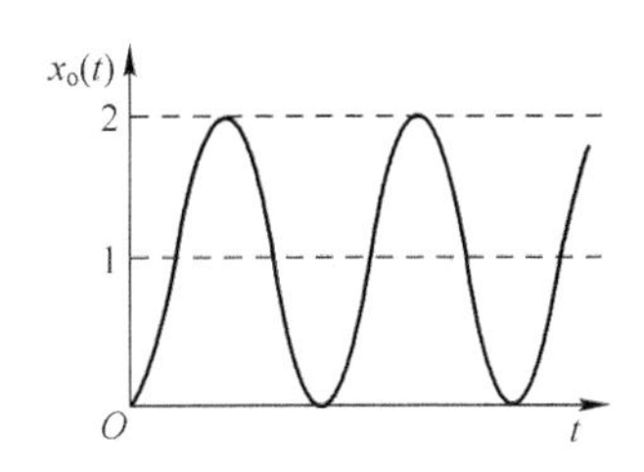

图 3-16 无阻尼二阶系统的单位阶跃响应曲线

5. 负阻尼状态（$\xi<0$）

（1）$-1<\xi<0$

$$x_o(t)=1-\frac{e^{-\xi\omega_n t}}{\sqrt{1-\xi^2}}\sin(\omega_d t+\varphi),\quad t\geqslant 0 \tag{3-22}$$

其单位阶跃响应曲线如图 3-17 所示。

（2）$\xi<-1$

其输出表达式与过阻尼状态相同。其单位阶跃响应曲线如图 3-18 所示。

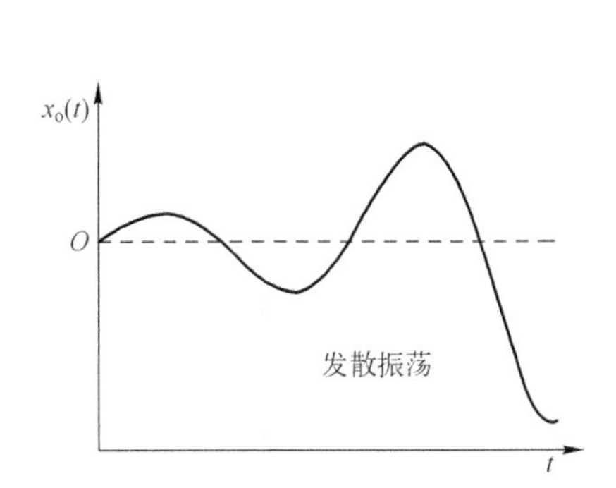

图 3-17 负阻尼二阶系统的单位阶跃响应曲线（$-1<\xi<0$）

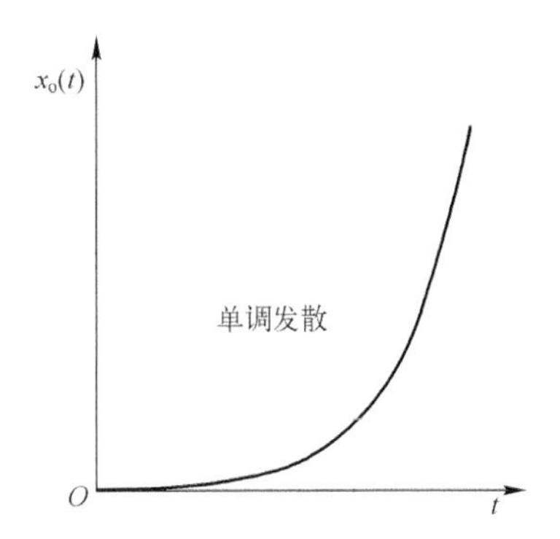

图 3-18 负阻尼二阶系统的单位阶跃响应曲线（$\xi<-1$）

二阶系统当阻尼比 ξ 取不同值时的单位阶跃响应曲线如图 3-19 所示。

实际二阶系统一般设计为 $0.4\leqslant\xi\leqslant 0.8$ 的欠阻尼状态，以使系统既快又稳地跟踪输入信号。

结论：左极点稳定，右极点发散；

复极点振荡，实极点不振荡；

极点起惯性延缓的作用，离虚轴越近影响越大；

零点起微分加快作用，可抵消最近极点作用。

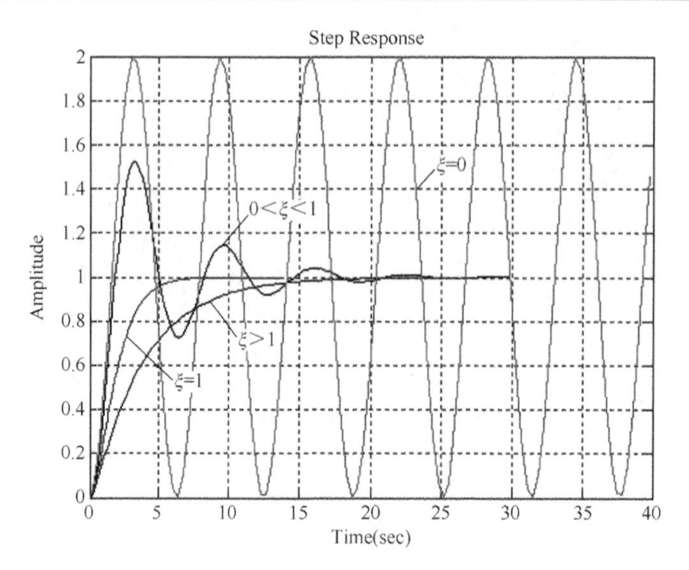

图 3-19　ξ 取不同值时的单位阶跃响应曲线

3.4　二阶系统性能指标的计算

二阶系统的性能指标是以系统在欠阻尼状态下对单位阶跃信号的时间响应形式给出的，主要有上升时间 t_r、峰值时间 t_p、最大超调量 M_p、调整时间 t_s 以及振荡次数 N 等，如图 3-2 所示。

（1）上升时间 t_r

响应曲线从原始工作状态出发，第一次达到稳态值所需要的时间称为上升时间。对于过阻尼系统，上升时间一般定义为响应曲线从稳态值的 10%上升到 90%所需的时间。

$$x_o(t_r)=1-\frac{e^{-\xi\omega_n t}}{\sqrt{1-\xi^2}}\sin(\omega_d t_r+\varphi)=1$$

$$t_r=\frac{\pi-\varphi}{\omega_d} \tag{3-23}$$

将 $\omega_d=\omega_n\sqrt{1-\xi^2}$，$\varphi=\arctan\dfrac{\sqrt{1-\xi^2}}{\xi}$ 代入，得

$$t_r=\frac{\pi-\arctan\dfrac{\sqrt{1-\xi^2}}{\xi}}{\omega_n\sqrt{1-\xi^2}} \tag{3-24}$$

（2）峰值时间 t_p

响应曲线从原始工作状态出发到达第一个峰值所需要的时间定义为峰值时间。

$$\left.\frac{dx_o(t)}{dt}\right|_{t=t_p}=-\frac{e^{-\xi\omega_n t_p}}{\sqrt{1-\xi^2}}(-\xi\omega_n)\sin(\omega_d t_p+\varphi)-\frac{e^{-\xi\omega_n t_p}}{\sqrt{1-\xi^2}}\cos(\omega_d t_p+\varphi)\omega_d=0$$

$$\xi\omega_n\sin(\omega_d t_p+\varphi)-\omega_d\cos(\omega_d t_p+\varphi)=0$$

$$\tan(\omega_d t_p+\varphi)=\frac{\omega_d}{\xi\omega_n}=\frac{\omega_n\sqrt{1-\xi^2}}{\xi\omega_n}=\frac{\sqrt{1-\xi^2}}{\xi}=\tan\varphi$$

$$\omega_d t_p+\varphi=k\pi+\varphi\Rightarrow\omega_d t_p=k\pi$$

取 $k=1$，得

$$t_p = \frac{\pi}{\omega_d} = \frac{\pi}{\omega_n \sqrt{1-\xi^2}} \tag{3-25}$$

（3）最大超调量 M_p

响应曲线的最大峰值与稳态值的差称为最大超调量 M_p，通常用百分数（%）来表示，即

$$M_p = \frac{x_o(t_p) - x_o(\infty)}{x_o(\infty)} \times 100\% \tag{3-26}$$

将 $t_p = \pi/\omega_d$，$x_o(\infty) = 1$ 代入式（3-26），整理后可得

$$M_p = e^{-\frac{\xi\pi}{\sqrt{1-\xi^2}}} \times 100\% \tag{3-27}$$

由此可见，最大超调量 M_p 只与系统的阻尼比 ξ 有关，而与固有频率 ω_n 无关。

（4）调整时间 t_s

在响应曲线的稳态值处取±Δ（一般为 5%或 2%）作为允许误差范围，响应曲线到达并将一直保持在这一误差范围内所需要的时间称为调整时间。

$$|x_o(t_s) - x_o(\infty)| = \Delta x_o(\infty), \quad \Delta = 5\% 或 2\%$$

$$\left| \frac{e^{-\xi\omega_n t_s}}{\sqrt{1-\xi^2}} \sin(\omega_d t_s + \varphi) \right| = \Delta$$

用包络线代替实际响应曲线，则

$$\frac{e^{-\xi\omega_n t_s}}{\sqrt{1-\xi^2}} = \Delta$$

$$t_s = \frac{-\ln\Delta - \ln\sqrt{1-\xi^2}}{\xi\omega_n}$$

在欠阻尼状态下，当 $0<\xi<0.8$ 时，

$$t_s \approx \frac{-\ln\Delta}{\xi\omega_n} \tag{3-28}$$

得调整时间 t_s 与 ω_n、ξ 的近似关系为

$$t_s = \frac{3}{\xi\omega_n}, \quad \Delta = 5\% \tag{3-29}$$

$$t_s = \frac{4}{\xi\omega_n}, \quad \Delta = 2\%$$

当 ω_n 一定时，当 $\xi<0.707$ 时，ξ 越小，则 t_s 越长；而当 $\xi>0.707$ 时，ξ 越大，则 t_s 越长。

在设计二阶系统时，一般取 $\xi=0.707$ 作为最佳阻尼比。在此情况下，系统不仅调整时间 t_s 小，超调量 M_p 也不大。这使二阶系统同时兼顾了快速性和平稳性两方面的要求。

（5）振荡次数 N

调整时间 t_s 内，响应曲线穿越稳态值次数的一半为振荡次数 N。

振荡周期：

$$T_d = \frac{2\pi}{\omega_d}$$

振荡次数：

$$N=\frac{t_s}{T_d}=t_s\frac{\omega_n\sqrt{1-\xi^2}}{2\pi} \tag{3-30}$$

$$N=\frac{1.5\sqrt{1-\xi^2}}{\pi\xi},\quad \Delta=0.05$$

$$N=\frac{2\sqrt{1-\xi^2}}{\pi\xi},\quad \Delta=0.02 \tag{3-31}$$

例 3-5 控制系统框图如图 3-20 所示。

(1) 开环增益 $K=10$ 时，求系统的动态性能指标；

(2) 确定使系统阻尼比 $\xi=0.707$ 的 K 值。

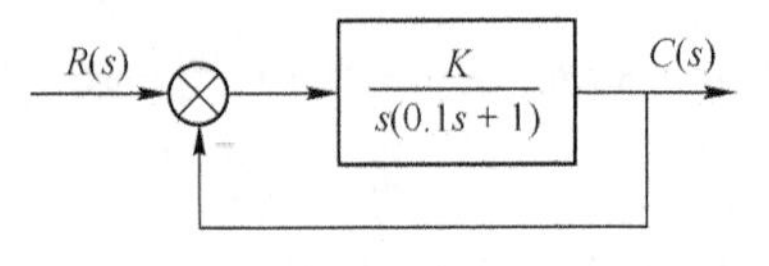

图 3-20 例 3-5 控制系统框图

解 (1) 当 $K=10$ 时，系统闭环传递函数为

$$\Phi(s)=\frac{G(s)}{1+G(s)}=\frac{100}{s^2+10s+100}$$

与二阶系统传递函数标准形式比较得

$$\omega_n=\sqrt{100}\ \text{rad/s}=10\ \text{rad/s},\quad \xi=\frac{10}{2\times10}=0.5$$

$$t_p=\frac{\pi}{\sqrt{1-\xi^2}\omega_n}=\frac{\pi}{\sqrt{1-0.5^2}\times10}=0.363\ \text{s}$$

$$M_p=e^{-\xi\pi/\sqrt{1-\xi^2}}=e^{-0.5\pi/\sqrt{1-0.5^2}}=16.3\%$$

$$t_s=\frac{3.5}{\xi\omega_n}=\frac{3.5}{0.5\times10}\ \text{s}=0.7\ \text{s}$$

相应的单位阶跃响应曲线如图 3-21 所示。

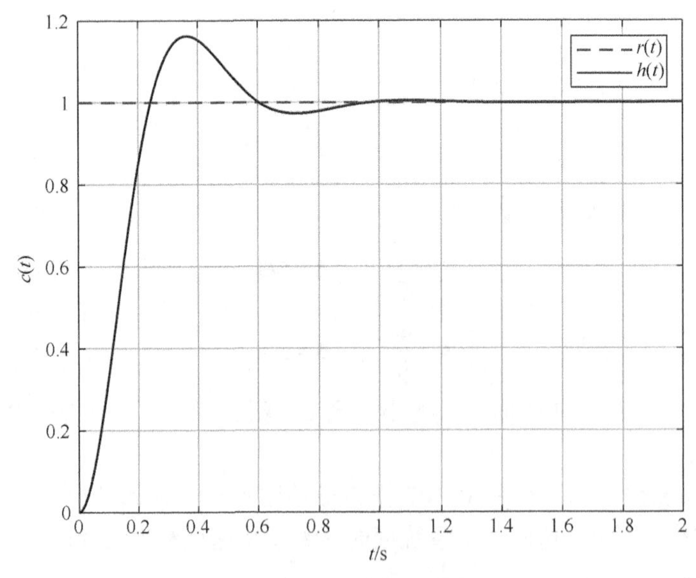

图 3-21 单位阶跃响应曲线

(2) 将 $\Phi(s)=\frac{10K}{s^2+10s+10K}$ 与二系统传递函数标准形式比较，得

$$\begin{cases}\omega_n = \sqrt{10K} \\ \xi = \dfrac{10}{2\sqrt{10K}}\end{cases}$$

令 $\xi=0.707$ 得 $K=\dfrac{100\times2}{4\times10}=5$。

例 3-6　系统框图如图 3-22 所示。求开环增益 K 分别为 10、0.5、0.09 时系统的动态性能指标。

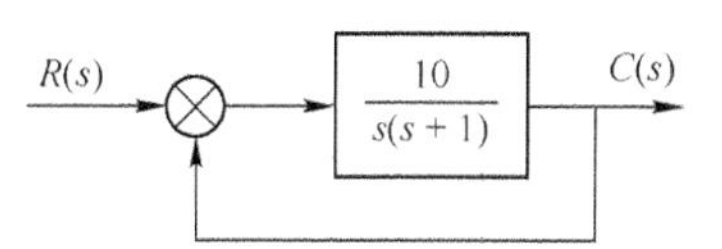

图 3-22　例 3-6 控制系统框图

解　当 $K=10$，$K=0.5$ 时，系统为欠阻尼状态；当 $K=0.09$ 时，系统为过阻尼状态，应按相应的公式计算系统的动态指标，可列表计算，见表 3-4。

表 3-4　例 3-6 的计算结果

计　算	K		
	10	0.5	0.09
开环传递函数	$G_1(s)=\dfrac{10}{s(s+1)}$	$G_2(s)=\dfrac{0.5}{s(s+1)}$	$G_3(s)=\dfrac{0.09}{s(s+1)}$
闭环传递函数	$\Phi_1(s)=\dfrac{10}{s^2+s+10}$	$\Phi_2(s)=\dfrac{0.5}{s^2+s+0.5}$	$\Phi_3(s)=\dfrac{0.09}{s^2+s+0.09}$
特征参数	$\begin{cases}\omega_n=\sqrt{10}=3.16\text{ rad/s}\\ \xi=\dfrac{1}{2\times3.16}=0.158\\ \beta=\arccos\zeta=81°\end{cases}$	$\begin{cases}\omega_n=\sqrt{0.5}=0.707\text{ rad/s}\\ \xi=\dfrac{1}{2\times0.707}=0.707\\ \beta=\arccos\zeta=45°\end{cases}$	$\begin{cases}\omega_n=\sqrt{0.09}=0.3\text{ rad/s}\\ \xi=\dfrac{1}{2\times0.3}=1.67\end{cases}$
特征根	$\lambda_{1,2}=-0.5\pm j3.12$	$\lambda_{1,2}=-0.5\pm j0.5$	$\begin{cases}\lambda_1=-0.1\\ \lambda_2=-0.9\end{cases}$, $\begin{cases}T_1=10\\ T_2=1.11\end{cases}$
动态性能指标	$\begin{cases}t_p=\dfrac{\pi}{\sqrt{1-\xi^2}\,\omega_n}=1.01\text{ s}\\ \sigma\%=e^{-\xi\pi/\sqrt{1-\xi^2}}=60.4\%\\ t_s=\dfrac{3.5}{\xi\omega_n}=7\text{ s}\end{cases}$	$\begin{cases}t_p=\dfrac{\pi}{\sqrt{1-\xi^2}\,\omega_n}=6.238\text{ s}\\ \sigma\%=e^{-\xi\pi/\sqrt{1-\xi^2}}=5\%\\ t_s=\dfrac{3.5}{\xi\omega_n}=7\text{ s}\end{cases}$	$\begin{cases}T_1/T_2=9\\ t_s=(t_s/T_1)T_1=31\text{ s}\\ t_p=\infty\\ \sigma\%=0\end{cases}$

例 3-7　二阶系统的框图及单位阶跃响应曲线分别如图 3-23a、b 所示。试确定系统参数 K_1、K_2、a 的值。

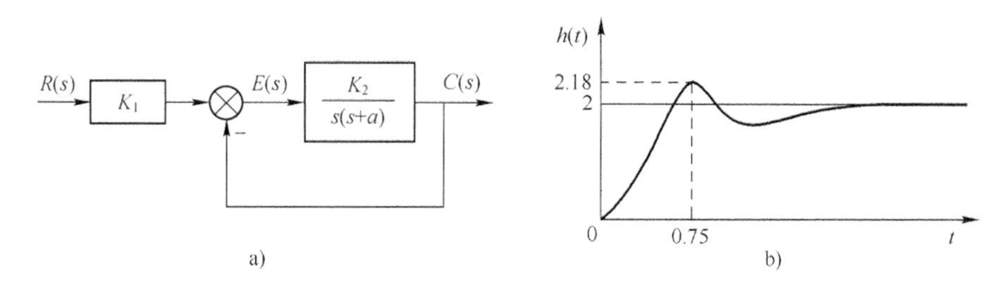

图 3-23　系统框图及单位阶跃响应曲线

a）系统框图　b）单位阶跃响应

解　由系统框图可得

$$\Phi(s)=\frac{K_1K_2}{s^2+as+K_2}$$

与二阶系统传递函数标准形式比较，得

$$\begin{cases}K_2=\omega_n^2\\a=2\xi\omega_n\end{cases}$$

由单位阶跃响应曲线有

$$h(\infty)=2=\lim_{s\to0}s\Phi(s)R(s)=\lim_{s\to0}\frac{K_1K_2}{s^2+as+K_2}=K_1$$

$$\begin{cases}t_p=\dfrac{\pi}{\sqrt{1-\xi^2}\,\omega_n}=0.75\ \mathrm{s}\\M_p=\dfrac{2.18-2}{2}=0.09=\mathrm{e}^{-\xi\pi/\sqrt{1-\xi^2}}\end{cases}$$

联立求解得

$$\begin{cases}\xi=0.608\\\omega_n=5.278\ \mathrm{rad/s}\end{cases}$$

代入上式可得

$$\begin{cases}K_2=5.278^2=27.86\\a=2\times0.608\times5.278=6.42\end{cases}$$

因此有 $K_1=2$，$K_2=27.85$，$a=6.42$。

例 3-8　已知机械系统如图 3-24a 所示，在质量块上施加 8.9 N 的阶跃力作用，测得其时间响应如图 3-24b 所示。求系统参数 m、B、k。

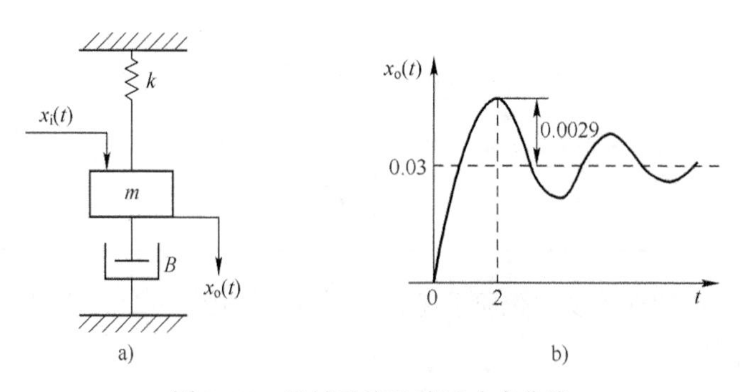

图 3-24　机械系统及阶跃响应曲线
a）机械系统示意图　b）阶跃响应曲线

解　1）系统微分方程为

$$m\frac{\mathrm{d}^2x_o(t)}{\mathrm{d}t^2}+B\frac{\mathrm{d}x_o(t)}{\mathrm{d}t}+kx_o(t)=x_i(t)$$

等式左右两边同时拉氏变换，得传递函数

$$G(s)=\frac{X_o(s)}{X_i(s)}=\frac{1}{ms^2+Bs+k}=\frac{\frac{1}{m}}{s^2+\frac{B}{m}s+\frac{k}{m}}=\frac{1}{k}\ \frac{\frac{k}{m}}{s^2+\frac{B}{m}s+\frac{k}{m}}$$

与二级系统传递函数标准形式对比得

$$\omega_n^2=\frac{k}{m},\quad 2\xi\omega_n=\frac{B}{m}$$

2）由响应曲线可知：

$$t_p=\frac{\pi}{\omega_d}=\frac{\pi}{\omega_n\sqrt{1-\xi^2}}=2$$

$$M_p=\exp\left(-\frac{\xi\pi}{\sqrt{1-\xi^2}}\right)=\frac{0.0029}{0.03}\Rightarrow\xi=0.6$$

得 $\omega_n=1.96\ \mathrm{rad/s}$。

3）由响应曲线可知：

$$x_o(\infty)=\lim_{t\to\infty}x_o(t)=\lim_{s\to 0}sX_o(s)=0.03$$

即

$$\lim_{s\to 0}s\ \frac{1}{ms^2+cs+k}\ \frac{8.9}{s}=\frac{8.9}{k}$$

得 $k=297\ \mathrm{N/m}$。

4）联立求解得

$$m=\frac{k}{\omega_n^2}=77.3\ \mathrm{kg}$$

$$B=2\xi\omega_n m=181.8\ \mathrm{N\cdot s/m}$$

例 3-9　控制系统框图如图 3-25 所示。若要求单位阶跃响应超调量 $M_p=20\%$，调节时间 $t_s=1.5\ \mathrm{s}$（$\Delta=5\%$），试确定 K 与 τ 的值。

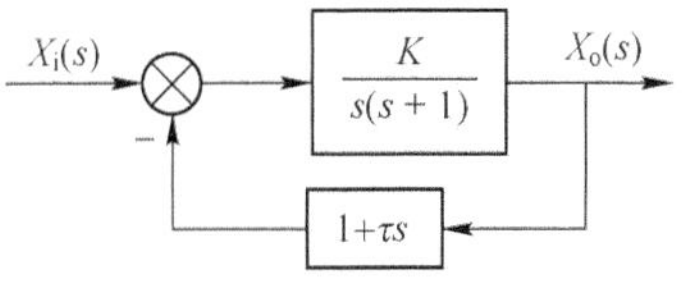

解　首先计算系统的传递函数

$$\Phi(s)=\frac{G(s)}{1+G(s)H(s)}=\frac{K}{s^2+(1+K\tau)s+K}$$

图 3-25　例 3-9 控制系统框图

与二阶系统的标准形式 $\Phi(s)=\frac{\omega_n^2}{s^2+2\xi\omega_n s+\omega_n^2}$ 相比较，得

$$K=\omega_n^2,\tau=(2\xi\omega_n-1)/\omega_n^2$$

由性能指标 $M_p=20\%$，$t_s=1.5\ \mathrm{s}(\Delta=5\%)$，可以求得系统的特征参数

$$\xi=0.456,\quad \omega_n=4.385\ \mathrm{rad/s}$$

可以求得

$$K=\omega_n^2=19.23,\quad \tau=(2\xi\omega_n-1)/\omega_n^2=0.156$$

3.5　高阶系统的时间响应分析

用高阶微分方程描述的系统称为高阶系统。通常高阶系统的时间响应是由一阶系统和二阶系统的时间响应叠加而成的。在分析高阶系统时，通过建立主导极点和偶极子的概念，将高阶系统简化为二阶系统，再利用二阶系统的结论，对高阶系统进行近似地分析。

高阶系统的闭环传递函数通常可以写成如下形式：

$$\Phi(s)=\frac{X_o(s)}{X_i(s)}=\frac{b_0s^m+b_1s^{m-1}+\cdots+b_{m-1}s+b_m}{a_0s^n+a_1s^{n-1}+\cdots+a_{n-1}s+a_n}$$

$$=\frac{K\prod_{i=1}^{m}(s+z_i)}{\prod_{j=1}^{q}(s+p_j)\prod_{k=1}^{r}(s^2+2\xi_k\omega_ks+\omega_k^2)},\quad m\leqslant n,q+2r=n \tag{3-32}$$

在单位阶跃信号作用下，可以求得高阶系统的时间响应为

$$x_o(t)=1+\sum_{j=1}^{q}a_je^{-p_jt}+\sum_{k=1}^{r}b_ke^{-\xi_k\omega_kt}\sin(\sqrt{1-\xi_k^2}\,\omega_kt+c_k),\quad t\geqslant 0 \tag{3-33}$$

式中，系数 a_j（$j=1,\cdots,q$）和 b_k、c_k（$k=1,\cdots,r$）是与系统参数有关的常数。

结论：高阶系统的瞬态响应是由一些一阶惯性环节和二阶振荡环节的响应函数叠加组成的。当所有极点均具有负实部时，除了 1，其他各项随着 $t\to\infty$ 而衰减为零，即系统是稳定的。

由此可见，高阶系统的单位阶跃响应包含指数函数分量和衰减正弦函数分量。各闭环极点产生的分量对系统时间响应的影响程度是不同的。距离虚轴很近的极点则对系统的时间响应起主导作用，因而被称为主导极点。

另外，一对靠得很近的零点和极点可以相消。这一对靠得很近的零点和极点称为偶极子。偶极子的概念对控制系统的综合设计很有用，它可以消去对系统性能有不利影响的极点，使系统性能得到改善。

3.6 稳态误差分析与计算

控制系统的时间响应包括瞬态响应和稳态响应，所以控制系统的性能也包括瞬态性能和稳态性能。瞬态性能指标可以用来评价系统的快速性和平稳性，系统稳态性能即准确性（控制精度）要用误差来衡量。

系统的误差可以分为动态误差和稳态误差，动态误差是指误差随时间变化的过程值，稳态误差是系统进入稳态后其系统的实际输出量与期望输出量之间的差值，通常也称为稳态性能。系统的稳态误差越小，系统的精度就越高，即系统实际输出量与期望输出量越接近，所以它是评价系统稳态性能的一个重要指标。稳态误差是不可避免的，控制系统设计的任务之一是尽量减小系统的稳态误差，或者使稳态误差小于某一容许值。

对于一个实际的控制系统，由于系统的结构、输入作用的类型（给定量或扰动量）、输入信号的形式（如阶跃信号、速度信号或加速度信号）不同，控制系统的稳态输出不可能在任何情况下都与输入量一致或相当，也不可能在任何形式的扰动作用下都能准确地恢复到原平衡位置。这类由于系统结构、输入的类型和形式作用下，所产生的稳态误差称为原理性稳态误差。此外，控制系统中不可避免地存在摩擦、间隙、不灵敏区等非线性因素，都会造成附加的稳态误差。这类由于非线性因素所引起的系统稳态误差称为附加稳态误差或结构性稳态误差。本节主要讨论原理性稳态误差的计算方法，不讨论结构性稳态误差。

需要注意的是，系统的稳态误差是在系统稳定的条件下定义和推导的，如果系统不稳定，就谈不上稳态误差的问题。对于不稳定的系统而言，根本不存在研究稳态误差的可能性。有时，把在阶跃信号作用下没有原理性稳态误差的系统，称为无差系统；而把具有原理

性稳态误差的系统，称为有差系统。

3.6.1　稳态误差的基本概念

1. 系统的误差 $e_r(t)$ 与偏差 $e(t)$

设 $x_{or}(t)$ 为系统的期望输出量，$x_o(t)$ 为系统的实际输出量，则系统的误差 $e_r(t)$ 定义为系统的期望输出与实际输出的差值，即

$$e_r(t)=x_{or}(t)-x_o(t) \tag{3-34}$$

其拉氏变换为

$$E_r(s)=L[e_r(t)]=X_{or}(s)-X_o(s) \tag{3-35}$$

系统的偏差 $e(t)$ 定义为系统的输入信号与反馈信号的差值，即

$$e(t)=x_i(t)-b(t) \tag{3-36}$$

其拉氏变换为

$$E(s)=L[e(t)]=X_i(s)-B(s) \tag{3-37}$$

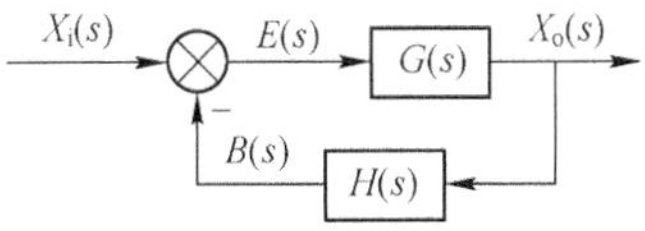

由图 3-26 所示闭环系统框图，可知

$$E(s)=L[e(t)]=X_i(s)-B(s)=X_i(s)-H(s)X_o(s) \tag{3-38}$$

图 3-26　闭环系统框图

2. 偏差与误差的关系

根据控制系统的工作原理可知，系统是通过偏差 $E(s)$ 产生控制调节作用的，当偏差 $E(s)\neq 0$ 时，则系统根据 $E(s)$ 的大小不断地控制输出量，当偏差 $E(s)=0$ 时，控制系统无控制作用，此时系统的输出为理想输出 $X_{or}(s)$，即

$$X_i(s)-H(s)X_{or}(s)=0 \tag{3-39}$$

得到系统理想输出 $X_{or}(s)$ 与输入 $X_i(s)$ 的关系为

$$X_{or}(s)=\frac{1}{H(s)}X_i(s) \tag{3-40}$$

则有

$$E_r(s)=X_{or}(s)-X_o(s)=\frac{X_i(s)}{H(s)}-X_o(s)=\frac{X_i(s)-H(s)X_o(s)}{H(s)}=\frac{E(s)}{H(s)} \tag{3-41}$$

式（3-41）反映了偏差和误差的关系，当偏差求出后，就可以求出误差。当系统为单位反馈系统时，即 $H(s)=1$ 时，此时系统的偏差就是其误差。

3. 稳态误差

稳态误差是指系统过渡过程结束后进入稳态时系统的误差，即误差 $e_r(t)$ 的终值，用 e_{ss} 表示系统的稳态误差，则有

$$e_{ss}=\lim_{t\to\infty}e_r(t) \tag{3-42}$$

根据拉氏变换的终值定理，有

$$e_{ss}=\lim_{t\to\infty}e_r(t)=\lim_{s\to 0}sE_r(s) \tag{3-43}$$

再根据式（3-41）误差与偏差的关系，有

$$e_{ss}=\lim_{s\to 0}sE_r(s)=\lim_{s\to 0}s\frac{E(s)}{H(s)} \tag{3-44}$$

3.6.2 稳态误差的计算

对于图 3-26 所示的控制系统，闭环传递函数为

$$\Phi(s)=\frac{X_o(s)}{X_i(s)}=\frac{G(s)}{1+G(s)H(s)} \tag{3-45}$$

则系统的输出为

$$X_o(s)=\frac{G(s)}{1+G(s)H(s)}X_i(s) \tag{3-46}$$

将式（3-46）代入式（3-38），得系统的偏差为

$$E(s)=X_i(s)-\frac{G(s)X_i(s)}{1+G(s)H(s)}H(s)=\frac{1}{1+G(s)H(s)}X_i(s) \tag{3-47}$$

系统的误差为

$$E_r(s)=\frac{E(s)}{H(s)}=\frac{1}{H(s)}\frac{1}{1+G(s)H(s)}X_i(s) \tag{3-48}$$

则系统的稳态误差为

$$e_{ss}=\lim_{s\to 0}sE_r(s)=\lim_{s\to 0}s\frac{1}{H(s)}\frac{1}{1+G(s)H(s)}X_i(s) \tag{3-49}$$

将式（3-49）称为图 3-26 所示闭环系统的稳态误差的计算公式。

对于单位反馈系统，即 $H(s)=1$，其稳态误差 e_{ss} 为

$$e_{ss}=\lim_{s\to 0}s\frac{1}{1+G(s)}X_i(s) \tag{3-50}$$

3.6.3 系统的类型与典型信号作用下的稳态误差

1. 系统的类型

由闭环系统稳态误差计算公式（3-49）可见，控制系统稳态误差的数值，与开环传递函数 $G(s)H(s)$ 的结构和输入信号 $X_i(s)$ 的形式密切相关。对于一个给定的稳定系统，当输入信号一定时，系统是否存在稳态误差就取决于开环传递函数描述的系统结构。因此，按照控制系统跟踪不同输入信号的能力来进行系统分类是必要的。

控制系统的开环传递函数一般可以写成以下尾 1 形式：

$$G_k(s)=G(s)H(s)=\frac{K(\tau_1 s+1)(\tau_2 s+1)\cdots(\tau_m s+1)}{s^{\nu}(T_1 s+1)(T_2 s+1)\cdots(T_{n-\nu}s+1)} \tag{3-51}$$

其中，K 为系统的开环增益；τ_1、τ_2、…、τ_m 和 T_1、T_2、…、$T_{n-\nu}$ 为时间常数；ν 为开环传递函数中所包含积分环节的数目。当 $\nu=0$ 时，系统称为 0 型系统，$\nu=1$ 时称为Ⅰ型系统，$\nu=2$ 时称为Ⅱ型系统，以此类推。

这种以开环系统包含积分环节数目来分类的方法，其优点在于，可以根据已知的输入信号形式，迅速判断系统是否存在原理性稳态误差并计算稳态误差的大小。它与按系统的阶次进行分类的方法不同，开环传递函数中分子的阶次 m 与分母的阶次 n 的大小与系统的型别无关，且不影响稳态误差的数值。

2. 典型信号作用下的稳态误差

稳态误差与系统的类型有关，下面分析不同类型系统在三种典型输入信号作用下的稳态

误差，分析的前提是系统是稳定的（系统的稳定性分析见第5章）。

（1）单位阶跃输入作用下的稳态误差

若系统的输入信号为单位阶跃信号，即输入 $x_i(t)=1(t)$，$X_i(s)=\frac{1}{s}$，根据图3-26及其稳态误差的计算公式（3-49），在单位阶跃输入作用下的稳态误差为

$$e_{ss}=\lim_{s\to0}sE_r(s)=\lim_{s\to0}s\frac{1}{H(s)}\frac{1}{1+G(s)H(s)}\frac{1}{s}=\frac{1}{H(0)}\frac{1}{1+\lim\limits_{s\to0}G(s)H(s)} \tag{3-52}$$

定义3-1　$K_p=\lim\limits_{s\to0}G(s)H(s)=\lim\limits_{s\to0}G_k(s)$ 为稳态位置误差系数，则

$$e_{ss}=\frac{1}{H(0)}\frac{1}{1+K_p} \tag{3-53}$$

对于0型系统，$K_p=\lim\limits_{s\to0}\frac{K(\tau_1s+1)(\tau_2s+1)\cdots(\tau_ms+1)}{(T_1s+1)(T_2s+1)\cdots(T_{n-\nu}s+1)}=K,e_{ss}=\frac{1}{H(0)}\frac{1}{1+K}$。

对于Ⅰ型系统：$K_p=\lim\limits_{s\to0}\frac{K(\tau_1s+1)(\tau_2s+1)\cdots(\tau_ms+1)}{s(T_1s+1)(T_2s+1)\cdots(T_{n-\nu}s+1)}=\infty,e_{ss}=0$。

对于Ⅱ型系统：$K_p=\lim\limits_{s\to0}\frac{K(\tau_1s+1)(\tau_2s+1)\cdots(\tau_ms+1)}{s^2(T_1s+1)(T_2s+1)\cdots(T_{n-\nu}s+1)}=\infty$，$e_{ss}=0$。

（2）单位速度输入作用下的稳态误差

若系统的输入信号为单位速度信号，即输入 $x_i(t)=t$，$X_i(s)=\frac{1}{s^2}$，根据图3-26及其稳态误差的计算公式（3-49），在单位速度输入作用下的稳态误差为

$$e_{ss}=\lim_{s\to0}sE_r(s)=\lim_{s\to0}s\frac{1}{H(s)}\frac{1}{1+G(s)H(s)}\frac{1}{s^2}=\frac{1}{H(0)}\frac{1}{\lim\limits_{s\to0}sG(s)H(s)} \tag{3-54}$$

定义3-2　$K_v=\lim\limits_{s\to0}sG(s)H(s)=\lim\limits_{s\to0}sG_k(s)$ 为稳态速度误差系数，则

$$e_{ss}=\frac{1}{H(0)}\frac{1}{K_v} \tag{3-55}$$

对于0型系统：$K_v=\lim\limits_{s\to0}s\frac{K(\tau_1s+1)(\tau_2s+1)\cdots(\tau_ms+1)}{(T_1s+1)(T_2s+1)\cdots(T_{n-\nu}s+1)}=0$，$e_{ss}=\infty$。

对于Ⅰ型系统：$K_v=\lim\limits_{s\to0}s\frac{K(\tau_1s+1)(\tau_2s+1)\cdots(\tau_ms+1)}{s(T_1s+1)(T_2s+1)\cdots(T_{n-\nu}s+1)}=K$，$e_{ss}=\frac{1}{H(0)}\frac{1}{K}$。

对于Ⅱ型系统：$K_v=\lim\limits_{s\to0}s\frac{K(\tau_1s+1)(\tau_2s+1)\cdots(\tau_ms+1)}{s^2(T_1s+1)(T_2s+1)\cdots(T_{n-\nu}s+1)}=\infty$，$e_{ss}=0$。

（3）单位加速度输入作用下的稳态误差

若系统的输入信号为单位加速度信号，即输入 $x_i(t)=\frac{1}{2}t^2$，$X_i(s)=\frac{1}{s^3}$，根据图3-26及其稳态误差的计算公式（3-49），在单位加速度输入作用下的稳态误差为

$$e_{ss}=\lim_{s\to0}sE_r(s)=\lim_{s\to0}s\frac{1}{H(s)}\frac{1}{1+G(s)H(s)}\frac{1}{s^3}=\frac{1}{H(0)}\frac{1}{\lim\limits_{s\to0}s^2G(s)H(s)} \tag{3-56}$$

定义3-3　$K_a=\lim\limits_{s\to0}s^2G(s)H(s)=\lim\limits_{s\to0}s^2G_k(s)$ 为稳态加速度误差系数，则

$$e_{ss}=\frac{1}{H(0)}\frac{1}{K_a} \tag{3-57}$$

对于 0 型系统：$K_a=\lim\limits_{s\to 0}s^2\dfrac{K(\tau_1 s+1)(\tau_2 s+1)\cdots(\tau_m s+1)}{(T_1 s+1)(T_2 s+1)\cdots(T_{n-\nu}s+1)}=0$，$e_{ss}=\infty$。

对于 Ⅰ 型系统：$K_a=\lim\limits_{s\to 0}s^2\dfrac{K(\tau_1 s+1)(\tau_2 s+1)\cdots(\tau_m s+1)}{s(T_1 s+1)(T_2 s+1)\cdots(T_{n-\nu}s+1)}=0$，$e_{ss}=\infty$。

对于 Ⅱ 型系统：$K_a=\lim\limits_{s\to 0}s^2\dfrac{K(\tau_1 s+1)(\tau_2 s+1)\cdots(\tau_m s+1)}{s^2(T_1 s+1)(T_2 s+1)\cdots(T_{n-\nu}s+1)}=K$，$e_{ss}=\dfrac{1}{H(0)}\dfrac{1}{K}$。

3. 典型信号作用下单位反馈系统的稳态误差

上述稳态误差计算过程中，取 $H(s)=1$，得到单位反馈控制系统在典型信号作用下的稳态误差，归纳为表 3-5。注意表中的 K 为开环传递函数尾 1 形式对应的开环增益。

表 3-5 单位反馈控制系统在典型信号作用下的稳态误差

系统型别	单位阶跃输入 $x_i(t)=1$	单位速度输入 $x_i(t)=t$	单位加速度输入 $x_i(t)=t^2/2$
	$e_{ss}=\dfrac{1}{1+K_p}$，$K_p=\lim\limits_{s\to 0}G_k(s)$	$e_{ss}=\dfrac{1}{K_v}$，$K_v=\lim\limits_{s\to 0}sG_k(s)$	$e_{ss}=\dfrac{1}{K_a}$，$K_a=\lim\limits_{s\to 0}s^2G_k(s)$
0 型	$\dfrac{1}{1+K}$	∞	∞
Ⅰ型	0	$\dfrac{1}{K}$	∞
Ⅱ型	0	0	$\dfrac{1}{K}$

由表 3-5 可见，对于无差系统，必然存在积分环节；增大系统开环增益或提高系统的型别可以减小系统在输入信号作用下的稳态误差。但要注意，系统型别的增高或其开环增益的增大，均会导致系统的稳定性下降。因此，对于系统性能，不能片面追求准确性，应以确保系统的稳定性为前提，同时还要兼顾系统的动态性能的要求。

此外，如果系统的输入信号是多种典型函数的线性组合，例如

$$x_i(t)=a+bt+\frac{1}{2}ct^2$$

则根据线性系统叠加定理，可将每一输入分量单独作用于系统，再将各稳态误差的分量叠加起来，得到系统的误差

$$e_{ss}=\frac{a}{1+K_p}+\frac{b}{K_v}+\frac{c}{K_a}$$

显然，这时至少应选用Ⅱ型系统，否则稳态误差将为无穷大。

总的来说，稳态误差系数 K_p、K_v 和 K_a 描述了系统减小或消除稳态误差的能力，可反映系统的稳态特性。

例 3-10 已知单位负反馈控制系统的开环传递函数为 $G_k(s)=\dfrac{4}{(0.1s+1)(s+2)}$，求输入信号分别为 $x_i(t)=1$、$x_i(t)=t$ 时的稳态误差。

解 系统的开环传递函数为

$$G_k(s)=\frac{4}{(0.1s+1)(s+2)}=\frac{2}{(0.1s+1)(0.5s+1)}$$

可见，系统为 0 型系统，开环增益 $K=2$，根据表 3-5，当输入 $x_i(t)=1$ 时，系统的稳态误差为

$$e_{ss}=\frac{1}{1+K}=\frac{1}{3}$$

当输入 $x_i(t)=t$ 时，系统的稳态误差为

$$e_{ss}=\infty$$

例 3-11　已知单位反馈控制系统的开环传递函数为 $G(s)=\dfrac{5}{s(s+1)}$，若系统的输入信号为 $x_i(t)=t+3$，求该系统的稳态误差。

解　由系统的开环传递函数可知，该系统为 Ⅰ 型系统，开环增益 $K=5$。系统的输入信号为阶跃和速度两种典型信号的叠加，且为单位反馈控制系统，根据表 3-5，求得系统的稳态误差为

$$e_{ss}=3\times0+\frac{1}{K}=0.2$$

例 3-12　设具有测速发电机内反馈的伺服电动机位置随动系统如图 3-27 所示，求输入信号 $x_i(t)=2t$ 时系统的稳态误差。

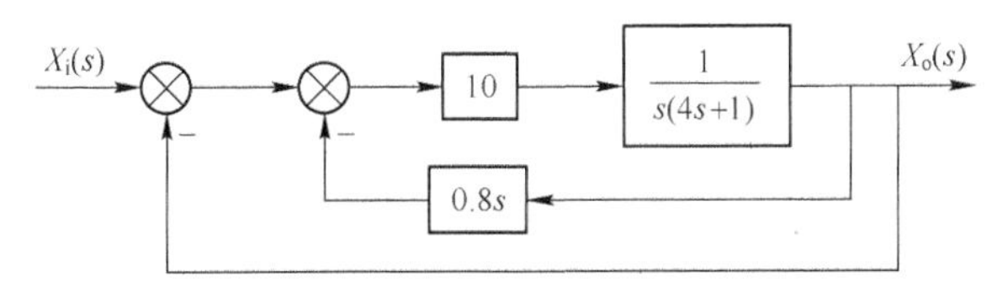

图 3-27　例 3-12 伺服电动机位置随动系统

解　由图 3-27 得系统的开环传递函数为

$$G_k(s)=\frac{10\dfrac{1}{s(4s+1)}}{1+10\dfrac{1}{s(4s+1)}0.8s}=\frac{10}{s(4s+9)}$$

可见，系统为 Ⅰ 型系统，稳态速度误差系数为

$$K_v=\lim_{s\to0}sG_k(s)=\lim_{s\to0}s\frac{10}{s(4s+9)}=\frac{10}{9}$$

当输入 $x_i(t)=2t$ 时，系统的稳态误差为

$$e_{ss}=2\frac{1}{K_v}=2\times\frac{9}{10}=\frac{9}{5}$$

例 3-13　考虑图 3-28 所示的电缆卷线机控制系统，已知输入信号即电缆的预期速度为 30 m/s，求使稳态误差 $e_{ss}\leqslant0.1$ 的 K 的取值范围。

解　系统的前向通道传递函数为

$$G(s)=K\frac{500}{s+1}\frac{1}{s+10}$$

反馈通道传递函数为

$$H(s)=\frac{1}{0.5s+1}$$

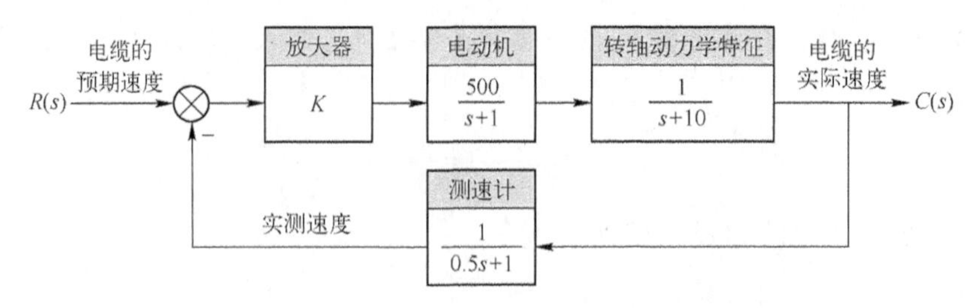

图 3-28 例 3-13 电缆卷线机控制系统框图

根据题意可知，系统输入为 $r(t)=30\cdot 1(t)$，则

$$R(s)=\frac{30}{s}$$

根据式（3-49），系统的稳态误差为

$$e_{ss}=\lim_{s\to 0}sE_r(s)=\lim_{s\to 0}s\frac{1}{H(s)}\frac{1}{1+G(s)H(s)}R(s)$$

$$=\lim_{s\to 0}s(0.5s+1)\frac{1}{1+K\dfrac{500}{s+1}\dfrac{1}{s+10}\dfrac{1}{0.5s+1}}\frac{30}{s}$$

$$=\frac{30}{50K+1}$$

要求 $e_{ss}\leqslant 0.1$，即

$$\frac{30}{50K+1}\leqslant 0.1$$

解得

$$K\geqslant 5.98$$

3.6.4 干扰作用下的稳态误差

控制系统除承受输入信号作用外，还经常处于各种扰动作用之下。例如，负载转矩的变动、放大器的零位和噪声、电源电压和频率的波动、组成元件的零位输出，以及环境温度的变化等。因此，控制系统在扰动作用下的稳态误差值，反映了系统的抗干扰能力。理想情况下，系统对于任意形式的扰动作用，其稳态误差应该为零，但实际上是不能实现的。

设带有干扰信号的控制系统框图如图 3-29 所示，其中，$X_i(s)$ 为系统给定的输入信号，$N(s)$ 为干扰信号。根据线性系统的叠加定理特性，系统总误差等于输入信号和干扰信号单独作用于系统所引起的稳态误差的代数和。

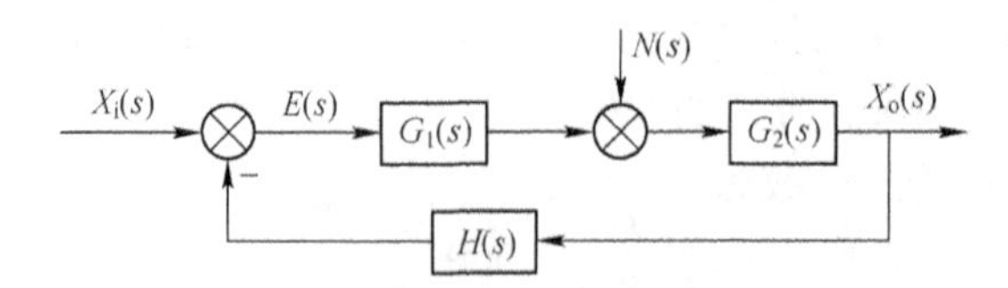

图 3-29 带有干扰信号的控制系统框图

（1）输入信号 $X_i(s)$ 单独作用下的稳态误差 e_{ssi}

输入信号 $X_i(s)$ 单独作用下的稳态误差记为 e_{ssi}，求解时，令 $N(s)=0$，则系统框图如

图 3-30 所示，图中 $E_i(s)$ 为 $X_i(s)$ 单独作用下的偏差，$X_{oi}(s)$ 为 $X_i(s)$ 单独作用下的输出。

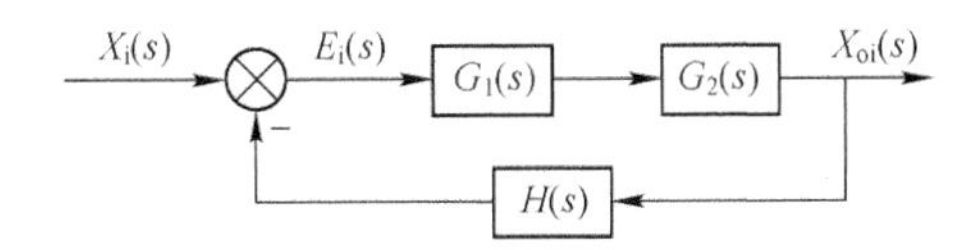

图 3-30　输入信号单独作用时系统的框图

定义 $E_{ri}(s)$ 为 $X_i(s)$ 单独作用下的误差，根据式（3-49）可得

$$e_{ssi}=\lim_{s\to 0}sE_{ri}(s)=\lim_{s\to 0}s\frac{1}{H(s)}\frac{1}{1+G_1(s)G_2(s)H(s)}X_i(s) \tag{3-58}$$

（2）干扰信号 $N(s)$ 单独作用下的稳态误差 e_{ssn}

干扰信号 $N(s)$ 单独作用下的稳态误差记为 e_{ssn}，令 $X_i(s)=0$，则系统框图如图 3-31 所示。图中 $E_n(s)$ 为 $N(s)$ 单独作用下的偏差，$X_{on}(s)$ 为 $N(s)$ 单独作用下的输出。

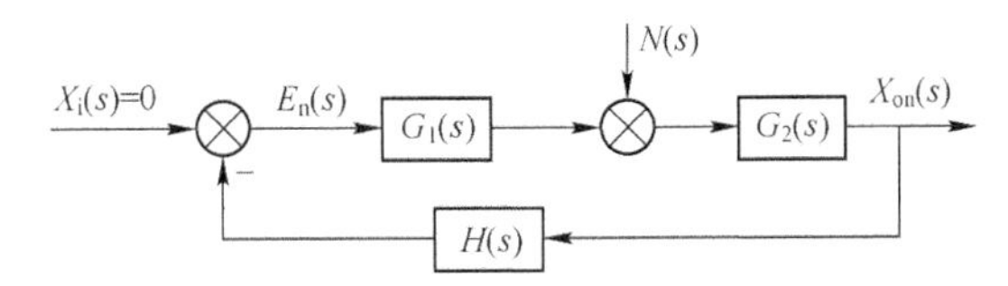

图 3-31　干扰信号单独作用时系统的框图

干扰信号 $N(s)$ 单独作用时系统的闭环传递函数为

$$\Phi_n(s)=\frac{X_o(s)}{N(s)}=\frac{X_{on}(s)}{N(s)}=\frac{G_2(s)}{1+G_1(s)G_2(s)H(s)} \tag{3-59}$$

干扰信号 $N(s)$ 单独作用时系统的误差为

$$E_{rn}(s)=\frac{E_n(s)}{H(s)}=\frac{0-X_{on}(s)H(s)}{H(s)}=-X_{on}(s) \tag{3-60}$$

根据误差计算公式（3-43），则有

$$\begin{aligned}e_{ssn}&=\lim_{s\to 0}sE_{rn}(s)=\lim_{s\to 0}s[-X_{on}(s)]=\lim_{s\to 0}s[-\Phi_n(s)N(s)]\\&=\lim_{s\to 0}s\frac{-G_2(s)}{1+G_1(s)G_2(s)H(s)}N(s)\end{aligned} \tag{3-61}$$

（3）系统总误差 e_{ss}

根据线性叠加定理，系统总误差 e_{ss} 为

$$e_{ss}=e_{ssi}+e_{ssn} \tag{3-62}$$

例 3-14　系统框图如图 3-32 所示，已知 $x_i(t)=n(t)=1(t)$，求系统稳态误差。

解　1）求输入信号单独作用下的稳态误差 e_{ssi}（令 $N(s)=0$）。

系统开环传递函数为$\frac{4}{4s+1}$，该系统为 0 型单位反馈系统，开环增益为 $K=4$，根据表 3-5，在单位阶跃作用下

$$e_{ssi}=\frac{1}{1+K}=\frac{1}{1+4}=0.2$$

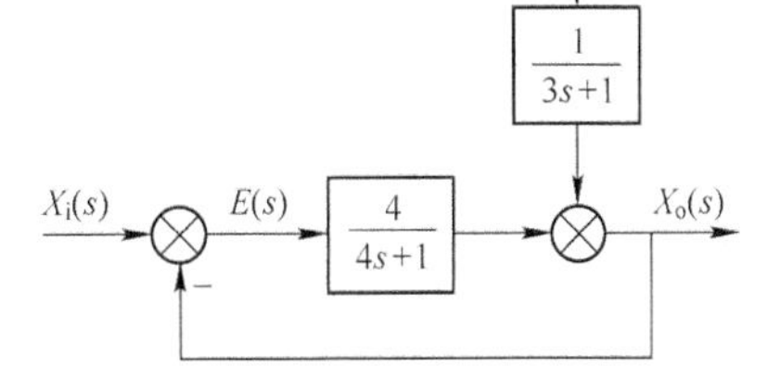

图 3-32　例 3-14 系统框图

2）求干扰信号单独作用下的稳态误差 e_{ssn}（令 $X_i(s)=0$）。

由于 $n(t)=1(t)$，所以 $N(s)=\dfrac{1}{s}$。

根据图 3-32，可求得干扰信号单独作用时系统的闭环传递函数为

$$\Phi_n(s)=\frac{X_{on}(s)}{N(s)}=\frac{1}{3s+1}\frac{1}{1+\dfrac{4}{4s+1}}=\frac{4s+1}{(3s+1)(4s+5)}$$

则有

$$X_{on}(s)=\Phi_n(s)N(s)=\frac{4s+11}{(3s+1)(4s+5)}\frac{1}{s}$$

$$e_{ssn}=\lim_{s\to 0}sE_{rn}(s)=\lim_{s\to 0}s[-X_{on}(s)]=\lim_{s\to 0}s\frac{-(4s+1)}{(3s+1)(4s+5)}\frac{1}{s}=-0.2$$

3）系统总误差 $e_{ss}=e_{ssi}+e_{ssn}=0.2-0.2=0$。

例 3-15 系统框图如图 3-33 所示，K 和 T 均大于 0，已知 $r(t)=n(t)=t$，若要求系统的稳态误差 $e_{ss}\leqslant 0.5$，求参数 K 和 T 的关系。

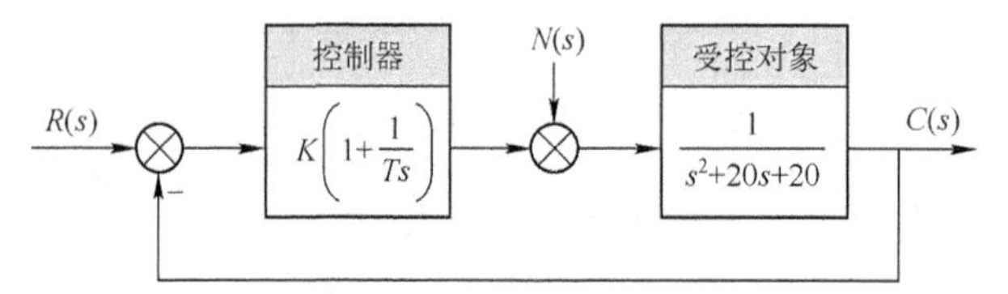

图 3-33 例 3-15 系统框图

解 根据已知条件 $r(t)=n(t)=t$，可知 $R(s)=N(s)=\dfrac{1}{s^2}$。

1）求输入信号单独作用下的稳态误差 e_{ssi}（令 $N(s)=0$）。

根据图 3-33 可知，系统开环传递函数为

$$G_k(s)=K\left(1+\frac{1}{Ts}\right)\frac{1}{(s^2+20s+20)}=\frac{K(Ts+1)}{Ts(s^2+20s+20)}$$

该系统为 I 型单位反馈系统，稳态速度误差系数为

$$K_v=\lim_{s\to 0}sG_k(s)=\lim_{s\to 0}s\frac{K(Ts+1)}{Ts(s^2+20s+20)}=\frac{K}{20T}$$

在 $r(t)=t$ 时，即单位速度作用下

$$e_{ssi}=\frac{1}{K_v}=\frac{20T}{K}$$

2）求干扰信号单独作用下的稳态误差 e_{ssn}（令 $R(s)=0$）。

根据图 3-33 可知，干扰信号作用下的系统闭环传递函数为

$$\Phi_n(s)=\frac{C_n(s)}{N(s)}=\frac{\dfrac{1}{s^2+20s+20}}{1+\dfrac{1}{s^2+20s+20}K\left(1+\dfrac{1}{Ts}\right)}=\frac{Ts}{Ts(s^2+20s+20)+K(Ts+1)}$$

则有

$$C_n(s)=\Phi_n(s)N(s)=\frac{Ts}{Ts(s^2+20s+20)+K(Ts+1)}N(s)$$

在 $n(t)=t$ 时，即 $N(s)=\frac{1}{s^2}$ 时

$$e_{ssn}=\lim_{s\to 0}sE_{rn}(s)=\lim_{s\to 0}s[-C_n(s)]=\lim_{s\to 0}s\frac{-Ts}{Ts(s^2+20s+20)+K(Ts+1)}\frac{1}{s^2}=\frac{-T}{K}$$

3）系统总误差为

$$e_{ss}=e_{ssi}+e_{ssn}=\frac{19T}{K}$$

4）根据题意，要求 $e_{ss}\leqslant 0.5$，即

$$\frac{19T}{K}\leqslant 0.5$$

解得 K 和 T 的关系为

$$K\geqslant 38T>0$$

3.7　工程实例：控制系统的时域分析

如图 3-34 所示中国空间站示意图，为了给空间站提供能量，空间站上安装了太阳能帆板以获取太阳能。为了获取最大能量，太阳能帆板需准确地跟踪太阳。为此，采用直流电动机来驱动太阳能帆板，利用光学传感器感应光强，从而使得太阳能帆板跟着最强的光感方位进行旋转，该定向控制系统控制框图如图 3-35 所示。本例的设计目标是，选择合适的参数 K_1、K_2 和 T，使得：

1）系统对单位阶跃输入响应的超调量 $M_p<10\%$，调整时间 $t_s\leqslant 0.1\,\text{s}(\Delta=5\%)$。

2）在单位速度输入和单位阶跃干扰作用下，系统的稳态误差 $e_{ss}\leqslant 1\%$。

3）尽可能降低干扰信号对系统的影响。

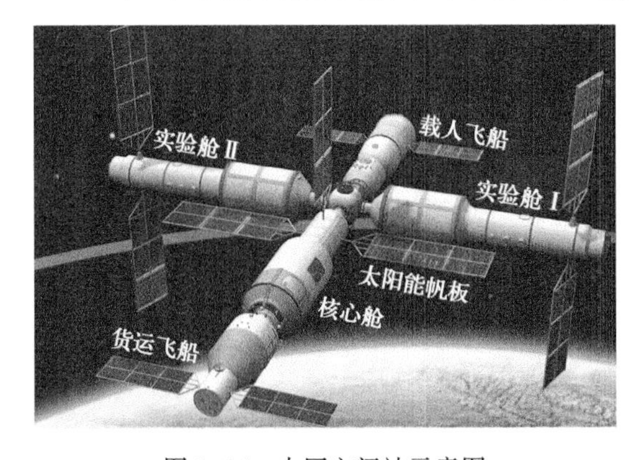

图 3-34　中国空间站示意图

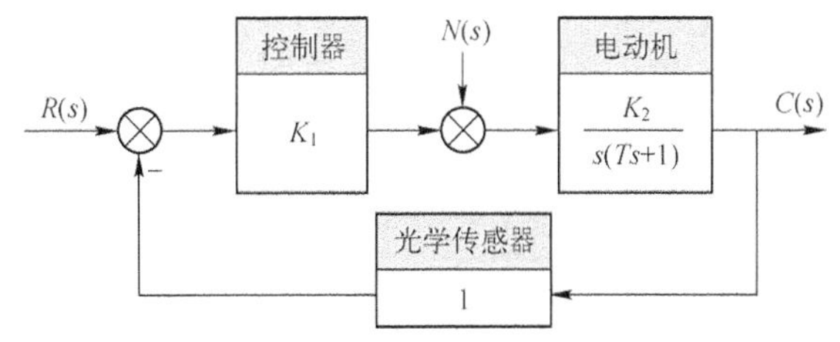

图 3-35　空间站太阳能帆板定向控制系统框图

问题的分析求解：

根据系统框图，输入 $R(s)$ 单独作用时，系统的闭环传递函数为

$$G(s)=\frac{C(s)}{N(s)}=\frac{\dfrac{K_1K_2}{s(Ts+1)}}{1+\dfrac{K_1K_2}{s(Ts+1)}}=\frac{K_1K_2}{Ts^2+s+K_1K_2} \tag{3-63}$$

可见，这是一个二阶系统，与标准二阶系统传递函数 $G(s)=\dfrac{\omega_n^2}{s^2+2\xi\omega_n s+\omega_n^2}$ 对比，可得

$$2\xi\omega_n=\frac{1}{T} \tag{3-64}$$

$$\omega_n^2=\frac{K_1K_2}{T} \tag{3-65}$$

求得

$$\xi=\frac{1}{2T\sqrt{K_1K_2/T}}=\frac{1}{2\sqrt{K_1K_2T}} \tag{3-66}$$

1）本例要求 $t_s \leqslant 0.1\,\text{s}(\Delta=5\%)$，取 $t_s=0.1\,\text{s}$，则有

$$t_s=\frac{3}{\xi\omega_n}=0.1\,\text{s} \tag{3-67}$$

式（3-64）和式（3-67）联立求得 $T=\dfrac{1}{60}\,\text{s}$。

又要求 $M_p<10\%$，根据 $M_p=\mathrm{e}^{\frac{-\xi\pi}{\sqrt{1-\xi^2}}}$，求得 $\xi>0.591$。取 $\xi=0.6$，根据式（3-66）有

$$\xi=\frac{1}{2\sqrt{K_1K_2T}}=0.6 \tag{3-68}$$

将 $T=\dfrac{1}{60}\,\text{s}$ 代入式（3-68），求得 $K_1K_2=\dfrac{125}{3}$。

2）输入信号 $R(s)$ 单独作用时，系统开环传递函数为 $G_k(s)=\dfrac{K_1K_2}{s(Ts+1)}$，可知系统为Ⅰ型系统，开环增益为 K_1K_2，在单位速度输入作用下，系统的稳态误差为

$$e_{ssi}=\frac{1}{K_1K_2} \tag{3-69}$$

干扰信号 $N(s)$ 单独作用时，系统的闭环传递函数为

$$\Phi_n(s)=\frac{C_n(s)}{N(s)}=\frac{\dfrac{K_2}{s(Ts+1)}}{1+\dfrac{K_1K_2}{s(Ts+1)}}=\frac{K_2}{Ts^2+s+K_1K_2} \tag{3-70}$$

则有

$$C_n(s)=\Phi_n(s)N(s)=\frac{K_2}{Ts^2+s+K_1K_2}N(s) \tag{3-71}$$

在 $n(t)=1$ 时，即 $N(s)=\dfrac{1}{s}$ 时

$$e_{ssn}=\lim_{s\to 0}sE_{rn}(s)=\lim_{s\to 0}s[-C_n(s)]=\lim_{s\to 0}s\,\frac{-K_2}{Ts^2+s+K_1K_2}\,\frac{1}{s}=\frac{-1}{K_1} \tag{3-72}$$

系统总误差为

$$e_{ss}=e_{ssi}+e_{ssn}=\frac{1-K_2}{K_1K_2} \tag{3-73}$$

将 $e_{ss}\leqslant 1\%$，$K_1K_2=\dfrac{125}{3}$ 代入式（3-73），求得 $K_2\geqslant\dfrac{7}{12}$。

3）可见，增大 K_1，可减小干扰信号导致的响应误差。为了尽可能减小干扰信号对系统的影响，应选择较大的 K_1。同时，增大 K_1 也可降低系统对单位速度输入的稳态误差，进而减小系统总误差。为了使 K_1 较大，需 K_2 较小，为此，取 $K_2=\frac{8}{12}=\frac{2}{3}$，则可解得 $K_1=\frac{125}{3}\Big/\frac{2}{3}=\frac{125}{2}$。

综上，取 $K_1=\frac{125}{2}$，$K_2=\frac{2}{3}$，$T=\frac{1}{60}\text{s}$，求得 $t_s=0.1\text{ s}$，$M_p=9.48\%$，$e_{ss}=0.8\%$，可见，系统各项性能指标满足要求。

3.8　系统时域分析的 MATLAB 程序

时域分析即时间响应分析，主要分析系统在单位脉冲、单位阶跃、单位速度、单位加速度等信号作用下的响应过程。MATLAB 的控制系统工具箱提供了丰富的、用于控制系统时间响应分析的函数，见表 3-6。

表 3-6　MATLAB 的时域分析函数

函数	功　能	调用格式	说　明
step	绘制系统的单位阶跃响应	step(num , den) step(num , den,t)	num 和 den 分别表示传递函数的分子和分母中包含以 s 的降序排列的多项式系数 step( ) 和 impulse( ) 函数可以绘出相应输入信号作用下的系统的响应曲线，或按指定的时间段 t 绘制系统的响应曲线
impulse	绘制系统的单位脉冲响应	impulse (num , den) impulse (num , den,t)	
lsim	绘制系统的任意输入响应	lsim (num , den,u,t)	lsim( ) 函数可以绘出输入信号 u 作用下的系统的响应曲线，或按指定的时间段 t 绘制系统的响应曲线

例 3-16　已知典型二阶系统的传递函数为 $G(s)=\frac{\omega_n^2}{s^2+2\xi\omega_n s+\omega_n^2}$，试用 MATLAB 绘出 $\omega_n=10$ 时，ξ 分别为 0.2、0.5、1、2 时系统的单位阶跃响应。

解　MATLAB 程序如下：

```
>>wn=10; num = [wn^2] ;                      %定义 ωn=10 时的分子多项式
>> den1 = [1 4 100];                         %定义 ξ=0.2 时的分母多项式
>> den2 = [1 10 100];                        %定义 ξ=0.5 时的分母多项式
>> den3 = [1 20 100];                        %定义 ξ=1 时的分母多项式
>> den4 = [1 40 100];                        %定义 ξ=2 时的分母多项式
>>step (num , den1) ;                        %绘出 ξ=0.2、ωn=10 时的单位阶跃响应
>> hold on
>>step (num , den2) ;                        %绘出 ξ=0.5、ωn=10 时的单位阶跃响应
>> hold on
>>step (num , den3) ;                        %绘出 ξ=1、ωn=10 时的单位阶跃响应
>> hold on
>>step (num , den4) ;                        %绘出 ξ=2、ωn=10 时的单位阶跃响应
>> title ('\xi = 0.2,0.5,1.0, 2.0'), grid;   %标注不同的 ξ 值
```

程序中采用 hold on 命令将所有响应曲线都绘制到一幅图中进行对比。上述程序执行后，绘出二阶系统的单位阶跃响应如图 3-36 所示。

已知系统的传递函数，除了用表 3-6 中的时域分析函数对系统进行时间响应分析外，也可以启用 LTI Viewer 绘制系统的时间响应曲线。

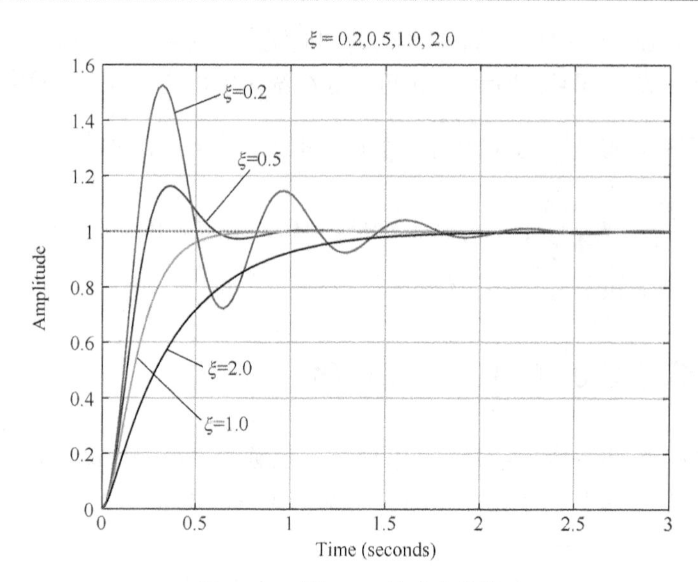

图 3-36　例 3-16 的响应曲线

例 3-17　某高阶系统的传递函数为 $G(s)=\dfrac{10}{s^3+8s^2+12s+10}$，试用 MATLAB 绘出系统的单位阶跃响应。

解　MATLAB 程序如下：

```
>> num = [10] ; den = [1 8 12 10];      %定义传递函数的分子、分母多项式
>> sys = tf(num, den)
>>ltiview(sys)
```

程序执行后，启用 LTI Viewer 窗口，窗口中默认绘出系统的单位阶跃响应曲线，如图 3-37 所示。若要绘出单位脉冲响应曲线，在 LTI Viewer 窗口中单击鼠标右键，选择 “Plot Types” → “Impulse” 命令，即可绘出系统的单位脉冲响应曲线。

此外，在 LTI Viewer 窗口中单击鼠标右键，选择 “Characteristics” → “Peak response” 命令，即可在图中标出峰值；同理，右键选择 “Characteristics” → “Settling Time” 命令标出调整时间；“Characteristics” → “Rise Time” 命令标出上升时间，如图 3-38 所示。

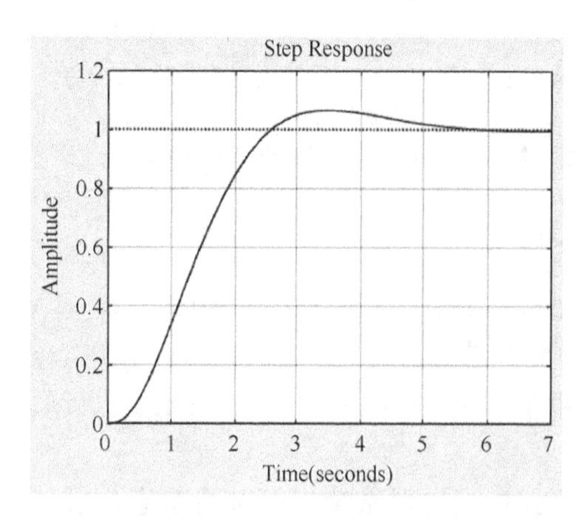

图 3-37　例 3-17 系统的单位阶跃响应曲线

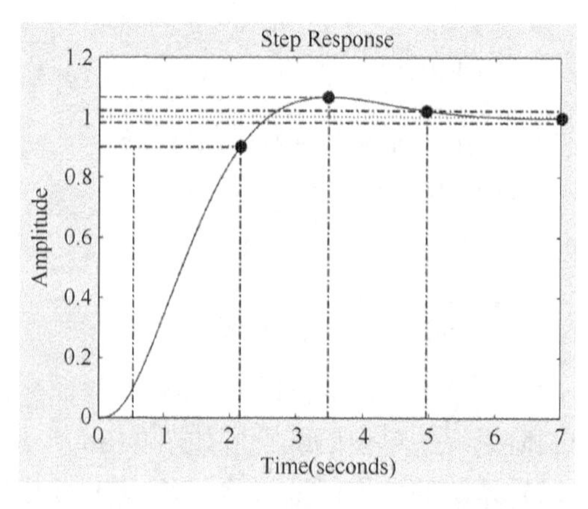

图 3-38　LTI Viewer 窗口右键 Characteristics 标注后曲线

MATLAB 提供了强大的绘图计算功能，可以用多种方法求取系统的动态响应指标。由上面内容可知，用阶跃响应函数 step( )可以获得系统输出量，若将输出量返回到变量 y 中，可以调用命令[y,t] =step( )。该函数还同时返回了自动生成的时间变量 t，对返回的这一对变量 y 和 t 的值进行计算，可以得到时域性能指标。下面举例说明用 MATLAB 求上升时间、峰值时间、最大超调量和调整时间等性能指标的方法。

例 3-18　已知二阶系统的传递函数为 $G(s)=\dfrac{10}{s^2+2s+10}$，试用 MATLAB 求出稳态值 C_0、峰值 C_m、峰值时间 t_p、最大超调量 M_p、上升时间 t_r 和调整时间 t_s（$\Delta=2\%$）。

```
>> num=[10]; den=[1 2 10];             % 定义传递函数的分子和分母多项式
>> G=tf(num,den);                      % 计算传递函数
>> [y,t]=step(G);                      % 求取单位阶跃响应值
>> C0=dcgain(G)                        % 求取稳态值
>> [Cm,k]=max(y)                       % 计算峰值、峰值时间
>> tp=t(k)                             % 提取峰值时间
>> Mp=100*(Cm-C0)/C0                   % 计算超调量
>> n=1;
>> while y(n)<C0
>> n=n+1;
>> end
>> tr=t(n)                             % 计算上升时间
>> i=length(t);
>> while(y(i)>0.98*C0)&(y(i)<1.02*C0)
>> i=i-1;
>> end
>> ts=t(i)                             % 计算调整时间
```

程序运行结果如下：

```
C0 =
    1
Cm =
    1.3507
tp =
    1.0592
Mp =
    35.0670
tr =
    0.6447
ts =
    3.4999
```

已知系统的传递函数，除了应用表 3-6 中的时域分析函数对系统性能进行分析外，也可以采用 Simulink 建模的方法对系统进行时域分析，具体见第 1 章例 1-4。

[本章知识总结]：

1. 时域分析法是根据系统的微分方程或传递函数，利用拉氏变换求解出系统的时间响应 $x_o(t)$，再根据时间响应的表达式和时间响应曲线来分析系统动态性能和稳态性能。时域分析法具有直观、准确、易于接受等特点，是经典控制理论中进行系统性能分析的重要方法。

2. 时间响应过程分为瞬态响应过程（或称动态响应过程）和稳态响应过程。工程上，响应曲线达到稳态值的95%~98%，认为瞬态响应过程结束，进入稳态响应过程。即输出与输入信号误差小于5%或2%看作瞬态响应过程结束。

3. 对于线性定常系统，若输入信号存在着微积分的关系，则系统输出信号也存在着微积分的关系。

4. 一阶系统的时间响应曲线为单调变化曲线，响应滞后，惯性较大。时间常数 T 越小，系统响应速度越快，T 反映系统的惯性大小。

5. 二阶系统的时间响应曲线形状因阻尼比 ξ 不同而不同。对于过阻尼和临界阻尼系统，即 $\xi \geqslant 1$ 时，时间响应曲线为无振荡、无超调的单调上升曲线，相当于2个惯性环节串联；对于欠阻尼系统，即 $0<\xi<1$ 时，时间响应曲线呈衰减振荡形式，振荡幅度随 ξ 增大而减小，衰减的快慢取决于阻尼比 ξ 和无阻尼固有频率 ω_n 的大小。

6. 反映系统动态性能（即快速性和平稳性）的指标有上升时间 t_r、峰值时间 t_p、调整时间 t_s、最大超调量 M_p 和振荡次数 N。反映系统稳态性能（即准确性）的指标为稳态误差 e_{ss}。增大系统开环增益或提高系统的型别可以减小系统在输入信号作用下的稳态误差。

习题

3-1　什么是时间响应？时间响应由哪两部分组成？

3-2　典型二阶系统的传递函数的两个重要参数是什么？对系统性能有何影响？

3-3　二阶系统的最大超调量、上升时间、峰值时间、调节时间各反映系统哪些性能？

3-4　稳态误差和哪些因素有关？计算稳态误差的方法有哪几种？

3-5　一阶系统的闭环极点越靠近复平面[s]的原点，则系统响应越慢还是越快？请给出分析过程。

3-6　某一阶系统框图如图3-39所示，在单位阶跃信号作用下，求：

（1）若 $K_h=0.1$，求调节时间 t_s（$\Delta=2\%$）；

（2）若要求调节时间 $t_s=0.1\ \text{s}$（$\Delta=5\%$），求反馈系数 K_h。

3-7　单位反馈系统开环传递函数为 $G(s)=\dfrac{22}{(s+1)(s+3)}$，如果输入 $r(t)=1(t)$，确定输出量的最大值 C_m、稳态值 C_0、超调量 M_p 和调节时间 t_s（$\Delta=5\%$）。

3-8　已知二阶系统的单位阶跃响应曲线如图3-40所示，求系统的传递函数。

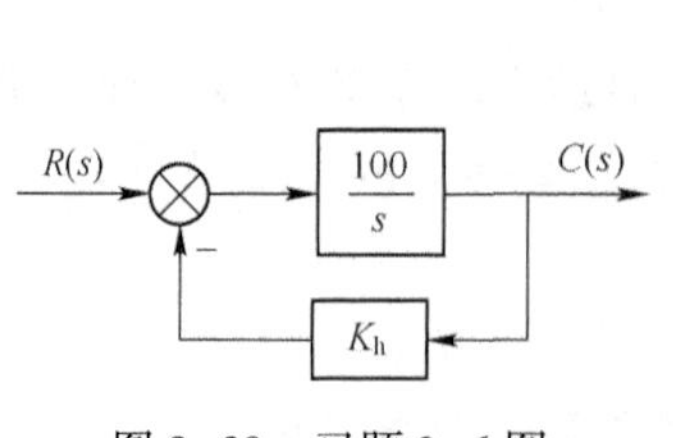

图3-39　习题3-6图

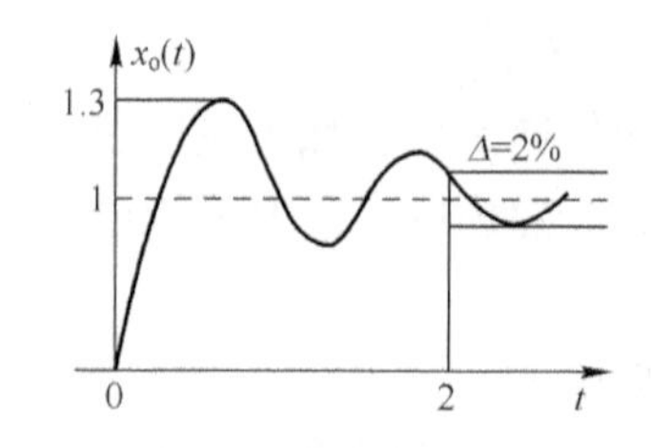

图3-40　习题3-8图

3-9　控制系统框图如图3-41所示。若要求系统单位阶跃响应超调量为 $M_p=16.3\%$，调节时间为 $t_s=1.6\ \text{s}$（$\Delta=2\%$），试确定 K 与 τ 的值。

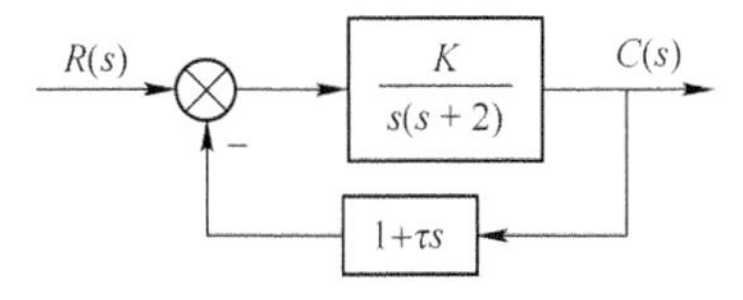

图 3-41　习题 3-9 图

3-10　设控制系统框图如图 3-42a 所示，单位阶跃响应曲线如图 3-42b 所示，求 k_1、k_2与 a 的值。

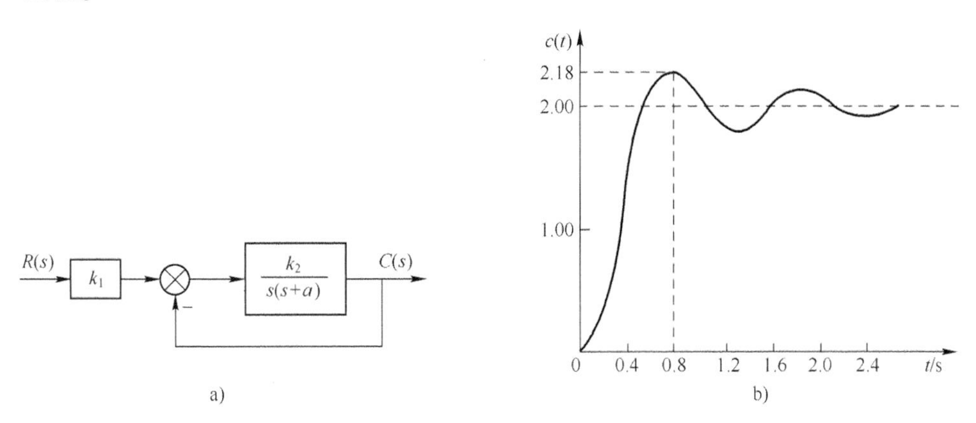

图 3-42　习题 3-10 图

a）系统框图　b）单位阶跃响应曲线

3-11　单位反馈系统的开环传递函数 $G(s)=\dfrac{600}{s^2(s+70)}$，试求系统在输入 $x_i(t)=2+2t^2$ 作用下的稳态误差。

3-12　单位反馈系统的框图如图 3-43 所示，当系统的输入 $x_i(t)=t$ 时，求系统的稳态误差。

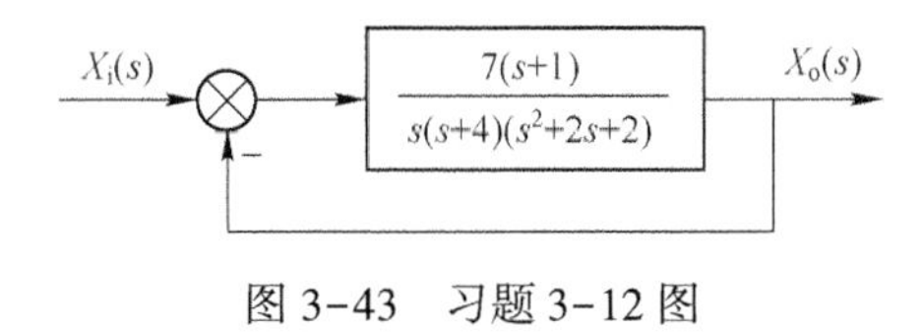

图 3-43　习题 3-12 图

3-13　单位反馈系统的开环传递函数为 $G(s)=\dfrac{K}{(s+1)(s+5)}(K>0)$，当输入为单位阶跃函数时，求系统的稳态误差 $e_{ss}\leqslant 0.2$ 的 K 的取值范围。

3-14　某二阶系统框图如图 3-44 所示，欲保证阻尼比 $\xi=0.5$ 和单位速度输入时的稳态误差为 0.25，试确定系统的参数 K 和 τ 的值。

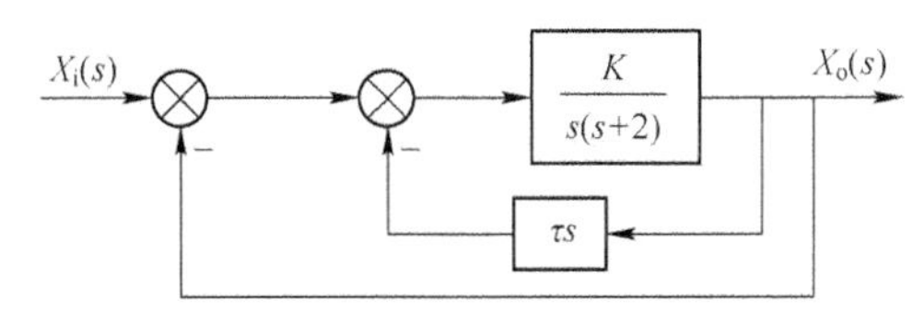

图 3-44　习题 3-14 图

3-15　某系统框图如图 3-45 所示，求当 $x_{\mathrm{i}}(t)=n(t)=1(t)$ 时，系统的稳态误差。

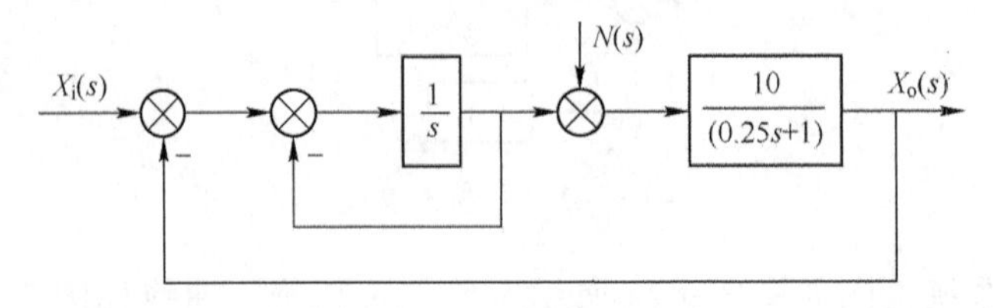

图 3-45　习题 3-15 图

3-16　某系统框图如图 3-46 所示，求当 $x_{\mathrm{i}}(t)=n(t)=t$ 时，系统的稳态误差。

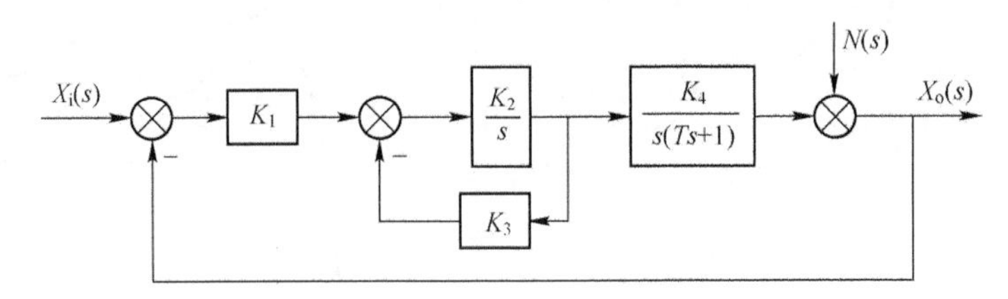

图 3-46　习题 3-16 图

第4章　控制系统的频域分析

［学习要求］：

- 掌握频率特性的概念和表示方法、频率特性与传递函数及微分方程之间的相互关系；
- 掌握频率特性的两种常用图示方法，熟悉典型环节频率特性图的特点及其绘制；
- 掌握一般系统的奈奎斯特图和伯德图的特点及绘制；
- 了解最小相位系统的概念；
- 了解闭环频率特性与开环频率特性之间的关系；
- 掌握频域性能指标的定义及与系统性能的关系；
- 掌握开环对数频率特性对闭环系统性能的影响。

控制系统中的信号可以表示为不同频率正弦信号的合成。控制系统的频率特性反映正弦信号作用下系统响应的性能。应用频率特性研究线性系统的方法称为频域分析法。频域分析法将研究的重点转向了系统的幅频特性和相频特性。在控制系统的分析和设计中，掌握系统的幅频、相频特性方程及有关的曲线是非常有用的。

频域分析法是一种图解分析方法，是通过频率特性这一数学模型进行系统性能分析和系统设计的。其特点是可以根据开环频率特性来研究闭环系统的性能，而不用求解系统的微分方程。频率特性又能反映出系统的结构和参数对系统性能的影响，进而提出改善系统性能的方法和途径，即系统的设计与校正。因此，频域分析可以方便地分析系统中各参数对系统性能的影响，从而进一步确定改善系统性能的途径。对于高阶系统的性能分析，频域分析法较为方便。而且频率特性可以由实验确定，这对于系统数学模型难以得到的复杂系统更为有用。

频率特性分析是研究系统对正弦输入的稳态响应。除了电网络系统与频率特性有着密切的关系外，在机械工程领域中，有许多问题需要研究系统与过程在不同频率的输入信号作用下的响应特性。例如，机械振动学主要研究机械结构在受到不同频率的作用力时产生的强迫振动和由系统本身内在反馈所引起的自激振动，以及与其相关的共振频率、机械阻抗、动刚度、抗振稳定性等，这都可以归结为机械系统的频率特性。因此，频域分析法对于机械系统及过程的分析和设计是一种十分重要的方法。频域分析法具有以下特点：

1）控制系统及其元部件的频率特性可以运用分析法和实验方法获得，并可用多种形式的曲线表示，因而系统分析和控制器设计可以应用图解法进行。

2）频率特性物理意义明确。对于一阶系统和二阶系统，频域性能指标和时域性能指标有确定的对应关系。对于高阶系统，可建立近似的对应关系。

3）控制系统的频域设计可以兼顾动态响应和噪声抑制两方面的要求。

4）频域分析法不仅适用于线性定常系统，还可以推广应用于某些非线性控制系统。

本章介绍频率特性的基本概念和频率特性曲线的绘制方法，重点介绍对数频率特性图和极坐标图的绘制。

4.1 频率特性的基本概念及图示方法

1. 频率特性的基本概念

首先以图 4-1 所示的 RC 滤波电路为例，建立频率特性的基本概念。设系统输入信号为 $u_i(t)$，输出为电容 C 两端的电压 $u_o(t)$，电容 C 两端的初始电压为 $u_o(0)$，取输入信号为正弦信号，即

$$u_i(t)=A_0\sin\omega t \tag{4-1}$$

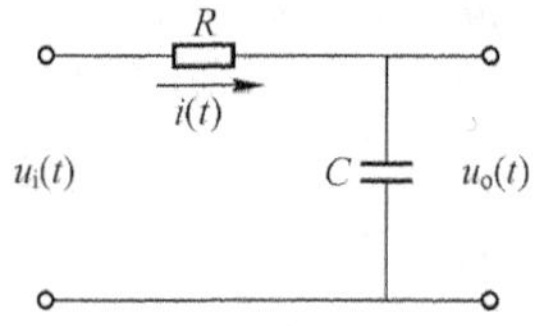

图 4-1　RC 滤波电路

RC 滤波电路的微分方程为

$$RC\frac{\mathrm{d}u_o(t)}{\mathrm{d}t}+u_o(t)=u_i(t) \tag{4-2}$$

设 $T=RC$，称为时间常数。对式（4-2）进行拉氏变换，并代入初始条件得

$$TsU_o(s)-Tu_o(0)+U_o(s)=U_i(s) \tag{4-3}$$

从而得

$$U_o(s)=\frac{1}{Ts+1}[U_i(s)+Tu_o(0)]=\frac{1}{Ts+1}\left[\frac{A_0\omega}{s^2+\omega^2}+Tu_o(0)\right] \tag{4-4}$$

利用部分分式展开法，将 $U_o(s)$ 整理为

$$U_o(s)=\frac{A_0\omega T}{1+\omega^2T^2}\frac{1}{s+1/T}+\frac{A_0}{\sqrt{1+\omega^2T^2}}\left[\frac{1}{\sqrt{1+\omega^2T^2}}\frac{\omega}{s^2+\omega^2}-\frac{\omega T}{\sqrt{1+\omega^2T^2}}\frac{s}{s^2+\omega^2}\right]+U_o(0)\frac{1}{s+1/T} \tag{4-5}$$

再由拉氏反变换求得

$$u_o(t)=\left(u_o(0)+\frac{A_0\omega T}{1+\omega^2T^2}\right)\mathrm{e}^{\frac{-t}{T}}+\frac{A_0}{\sqrt{1+\omega^2T^2}}\sin(\omega t-\arctan\omega T) \tag{4-6}$$

由于 $T>0$，式（4-6）中右端第一项为指数函数，将随时间增大而趋于零，为输出的瞬态分量；而第二项为正弦信号，为输出的稳态分量，即

$$u_o(\infty)=\frac{A_0}{\sqrt{1+\omega^2T^2}}\sin(\omega t-\arctan\omega T)=A(\omega)A_0\sin[\omega t+\varphi(\omega)] \tag{4-7}$$

式中，$A(\omega)=\dfrac{1}{\sqrt{1+\omega^2T^2}}$和 $\varphi(\omega)=-\arctan\omega T$，分别反映 RC 滤波电路在正弦信号作用下，输出稳态分量的幅值和相位的变化，称为幅值比和相位差。可见，二者皆为正弦输入信号中频率 ω 的函数。

绘出 RC 滤波电路的输入和稳态输出曲线如图 4-2 所示，可见，与输入信号相比，RC 滤波电路的稳态输出信号为同频率的正弦信号，只是幅值有一定衰减，其相位存在一定滞后。

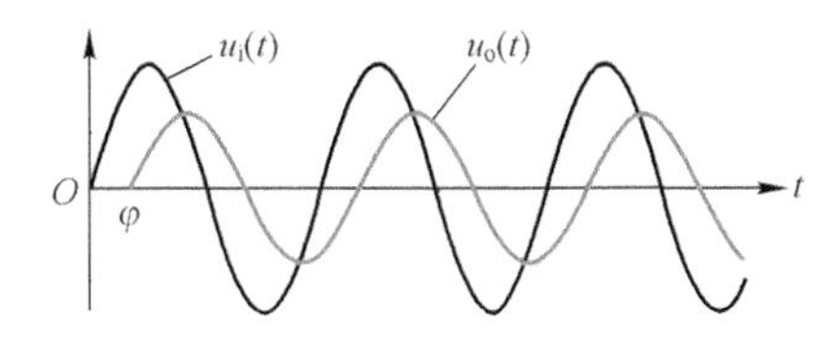

图 4-2　RC 滤波电路的输入和稳态输出信号

式（4-3）中，取 $u_o(0)=0$，可以得到 RC 滤波电路的传递函数为

$$G(s)=\frac{1}{Ts+1} \tag{4-8}$$

取 $s=\mathrm{j}\omega$，则有

$$G(\mathrm{j}\omega)=G(s)\big|_{s=\mathrm{j}\omega}=\frac{1}{\mathrm{j}\omega T+1}=\frac{1}{\sqrt{1+\omega^2T^2}}\mathrm{e}^{-\mathrm{j}\arctan\omega T} \tag{4-9}$$

可见，$A(\omega)$即为 $G(\mathrm{j}\omega)$的幅值$|G(\mathrm{j}\omega)|$，$\varphi(\omega)$为 $G(\mathrm{j}\omega)$的相位$\angle G(\mathrm{j}\omega)$，即

$$\begin{cases}A(\omega)=|G(\mathrm{j}\omega)|\\ \varphi(\omega)=\angle G(\mathrm{j}\omega)\end{cases} \tag{4-10}$$

这一结论反映了 $A(\omega)$和 $\varphi(\omega)$与系统数学模型的本质关系，并具有普遍性。由此可以得出，对于稳定的线性定常系统，由正弦输入产生的输出稳态分量仍然是与输入信号同频率的正弦函数，而幅值和相位的变化是频率 ω 的函数，且与系统数学模型相关。为此，频率特性定义为：正弦输入作用下，系统稳态输出与输入的幅值之比 $A(\omega)$为幅频特性，相位之差 $\varphi(\omega)$为相频特性，二者统称为系统的频率特性。频率特性是频域内系统数学模型的一种表达形式。其指数表达形式如下：

$$G(\mathrm{j}\omega)=A(\omega)\mathrm{e}^{\mathrm{j}\varphi(\omega)} \tag{4-11}$$

频率特性还可以表示为复数形式，设系统或环节的传递函数为

$$G(s)=\frac{b_0s^m+b_1s^{m-1}+\cdots+b_m}{a_0s^n+a_1s^{n-1}+\cdots+a_n},\quad n\geqslant m$$

令 $s=\mathrm{j}\omega$，可得系统或环节的频率特性为

$$G(\mathrm{j}\omega)=G(s)\big|_{s=\mathrm{j}\omega}=\frac{b_0(\mathrm{j}\omega)^m+b_1(\mathrm{j}\omega)^{m-1}+\cdots+b_m}{a_0(\mathrm{j}\omega)^n+a_1(\mathrm{j}\omega)^{n-1}+\cdots+a_n}=U(\omega)+\mathrm{j}V(\omega) \tag{4-12}$$

其中，$U(\omega)=\mathrm{Re}[G(\mathrm{j}\omega)]$，是频率特性 $G(\mathrm{j}\omega)$的实部，称为实频特性；$V(\omega)=\mathrm{Im}[G(\mathrm{j}\omega)]$，是频率特性 $G(\mathrm{j}\omega)$的虚部，称为虚频特性。

频率特性与微分方程和传递函数一样，也表征了系统的运动规律，是系统频域分析的理论依据。系统的频率特性、微分方程和传递函数之间的关系可用图 4-3 表示。

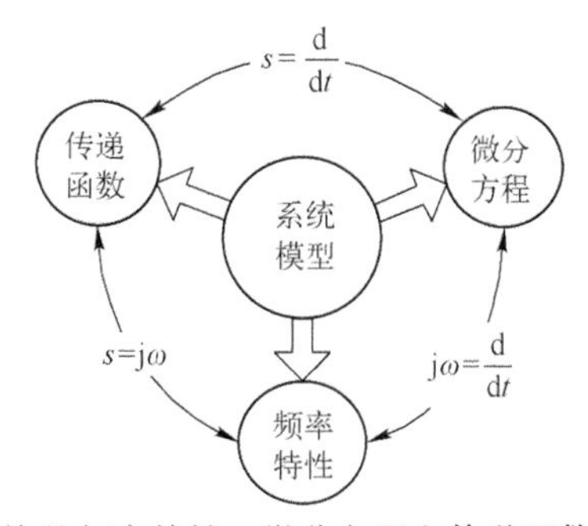

图 4-3　系统的频率特性、微分方程和传递函数之间的关系

例 4-1 设系统框图如图 4-4 所示，已知输入信号 $x_i(t)=\sin 2t$，试根据频率特性的物理意义，求系统的稳态输出 $x_o(t)$。

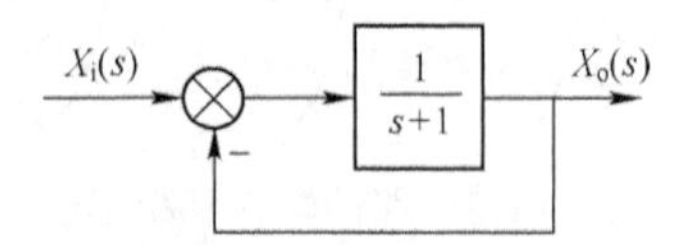

图 4-4　例 4-1 系统框图

解　由系统框图可得系统的闭环传递函数为

$$G(s)=\frac{1}{s+2}$$

相应的频率特性为

$$G(\mathrm{j}\omega)=G(s)\big|_{s=\mathrm{j}\omega}=\frac{1}{\mathrm{j}\omega+2}=\frac{2}{4+\omega^2}-\mathrm{j}\frac{1}{4+\omega^2}$$

幅频特性为

$$A(\omega)=|G(\mathrm{j}\omega)|=\frac{1}{\sqrt{4+\omega^2}}$$

相频特性为

$$\varphi(\omega)=\angle G(\mathrm{j}\omega)=-\arctan\frac{\omega}{2}$$

当输入信号为 $x_i(t)=\sin 2t$ 时，有 $\omega=2\ \mathrm{rad/s}$，由频率特性的定义可知

$$x_o(t)=A(\omega)\sin[\omega t+\varphi(\omega)]\big|_{\omega=2}=\frac{\sqrt{2}}{4}\sin(2t-45°)$$

例 4-2　系统框图如图 4-5 所示，当输入 $x_i(t)=2\sin t$ 时，测得输出 $x_o(t)=4\sin(t-45°)$，试确定系统的参数 ξ、ω_n。

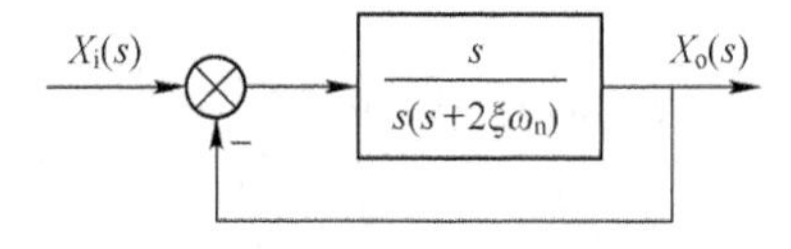

图 4-5　例 4-2 系统框图

解　系统闭环传递函数为

$$G(s)=\frac{X_o(s)}{X_i(s)}=\frac{\omega_n^2}{s^2+2\xi\omega_n s+\omega_n^2}$$

系统的频率特性为

$$G(\mathrm{j}\omega)=\frac{\omega_n^2}{(\omega_n^2-\omega^2)+\mathrm{j}2\xi\omega_n\omega}$$

幅频特性为

$$A(\omega)=|G(\mathrm{j}\omega)|=\frac{\omega_n^2}{\sqrt{(\omega_n^2-\omega^2)^2+4\xi^2\omega_n^2\omega^2}}$$

相频特性为

$$\varphi(\omega)=-\arctan\frac{2\xi\omega_{\mathrm{n}}\omega}{\omega_{\mathrm{n}}^{2}-\omega^{2}}$$

由已知条件可知

$$x_{\mathrm{o}}(t)=4\sin(t-45°)=A(1)\sin[t-\varphi(1)]$$

即

$$\varphi(1)=-\arctan\frac{2\xi\omega_{\mathrm{n}}\omega}{\omega_{\mathrm{n}}^{2}-\omega^{2}}\bigg|_{\omega=1}=-\arctan\frac{2\xi\omega_{\mathrm{n}}}{\omega_{\mathrm{n}}^{2}-1}=-45°$$

$$A(1)=\frac{\omega_{\mathrm{n}}^{2}}{\sqrt{(\omega_{\mathrm{n}}^{2}-\omega^{2})^{2}+4\xi^{2}\omega_{\mathrm{n}}^{2}\omega^{2}}}\bigg|_{\omega=1}=\frac{\omega_{\mathrm{n}}^{2}}{\sqrt{(\omega_{\mathrm{n}}^{2}-1)^{2}+4\xi^{2}\omega_{\mathrm{n}}^{2}}}=4$$

可得

$$2\xi\omega_{\mathrm{n}}=\omega_{\mathrm{n}}^{2}-1$$

$$\omega_{\mathrm{n}}^{2}=4\sqrt{(\omega_{\mathrm{n}}^{2}-1)^{2}+4\xi^{2}\omega_{\mathrm{n}}^{2}}$$

解得

$$\omega_{\mathrm{n}}=1.244\ \mathrm{rad/s},\quad \xi=0.22$$

2. 频率特性的图示方法

频率特性 $G(\mathrm{j}\omega)$ 以及其幅频特性 $A(\omega)$ 和相频特性 $\varphi(\omega)$ 都是频率 ω 的函数，在工程分析和设计中，通常把频率特性画成曲线，利用图形分析其随频率 ω 的变化过程，这种图解分析方法直观而又方便。常用的频率特性的图示方法有奈奎斯特图（Nyquist 图）、对数频率特性图（Bode 图）和对数幅相图（Nichols 图）三种。

（1）奈奎斯特图（Nyquist 图）

由于频率特性 $G(\mathrm{j}\omega)$ 是 ω 的复变函数，与某一频率对应的 $G(\mathrm{j}\omega)$，可以在复平面上用一个复数矢量或其端点来表示，矢量的长度为其幅值 $A(\omega)=|G(\mathrm{j}\omega)|$，与正实轴的夹角为其相角 $\varphi(\omega)=\angle G(\mathrm{j}\omega)$，相角的符号规定为从正实轴开始，逆时针方向旋转为正，顺时针方向旋转为负。复数矢量 $G(\mathrm{j}\omega)$ 在实轴和虚轴上的投影分别为其实部 $U(\omega)$ 和虚部 $V(\omega)$，如图 4-6 所示。可知

$$\begin{cases}U(\omega)=\mathrm{Re}[G(\mathrm{j}\omega)]=A(\omega)\cos\varphi(\omega)\\V(\omega)=\mathrm{Im}[G(\mathrm{j}\omega)]=A(\omega)\sin\varphi(\omega)\end{cases}\tag{4-13}$$

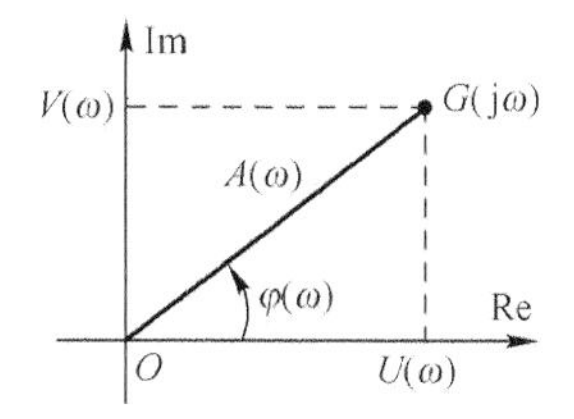

图 4-6　频率特性在复平面上的表示

在复平面上，当 ω 从 $0\to+\infty$ 时，$G(\mathrm{j}\omega)$ 端点的轨迹即为奈奎斯特图（Nyquist 图），奈奎斯特图又称极坐标图，也称幅相频率特性图。它不仅表示了幅频特性和相频特性，而且也表示了实频特性和虚频特性。Nyquist 图是有方向的，为 ω 从小到大的方向。

例如，图 4-1 所示的 RC 滤波电路，其频率特性为

$$G(\mathrm{j}\omega)=\frac{1}{\mathrm{j}\omega T+1}=\frac{1-\mathrm{j}\omega T}{1+\omega^2T^2}$$

则有 $U(\omega)=\dfrac{1}{1+\omega^2T^2}$，$V(\omega)=\dfrac{-\omega T}{1+\omega^2T^2}$。

可知，$U(0)=1$，$V(0)=0$，$U(\infty)=0$，$V(\infty)=0$，即其极坐标图的起点（$\omega=0$ 时）为（1,j0），终点（$\omega=\infty$ 时）为（0,j0），且满足下面表达式：

$$\left(U(\omega)-\frac{1}{2}\right)^2+V^2(\omega)=\left(\frac{1}{2}\right)^2$$

可见，RC 滤波电路的 Nyquist 图是以$\left(\dfrac{1}{2},\mathrm{j}0\right)$为圆心，半径为$\dfrac{1}{2}$的半圆，如图 4-7 实线部分所示。

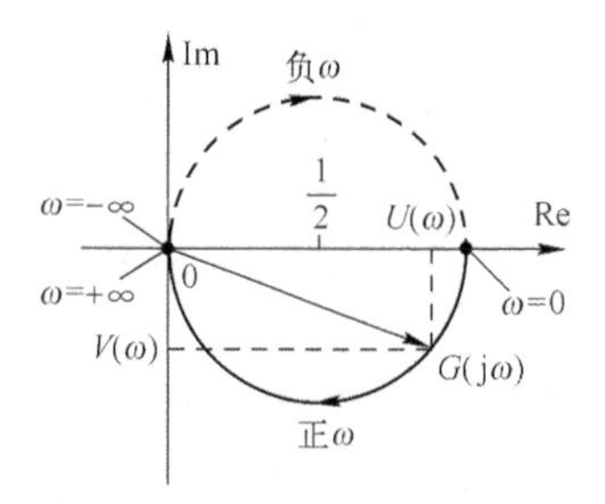

图 4-7　RC 滤波电路的 Nyquist 图

由于 $G(\mathrm{j}\omega)$是偶函数，所以当 ω 从$-\infty\rightarrow0$ 时和 $0\rightarrow+\infty$ 变化时，Nyquist 图对称于实轴，图 4-7 即为 RC 滤波电路 ω 从$-\infty\rightarrow+\infty$ 的完整极坐标图。

（2）对数频率特性图（Bode 图）

对数频率特性图又称为伯德图（Bode 图），包括两幅图，分别为对数幅频特性图和对数相频特性图。

Bode 图中两幅图的横坐标均为 $\lg\omega$，即采用对数分度，但只标注 ω 的自然数值，单位为弧度/秒（rad/s），如图 4-8 所示。频率每变化十倍，称作十倍频程，记作 dec，对应坐标间距的一个单位长度。横坐标取 $\lg\omega$ 的优点在于，每变化一个长度单位，频率变化 10 倍，即可以展宽频带，清楚地表示出低频、中频和高频段的幅频和相频特性，便于在较宽的频率范围内研究系统的频率特性。

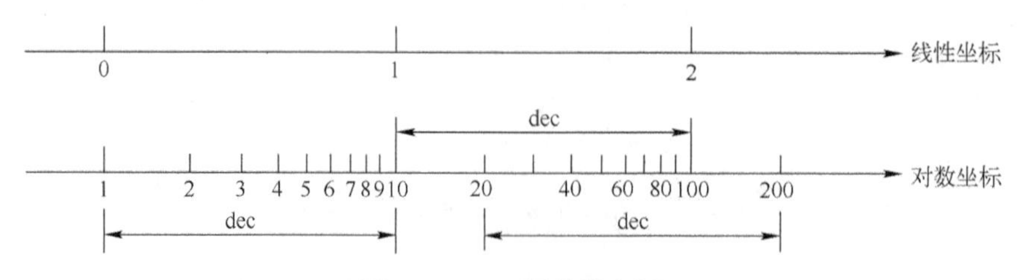

图 4-8　Bode 图的横坐标

Bode 图中的对数幅频特性图的纵坐标为 $L(\omega)=20\lg|G(\mathrm{j}\omega)|=20\lg A(\omega)$，单位是分贝（dB）。对数相频特性图的纵坐标为 $G(\mathrm{j}\omega)$的相位，记作 $\varphi(\omega)=\angle G(\mathrm{j}\omega)$，单位为度（°）。对数幅频特性采用 $L(\omega)=20\lg A(\omega)$，则将幅值的乘除运算转化为加减运算，便于叠加，可

简化曲线的绘制过程。

（3）对数幅相图（Nichols 图）

对数幅相图又称尼柯尔斯图（Nichols 图），其特点是纵坐标为 $L(\omega)$，单位为分贝（dB），横坐标为 $\varphi(\omega)$，单位为度（°）。

本章主要介绍前两种图示方法，即奈奎斯特图（Nyquist 图）和伯德图（Bode 图）。

4.2　典型环节的频率特性

通常控制系统都是由典型环节组成的，故系统频率特性也都是由典型环节的频率特性组成的。熟悉典型环节的频率特性是了解系统的频率特性和分析系统性能的基础。下面介绍典型环节的两种频率特性曲线——奈奎斯特图（Nyquist 图）和对数频率特性图（Bode 图）。

1. 比例环节

比例环节的特点是输出能够无滞后、无失真地复现输入信号。比例环节的传递函数为

$$G(s)=K$$

其频率特性为

$$G(\mathrm{j}\omega)=K$$

（1）幅相频率特性

$$G(\mathrm{j}\omega)=K+\mathrm{j}0$$

可见，实频特性为 $U(\omega)=K$；

虚频特性为 $V(\omega)=0$；

幅频特性为 $A(\omega)=|G(\mathrm{j}\omega)|=\sqrt{U^2(\omega)+V^2(\omega)}=K$；

相频特性为 $\varphi(\omega)=\arctan\dfrac{V(\omega)}{U(\omega)}=\arctan\dfrac{0}{K}=0°$。

比例环节的 Nyquist 图是实轴上的一个点$(K,\mathrm{j}0)$，如图 4-9 所示。

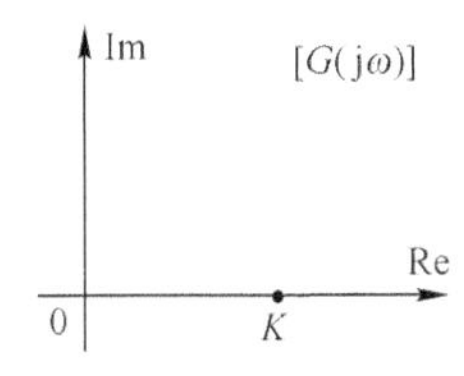

图 4-9　比例环节的 Nyquist 图

（2）对数频率特性

对数幅频特性为

$$L(\omega)=20\lg A(\omega)=20\lg K$$

对数相频特性为

$$\varphi(\omega)=0°$$

由此可见，比例环节的对数幅频特性图为幅值等于 $20\lg K$(dB)的一条水平直线。对数相频特性图的相角为 0°。比例环节的 Bode 图如图 4-10 所示。

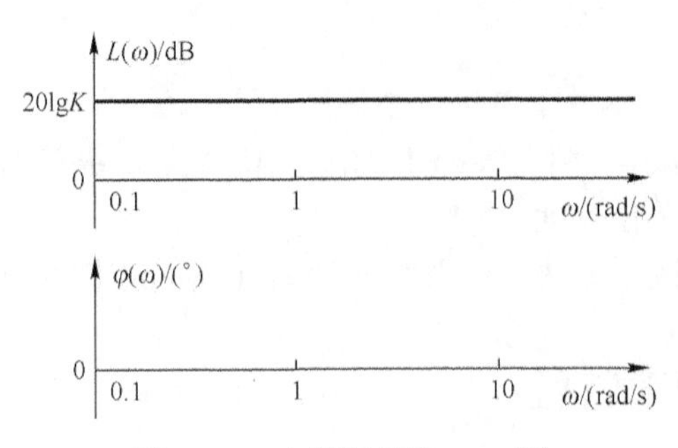

图 4-10　比例环节的 Bode 图

2. 积分环节

积分环节的传递函数为

$$G(s)=\frac{1}{s}$$

其频率特性为

$$G(\mathrm{j}\omega)=\frac{1}{\mathrm{j}\omega}=-\mathrm{j}\,\frac{1}{\omega}$$

（1）幅相频率特性

$$G(\mathrm{j}\omega)=-\mathrm{j}\,\frac{1}{\omega}=\frac{1}{\omega}\mathrm{e}^{-\mathrm{j}\pi/2}$$

则实频特性为 $U(\omega)=0$；

虚频特性为 $V(\omega)=-\dfrac{1}{\omega}$；

幅频特性为 $A(\omega)=|G(\mathrm{j}\omega)|=\dfrac{1}{\omega}$；

相频特性为 $\varphi(\omega)=\angle G(\mathrm{j}\omega)=\arctan\dfrac{V(\omega)}{U(\omega)}=\arctan\dfrac{-1/\omega}{0}=-90°$。

可见，当 ω 从 $0\to+\infty$ 变化时，$|G(\mathrm{j}\omega)|$ 由 $\infty\to0$，相角始终是 $-90°$，故积分环节的 Nyquist 图是负虚轴，且由负无穷远处指向原点，如图 4-11 所示。可以看出，积分环节始终滞后 90°。

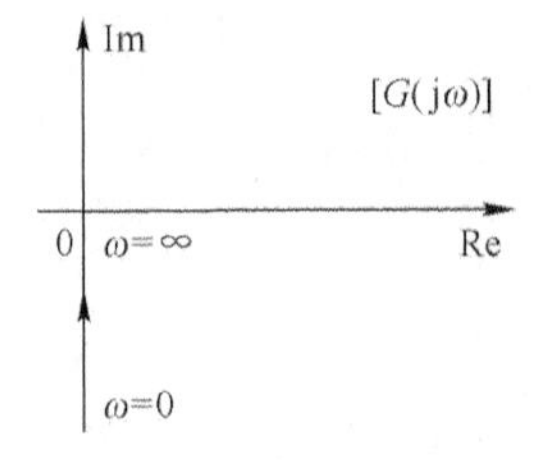

图 4-11　积分环节的 Nyquist 图

（2）对数频率特性

积分环节的对数幅频特性为

$$L(\omega)=20\lg A(\omega)=20\lg|G(\mathrm{j}\omega)|=20\lg\frac{1}{\omega}=-20\lg\omega$$

对数相频特性为

$$\varphi(\omega)=\angle G(\mathrm{j}\omega)=\arctan\frac{-1/\omega}{0}=-90^\circ$$

可知，积分环节的对数幅频特性图为过(1,0)点、斜率为-20 dB/dec 的直线，对数相频特性图为一条恒等于-90°的直线，如图 4-12 所示。图中直线旁边标注的-20 dB/dec，表示直线的斜率是-20 dB/dec。

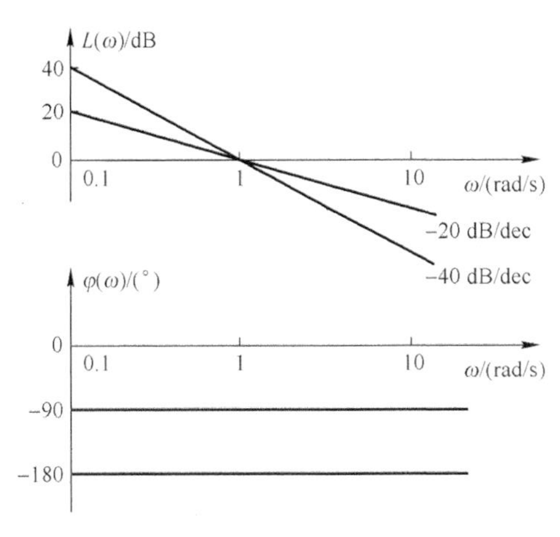

图 4-12 积分环节的 Bode 图

如果在传递函数中有两个积分环节串联，即$G(\mathrm{j}\omega)=\dfrac{1}{(\mathrm{j}\omega)^2}$，则有

$$L(\omega)=20\lg A(\omega)=20\lg|G(\mathrm{j}\omega)|=20\lg\frac{1}{\omega^2}=-40\lg\omega$$

$$\varphi(\omega)=\angle G(\mathrm{j}\omega)=2\times(-90^\circ)=-180^\circ$$

其对数幅频特性为一条过(1,0)点、斜率为-40dB/dec 的直线，相角恒等于-180°。两个积分环节串联的 Bode 图如图 4-12 所示。

以此类推，若传递函数中有 ν 个积分环节串联，即 $G(s)=\dfrac{1}{s^\nu}$，则其对数幅频特性为一条过(1,0)点、斜率为-20νdB/dec 的直线，相角恒等于$-90\nu^\circ$。

3. 微分环节

微分环节的传递函数为

$$G(s)=s$$

其频率特性为

$$G(\mathrm{j}\omega)=\mathrm{j}\omega$$

(1) 幅相频率特性

$$G(\mathrm{j}\omega)=\mathrm{j}\omega=\omega\mathrm{e}^{\mathrm{j}\pi/2}$$

实频特性为 $U(\omega)=0$；

虚频特性为 $V(\omega)=\omega$；

幅频特性为 $A(\omega)=|G(\mathrm{j}\omega)|=\omega$；

相频特性为 $\varphi(\omega)=\arctan\dfrac{V(\omega)}{U(\omega)}=\arctan\dfrac{\omega}{0}=90^\circ$。

微分环节的 Nyquist 图是正虚轴，且由原点指向正无穷远处，如图 4-13 所示。可以看出，微分环节具有恒定的相位超前。

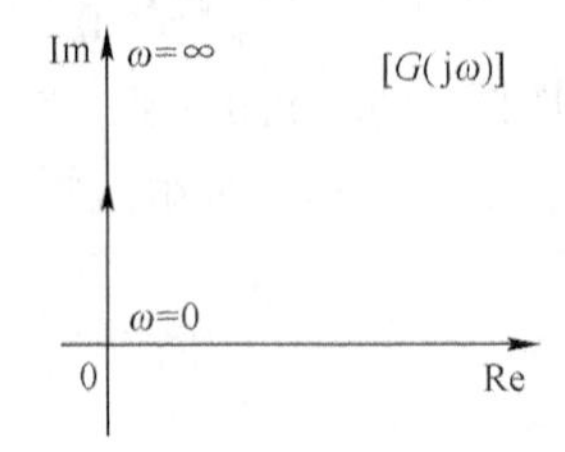

图 4-13　微分环节的 Nyquist 图

（2）对数频率特性

微分环节的对数幅频特性为

$$L(\omega)=20\lg A(\omega)=20\lg|G(\mathrm{j}\omega)|=20\lg\omega$$

对数相频特性为

$$\varphi(\omega)=\angle G(\mathrm{j}\omega)=\arctan\frac{\omega}{0}=90°$$

可知，微分环节的对数幅频特性图为过(1,0)点、斜率为 20 dB/dec 的直线，对数相频特性图为+90°水平线，如图 4-14 所示。

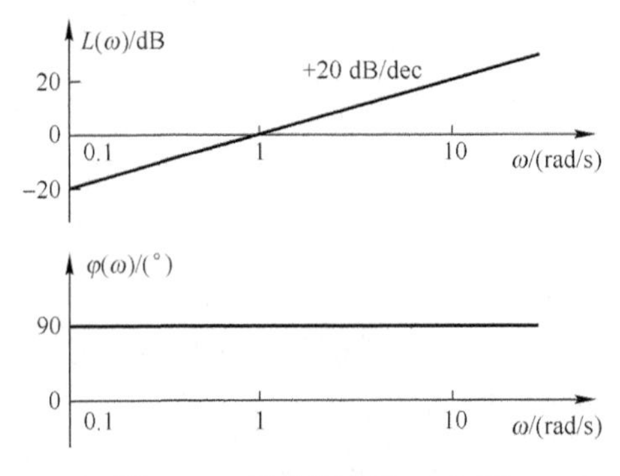

图 4-14　微分环节的 Bode 图

4. 惯性环节

惯性环节的传递函数为

$$G(s)=\frac{1}{Ts+1}$$

式中，T 为惯性环节的时间常数。

其频率特性为

$$G(\mathrm{j}\omega)=\frac{1}{\mathrm{j}\omega T+1}$$

（1）幅相频率特性

$$G(\mathrm{j}\omega)=\frac{1}{\mathrm{j}\omega T+1}=\frac{1}{1+T^2\omega^2}-\mathrm{j}\frac{T\omega}{1+T^2\omega^2}$$

实频特性为 $U(\omega)=\dfrac{1}{1+T^2\omega^2}$；

虚频特性为 $V(\omega)=-\dfrac{T\omega}{1+T^2\omega^2}$；

幅频特性为 $A(\omega)=|G(\mathrm{j}\omega)|=\left|\dfrac{1}{1+\mathrm{j}\omega T}\right|=\dfrac{1}{\sqrt{1+T^2\omega^2}}$；

相频特性为 $\varphi(\omega)=\angle G(\mathrm{j}\omega)=\arctan\dfrac{V(\omega)}{U(\omega)}=-\arctan T\omega$。

当 $\omega=0$ 时，$A(\omega)=1$，$\varphi(\omega)=0°$；

当 $\omega=1/T$ 时，$A(\omega)=\dfrac{1}{\sqrt{2}}$，$\varphi(\omega)=-45°$；

当 $\omega=\infty$ 时，$A(\omega)=0$，$\varphi(\omega)=-90°$。

虚频特性与实频特性之比为

$$\frac{V(\omega)}{U(\omega)}=-T\omega$$

将其代入实频特性表达式中，可得

$$\left(U-\frac{1}{2}\right)^2+V^2=\left(\frac{1}{2}\right)^2$$

上式表明，当 $\omega=0\to\infty$ 时，惯性环节的极坐标图是以点 $\left(\dfrac{1}{2},0\right)$ 为圆心、半径为 $\dfrac{1}{2}$ 的下半圆，如图 4-15 所示。

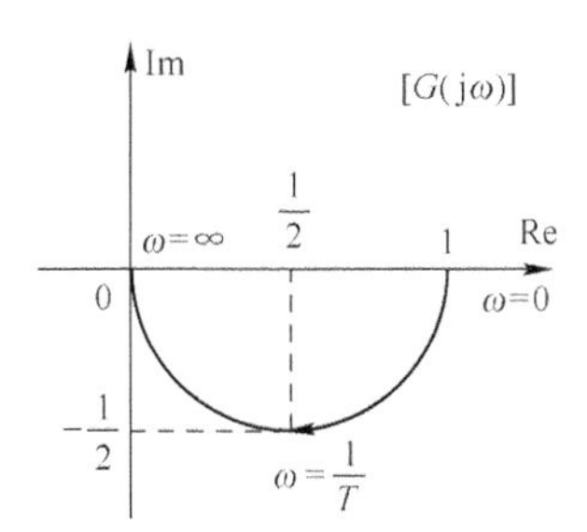

图 4-15　惯性关节的 Nyquist 图

（2）对数频率特性

惯性环节的对数幅频特性为

$$L(\omega)=20\lg A(\omega)=20\lg\frac{1}{\sqrt{1+T^2\omega^2}}=-20\lg\sqrt{1+T^2\omega^2}$$

对数相频特性为

$$\varphi(\omega)=\angle G(\mathrm{j}\omega)=-\arctan T\omega$$

当 ω 从 $0\to\infty$ 时，可以计算出相应的 $L(\omega)$ 和 $\varphi(\omega)$，画出幅频特性和相频特性图。在工程上常用渐近线表示对数幅频特性图，其过程如下：

令 $\omega_{\mathrm{T}}=\dfrac{1}{T}$，称为转折频率或转角频率。

当 $\omega\ll\omega_{\mathrm{T}}$，即 $\omega T\ll 1$ 时，则有

$$L(\omega)=-20\lg\sqrt{1+T^2\omega^2}\approx-20\lg 1=0$$

即对数幅频特性在低频段（$\omega<\omega_T$ 的频段）可近似为 0dB 线，此 0dB 线称为低频渐近线。

当 $\omega \gg \omega_T$ 即 $\omega T \gg 1$ 时，则有

$$L(\omega)=-20\lg\sqrt{1+T^2\omega^2}\approx -20\lg\omega T=-20\lg\omega-20\lg T$$

可见，对数幅频特性在高频段（$\omega>\omega_T$ 的频段）可近似为一条过点$\left(\frac{1}{T},0\right)$、斜率为-20dB/dec 的直线，此直线称为高频渐近线。

$\omega_T=\frac{1}{T}$是低频渐近线与高频渐近线交点处对应的频率，在此处，对数幅频特性图的渐近线斜率发生改变，故称为转折频率或转角频率。

惯性环节的相频特性为

$$\varphi(\omega)=\angle G(\mathrm{j}\omega)=-\arctan T\omega$$

当 $\omega=0$ 时，$\varphi(\omega)=0°$；

当 $\omega=1/T$ 时，$\varphi(\omega)=-45°$；

当 $\omega=\infty$ 时，$\varphi(\omega)=-90°$。

可知，惯性环节的相频特性是关于点$(1/T,-45°)$对称的反正切曲线。ω 从 $0\rightarrow\infty$ 时，$\varphi(\omega)$的相角范围为 $0°\sim-90°$。

惯性环节的 Bode 图如图 4-16 所示，图中也给出了精确的对数幅频特性曲线。渐近线与精确的对数幅频特性曲线之间有误差，但用渐近线作图简单方便，且足以接近其精确曲线。因此，在不要求较高精度的场合，可以用渐近线代替精确曲线加以分析。若需精确曲线，可参照图 4-17 的误差曲线对渐近线进行修正。由图可见，最大误差发生在转折频率 $\omega=\omega_T=\frac{1}{T}$处，其误差值为-3 dB。

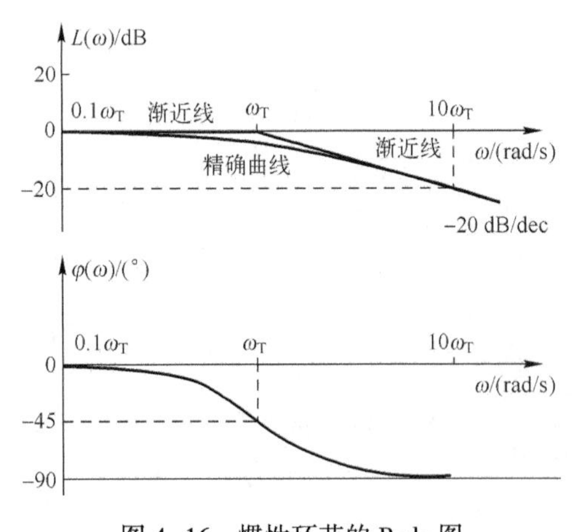

图 4-16 惯性环节的 Bode 图

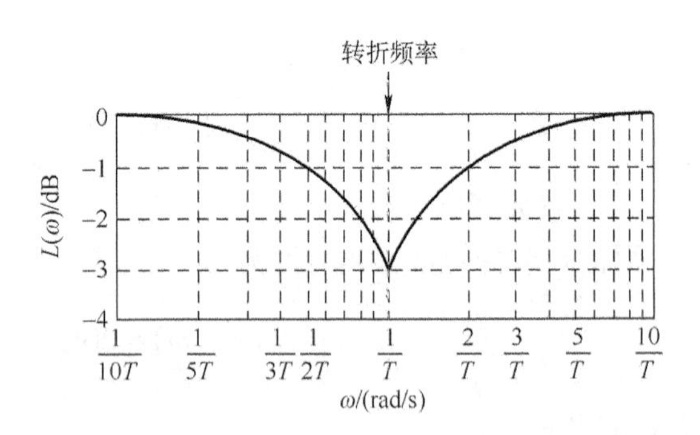

图 4-17 惯性环节的误差修正曲线

由惯性环节的 Bode 图可见，惯性环节具有低通滤波器的作用，对于高频信号，其对数幅值迅速衰减，即滤掉输入信号的高频部分。在低频段，能够较准确地复原输入信号。

当改变时间常数 T 时，转折频率发生变化，但对数幅频和相频曲线的形状仍保持不变。

5. 一阶微分环节

一阶微分环节的传递函数为

$$G(s)=\tau s+1$$

其频率特性为

$$G(\mathrm{j}\omega)=1+\mathrm{j}\tau\omega$$

（1）幅相频率特性

$$G(\mathrm{j}\omega)=1+\mathrm{j}\tau\omega=\sqrt{1+(\tau\omega)^2}\,\mathrm{e}^{\mathrm{j}\varphi(\omega)}$$

实频特性为 $U(\omega)=1$；

虚频特性为 $V(\omega)=\tau\omega$；

幅频特性为 $A(\omega)=|G(\mathrm{j}\omega)|=\sqrt{1+(\tau\omega)^2}$；

相频特性为 $\varphi(\omega)=\angle G(\mathrm{j}\omega)=\arctan\dfrac{V(\omega)}{U(\omega)}=\arctan\tau\omega$。

可见，当 ω 从 $0\to+\infty$ 时，$G(\mathrm{j}\omega)$ 实部恒为 1，虚部从 $0\to+\infty$，故一阶微分环节的 Nyquist 图为过(1，0) 点、平行于虚轴的上半部直线，如图 4-18 所示。

（2）对数频率特性

对数幅频特性为

$$L(\omega)=20\lg A(\omega)=20\lg\sqrt{1+(\tau\omega)^2}$$

对数相频特性为

$$\varphi(\omega)=\arctan\tau\omega$$

显然，它与惯性环节的对数幅频特性和相频特性比较，仅相差一个符号。所以，一阶微分环节和惯性环节的 Bode 图关于横轴（频率轴）对称，即对数幅频曲线对称于 0 dB 线，对数相频曲线对称于 0°线，如图 4-19 所示。图中，一阶微分环节的转折频率为 $\omega_\mathrm{T}=\dfrac{1}{\tau}$。

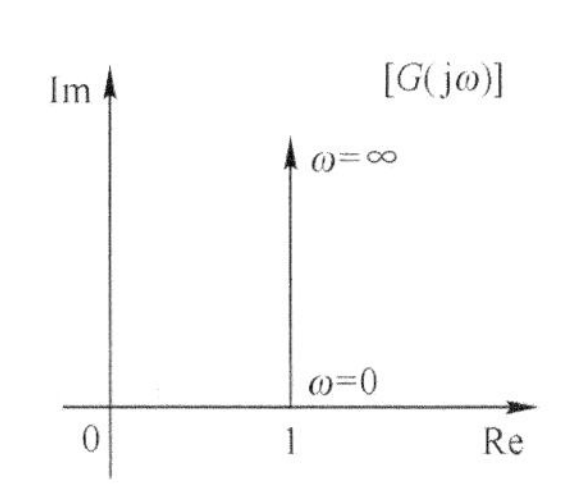

图 4-18　一阶微分环节的 Nyquist 图

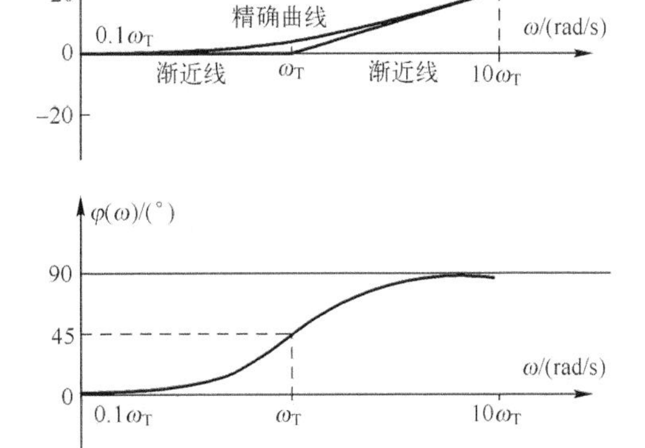

图 4-19　一阶微分环节的 Bode 图

6. 振荡环节

振荡环节的传递函数为

$$G(s)=\frac{\omega_\mathrm{n}^2}{s^2+2\xi\omega_\mathrm{n}s+\omega_\mathrm{n}^2}=\frac{1}{\dfrac{s^2}{\omega_\mathrm{n}^2}+2\xi\dfrac{s}{\omega_\mathrm{n}}+1}$$

其频率特性为

$$G(\mathrm{j}\omega)=\frac{1}{\frac{(\mathrm{j}\omega)^2}{\omega_n^2}+2\xi\frac{\mathrm{j}\omega}{\omega_n}+1}=\frac{1}{\left(1-\frac{\omega^2}{\omega_n^2}\right)+\mathrm{j}2\xi\left(\frac{\omega}{\omega_n}\right)}$$

（1） 幅相频率特性

幅频特性为

$$A(\omega)=|G(\mathrm{j}\omega)|=\frac{1}{\sqrt{\left(1-\frac{\omega^2}{\omega_n^2}\right)^2+\left(2\xi\frac{\omega}{\omega_n}\right)^2}}$$

相频特性为

$$\varphi(\omega)=\angle G(\mathrm{j}\omega)=-\arctan\frac{2\xi\frac{\omega}{\omega_n}}{1-\frac{\omega^2}{\omega_n^2}}$$

根据频率特性公式，求其某些特殊点的值如下。

当 $\omega=0$ 时，$A(\omega)=1$，$\varphi(\omega)=0°$；

当 $\omega=\omega_n$ 时，$A(\omega)=\frac{1}{2\xi}$，$\varphi(\omega)=-90°$；

当 $\omega=\infty$ 时，$A(\omega)=0$，$\varphi(\omega)=-180°$。

振荡环节的 Nyquist 图与阻尼比 ξ 有关，对应于不同的 ξ，形成一簇极坐标曲线，如图 4-20 所示。由图可见，当 ω 由 $0\to\infty$ 变化时，不论 ξ 如何，Nyquist 曲线均从(1,0)点开始，到(0，0)点结束，相角由 $0°\to-180°$。当 $\omega=\omega_n$ 时，Nyquist 曲线均交于负虚轴，其相角为 $-90°$，幅值为$\frac{1}{2\xi}$，曲线经过第三、四象限。

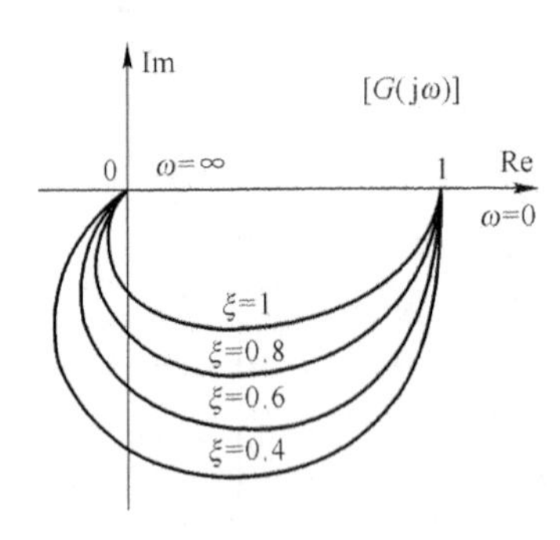

图 4-20　振荡环节的 Nyquist 图

（2） 对数频率特性

振荡环节的对数幅频特性为

$$L(\omega)=20\lg A(\omega)=-20\lg\sqrt{\left(1-\frac{\omega^2}{\omega_n^2}\right)^2+\left(2\xi\frac{\omega}{\omega_n}\right)^2}$$

当 $\omega\ll\omega_n$ 时，$L(\omega)\approx-20\lg1=0$，即低频渐近线为 0 dB 线。

当 $\omega \gg \omega_n$ 时，$L(\omega) \approx -20\lg \dfrac{\omega^2}{\omega_n^2} = -40\lg \dfrac{\omega}{\omega_n} = -40\lg\omega + 40\lg\omega_n$，即高频渐近线为一条过 $(\omega_n,0)$ 点、斜率为 -40 dB/dec 的直线。振荡环节的对数幅频特性图的渐近线如图 4-21 所示。

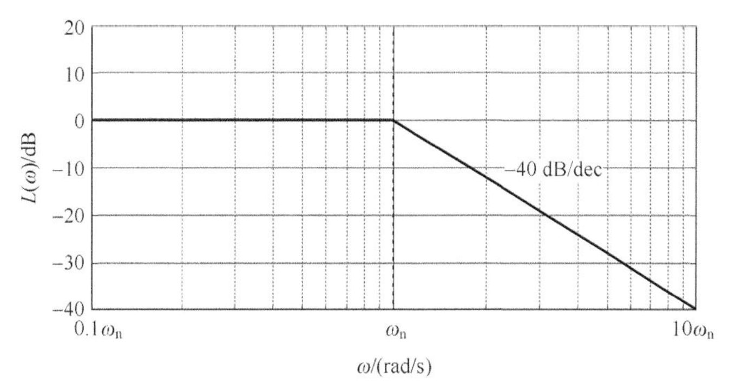

图 4-21　振荡环节的对数幅频特性图的渐近线

可见，两条渐近线交点所对应的频率为 ω_n，即振荡环节的转折频率为 $\omega_T = \omega_n$。

振荡环节的对数幅频特性的精确曲线可按 $L(\omega)$ 表达式计算并绘制，如图 4-22 所示。显然精确曲线随 ξ 不同而不同。当 $\xi<0.707$ 时，在对数幅频特性图上出现峰值。

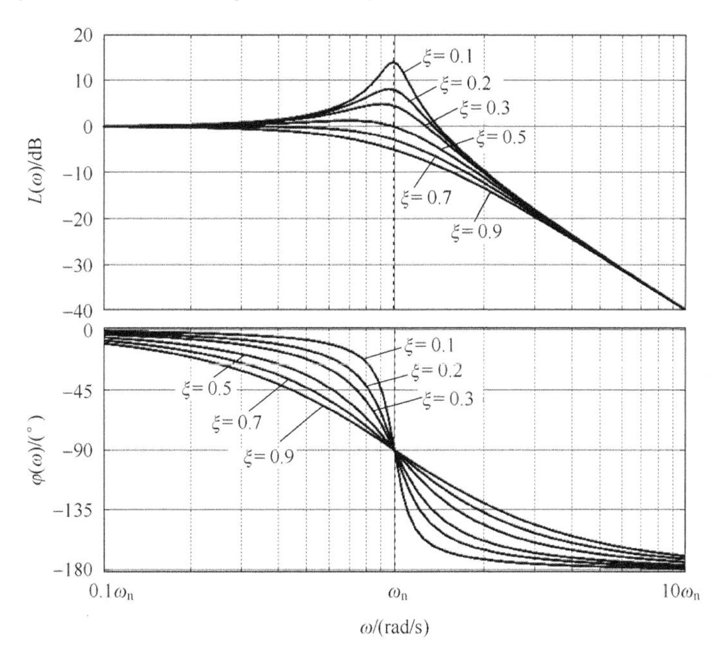

图 4-22　振荡环节的 Bode 图

对数幅频特性精确曲线与渐近线之间存在一定的误差，其值取决于阻尼比 ξ 的值。在转折频率 ω_n 处的误差最大，其值可表示为

$$\Delta_{max} = -20\lg(2\xi)$$

振荡环节的对数相频特性为

$$\varphi(\omega)=\angle G(\mathrm{j}\omega)=-\arctan\frac{2\xi\frac{\omega}{\omega_n}}{1-\frac{\omega^2}{\omega_n^2}}$$

可知：

当 $\omega=0$ 时，$\varphi(\omega)=\angle G(\mathrm{j}\omega)=0°$；

当 $\omega=\omega_n$ 时，$\varphi(\omega)=\angle G(\mathrm{j}\omega)=-90°$；

当 $\omega=\infty$ 时，$\varphi(\omega)=\angle G(\mathrm{j}\omega)=-180°$。

振荡环节的对数相频特性图是关于点$(\omega_n,-90°)$对称的反正切曲线，如图 4-22 所示。

7. 二阶微分环节

二阶微分环节的传递函数为

$$G(s)=\frac{s^2}{\omega_n^2}+2\frac{\xi}{\omega_n}s+1$$

其频率特性为

$$G(\mathrm{j}\omega)=1+2\xi\frac{\mathrm{j}\omega}{\omega_n}+\left(\frac{\mathrm{j}\omega}{\omega_n}\right)^2=\left(1-\frac{\omega^2}{\omega_n^2}\right)+\mathrm{j}2\xi\frac{\omega}{\omega_n}$$

（1）幅相频率特性

幅频特性为

$$A(\omega)=|G(\mathrm{j}\omega)|=\sqrt{\left(1-\frac{\omega^2}{\omega_n^2}\right)^2+\left(2\xi\frac{\omega}{\omega_n}\right)^2}$$

相频特性为

$$\varphi(\omega)=\angle G(\mathrm{j}\omega)=\arctan\frac{2\xi\frac{\omega}{\omega_n}}{1-\frac{\omega^2}{\omega_n^2}}$$

根据频率特性公式，求其某些特殊点的值如下。

当 $\omega=0$ 时，$A(\omega)=1$，$\varphi(\omega)=0°$；

当 $\omega=\omega_n$ 时，$A(\omega)=2\xi$，$\varphi(\omega)=90°$；

当 $\omega=\infty$ 时，$A(\omega)=\infty$，$\varphi(\omega)=180°$。

二阶微分环节的 Nyquist 图也与阻尼比有关，对应不同的 ξ，形成一簇极坐标曲线，如图 4-23 所示。不论 ξ 如何，均从(1,0)点开始，在 $\omega=\infty$ 时指向负实轴无穷远处。

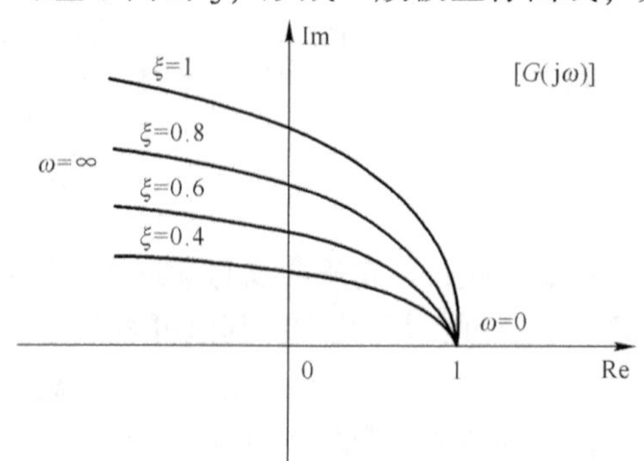

图 4-23　二阶微分环节的 Nyquist 图

（2）对数频率特性

二阶微分环节的对数幅频特性为

$$L(\omega)=20\lg A(\omega)=20\lg|G(\mathrm{j}\omega)|$$
$$=20\sqrt{\left(1-\frac{\omega^2}{\omega_n^2}\right)^2+\left(2\xi\frac{\omega}{\omega_n}\right)^2}$$

对数相频特性为

$$\varphi(\omega)=\angle G(\mathrm{j}\omega)=\arctan\frac{2\xi\frac{\omega}{\omega_n}}{1-\frac{\omega^2}{\omega_n^2}}$$

显然，二阶微分环节和振荡环节的对数频率特性仅相差一个符号。因此，二阶微分环节与振荡环节的 Bode 图关于横轴（频率轴）对称，即对数幅频特性图关于 0 dB 线对称，对数相频特性图关于 0°线对称，二阶微分环节与振荡环节的 Bode 图对比如图 4-24 所示。

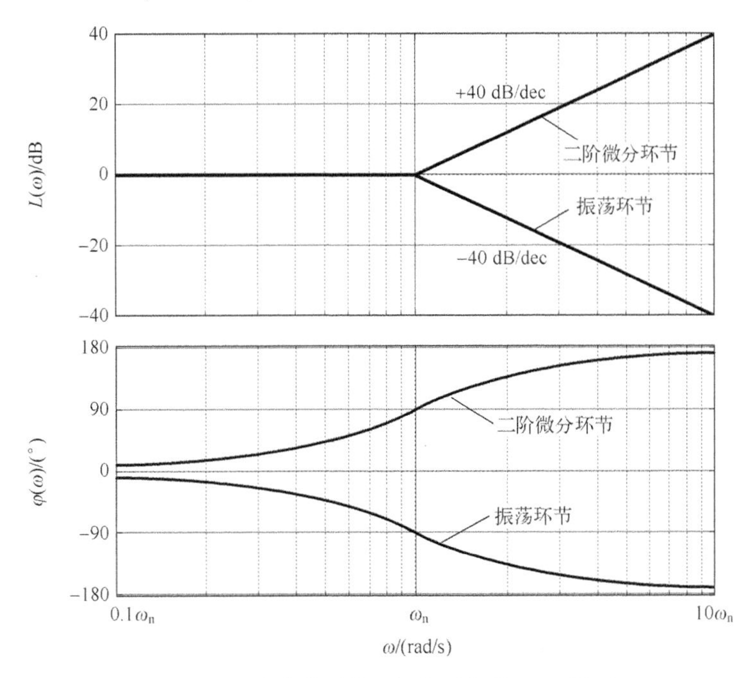

图 4-24　二阶微分环节与振荡环节的 Bode 图对比

8. 延迟环节

延迟环节的传递函数为

$$G(s)=\mathrm{e}^{-\tau s}$$

其频率特性为

$$G(\mathrm{j}\omega)=\mathrm{e}^{-\mathrm{j}\tau\omega}=\cos(-\tau\omega)+\mathrm{j}\sin(-\tau\omega)$$

（1）幅相频率特性

幅频特性为 $A(\omega)=|G(\mathrm{j}\omega)|=1$

相频特性为 $\varphi(\omega)=-\tau\omega$

可见，当 ω 从 $0\rightarrow+\infty$ 时，延迟环节的幅值 $A(\omega)$ 恒等于 1，相位 $\varphi(\omega)$ 与 ω 成比例变化，故其 Nyquist 图是一个以原点为圆心、半径为 1 的圆，如图 4-25 所示。

（2）对数频率特性

延迟环节的对数幅频特性为

$$L(\omega)=20\lg A(\omega)=20\lg 1=0$$

对数相频特性为

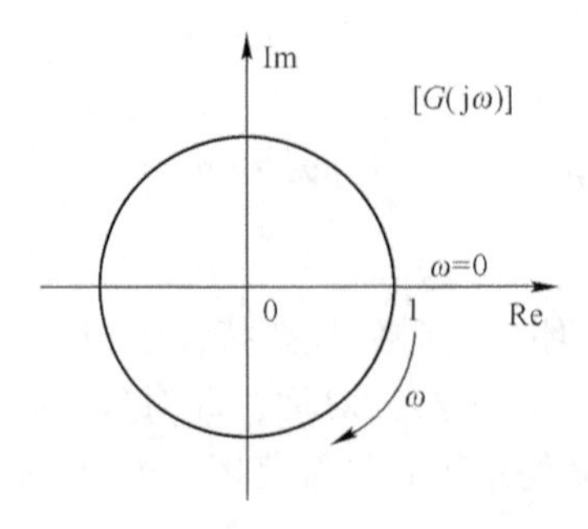

图 4-25　延迟环节的 Nyquist 图

$$\varphi(\omega)=-\tau\omega$$

即对数幅频特性为 0 dB 线，对数相频特性随着 ω 增加而线性增加，在 Bode 图中，横坐标是 $\lg\omega$，故对数相频特性图是一条单调下降的曲线，延迟环节的 Bode 图如图 4-26 所示。

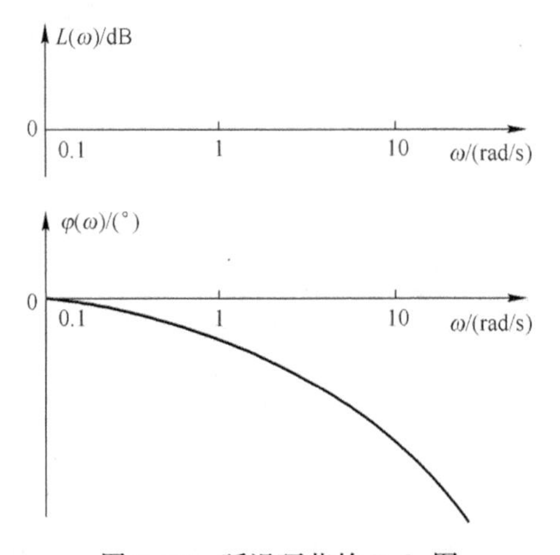

图 4-26　延迟环节的 Bode 图

典型环节的 Nyquist 图及 Bode 图见表 4-1，可见，惯性环节与一阶微分环节以及振荡环节与二阶微分环节的对数幅频特性曲线、对数相频特性曲线分别是关于频率轴（横轴）对称的。实质上，只要两个环节或系统的频率特性互为倒数，则它们的 Bode 图是关于横轴对称的。

表 4-1　典型环节的 Nyquist 图及 Bode 图

序号	环节名称及传递函数	Nyquist 图	Bode 图
1	比例环节 $G(s)=K$	Im　[G(jω)] Re 0　K	L(ω)/dB 20lgK 0　0.1　1　10　ω/(rad/s) φ(ω)/(°) 0　0.1　1　10　ω/(rad/s)

（续）

序号	环节名称及传递函数	Nyquist 图	Bode 图
2	积分环节 $G(s)=\frac{1}{s}$	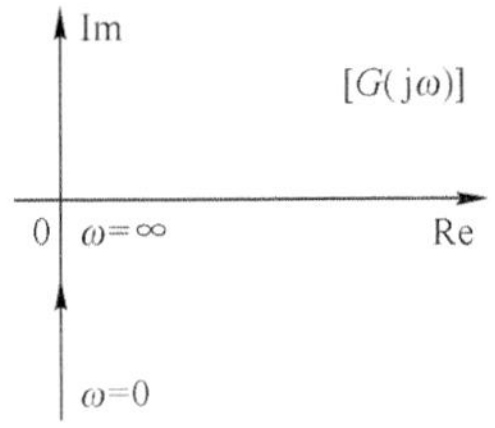 Im　$[G(j\omega)]$　0　$\omega=\infty$　Re　$\omega=0$	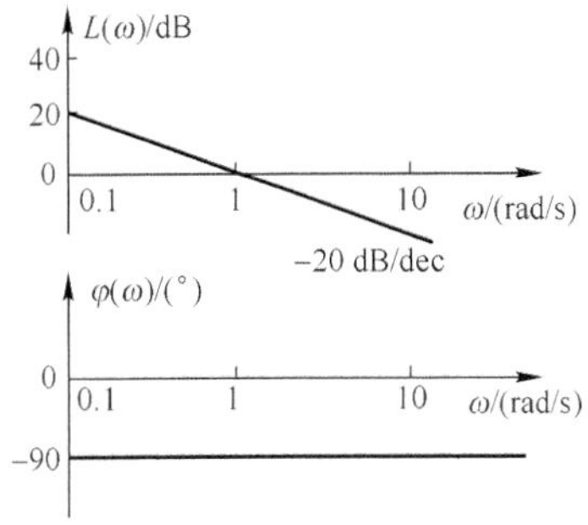 $L(\omega)$/dB　40　20　0　0.1　1　10　ω/(rad/s)　−20 dB/dec $\varphi(\omega)$/(°)　0　0.1　1　10　ω/(rad/s)　−90
3	微分环节 $G(s)=s$	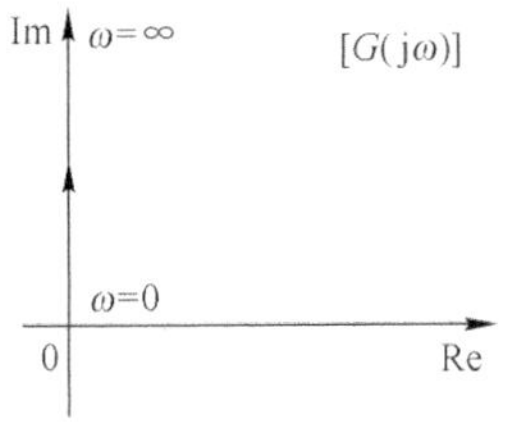 Im　$\omega=\infty$　$[G(j\omega)]$　$\omega=0$　0　Re	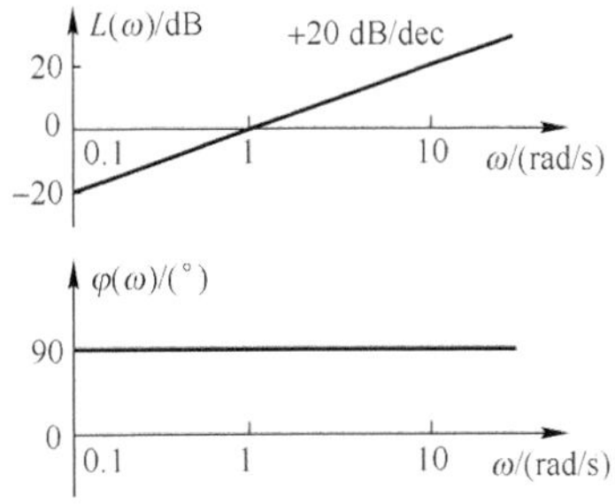 $L(\omega)$/dB　+20 dB/dec　20　0　0.1　1　10　ω/(rad/s)　−20 $\varphi(\omega)$/(°)　90　0　0.1　1　10　ω/(rad/s)
4	惯性环节 $G(s)=\frac{1}{Ts+1}$	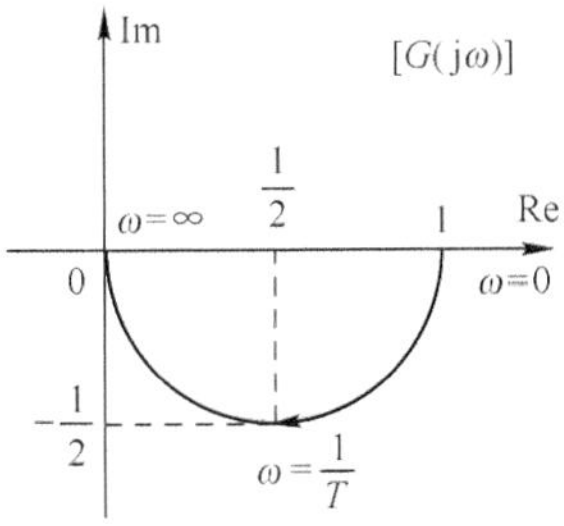 Im　$[G(j\omega)]$　$\frac{1}{2}$　$\omega=\infty$　1　Re　0　$\omega=0$　$-\frac{1}{2}$　$\omega=\frac{1}{T}$	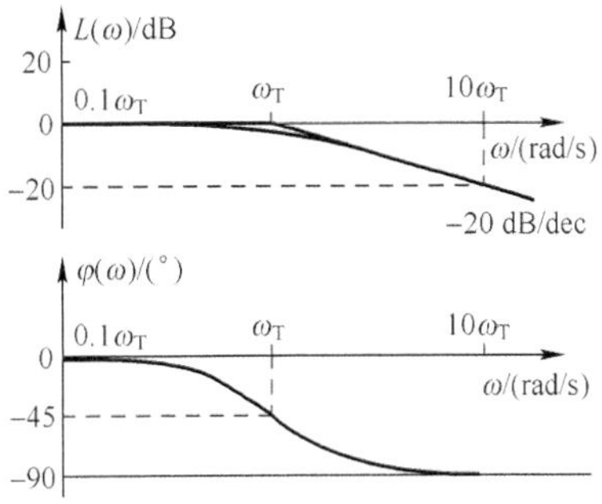 $L(\omega)$/dB　20　$0.1\omega_T$　ω_T　$10\omega_T$　0　ω/(rad/s)　−20　−20 dB/dec $\varphi(\omega)$/(°)　$0.1\omega_T$　ω_T　$10\omega_T$　0　ω/(rad/s)　−45　−90
5	一阶微分环节 $G(s)=\tau s+1$	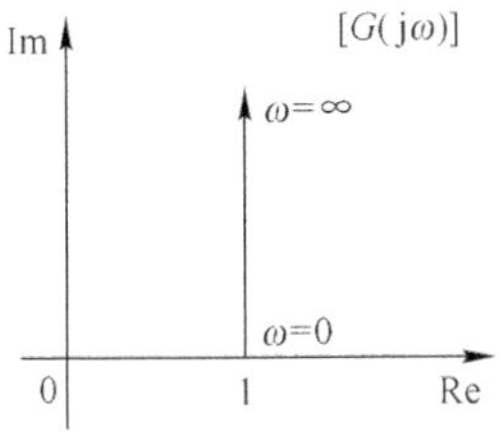 Im　$[G(j\omega)]$　$\omega=\infty$　$\omega=0$　0　1　Re	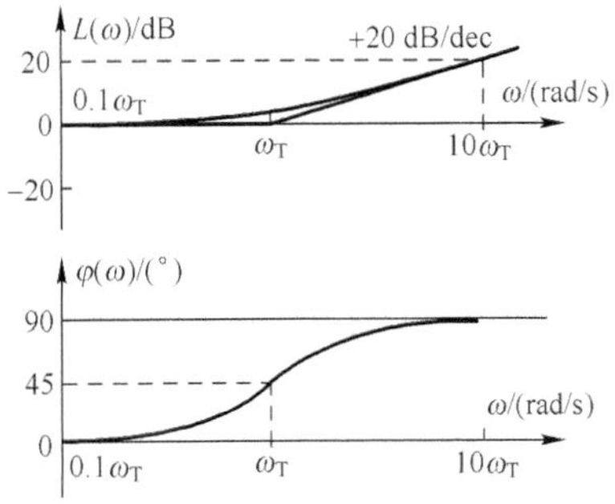 $L(\omega)$/dB　+20 dB/dec　20　$0.1\omega_T$　ω/(rad/s)　0　ω_T　$10\omega_T$　−20 $\varphi(\omega)$/(°)　90　45　ω/(rad/s)　0　$0.1\omega_T$　ω_T　$10\omega_T$

（续）

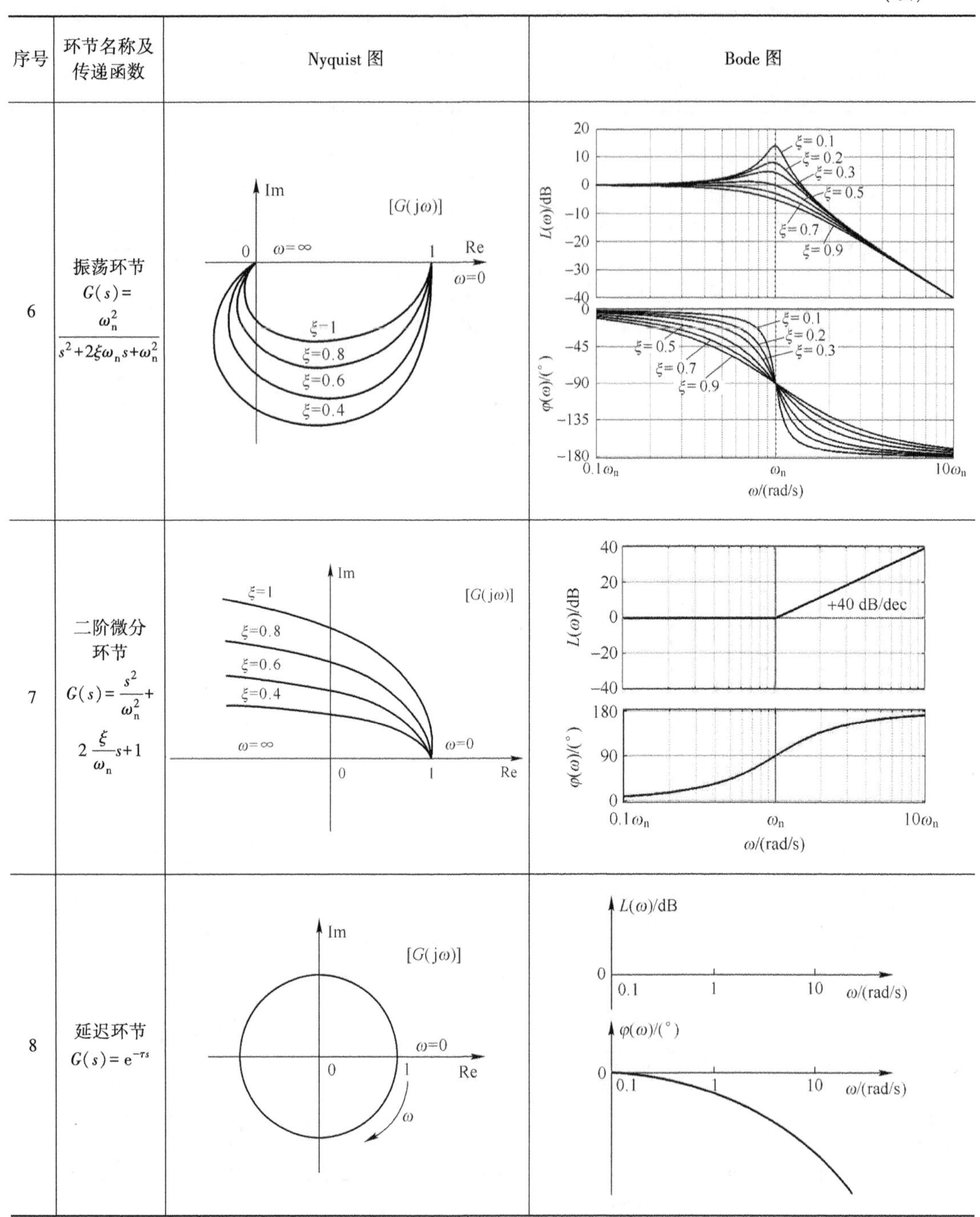

序号	环节名称及传递函数	Nyquist 图	Bode 图
6	振荡环节 $G(s)=\dfrac{\omega_n^2}{s^2+2\xi\omega_n s+\omega_n^2}$		
7	二阶微分环节 $G(s)=\dfrac{s^2}{\omega_n^2}+2\dfrac{\xi}{\omega_n}s+1$		
8	延迟环节 $G(s)=e^{-\tau s}$		

4.3 系统的开环频率特性

4.3.1 开环 Nyquist 图的绘制

绘制准确的 Nyquist 图需要求出 ω 从 0 变化到 $+\infty$ 时 $G(j\omega)$ 的端点，按 ω 从小到大的顺

序将这些端点连接起来即为Nyquist 图，但是绘出所有的端点比较麻烦。因此，可概略绘制开环 Nyquist 图。但概略 Nyquist 图应保持准确曲线的重要特性，并且在要研究的点附近有足够的准确性。

1. 绘制系统开环 Nyquist 图的基本步骤

1）将系统的开环传递函数写成若干典型环节串联形式。

2）根据传递函数写出系统的实频特性 $U(\omega)$、虚频特性 $V(\omega)$ 和幅频特性 $A(\omega)$、相频特性 $\varphi(\omega)$ 的表达式。

3）分别求出起始点（$\omega=0$）和终点（$\omega=+\infty$），并标在 Nyquist 图上。

4）找出必要的特征点，如令 $V(\omega)=0$，得到 ω 的值代入 $U(\omega)$，求得与实轴的交点；令 $U(\omega)=0$，得到 ω 的值代入 $V(\omega)$，求得与虚轴的交点。

5）在 $0<\omega<+\infty$ 范围内再补充必要的几点，根据已知点和 $U(\omega)$、$V(\omega)$、$A(\omega)$、$\varphi(\omega)$ 的变化趋势以及 $G(\mathrm{j}\omega)$ 所处的象限，绘制 Nyquist 曲线的大致图形，并按 ω 从小到大的方向标出 Nyquist 图的方向。

2. 开环 Nyquist 图的特点

设系统开环传递函数一般形式为

$$G_{\mathrm{k}}(s)=G(s)H(s)=\frac{K(\tau_1 s+1)(\tau_2 s+1)\cdots(\tau_m s+1)}{s^{\nu}(T_1 s+1)(T_2 s+1)\cdots(T_{n-\nu}s+1)},\quad n>m \tag{4-14}$$

式中，τ_1，τ_2，…，τ_m，T_1，T_2，…，$T_{n-\nu}$ 均大于零，则其频率特性为

$$G_{\mathrm{k}}(\mathrm{j}\omega)=\frac{K(\mathrm{j}\tau_1\omega+1)(\mathrm{j}\tau_2\omega+1)\cdots(\mathrm{j}\tau_m\omega+1)}{(\mathrm{j}\omega)^{\nu}(\mathrm{j}T_1\omega+1)(\mathrm{j}T_2\omega+1)\cdots(\mathrm{j}T_{n-\nu}\omega+1)},\quad n>m \tag{4-15}$$

幅频特性为

$$A(\omega)=|G_{\mathrm{k}}(\mathrm{j}\omega)|=\frac{K\sqrt{\tau_1^2\omega^2+1}\sqrt{\tau_2^2\omega^2+1}\cdots\sqrt{\tau_m^2\omega^2+1}}{(\omega)^{\nu}\sqrt{T_1^2\omega^2+1}\sqrt{T_2^2\omega^2+1}\cdots\sqrt{T_{n-\nu}^2\omega^2+1}} \tag{4-16}$$

相频特性为

$$\varphi(\omega)=\angle G_{\mathrm{k}}(\mathrm{j}\omega)=\sum_{i=1}^{m}\arctan\tau_i\omega-\sum_{k=1}^{n-\nu}\arctan T_k\omega-\nu\cdot 90^{\circ} \tag{4-17}$$

系统对应的 Nyquist 图的形状因积分环节数目 ν 的不同而不同，具体分析如下。

1）0 型系统（$\nu=0$）。

当 $\omega=0$ 时，$A(\omega)=|G_{\mathrm{k}}(\mathrm{j}\omega)|=K$，$\varphi(\omega)=\angle G_{\mathrm{k}}(\mathrm{j}\omega)=0^{\circ}$；

当 $\omega=+\infty$ 时，$A(\omega)=|G_{\mathrm{k}}(\mathrm{j}\omega)|=0$，$\varphi(\omega)=\angle G_{\mathrm{k}}(\mathrm{j}\omega)=-(n-m)\times 90^{\circ}$。

由此可见，0 型系统的 Nyquist 图始于正实轴上某一点，在高频段趋于原点，由第几象限趋于原点取决于$-(n-m)\times 90^{\circ}$。如 $n-m=1$，则高频段从-90°趋于原点，即在原点处与负虚轴相切；如 $n-m=2$，则高频段从-180°趋于原点，即在原点处与负实轴相切；如 $n-m=3$，则高频段从-270°趋于原点，即在原点处与正实轴相切，以此类推。

2）Ⅰ型系统（$\nu=1$）。

当 $\omega=0$ 时，$A(\omega)=|G_{\mathrm{k}}(\mathrm{j}\omega)|=\infty$，$\varphi(\omega)=\angle G_{\mathrm{k}}(\mathrm{j}\omega)=-90^{\circ}$；

当 $\omega=+\infty$ 时，$A(\omega)=|G_{\mathrm{k}}(\mathrm{j}\omega)|=0$，$\varphi(\omega)=\angle G_{\mathrm{k}}(\mathrm{j}\omega)=-(n-m)\times 90^{\circ}$。

由此可见，Ⅰ型系统 Nyquist 图的渐近线在低频段与负虚轴平行，在高频段趋于原点，由第几象限趋于原点取决于$-(n-m)\times 90^{\circ}$。

3）Ⅱ型系统（$\nu=2$）。

当 $\omega=0$ 时，$A(\omega)=|G_k(j\omega)|=\infty$，$\varphi(\omega)=\angle G_k(j\omega)=-180°$；

当 $\omega=\infty$ 时，$A(\omega)=|G_k(j\omega)|=0$，$\varphi(\omega)=\angle G_k(j\omega)=-(n-m)\times 90°$。

由此可见，Ⅱ型系统的 Nyquist 图的渐近线在低频段趋于负实轴无穷远处，在高频段趋于原点，由第几象限趋于原点取决于$-(n-m)\times 90°$。

4）当 $G_k(s)$ 中含有一阶微分环节时，相位非单调下降，Nyquist 图发生弯曲。

5）当 $G_k(s)$ 中含有振荡环节时，上述结论不变。

综上，开环 Nyquist 图的一般形状如图 4-27 所示，高频段由第几象限趋于原点，如图 4-28 所示。

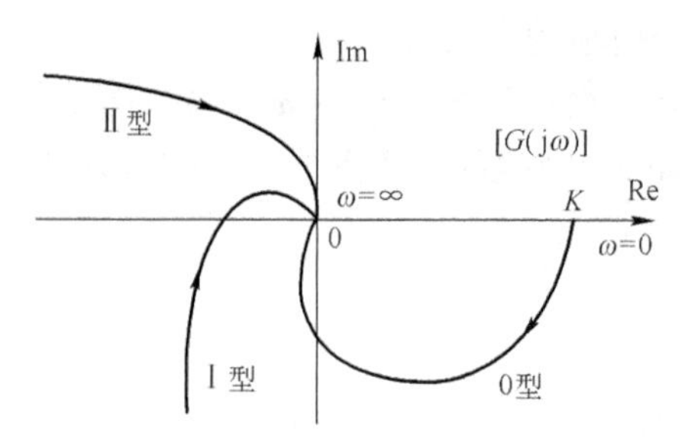

图 4-27　Nyquist 图的一般形状

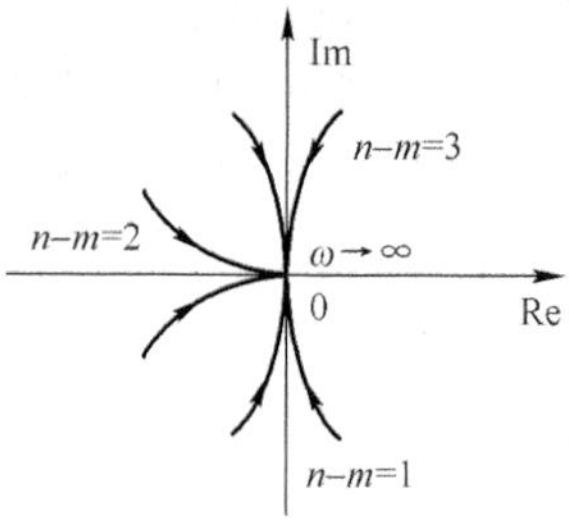

图 4-28　Nyquist 图高频段经过象限情况

例 4-3　已知系统的开环传递函数 $G(s)=\dfrac{K}{(1+T_1s)(1+T_2s)}$，试绘制系统的开环 Nyquist 图。

解　由系统的开环传递函数 $G(s)=\dfrac{K}{(1+T_1s)(1+T_2s)}$可知，系统由两个惯性环节串联组成，其频率特性为

$$G(j\omega)=\frac{K}{(1+jT_1\omega)(1+jT_2\omega)}=\frac{K(1-T_1T_2\omega^2)}{(1+T_1^2\omega^2)(1+T_2^2\omega^2)}-j\frac{K\omega(T_1+T_2)}{(1+T_1^2\omega)(1+T_2^2\omega)}$$

幅频特性为

$$A(\omega)=|G(j\omega)|=\frac{K}{\sqrt{(T_1\omega)^2+1}\sqrt{(T_2\omega)^2+1}}$$

相频特性为

$$\varphi(\omega)=\angle G(j\omega)=-\arctan T_1\omega-\arctan T_2\omega$$

实频特性为

$$U(\omega)=\mathrm{Re}[G(j\omega)]=\frac{K(1-T_1T_2\omega^2)}{(1+T_1^2\omega^2)(1+T_2^2\omega^2)}$$

虚频特性为

$$V(\omega)=\mathrm{Im}[G(j\omega)]=-\frac{K\omega(T_1+T_2)}{(1+T_1^2\omega)(1+T_2^2\omega)}$$

根据频率特性公式，求其某些特殊点的值如下：

当 $\omega=0$ 时，$A(\omega)=|G(j\omega)|=K$，$\varphi(\omega)=\angle G(j\omega)=0°$；

当 $\omega=\infty$ 时，$A(\omega)=|G(j\omega)|=0$，$\varphi(\omega)=\angle G(j\omega)=-180°$。

由此可见，系统的 Nyquist 图始于正实轴上的点$(K, 0)$，随着 ω 的增大，当 $\omega \to +\infty$ 时，$G(\mathrm{j}\omega)$ 以$-180°$相角趋于坐标原点。在 ω 从 $0 \to +\infty$ 过程中，$\varphi(\omega)$从 $0° \to -180°$，故整个图位于第三、四象限，顺时针方向。系统的 Nyquist 图如图 4-29 所示。

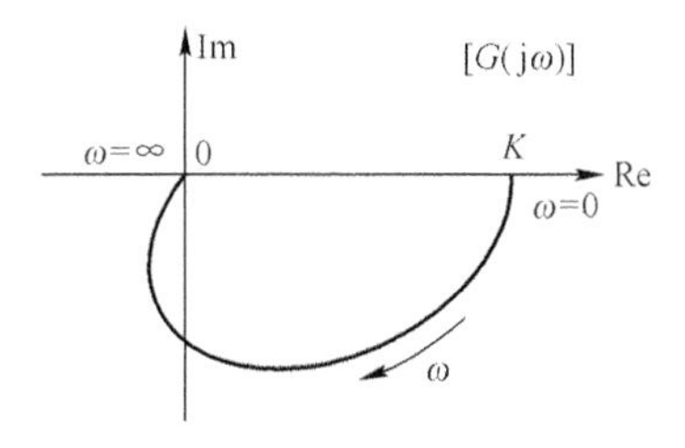

图 4-29　例 4-3 系统的 Nyquist 图

例 4-4　已知系统的开环传递函数 $G(s)=\dfrac{K}{s(1+Ts)}$，试绘制系统的 Nyquist 图。

解　系统的开环传递函数为

$$G(s)=\frac{K}{s(1+Ts)}=K\frac{1}{s}\ \frac{1}{(1+Ts)}$$

可知，系统是由比例环节、积分环节和惯性环节串联组成，其频率特性为

$$G(\mathrm{j}\omega)=\frac{K}{\mathrm{j}\omega(1+\mathrm{j}T\omega)}=\frac{K\mathrm{j}\omega(1-\mathrm{j}T\omega)}{(\mathrm{j}\omega)^2(1+\mathrm{j}T\omega)(1-\mathrm{j}T\omega)}=\frac{-KT}{1+T^2\omega^2}+\mathrm{j}\frac{-K}{\omega(1+T^2\omega^2)}$$

幅频特性为

$$A(\omega)=|G(\mathrm{j}\omega)|=\frac{K}{\omega\sqrt{1+(T\omega)^2}}$$

相频特性为

$$\varphi(\omega)=\angle G(\mathrm{j}\omega)=-90°-\arctan T\omega$$

实频特性为

$$U(\omega)=\mathrm{Re}[G(\mathrm{j}\omega)]=\frac{-KT}{1+T^2\omega^2}$$

虚频特性为

$$V(\omega)=\mathrm{Im}[G(\mathrm{j}\omega)]=\frac{-K}{\omega(1+T^2\omega^2)}$$

求其某些特殊点的值如下：

当 $\omega=0$ 时，$U(\omega)=-KT$；$V(\omega)=-\infty$；$A(\omega)=|G(\mathrm{j}\omega)|=\infty$，$\varphi(\omega)=\angle G(\mathrm{j}\omega)=-90°$。

当 $\omega=\infty$ 时，$U(\omega)=0$；$V(\omega)=0$；$A(\omega)=|G(\mathrm{j}\omega)|=0$，$\varphi(\omega)=\angle G(\mathrm{j}\omega)=-180°$。

由此可见，系统的 Nyquist 图起点在负虚轴无穷远处，起始渐近线过点$(-KT,\mathrm{j}0)$，且平行于负虚轴。在高频段由$-180°$ 相角趋于原点。在 ω 从 $0 \to +\infty$ 过程中，$\varphi(\omega)$从$-90° \to -180°$，故整个图位于第三象限，顺时针方向。系统的 Nyquist 图如图 4-30 所示。

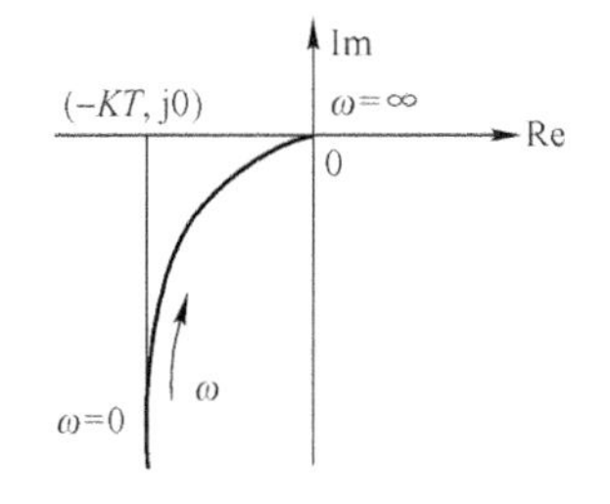

图 4-30　例 4-4 系统的 Nyquist 图

例 4-5 已知系统的开环传递函数 $G(s)=\dfrac{K}{s^2(1+T_1s)(1+T_2s)}$，试绘制系统的 Nyquist 图。

解 由开环传递函数可知，系统是由一个比例环节、一个二重积分环节和两个惯性环节串联组成，其频率特性为

$$G(\mathrm{j}\omega)=\frac{K}{(\mathrm{j}\omega)^2(1+\mathrm{j}T_1\omega)(1+\mathrm{j}T_2\omega)}$$

又可写为直角坐标式：

$$G(\mathrm{j}\omega)=\frac{K(1-T_1T_2\omega^2)}{-\omega^2(1+T_1^2\omega^2)(1+T_2^2\omega^2)}+\mathrm{j}\frac{K(T_1+T_2)}{\omega(1+T_1^2\omega^2)(1+T_2^2\omega^2)}$$

幅频特性为

$$A(\omega)=|G(\mathrm{j}\omega)|=\frac{K}{\omega^2\sqrt{1+T_1^2\omega^2}\sqrt{1+T_2^2\omega^2}}$$

相频特性为

$$\varphi(\omega)=\angle G(\mathrm{j}\omega)=-180°-\arctan T_1\omega-\arctan T_2\omega$$

实频特性

$$U(\omega)=\mathrm{Re}[G(\mathrm{j}\omega)]=\frac{K(1-T_1T_2\omega^2)}{-\omega^2(1+T_1^2\omega^2)(1+T_2^2\omega^2)}$$

虚频特性

$$V(\omega)=\mathrm{Im}[G(\mathrm{j}\omega)]=\frac{K(T_1+T_2)}{\omega(1+T_1^2\omega^2)(1+T_2^2\omega^2)}$$

求其某些特殊点的值如下：

当 $\omega=0$ 时，

$$U(\omega)=\mathrm{Re}[G(\mathrm{j}\omega)]=\lim_{\omega\to 0}\frac{K(1-T_1T_2\omega^2)}{-\omega^2(1+T_1^2\omega^2)(1+T_2^2\omega^2)}=-\infty;$$

$$V(\omega)=\mathrm{Im}[G(\mathrm{j}\omega)]=\lim_{\omega\to 0}\frac{K(T_1+T_2)}{\omega(1+T_1^2\omega^2)(1+T_2^2\omega^2)}=+\infty;$$

$$A(\omega)=|G(\mathrm{j}\omega)|=\infty,\quad \varphi(\omega)=\angle G(\mathrm{j}\omega)=-180°。$$

当 $\omega=\infty$ 时，

$$A(\omega)=|G(\mathrm{j}\omega)|=0,\quad \varphi(\omega)=\angle G(\mathrm{j}\omega)=-360°。$$

令实频特性 $U(\omega)=0$，求得 $\omega=\dfrac{1}{\sqrt{T_1T_2}}$，将其代入虚频特性得 $V(\omega)=\dfrac{K(T_1T_2)^{\frac{3}{2}}}{T_1+T_2}$。

由此可见，系统的 Nyquist 图起点在负实轴无穷远处，在高频段由正实轴趋于原点。在 ω 从 $0\to+\infty$ 过程中，$\varphi(\omega)$ 从 $-180°\to-360°$，故整个图位于第一、二象限，顺时针方向，且与虚轴的交点坐标为 $\left(0,\mathrm{j}\dfrac{K(T_1T_2)^{\frac{3}{2}}}{T_1+T_2}\right)$。系统的 Nyquist 图如图 4-31 所示。

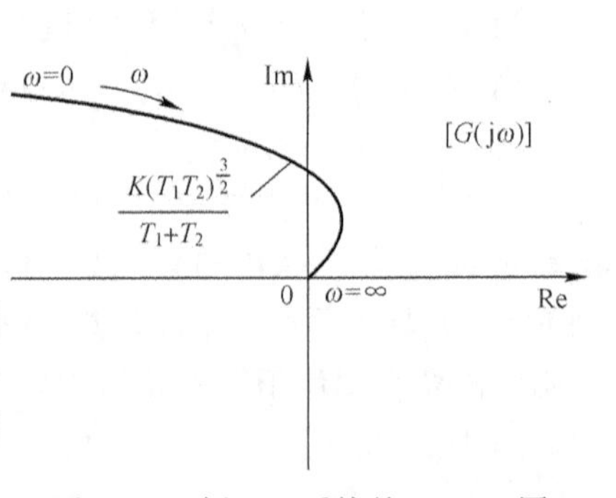

图 4-31 例 4-5 系统的 Nyquist 图

4.3.2　开环 Bode 图的绘制

控制系统开环传递函数的一般表达式可以写为如下典型环节相乘的形式：

$$G_k(s)=\frac{K\prod_{i=1}^{b}(\tau_i s+1)\prod_{L=1}^{c}(\tau_L^2 s^2+2\xi_L\tau_L s+1)}{s^{\nu}\prod_{j=1}^{d}(T_j s+1)\prod_{k=1}^{e}(T_k^2 s^2+2\xi_k T_k s+1)} \tag{4-18}$$

故系统的开环对数幅频特性可表示为

$$L(\omega)=20\lg K-\nu\cdot 20\lg\omega-\sum_{j=1}^{d}20\lg\sqrt{T_j^2\omega^2+1}-\sum_{k=1}^{e}20\lg\sqrt{(1-T_k^2\omega^2)^2+(2\xi_k T_k\omega)^2}+\sum_{i=1}^{b}20\lg\sqrt{\tau_i^2\omega^2+1}+\sum_{L=1}^{c}20\lg\sqrt{(1-\tau_L^2\omega^2)^2+(2\xi_L\tau_L\omega)^2} \tag{4-19}$$

系统的开环相频特性可表示为

$$\varphi(\omega)=-\nu\cdot 90^\circ-\sum_{j=1}^{d}\arctan T_j\omega-\sum_{k=1}^{e}\arctan\frac{2\xi_k T_k\omega}{1-T_k^2\omega^2}+\sum_{i=1}^{b}\arctan\tau_i\omega+\sum_{L=1}^{c}\arctan\frac{2\xi_L\tau_L\omega}{1-\tau_L^2\omega^2} \tag{4-20}$$

可以看出，系统的开环对数幅频特性 $L(\omega)$ 等于各个典型环节的对数幅频特性之和，开环相频特性 $\varphi(\omega)$ 等于各个典型环节的相频特性之和。

典型环节的对数幅频特性可近似用渐近线表示，相频特性又具有点对称性，因此，系统开环 Bode 图可以用叠加法绘制，基本步骤如下：

1）将系统开环传递函数化为标准形式，即化为典型环节传递函数相乘的形式。

2）根据传递函数获得频率特性，求出各典型环节的转折频率、阻尼比 ξ 等参数。

3）分别画出各典型环节的对数幅频特性曲线的渐近线和相频曲线。

4）将各环节的对数幅频特性曲线的渐近线进行叠加，得到系统的对数幅频特性曲线的渐近线，并对其进行修正。

5）将各环节相频曲线叠加，得到系统的相频曲线。

下面举例说明绘制 Bode 图的方法和步骤。

例 4-6　已知系统的开环传递函数为 $G(s)=\dfrac{90(s+20)}{s(s+3)(s^2+4s+25)}$，试绘制系统的 Bode 图。

解　1）将系统的开环传递函数 $G(s)$ 化为典型环节相乘的形式，即

$$G(s)=\frac{90(s+20)}{s(s+3)(s^2+4s+25)}=\frac{\frac{90\times20}{3\times25}\left(\frac{1}{20}s+1\right)\times25}{s\left(\frac{1}{3}s+1\right)(s^2+4s+25)}=24\,\frac{1}{s}\left(\frac{1}{20}s+1\right)\frac{1}{\frac{1}{3}s+1}\,\frac{25}{(s^2+4s+25)}$$

频率特性为

$$G(j\omega)=24\,\frac{1}{j\omega}\left(\frac{1}{20}j\omega+1\right)\frac{1}{\frac{1}{3}j\omega+1}\,\frac{25}{j^2\omega^2+4j\omega+25}$$

系统由 5 个典型环节组成，即比例环节、积分环节、惯性环节、振荡环节和一阶微分环节。

2）确定各环节的参数。

① 比例环节：$K=24$，$20\lg K=20\lg 24=28\ \text{dB}$；$\varphi(\omega)=0°$。

② 积分环节：$\nu=1$，$L(\omega)$为过(1,0)、斜率为-20 dB/dec 的直线，$\varphi(\omega)=-90°$。

③ 惯性环节：传递函数为$\dfrac{1}{\dfrac{1}{3}s+1}$，转折频率 $\omega_{T1}=3\ \text{rad/s}$。

④ 振荡环节：传递函数为$\dfrac{25}{s^2+4s+25}$，可知 $\omega_n^2=25$，$2\xi\omega_n=4\ \text{rad/s}$，得到 $\xi=0.4$，$\omega_n=5\ \text{rad/s}$，则有转折频率 $\omega_{T2}=\omega_n=5\ \text{rad/s}$，误差 $\Delta_{max}=-20\lg 2\xi=2\ \text{dB}$。

⑤ 一阶微分环节：传递函数为$\left(\dfrac{1}{20}s+1\right)$，则转折频率 $\omega_{T3}=20\ \text{rad/s}$。

3）在对数坐标轴上标出各环节转折频率，分别画出 5 个典型环节对数幅频曲线的渐近线和对数相频曲线，如图 4-32 所示。

4）将 5 个环节对数幅频特性曲线的渐近线进行叠加，并对振荡环节进行修正。由于 $\Delta_{max}=2\ \text{dB}$，较小不必修正。

5）将 5 个环节对数相频特性曲线叠加，最终系统的 Bode 图如图 4-32 中粗实线所示。

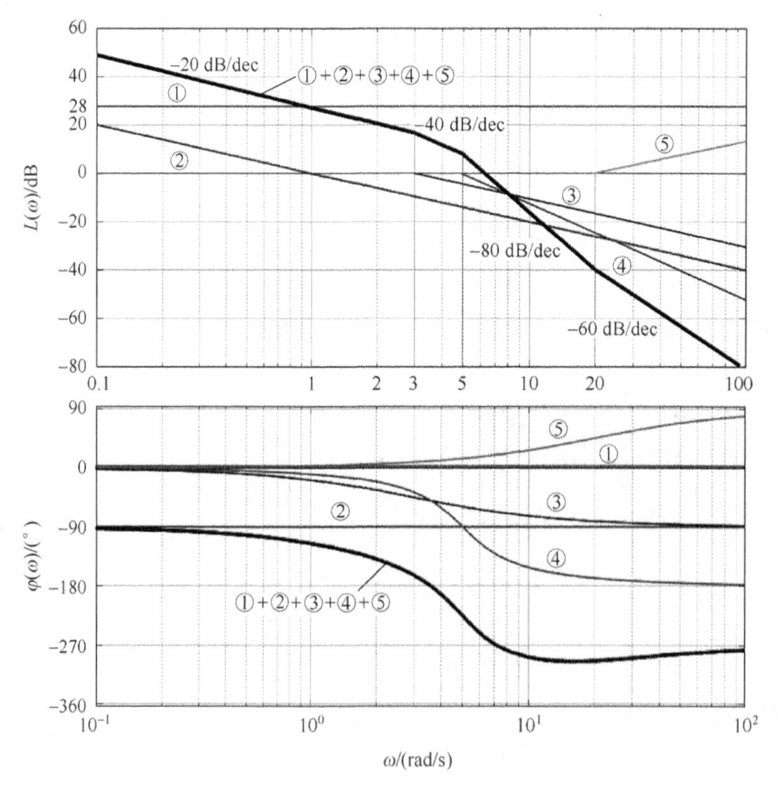

图 4-32 例 4-6 的 Bode 图

例 4-7　已知系统的开环传递函数为 $G(s)=\dfrac{80(0.25s+0.5)}{(5s+2)(0.05s+2)}$，试绘制其开环 Bode 图。

解　1）将系统的开环传递函数 $G(s)$ 化为典型环节相乘的形式，即

$$G(s)=\frac{80(0.25s+0.5)}{(5s+2)(0.05s+2)}=\frac{10(0.5s+1)}{(2.5s+1)(0.025s+1)}$$

频率特性为

$$G(\mathrm{j}\omega)=10(0.5\mathrm{j}\omega+1)\frac{1}{2.5\mathrm{j}\omega+1}\ \frac{1}{0.025\mathrm{j}\omega+1}$$

系统由 4 个典型环节组成，即比例环节、两个惯性环节和一阶微分环节。

2）确定各环节的参数。

① 比例环节：$K=10$，$20\lg K=20\lg 10=20\ \mathrm{dB}$；$\varphi(\omega)=0°$。

② 惯性环节 1：传递函数为 $\dfrac{1}{2.5s+1}$，转折频率 $\omega_{\mathrm{T1}}=1/2.5=0.4\ \mathrm{rad/s}$。

③ 惯性环节 2：传递函数为 $\dfrac{1}{0.025s+1}$，转折频率 $\omega_{\mathrm{T2}}=1/0.025=40\ \mathrm{rad/s}$。

④ 一阶微分环节：传递函数为 $0.5s+1$，转折频率 $\omega_{\mathrm{T3}}=1/0.5=2\ \mathrm{rad/s}$。

3）在对数标坐标轴上标出各环节转折频率，分别画出 4 个典型环节对数幅频曲线的渐近线和对数相频曲线。

4）将各环节对数幅频曲线的渐近线进行叠加，如图 4-33 中幅频图的粗实线所示。

5）将各环节对数相频特性曲线叠加，如图 4-33 中相频图的粗实线所示。

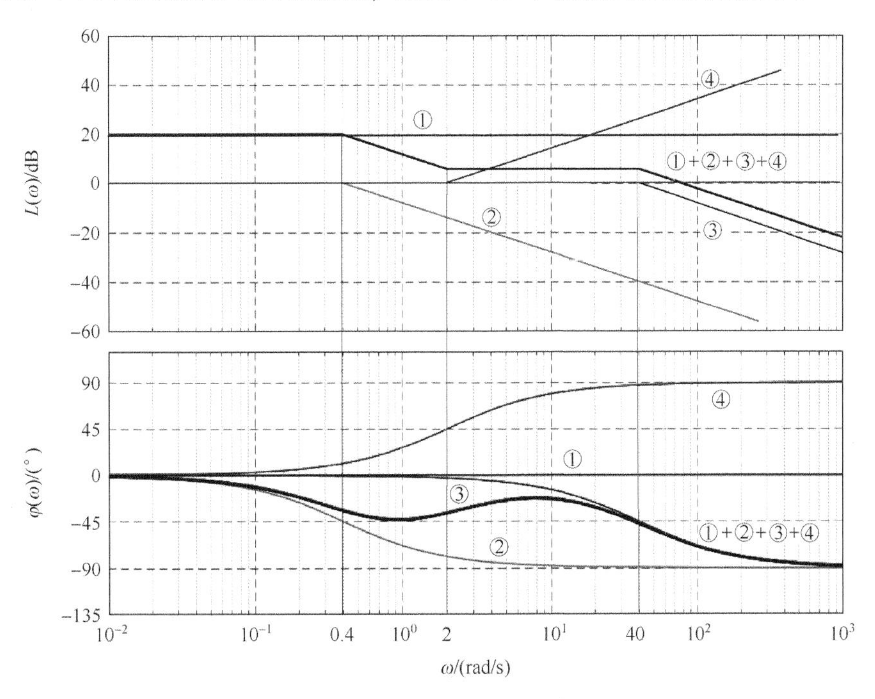

图 4-33　例 4-7 的 Bode 图

通过以上作图分析，可以得出开环对数幅频特性曲线的特点如下：

1）第一个转折频率之前的直线为比例环节和积分环节的叠加，即

$$L(\omega)=20\lg K-20\nu\lg\omega \tag{4-21}$$

为过点(1,20lg$K$)、斜率为-20ν的直线。

2）此后的直线，每遇到一个转折频率，斜率改变一次。改变多少，由该转折频率所对应的典型环节的高频段渐近线斜率决定。

根据上述特点，可直接绘制系统的Bode图，其步骤如下：

1）将系统传递函数写成各典型环节相乘的形式，并求出其频率特性。

2）确定各典型环节的转折频率，并按从小到大的顺序标在频率轴（横轴）上。

3）第一转折频率前，过点(1,20lg$K$)，画斜率为-20ν的直线，得到低频段直线。

4）延长该直线，每遇到一个转折频率，斜率改变一次，其原则是，如遇惯性环节的转折频率，则斜率减小20 dB/dec；遇一阶微分环节的转折频率，斜率增加20 dB/dec；如遇振荡环节的转折频率，斜率减小40 dB/dec；如遇二阶微分环节的转折频率，则斜率增加40 dB/dec。

5）若存在振荡环节，用$\Delta_{max}=-20\lg2\xi$对振荡环节转折频率ω_n处的渐近线进行修正。

6）将各典型环节的对数相频曲线叠加，得到系统的相频曲线。

例4-8 某系统框图如图4-34所示，试直接绘制系统的开环对数幅频特性曲线。

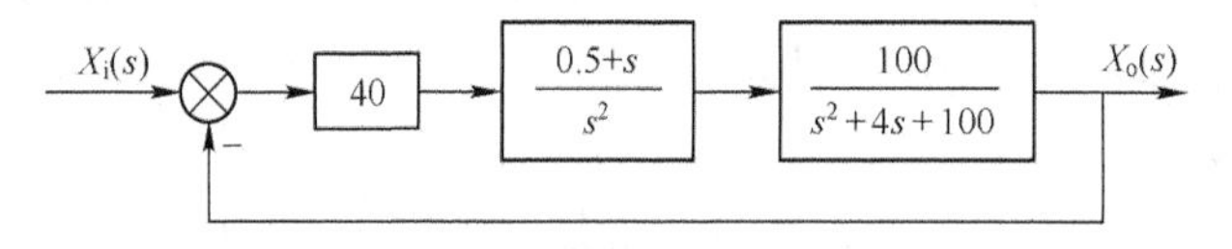

图4-34 例4-8系统框图

解 1）系统的开环传递函数为

$$G_k(s)=40\frac{0.5+s}{s^2}\frac{100}{s^2+4s+100}$$

将$G_k(s)$化成典型环节相乘形式，即

$$G_k(s)=20\frac{1}{s^2}(2s+1)\frac{100}{s^2+4s+100}$$

2）确定各环节的参数。

① 比例环节：$K=20$，$20\lg K=20\lg20=26$ dB。

② 积分环节：$\nu=2$，斜率为-40 dB/dec。

③ 一阶微分环节：转折频率$\omega_{T1}=\frac{1}{2}$ rad/s=0.5 rad/s。

④ 振荡环节：$\omega_n^2=100$，$2\xi\omega_n=4$，得$\xi=0.2$，转折频率$\omega_{T2}=\omega_n=10$ rad/s；$\Delta_{max}=-20\lg2\xi=8$ dB。

3）过点(1,26)画斜率为-40 dB/dec直线到第一个转折频率$\omega_{T1}=0.5$ rad/s处。

4）在各转折频率处依次改变斜率，画出开环对数幅频特性曲线的渐近线。在第一个转折频率即一阶微分环节的转折频率$\omega_{T1}=0.5$ rad/s处，曲线斜率增加20 dB/dec，由-40 dB/dec变为-20 dB/dec；在第二个转折频率即振荡环节的转折频率$\omega_{T2}=\omega_n=10$ rad/s处，曲线斜率减小40 dB/dec，由-20 dB/dec变为-60 dB/dec。

5）本例振荡环节阻尼比较小，必须对$\omega_{T2}=\omega_n=10$ rad/s处的渐近线进行修正，修正后的对数幅频特性曲线如图4-35所示。

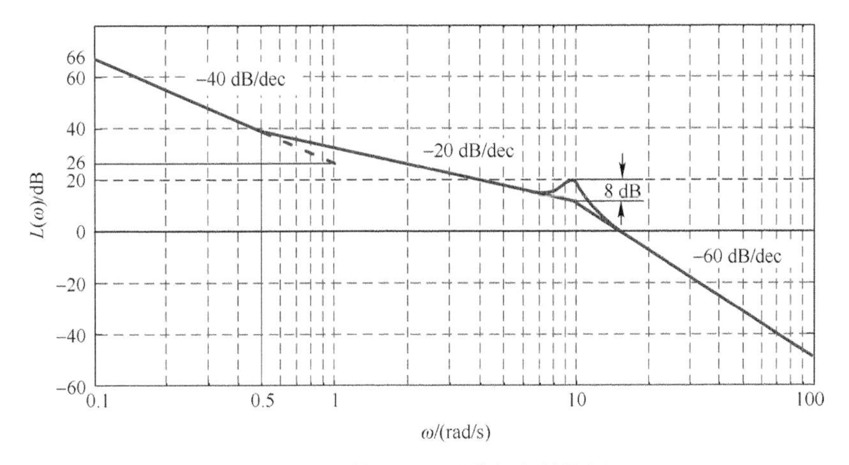

图 4-35　例 4-8 的对数幅频特性图

4.3.3　由开环对数幅频特性图确定开环传递函数

实际工程中，由于控制系统的复杂性，完全从理论上推导传递函数，往往比较困难。如果在可能涉及的频率范围内，用实验的方法测量出系统或元件在足够多的频率点上的幅值比和相位差，那么由实验测得的数据可画出系统或元件的 Bode 图。而后根据被测系统 Bode 图的对数幅频特性曲线，用斜率为 0 dB/dec、±20 dB/dec 和±40 dB/dec 的直线逼近实验曲线，获得系统或元件的对数幅频特性曲线的渐近线，进而可以获得系统的传递函数。根据系统开环对数幅频特性图确定传递函数的步骤如下：

1）根据低频段（第一个转折频率前的频段）对数幅频特性渐近线的斜率确定系统中含有积分环节的个数。已知低频段对数幅频特性渐近线的斜率呈现为-20ν dB/dec，系统即为 ν 型系统。ν 即是系统中含有积分环节的个数。

2）根据对数幅频特性渐近线在转折频率处斜率的变化，确定系统所包含的典型环节。当某频率处系统对数幅频特性渐近线的斜率发生变化时，此频率即为某个环节的转折频率。

例如，对数幅频特性渐近线在 $\omega=\omega_1$ 时，斜率减小 20 dB/dec，那么传递函数中应包含有一个惯性环节$\dfrac{1}{Ts+1}$，其中 $T=\dfrac{1}{\omega_1}$；如果在 $\omega=\omega_2$ 处，斜率减小 40 dB/dec，那么在传递函数中必含有振荡环节$\dfrac{\omega_n^2}{s^2+2\xi\omega_n s+\omega_n^2}$或一个二重惯性环节$\dfrac{1}{(Ts+1)^2}$。同理，如果在某一转折频率处斜率增加 20 dB/dec，那么包含一个一阶微分环节 $\tau s+1$；斜率增加 40 dB/dec，那么包含一个二阶微分环节$\dfrac{s^2}{\omega_n^2}+2\dfrac{\xi}{\omega_n}s+1$ 或一个二重一阶微分环节$(\tau s+1)^2$。

3）进一步根据对数幅频特性的形状及参量，通过式 $\Delta_{\max}=-20\lg 2\xi$ 计算振荡环节中的阻尼比 ξ。

4）比例环节是任何系统都具备的，其参数 K 可根据低频段渐近线的特征点来确定。由系统幅频特性与系统型次的关系可知，低频段对数幅频的表达式为

$$L(\omega)=20\lg K-20\nu\lg\omega$$

$\nu\geqslant 1$ 时，低频段直线或其延长线与横轴存在交点，设交点处对应的频率为 ω_0，则有

$$20\lg K-20\nu\lg\omega_0=0$$

得到

$$K=\omega_0^{\nu}, \quad \nu \geqslant 1$$

下面具体分析不同类型系统 K 的求法。

1）0 型系统（$\nu=0$）。对数幅频特性曲线低频段为一水平线，其表达式为 $L(\omega)=20\lg K$，如图 4-36 所示，可知低频段直线与纵轴交点的值为 $20\lg K$。

2）Ⅰ型系统（$\nu=1$）。对数幅频特性曲线低频段渐近线为斜率为 -20 dB/dec 的直线，其表达式为 $L(\omega)=20\lg K-20\lg\omega$，开环增益 K 等于该渐近线（或其延长线）与 0 dB 线交点处的频率，即 $K=\omega_0$，如图 4-37 所示。

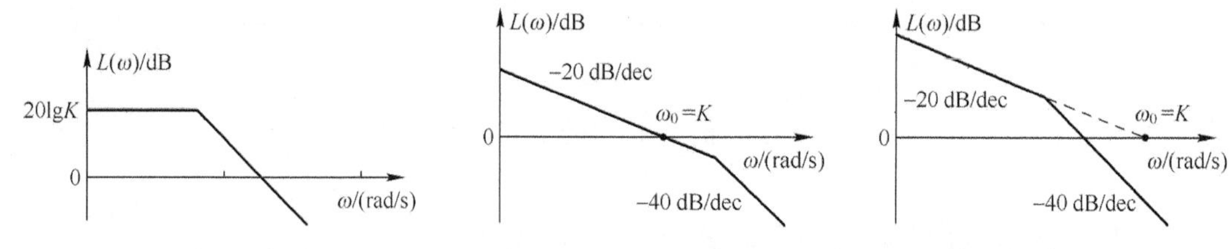

图 4-36　0 型系统的对数幅频特性曲线　　　　图 4-37　Ⅰ型系统的对数幅频特性曲线

3）Ⅱ型系统（$\nu=2$）。对数幅频特性曲线低频段渐近线为斜率为 -40 dB/dec 的直线，其表达式为 $L(\omega)=20\lg K-40\lg\omega$，该渐近线（或其延长线）与 0 dB 线交点处的频率 $\omega_0=\sqrt{K}$，如图 4-38 所示，则 $K=\omega_0^2$。

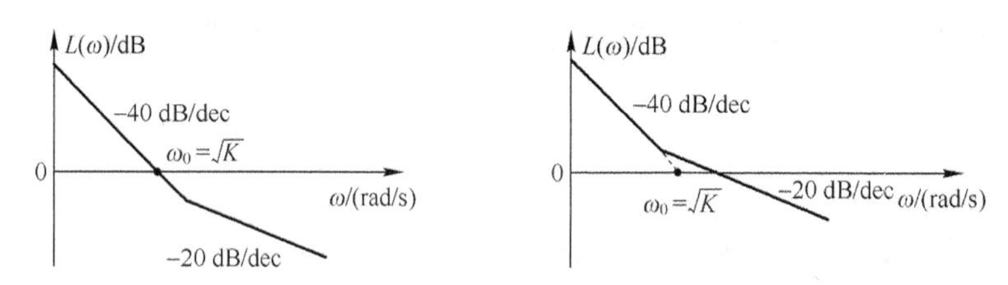

图 4-38　Ⅱ型系统的对数幅频特性曲线

4）其他几种常见系统的 K 值见表 4-2，求解过程请读者自己分析。

表 4-2　几种常见系统的 K 值

对数幅频特性图	K 值
L(ω)/dB; -40 dB/dec; -20 dB/dec; ω_2; ω/(rad/s); 0; ω_1 ω_0 ω_c; -60 dB/dec	$K=\omega_0^2=\omega_1\omega_c$
L(ω)/dB; -20 dB/dec; ω/(rad/s); ω_1 ω_c; -40 dB/dec	$K=\dfrac{\omega_c^2}{\omega_1}$

（续）

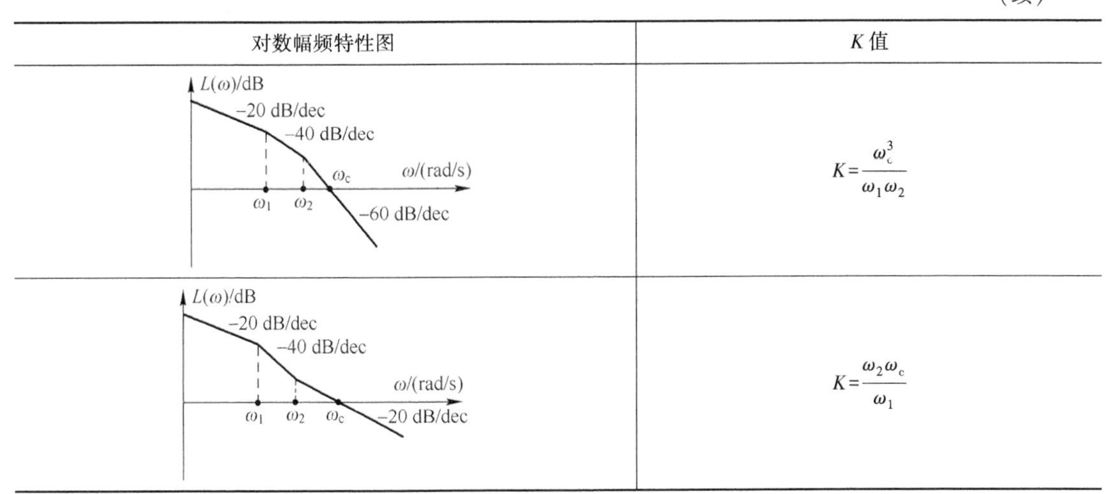

对数幅频特性图	K 值
（−20 dB/dec → −40 dB/dec → −60 dB/dec）	$K=\frac{\omega_c^3}{\omega_1\omega_2}$
（−20 dB/dec → −40 dB/dec → −20 dB/dec）	$K=\frac{\omega_2\omega_c}{\omega_1}$

例 4−9　已知系统的开环对数幅频特性曲线如图 4−39 所示，求系统的开环传递函数 $G_k(s)$。

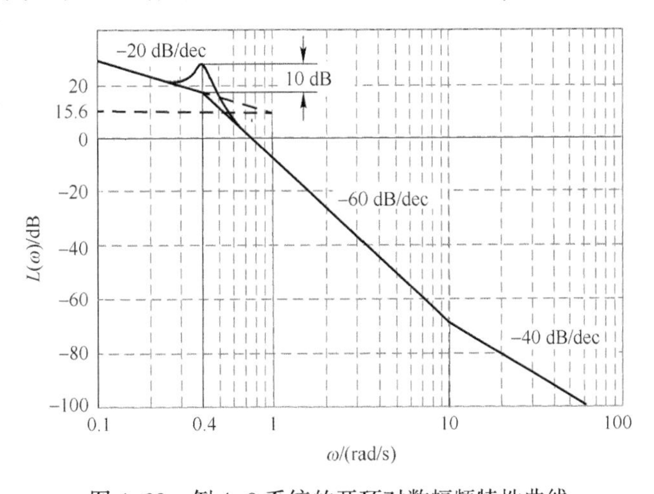

图 4−39　例 4−9 系统的开环对数幅频特性曲线

解　由图 4−39 可知，系统开环对数幅频特性渐近线的斜率变化依次是−20 dB/dec→−60 dB/dec→−40 dB/dec，说明系统包含 4 个环节：比例环节、积分环节、振荡环节和一阶微分环节。因此，系统的开环传递函数表达式为

$$G_k(s)=\frac{K\omega_n^2(1+\tau s)}{s(s^2+2\xi\omega_n s+\omega_n^2)}$$

1）求 K：对数幅频特性曲线的起始段直线是比例积分环节，应过点$(1,20\lg K)$。由图可知 $20\lg K=15.6$ dB，求得 $K=6$。

2）求 ω_n：在图 4−39 中，在转折频率 $\omega_{T1}=0.4$ rad/s 处，斜率减小 40 dB/dec，此即振荡环节的固有频率 $\omega_n=0.4$ rad/s。

3）求 ξ：当 $\omega=\omega_n=0.4$ rad/s 时，振荡环节最大误差值为 10 dB，即

$$-20\lg 2\xi=10,\quad \xi=0.158$$

4）求 τ：在图 4−39 中，在转折频率 $\omega_{T2}=10$ rad/s 处，斜率增加 20 dB/dec，所以微分环节的时间常数 $\tau=\frac{1}{10}\text{ s}=0.1$ s。

5）将上述求得的各参数值代入 $G_k(s)$ 的表达式得

$$G_k(s)=\frac{0.96(1+0.1s)}{s(s^2+0.1264s+0.16)}$$

例 4-10　已知系统的开环对数幅频特性曲线如图 4-40 所示，求系统的开环传递函数 $G_k(s)$。

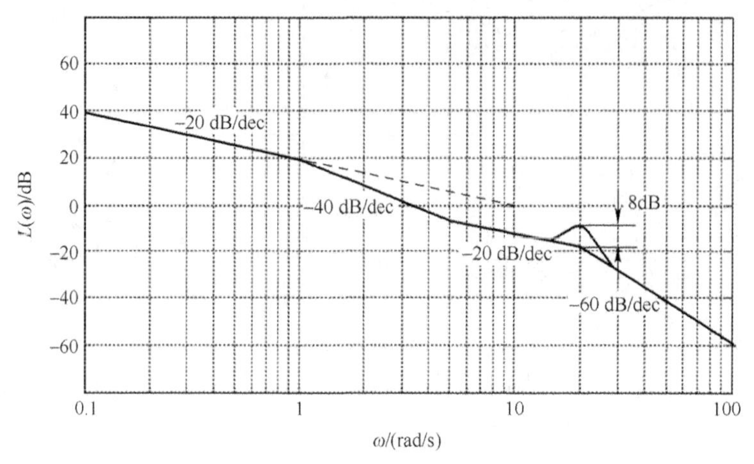

图 4-40　例 4-10 系统的开环对数幅频特性曲线

解　由图 4-40 可知，系统开环对数幅频特性渐近线的斜率变化依次是-20 dB/dec→-40 dB/dec→-20 dB/dec→-60 dB/dec，所以含 5 个环节：比例、积分、惯性、一阶微分和振荡环节，开环传递函数表达式为

$$G_k(s)=\frac{K\omega_n^2(\tau s+1)}{s(Ts+1)(s^2+2\xi\omega_n s+\omega_n^2)}$$

1）求 K：对数幅频特性曲线的低频段是比例积分环节，过点（1,20lg$K$），由图知 $20\lg K=20$ dB，求得 $K=10$。

K 的求法也可以利用低频段直线与横轴的交点来求。如图 4-40 所示，由于低频段直线斜率为-20，所以为Ⅰ 型系统，低频段直线的延长线与横轴交点对应的频率为 10，所以 $K=10$。

2）求 T：在图 4-40 中，比例积分环节到惯性环节的转折频率 $\omega_{T1}=1$ rad/s，所以惯性环节的时间常数 $T=1$ s。

3）在图 4-40 中，由惯性环节到一阶微分环节的转折频率 $\omega_{T2}=5$ rad/s，所以一阶微分环节的时间常数 $\tau=\frac{1}{5}\text{ s}=0.2\text{ s}$。

4）求 ω_n：在图 4-40 中，由一阶微分环节到振荡环节的转折频率 $\omega_{T3}=20$ rad/s，此即振荡环节的固有频率 $\omega_n=20$ rad/s。

5）求 ξ：当 $\omega=\omega_n$ 时，振荡环节最大误差值为 8 dB，即 $-20\lg 2\xi=8$，求得 $\xi=0.2$。

6）将上述求得的各参数值代入 $G_k(s)$ 的表达式得

$$G_k(s)=\frac{4000(0.2s+1)}{s(s+1)(s^2+8s+400)}$$

4.3.4　最小相位系统和非最小相位系统

若系统传递函数 $G(s)$ 的所有零点和极点均在复平面［s］的左半平面，同时无延迟环节，则该系统称为最小相位系统。反之，在［s］平面右半平面上具有极点或零点，或有延迟环节的系统是非最小相位系统。

最小相位系统有如下特点：

1）在幅频特性相同的一类系统中，当频率从 0 变化到∞时，最小相位系统的相角变化范围最小，非最小相位系统的相角的变化范围总是大于最小相位系统的相角范围。

2）对于最小相位系统，对数幅频特性图的高频段渐近线的斜率为$-20\times(n-m)$ dB/dec；而相频特性，当频率 $\omega=0$ 时，$\varphi(\omega)=-90°\times\nu$（$\nu$ 为系统中积分环节的个数），当 $\omega=\infty$ 时，其相角为 $\varphi(\omega)=-(n-m)\times 90°$。

3）最小相位系统的对数幅频特性的变化趋势和相频特性的变化趋势是一致的，幅频特性的斜率增加或者减少时，相频特性的角度也随之增加或者减少。

例 4-11　有 5 个不同的系统，其传递函数分别为

$$G_1(s)=\frac{\tau s+1}{Ts+1},\quad G_2(s)=\frac{-\tau s+1}{Ts+1},\quad G_3(s)=\frac{\tau s+1}{-Ts+1},\quad G_4(s)=\frac{-\tau s+1}{-Ts+1},\quad G_5(s)=\frac{\tau s+1}{Ts+1}e^{-\tau s}$$

式中，$T>\tau>0$，试判断它们是否为最小相位系统，并分别画出它们的 Bode 图，比较其相频特性与幅频特性。

解　$G_1(s)$ 的零、极点分别为 $\left(-\frac{1}{\tau},0\right)$，$\left(-\frac{1}{T},0\right)$；$G_2(s)$ 的零、极点分别为 $\left(\frac{1}{\tau},0\right)$，$\left(-\frac{1}{T},0\right)$；

$G_3(s)$ 的零、极点分别为 $\left(-\frac{1}{\tau},0\right)$，$\left(\frac{1}{T},0\right)$；$G_4(s)$ 的零、极点分别为 $\left(\frac{1}{\tau},0\right)$，$\left(\frac{1}{T},0\right)$；

$G_5(s)$ 的零、极点分别为 $\left(-\frac{1}{\tau},0\right)$，$\left(-\frac{1}{T},0\right)$。

其零、极点的分布如图 4-41a～e 所示。

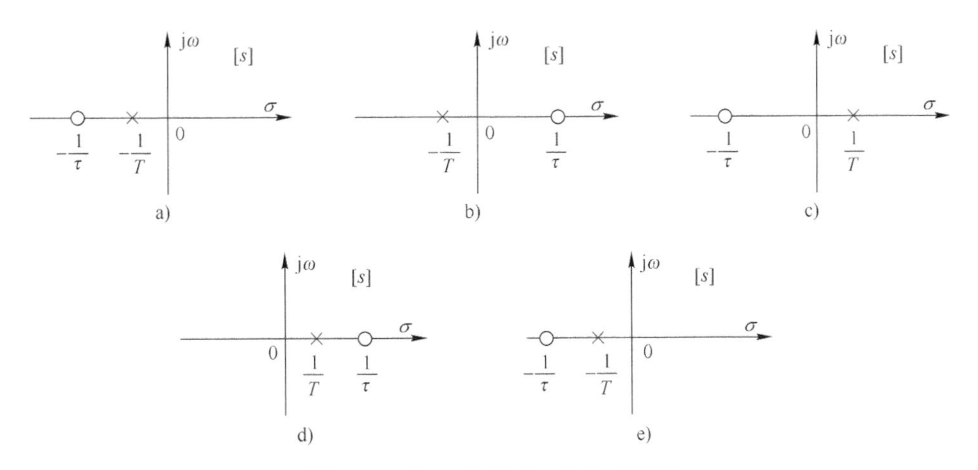

图 4-41　例 4-11 的零、极点分布图

根据最小相位系统的定义，$G_1(s)$ 的零、极点在［s］平面的左半平面且不含延迟环节，为最小相位系统，$G_2(s)$、$G_3(s)$、$G_4(s)$ 和 $G_5(s)$ 为非最小相位系统。根据传递函数可知，5 个系统具有相同的幅频特性，即

$$L_1(\omega)=L_2(\omega)=L_3(\omega)=L_4(\omega)=L_5(\omega)=20\lg\frac{\sqrt{1+\tau^2\omega^2}}{\sqrt{1+T^2\omega^2}}$$

它们的相角不同，分别为

$$\varphi_1(\omega)=\arctan\tau\omega-\arctan T\omega,\quad \varphi_2(\omega)=-\arctan\tau\omega-\arctan T\omega,$$
$$\varphi_3(\omega)=\arctan\tau\omega+\arctan T\omega,\quad \varphi_4(\omega)=-\arctan\tau\omega+\arctan T\omega$$
$$\varphi_5(\omega)=\arctan\tau\omega-\arctan T\omega-57.3\times\omega\tau$$

设取 $\tau=1\,\text{s}$，$T=2\,\text{s}$，它们的 Bode 图如图 4-42 所示。由图可见，最小相位系统是指在具有相同幅频特性的一类系统中，当 ω 从 0 变化到 ∞ 时，系统的相角变化范围最小，且变化的规律与幅频特性的斜率有关系（如 $\varphi_1(\omega)$，幅频特性的斜率增加或者减少时，相频特性的角度也随之增加或者减少）。而非最小相位系统的相角变化范围通常比前者大（如$\varphi_2(\omega)$、$\varphi_3(\omega)$、$\varphi_5(\omega)$）；或者相角变化范围虽最小，但相角的变化趋势与幅频特性的变化趋势不一致（如 $\varphi_4(\omega)$）。

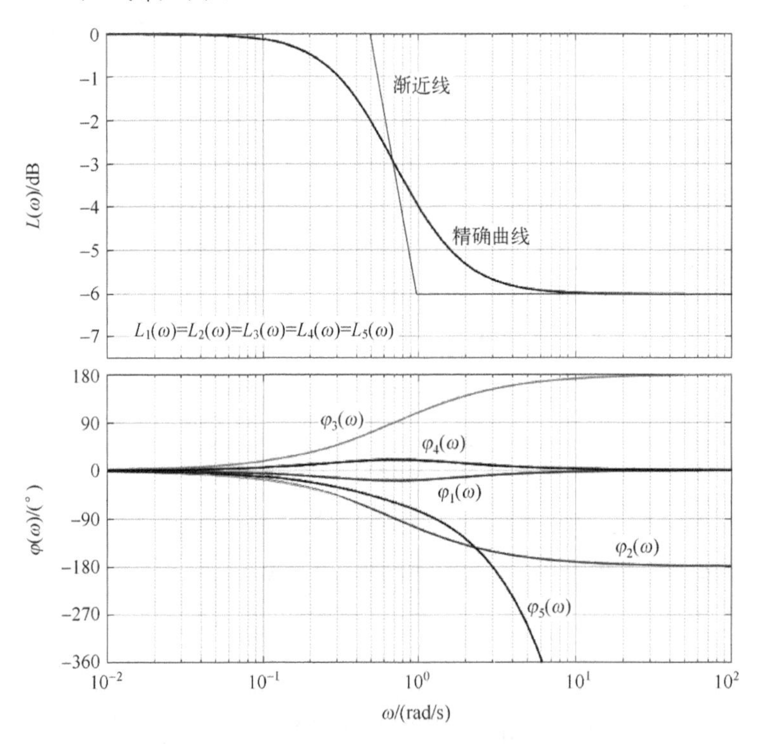

图 4-42　例 4-11 的 Bode 图

由以上分析可见，对于最小相位系统，它的对数幅频特性和对数相频特性间存在着确定的对应关系。即一条对数幅频特性曲线 $L(\omega)$，只能有一条对数相频特性曲线 $\varphi(\omega)$ 与之对应。因此，利用 Bode 图对系统进行分析时，对于最小相位系统，可只根据对数幅频特性对系统进行分析。并且，对于最小相位系统，如果已知其对数幅频特性曲线即可写出其传递函数。

在本书中，若无特殊说明，所研究的系统一般均指最小相位系统。非最小相位系统存在着过大的相位滞后，不仅影响系统的稳定性，也影响系统响应的快速性。

4.4　闭环系统频率特性及性能分析

4.4.1　闭环频率特性

反馈控制即闭环控制是控制理论中非常重要的概念，典型的闭环系统框图如图 4-43 所示。

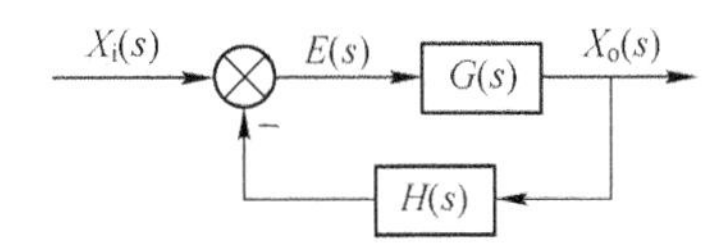

图 4-43　典型闭环系统框图

可知系统的开环频率特性为 $G_k(j\omega)=G(j\omega)H(j\omega)$，闭环频率特性为

$$\Phi(j\omega)=\frac{G(j\omega)}{1+G(j\omega)H(j\omega)}=\frac{G(j\omega)H(j\omega)}{1+G(j\omega)H(j\omega)}\frac{1}{H(j\omega)}=M(\omega)e^{j\alpha(\omega)} \tag{4-22}$$

式中，$\Phi(j\omega)$称为闭环频率特性；$M(\omega)$表示闭环频率特性的幅值；$\alpha(\omega)$表示其相位。

在后面的第 5 章和第 6 章中，一般用开环频率特性 $G_k(j\omega)$分析闭环系统性能，这是经典控制理论的常用方法。此外，也可通过闭环频率特性 $\Phi(j\omega)$来分析系统。根据式（4-22），可以画出系统闭环频率特性图。但由于闭环频率特性不是典型环节相乘的形式，故其闭环频率特性图不如开环频率特性图容易画，但随着计算机的应用日益普及，闭环频率特性图可利用 MATLAB 软件方便地画出来。

4.4.2　闭环频域性能指标

在第 3 章的时域分析中，介绍了系统时间响应过程的时域性能指标，下面介绍在频域分析时要用到的频域性能指标。图 4-44 所示为典型闭环幅频特性图及特征量。可见，闭环幅频特性的低频部分变化较为平滑，随着频率 ω 的增大，幅频特性出现峰值，继而以较陡的斜率衰减。这种典型的闭环幅频特性可以用以下特征量来描述。

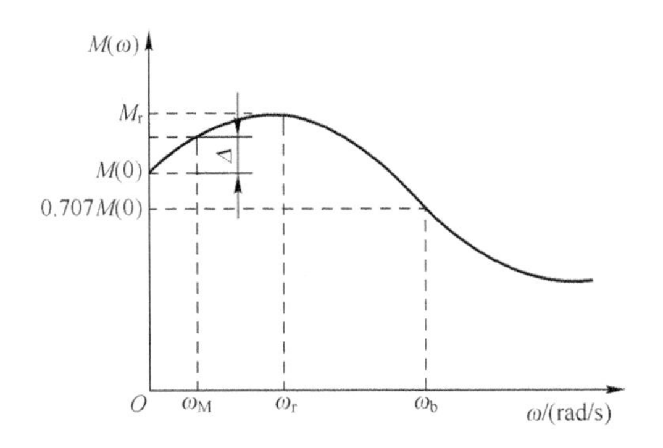

图 4-44　典型闭环幅频特性图及特征量

1. 零频幅值 $M(0)$

零频幅值 $M(0)$指的是当频率 $\omega=0$ 时，闭环系统输出与输入的幅值之比。若 $M(0)=1$，

则输出幅值能完全准确地反映输入幅值，即输出幅值等于输入幅值。若是单位阶跃输入，如果 $M(0)=1$，则意味着系统稳态误差为 0，$M(0)$ 越接近于 1，稳态误差越小。所以通过零频幅值 $M(0)$ 是否为 1，可以判断系统是否为无差系统。显然，$M(0)$ 越接近 1，则有差系统的稳态误差越小，所以 $M(0)$ 反映了系统的稳态精度。

2. 复现频率 ω_M

若事先规定一个 Δ 作为反映低频输入信号的允许误差，那么，ω_M 就是幅频特性值与 $M(0)$ 之差第一次达到 Δ 时的频率值，称为复现频率。当 $\omega>\omega_M$ 时，输出就不能“复现”输入，所以，$0\sim\omega_M$ 表征复现低频输入信号的频带宽度，称为复现带宽。

根据 Δ 所确定的 ω_M 越大，则表明系统能以规定精度复现输入信号的频带越宽。反之，若 ω_M 为给定，由 ω_M 确定的允许误差 Δ 越小，说明系统反映低频输入信号的精度越高。

上述特征量 $M(0)$、ω_M 以及 Δ 都是用来表征闭环幅频特性低频段的形状的，所以，控制系统的稳态性能主要取决于闭环幅频特性在低频段 $0\leqslant\omega\leqslant\omega_M$ 的形状。

3. 谐振频率 ω_r 及谐振峰值 M_r

幅频特性 $M(\omega)$ 出现最大值 M_{max} 时的频率称为谐振频率 ω_r。当 $\omega=\omega_r$ 时的幅值 $M(\omega_r)=M_{max}$ 称为谐振峰值 M_r。

系统的 M_r 反映了系统的相对稳定性。一般而言，M_r 越大，则该系统阶跃响应的超调量 M_P 也越大，表明系统平稳性较差。

4. 截止频率 ω_b 和截止带宽 $0\sim\omega_b$

截止频率 ω_b 是指系统闭环特性的幅值由 $M(0)$ 衰减到 $0.707M(0)$ 时的频率，即相当于闭环对数幅频特性的幅值下降到其零频幅值 $M(0)$ 以下 3 dB 时的频率。

$0\sim\omega_b$ 称为系统的截止带宽或带宽，即表示超过 ω_b 后，输出就急剧衰减，跟不上输入，形成系统响应的截止状态。对于随动系统来说，系统的带宽表征系统允许工作的最高频率范围。

通常，带宽与瞬态响应的时间成反比，表征系统响应的快速性，带宽大，则系统的动态性能好。此外，带宽也反映系统对高频噪声的滤波性能，带宽值越大，高频噪声信号的抑制能力越差。对于低通滤波器，希望带宽要小，即只允许频率较低的输入信号通过系统，而频率稍高的输入信号均被滤掉。综上所述，在确定系统带宽时，必须根据实际系统，对快速性和抗干扰能力的要求进行综合考虑，进而确定合适的带宽。

例 4-12 已知一阶系统的传递函数为 $\Phi(s)=\dfrac{1}{Ts+1}$，求该系统的 ω_b。

解

$$\Phi(j\omega)=\frac{1}{Tj\omega+1}$$

$$M(\omega)=\left|\frac{1}{jT\omega+1}\right|=\frac{1}{\sqrt{T^2\omega^2+1}}$$

根据截止频率 ω_b 的定义有

$$M(\omega)\big|_{\omega=\omega_b}=0.707M(\omega)\big|_{\omega=0}$$

即

$$\frac{1}{\sqrt{1+\omega_b^2T^2}}=\frac{1}{\sqrt{2}}$$

故
$$\omega_b=\frac{1}{T}=\omega_T$$

可见，一阶系统的截止频率 ω_b，等于系统的转折频率 ω_T，即等于系统时间常数的倒数。也说明频宽越大，系统时间常数 T 越小，响应速度越快。

4.4.3　闭环系统性能分析

1. 频域指标与时域指标之间的关系

第 3 章介绍了系统的时域性能指标，本章又介绍了系统的频域性能指标，这两种性能指标都表征了控制系统的性能。但频域指标是一种比较间接的概略性指标，不如时域指标直观，因此，明确频域指标与时域指标之间的关系将有利于直接根据系统频率特性进行系统性能分析。

对于标准二阶系统 $G(s)=\dfrac{\omega_n^2}{s^2+2\xi\omega_n s+\omega_n^2}$，其谐振峰值为
$$M_r=1/(2\xi\sqrt{1-\xi^2}),\quad 0<\xi<0.707 \tag{4-23}$$
最大超调量为
$$M_p=e^{-\xi\pi/\sqrt{1-\xi^2}} \tag{4-24}$$
由此可见，最大超调量 M_p 和谐振峰值 M_r，都随着阻尼比 ξ 的增大而减小。同时随着 M_r 的增加，相应地 M_p 也增加，其物理意义在于：当闭环幅频特性有谐振峰值时，系统输入信号的频谱在 $\omega=\omega_r$ 附近的谐波分量通过系统后显著增强，从而引起振荡。为了减弱系统的振荡性，同时使系统又具有一定的快速性，应当适当选 M_r 取值。如果 M_r 取值在 $1<M_r<1.4$ 范围内，相当于阻尼比 ξ 在 $0.4<\xi<0.7$ 范围内，这时二阶系统阶跃响应的超调量 $M_p<25\%$，系统响应结果较为理想。

二阶系统的谐振频率为
$$\omega_r=\omega_n\sqrt{1-2\xi^2} \tag{4-25}$$
其调整时间为
$$t_s\approx\frac{3\sim4}{\xi\omega_n}=\frac{(3\sim4)\sqrt{1-2\xi^2}}{\xi\omega_r} \tag{4-26}$$
由此可见，当阻尼比 ξ 一定时，调整时间 t_s 与谐振频率 ω_r 成反比。ω_r 大的系统，瞬态响应速度快；ω_r 小的系统，则瞬态响应速度慢。

高阶系统的阶跃响应与频率响应之间的关系比较复杂。如果高阶系统的控制性能主要由一对共轭复数主导极点来支配，则其频域性能指标与时域性能指标之间的关系就可近似视为二阶系统。对于高阶系统，通常采用以下两个经验公式：
$$M_p=0.16+0.4(M_r-1) \tag{4-27}$$
$$t_s=\frac{\pi}{\omega_c}[2+1.5(M_r-1)+2.5(M_r-1)^2] \tag{4-28}$$

一般地，如果给出系统的时域性能指标，并要求用频域方法来设计控制器，那么需要将时域指标转换至频域，具体的关系见表 4-3。

表 4-3　时域指标与频域指标的转换关系

<table>
<tr><th colspan="2">性 能 指 标</th><th>时域性能指标</th><th>开环频域性能指标</th><th>闭环频域性能指标</th></tr>
<tr><td rowspan="3">稳定性</td><td>一阶</td><td>$M_p=0$</td><td>$\gamma=90°$</td><td>$M_r=0$</td></tr>
<tr><td>二阶</td><td>$M_p=e^{-\frac{\xi\pi}{\sqrt{1-\xi^2}}}\times 100\%$</td><td>$\gamma=\arctan\dfrac{2\xi}{\sqrt{\sqrt{1+4\xi^2}-2\xi^2}}$</td><td>$M_r=\dfrac{1}{2\xi\sqrt{1-\xi^2}},\quad 0<\xi<0.707$</td></tr>
<tr><td>高阶</td><td colspan="3">经验公式：$M_p=0.16+0.4(M_r-1)$，$35°\leqslant\gamma\leqslant 90°$，$M_r=\dfrac{1}{|\sin\gamma|}$，$1\leqslant M_r\leqslant 1.8$</td></tr>
<tr><td rowspan="3">快速性</td><td>一阶</td><td>$t_s=3T$，$\Delta=5\%$
$t_s=4T$，$\Delta=2\%$</td><td>$\omega_c=\dfrac{1}{T}=\begin{cases}\dfrac{3}{t_s}, & \Delta=5\% \\ \dfrac{4}{t_s}, & \Delta=2\%\end{cases}$</td><td>$\omega_b=\dfrac{1}{T}=\begin{cases}\dfrac{3}{t_s}, & \Delta=5\% \\ \dfrac{4}{t_s}, & \Delta=2\%\end{cases}$</td></tr>
<tr><td>二阶</td><td>$t_s=\dfrac{3}{\xi\omega_n}$，$\Delta=5\%$
$t_s=\dfrac{4}{\xi\omega_n}$，$\Delta=2\%$
$t_r=\dfrac{\pi-\arctan\dfrac{\sqrt{1-\xi^2}}{\xi}}{\omega_n\sqrt{1-\xi^2}}$
$t_p=\dfrac{\pi}{\omega_d}=\dfrac{\pi}{\omega_n\sqrt{1-\xi^2}}$</td><td>$\omega_c=\omega_n\sqrt{\sqrt{1+4\xi^2}-2\xi^2}$</td><td>$\omega_r=\omega_n\sqrt{1-2\xi^2}, 0<\xi<0.707$
$\omega_b=\omega_n\sqrt{(1-2\xi^2)+\sqrt{2-4\xi^2+4\xi^4}}$</td></tr>
<tr><td>高阶</td><td colspan="3">经验公式：$t_s=\dfrac{\pi}{\omega_c}[2+1.5(M_r-1)+2.5(M_r-1)^2]$，$35°\leqslant\gamma\leqslant 90°$，$M_r=\dfrac{1}{|\sin\gamma|}$，$1\leqslant M_r\leqslant 1.8$</td></tr>
<tr><td rowspan="3">准确性</td><td>0 型</td><td>$e_{ss}=\dfrac{1}{1+K_p}$</td><td>$e_{ss}=\dfrac{1}{1+K_p}$</td><td>$M(0)=\dfrac{K}{1+K}$</td></tr>
<tr><td>Ⅰ型</td><td>$e_{ss}=\dfrac{1}{K_v}$</td><td>$e_{ss}=\dfrac{1}{K_v}$</td><td>$M(0)=1$</td></tr>
<tr><td>Ⅱ型</td><td>$e_{ss}=\dfrac{1}{K_a}$</td><td>$e_{ss}=\dfrac{1}{K_a}$</td><td>$M(0)=1$</td></tr>
</table>

2. 根据开环对数幅频特性图分析闭环系统性能

通常，控制系统精确的开环对数幅频特性完全反映了闭环系统的性能。一般将系统开环对数幅频特性图分为低频段、中频段和高频段三个频段，如图 4-45 所示。这三个频段分别表征了系统的稳定性、动态特性和抗干扰能力，下面具体来说明三个频段对闭环系统性能的影响。

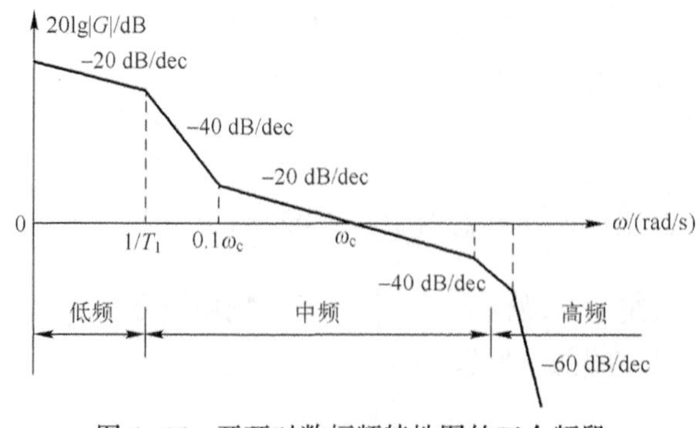

图 4-45　开环对数幅频特性图的三个频段

（1）低频段

低频段通常是指开环对数幅频特性图在第一个转折频率以前的频率区段，此频段是比例环节和积分环节的叠加，其对数幅频值为 $L(\omega)=20\lg K-20\nu\lg\omega$，所以低频段可确定开环增益 K 和积分环节个数 ν。其中开环增益 K 可参考 4.3.3 节中方法获得，积分环节个数 ν 根据低频段直线的斜率获得。

由第 3 章稳态误差的求解方法可知，这两个参数反映了闭环系统的稳态性能。即闭环系统在满足稳定的条件下，低频段的斜率越陡，对应的积分环节数目越多；低频段位置越高，开环增益 K 越大，从而其稳态误差越小，动态响应的稳态精度越高。因此，闭环系统的稳态性能可通过分析开环对数幅频特性曲线的低频段来确定。若希望系统具有较好的跟踪输入的能力，低频段一般应具有-20 dB/dec 斜率，并有一定高度。

（2）中频段

定义幅值穿越频率 ω_c 为对数幅频特性图与 0 dB 线的交点所对应的频率。中频段是指开环对数幅频特性图在幅值穿越频率 ω_c 附近的区段，此频段反映系统动态响应的平稳性和快速性。

中频段的 3 个参数为幅值穿越频率 ω_c、中频段的斜率和中频段的宽度。

对于标准二阶系统 $G(s)=\dfrac{\omega_n^2}{s^2+2\xi\omega_n s+\omega_n^2}$，令 $L(\omega)=20\lg|G(j\omega)|=0$，可以求得幅值穿越频率为

$$\omega_c=\omega_n\sqrt{\sqrt{1+4\xi^2}-2\xi^2}$$

式中，若阻尼比 ξ 保持不变，则 ω_c 与 ω_n 成正比。对于二阶系统，其动态性能指标 t_r、t_p、t_s 均与 ω_n 成反比，即与 ω_c 成反比。因此，幅值穿越频率 ω_c 反映了闭环系统动态响应的快速性，ω_c 越大，系统快速性越好。

中频段的斜率和宽度决定了系统动态响应的平稳性，下面讨论两种极端情况。

① 如 $L(\omega)$ 曲线的中频段斜率为-20 dB/dec，且占据的频率区间较宽，如只从平稳性和快速性考虑，可近似认为开环对数幅频特性为-20 dB/dec 的直线，如图 4-46 所示。其对应的传递函数近似为

$$G(s)\approx\frac{K}{s}=\frac{\omega_c}{s}$$

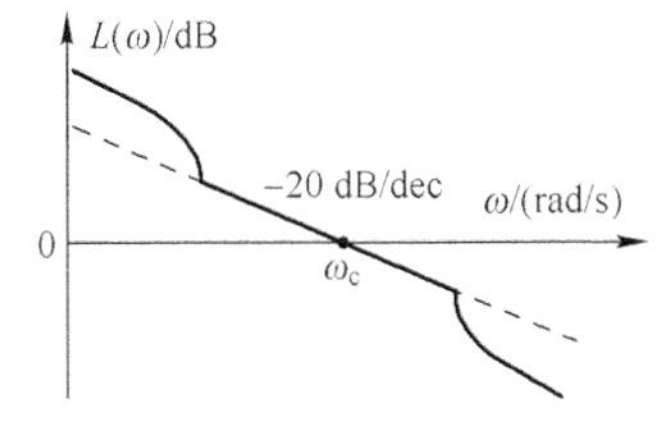

图 4-46　系统的开环对数幅频特性图近似 1

若为单位反馈系统，则有

$$\Phi(s)=\frac{G(s)}{1+G(s)}\approx\frac{\omega_c/s}{1+\omega_c/s}=\frac{\omega_c}{s+\omega_c}$$

可见，相当于一个一阶系统，没有振荡，即有较高的稳定程度，且 $t_s \approx \frac{3}{\omega_c}$，$\omega_c$ 越高，t_s 越小，系统的快速性越好。故中频段配置较宽的-20 dB/dec 斜率线，ω_c 高一些，系统平稳性和快速性都较为理想。

② 如 $L(\omega)$ 曲线的中频段斜率为-40 dB/dec，且占据的频率区间较宽。若只从平稳性和快速性考虑，可近似认为开环对数幅频特性为-40 dB/dec 的直线，如图 4-47 所示。其对应的传递函数近似为

$$G(s) \approx \frac{K}{s^2} = \frac{\omega_c^2}{s^2}$$

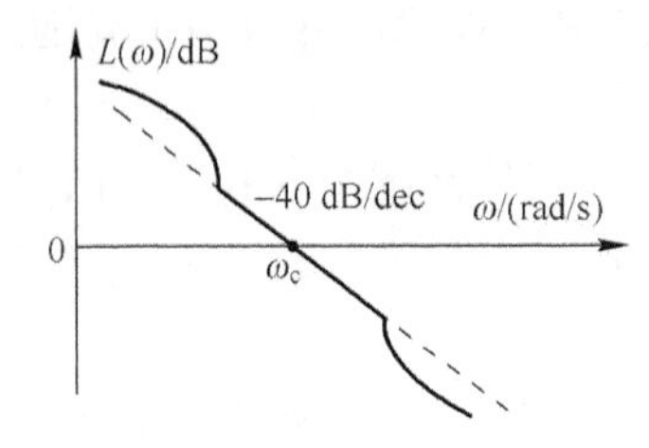

图 4-47　系统的开环对数幅频特性图近似 2

若为单位反馈系统，则有

$$\Phi(s) = \frac{G(s)}{1+G(s)} \approx \frac{\omega_c^2/s^2}{1+\omega_c^2/s^2} = \frac{\omega_c^2}{s^2+\omega_c^2}$$

相当于 $\xi=0$ 的二阶系统，系统处于临界稳定状态，动态过程持续振荡。因此，中频段斜率如为-40 dB/dec，所占区域不宜太宽，否则 M_p 及 t_s 显著增大，平稳性和快速性减弱。

中频段斜率越陡，闭环系统将难以稳定，故通常取 $L(\omega)$ 在 ω_c 附近的斜率为-20 dB/dec，以期得到良好的平稳性，而以提高 ω_c 来保证要求的快速性。

因此，中频段反映了闭环系统动态响应的快速性和平稳性。分析闭环系统的动态性能时，应主要分析开环对数幅频特性的中频段。

(3) 高频段

高频段是指过中频段以后的 $\omega \to \infty$ 的频率区段。高频段是小参数寄存区域，主要反映了系统抗高频干扰的能力，分贝值越低，系统的抗干扰能力越强。因此，要求高频段频率特性曲线应具有较陡的斜率和较负的幅值，以提高系统的抗干扰能力。

三频段的划分并没有严格的准则，但它反映了对控制系统性能影响的主要方面。三频段的概念为直接运用开环频率特性分析闭环系统性能及工程设计指出了原则和方向。

4.5　工程实例：控制系统的频域分析

如图 4-48 所示为轧钢机控制系统。轧钢过程中，环轮用于保持恒定张力，轧辊用于挤压热的钢材。利用电动机抬起环轮，就能挤压带钢。假设环轮上下位移的变化量同带钢张力成正比，于是可将与环轮的位移增量成正比的测量电压，同参考电压相减，并进行积分用于控制，此外与系统的其他时间常数相比，还假定滤波器的时间常数 τ 可以忽略不计。已知为使系统闭环稳定，需 $0<K<0.72$。

1）取 $K=0.2$，绘制系统的开环对数幅频特性图，并根据图求解系统的幅值穿越频率。

2）试分析 K 值对系统开环对数幅频特性图及系统性能的影响。

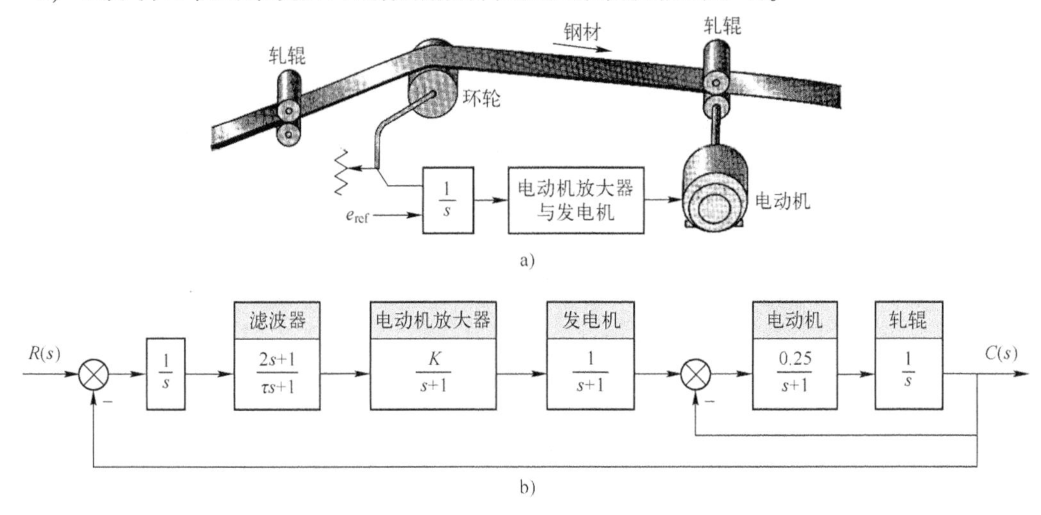

图 4-48　轧钢机控制系统

a）轧钢机工作原理图　b）轧钢机控制系统框图

问题的分析求解：

首先，根据系统框图，忽略 τ，求得系统开环传递函数为

$$G_{k}(s)=\frac{1}{s}(2s+1)\frac{K}{s+1}\frac{1}{s+1}\frac{\frac{0.25}{s(s+1)}}{1+\frac{0.25}{s(s+1)}}=K\frac{1}{s}(2s+1)\frac{1}{(s+1)^{2}}\frac{0.25}{(s+0.5)^{2}}=K\frac{1}{s}\frac{1}{(s+1)^{2}}\frac{1}{2s+1}$$

1）取 $K=0.2$，绘制系统的开环对数幅频特性图。

① 从开环传递函数可知，系统含比例、积分、惯性和二重惯性 4 个环节。

比例环节：$K=0.2$，$20\lg K=20\lg 0.2=-14$ dB。

积分环节：$\nu=1$。

惯性环节：传递函数为$\frac{1}{2s+1}$，可知转折频率 $\omega_1=0.5$ rad/s。

二重惯性环节：传递函数为$\frac{1}{(s+1)^2}$，转折频率 $\omega_2=1$ rad/s。

② 过点(1,-14)画斜率为-20 dB/dec 直线到第一个转折频率 $\omega_1=0.5$ rad/s 处。

③ 在各转折频率处依次改变直线斜率，画出开环对数幅频特性曲线的渐近线。在第一个转折频率 $\omega_1=0.5$ rad/s 处，曲线斜率减小 20 dB/dec，由-20 dB/dec 变为-40 dB/dec；在第二个转折频率 $\omega_2=1$ rad/s 处，曲线斜率减小 40 dB/dec，由-40 dB/dec 变为 -80 dB/dec。

④ 综上，系统的开环对数幅频特性图如图 4-49 所示，从图 4-49 中可以读出幅值穿越频率约为 $\omega_c=0.2$，中频段斜率为-20 dB/dec，系统稳定。

2）分析 K 值对系统开环对数幅频特性图及系统性能的影响。

由开环对数幅频特性图特点可知，比例环节 K 值的大小不影响对数幅频图各段直线的斜率及转折频率，仅仅是使其上下平移，从而改变幅值穿越频率 ω_c，进而改变系统的响应速度。如取 $K=1$，绘出系统开环对数幅频特性图如图 4-49 所示。可见，与 $K=0.2$ 相比，幅频图上移，ω_c 增大。理论上讲，对数幅频特性图低频段位置增高，有助于减小系统稳态误差；ω_c

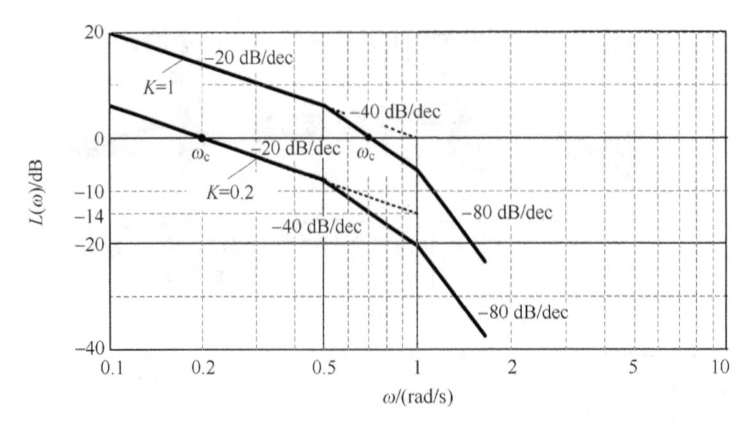

图 4-49 轧钢机控制系统开环对数幅频特性图

增大，可提高系统响应速度。但从开环对数幅频特性图可以看出，此时系统以-40 dB/dec 穿越0 dB线，$K>0.72$，系统不稳定。

从以上分析可知，控制系统的稳定性、准确性和快速性通常是相互制约的。快速性好，可能引起系统不稳定；改善稳定性又可能会降低系统响应速度和控制精度。所以，设计系统时，首先要保证系统稳定，然后根据受控对象的具体情况，对稳、准、快的要求有所侧重。例如，恒值控制系统对平稳性和准确性要求较高，随动系统则对快速性要求较高。

4.6 系统频域分析的 MATLAB 程序

频域分析是经典控制理论的核心，MATLAB 控制工具箱提供了用于频域分析的函数和工具，MATLAB 的频域分析函数见表 4-4。

表 4-4 MATLAB 的频域分析函数

函　数	功　　能	调用格式	说　　明
nyquist	绘制 Nyquist 图	nyquist(num, den) nyquist (num , den,w) [re, im, w] = nyquist (num, den, w)	num 和 den 分别表示传递函数的分子和分母中包含以 s 的降序排列的多项式系数。 命令 nyquist( )可以绘制系统的 Nyquist 图，或按指定的频率段，绘制系统的 Nyquist 图。 带有输出引用变量的函数只计算指定频率点 ω 处频率响应的实部和虚部，而不绘出曲线
bode	绘制 Bode 图	bode(num, den) bode (num, den,w) [mag, phase, w] = bode (num, den, w)	num 和 den 分别表示传递函数的分子和分母中包含以 s 的降序排列的多项式系数。 命令 bode( )可以绘制系统的 Bode 图，或按指定的频率段，绘制系统的 Bode 图。 带有输出引用变量的函数只计算指定频率点 ω 处频率响应的幅值和相位，而不绘出曲线
nichols	绘制 Nichols 图	nichols (num, den) nichols (num, den,w) [mag, phase, w] = nichols (num, den, w)	num 和 den 分别表示传递函数的分子和分母中包含以 s 的降序排列的多项式系数。 命令 nichols(num, den, ω)可以绘制系统的 Nichols 图，或按指定的频率段，绘制系统的 Nichols 图。 带有输出引用变量的函数只计算指定频率点处频率响应的实部和虚部，而不绘出曲线

例 4-13 试绘制系统 $G(s)=\dfrac{10}{(s+1)(0.1s+1)}$的 Nyquist 图及 Bode 图，并求 $\omega=1$ 时频率响应的实部和虚部。

解　MATLAB 程序如下：

```
>> num = [ 10 ]; den = [0.1 1.1 1 ];
>> sys = tf( num, den);
>> nyquist(sys);
>> figure;
>> bode(sys);
>> [ re, im, w ] = nyquist( sys, 10 );
```

程序执行后，绘出的 Nyquist 图和 Bode 图如图 4-50 所示，并求出 $\omega=1$ 时频率响应实部和虚部如下：

```
re =
    -0.4455
im =
    -0.5446
w =
    10
```

已知系统的传递函数，除了用表 4-4 中的频域分析函数对系统进行频域性能分析外，也可以启用 LTI Viewer 绘制系统的频率特性曲线。如例 4-13，也可以执行下列 MATLAB 程序：

```
>> num = [ 10 ]; den = [0.1 1.1 1 ];
>> sys = tf( num, den);
>>ltiview(sys);
```

程序执行后启用 LTI Viewer 窗口，窗口中默认绘出系统的单位阶跃响应曲线。在 LTI Viewer 窗口中单击鼠标右键，如图 4-51 所示，选择“Plot Types”→“Bode”命令，即可绘出系统的 Bode 图，选择“Plot Types”→“Nyquist”命令，即可绘出系统的 Nyquist 图，选择“Plot Types”→“Nichols”命令，即可绘出系统的 Nichols 图。

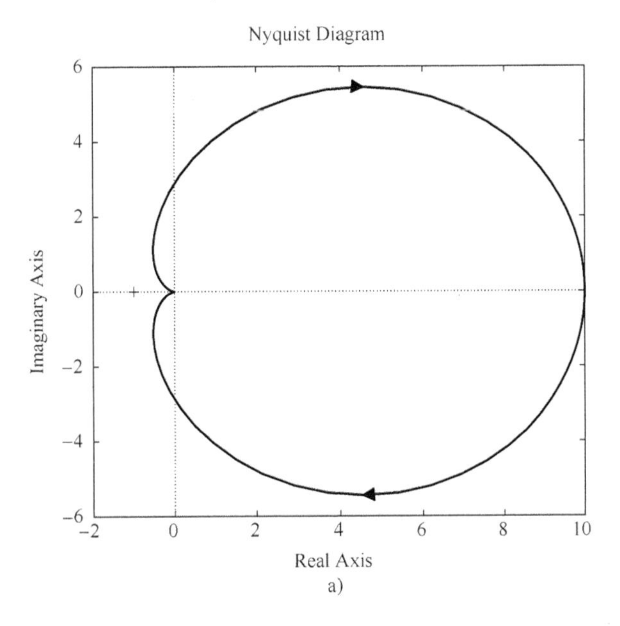

图 4-50　例 4-13 系统的 Nyquist 图和 Bode 图

a）Nyquist 图

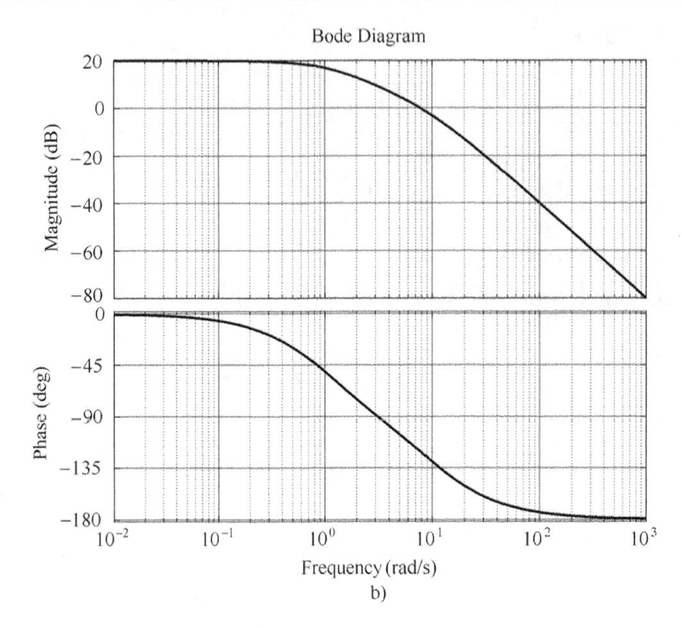

图 4-50　例 4-13 系统的 Nyquist 图和 Bode 图（续）

b）Bode 图

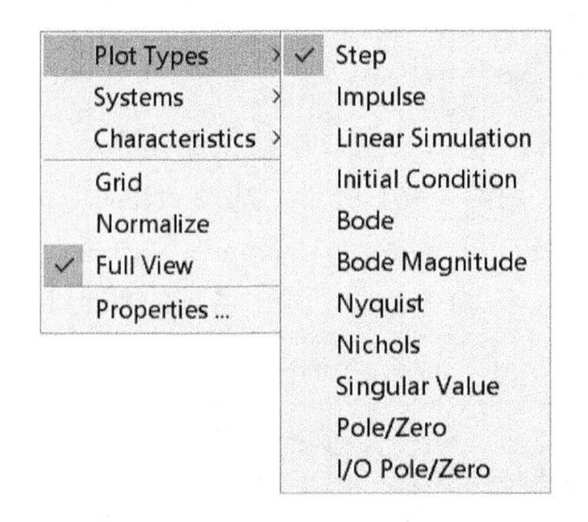

图 4-51　LTI Viewer 窗口右键菜单

[本章知识总结]:

1. 频域分析法是以输入信号的频率为变量，对系统的性能在频率域内进行研究的一种方法。频域分析法优点是，只要用 $j\omega$ 替换复变量 s，就能够由传递函数 $G(s)$ 直接得到系统的频率特性函数 $G(j\omega)$。$G(j\omega)$ 表示了系统正弦稳态响应的特性，是一个以 ω 为自变量的复函数，因而包含了幅值和相位两个要素。工程中经常用图形或曲线来表示 $G(j\omega)$ 的幅值和相位随频率变化的情况，这些图形和曲线能够深刻地揭示控制系统分析和设计的内涵。

2. 对于稳定的线性定常系统，若输入信号是频率为 ω 的正弦信号，则由此输入产生的输出稳态分量仍然是与输入信号同频率的正弦函数，而幅值和相位的变化是频率的函数，且与系统数学模型相关。正弦输入作用下，系统稳态输出与输入的幅值之比为幅频特性，记为

$A(\omega)$，相位之差为相频特性 $\varphi(\omega)$。并称其指数表达形式 $G(\mathrm{j}\omega)=A(\omega)\mathrm{e}^{\mathrm{j}\varphi(\omega)}$ 为系统的频率特性，频率特性也是系统的数学模型。

3. 频率特性 $G(\mathrm{j}\omega)$ 以及其幅频特性 $A(\omega)$ 和相频特性 $\varphi(\omega)$ 都是频率 ω 的函数，在工程分析和设计中，通常把频率特性画成曲线，利用曲线图形分析其随频率 ω 的变化过程，这种图解分析方法直观而又方便。常用的频率特性的图示方法有奈奎斯特图（Nyquist 图）、对数频率特性图（Bode 图）和尼柯尔斯图（Nichols 图）三种。

4. 若系统传递函数的所有零点和极点均位于复平面［s］的左半平面，同时无延迟环节，则该系统称为最小相位系统。反之，在［s］平面右半平面上具有极点或零点，或有延迟环节的系统是非最小相位系统。对最小相位系统而言，幅频特性和相频特性之间具有确定的单值对应关系。这就是说，如果系统的幅频特性曲线规定从 0 变化到 ∞ 整个频率范围内，那么相频特性曲线就唯一确定，反之亦然。

5. 可以通过系统开环对数幅频特性图分析闭环系统性能，其中，低频段反映系统的稳态性能，中频的反映系统的快速性和平稳性，高频段反映系统的高频抗干扰能力。

习题

4-1　控制系统的框图如图 4-52 所示，试根据频率特性的物理意义，求下列输入信号作用时系统的稳态输出。

（1）$x_\mathrm{i}(t)=\sin(3t)$

（2）$x_\mathrm{i}(t)=2\cos(2t-45°)$

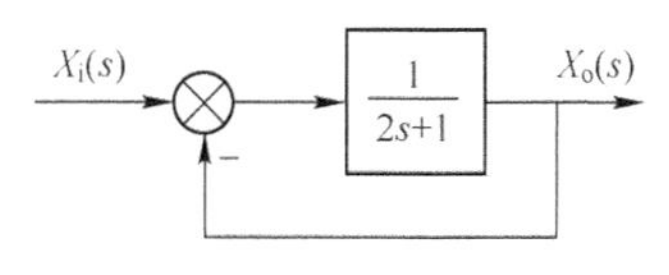

图 4-52　习题 4-1 图

4-2　已知 0 型、Ⅰ型、Ⅱ型系统的开环传递函数，写出下列 0 型、Ⅰ型、Ⅱ型系统开环频率特性、幅频特性和相频特性的表达式，并绘制 Nyquist 图的大致形状。

（1）$G(s)H(s)=\dfrac{6}{(s+1)(10s+1)}$

（2）$G(s)H(s)=\dfrac{6}{s(s+1)(10s+1)}$

（3）$G(s)H(s)=\dfrac{6}{s^2(s+1)(10s+1)}$

4-3　由肌腱驱动的机械手采用了气动执行机构，执行机构的传递函数为

$$G(s)=\frac{5000}{(s+70)(s+500)}$$

绘制该执行机构的频率响应 Nyquist 图，并验证当 $\omega=10\ \mathrm{rad/s}$ 时，其对数幅频特性为 $-17\ \mathrm{dB}$，当 $\omega=700\ \mathrm{rad/s}$ 时，其相角为 $-138.7°$。

4-4 已知单位负反馈系统的开环传递函数为 $G(s)=\dfrac{10}{s(0.05s+1)(0.1s+1)}$，试计算闭环系统的 M_r 和 ω_r。

4-5 假设反馈控制系统的设计指标要求是，其阶跃响应的最大超调量小于 10%，则对应的闭环谐振峰值应为多少？

4-6 假设某二阶系统的设计指标要求是，其阶跃响应的最大超调量 $M_p \leqslant 16\%$，调整时间 $t_s \leqslant 1$（$\Delta=2\%$），则对应的开环幅值穿越频率 ω_c 应为多少？

4-7 绘制下列系统的 Bode 图。

（1）$G_k(s)=\dfrac{10(0.5+s)}{s^2(2+s)}$

（2）$G_k(s)=\dfrac{10(0.02s+1)}{s(s^2+4s+100)}$

（3）$G_k(s)=\dfrac{10}{s(2s+1)(s^2+0.5s+1)}$

4-8 单位反馈系统的开环对数幅频特性的渐近线如图 4-53 所示，试确定系统的开环传递函数，并求出系统在单位阶跃作用下的稳态误差。

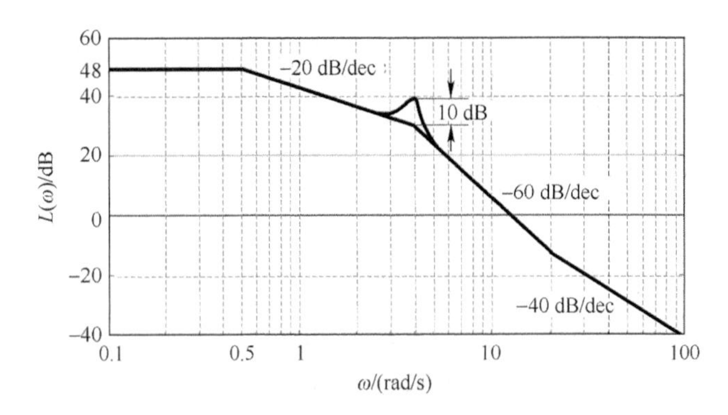

图 4-53 习题 4-8 图

4-9 已知最小相系统的开环对数幅频特性曲线如图 4-54 所示，试求系统的开环传递函数。

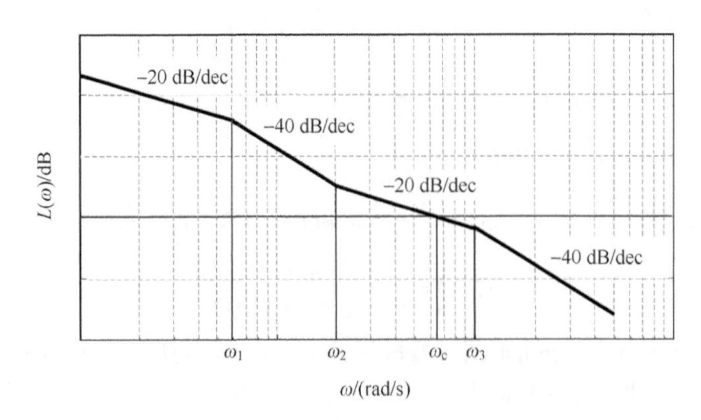

图 4-54 习题 4-9 图

4-10　某系统传递函数 $G(s)=\dfrac{K(0.5s+1)(as+1)}{s(0.125s+1)(bs+1)(1+s/40)}$，对应的对数幅频特性渐近线如图 4-55 所示，试确定 K、a、b 的值。

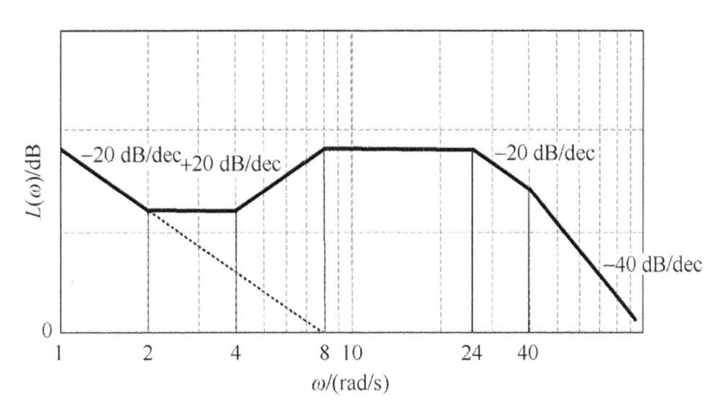

图 4-55　习题 4-10 图

4-11　考虑图 4-56 所示的非单位反馈控制系统，试绘制系统的开环 Bode 图，并确定使开环幅频特性为 0 dB 的相角。

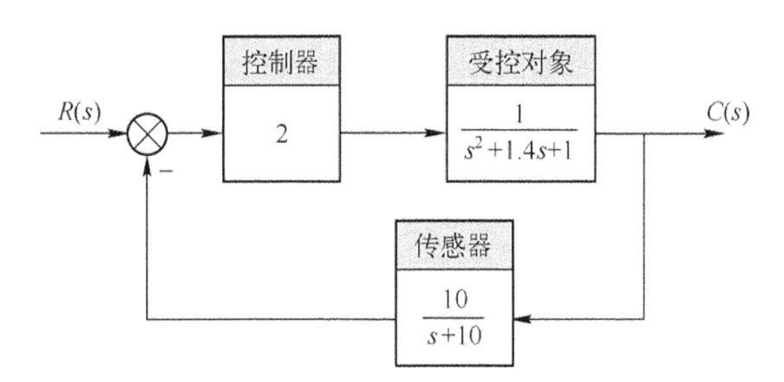

图 4-56　习题 4-11 图

4-12　已知下列系统的开环传递函数：

（1）$G(s)=\dfrac{10}{(s+1)(10s+1)}$

（2）$G(s)=\dfrac{10(20s+1)}{(s+1)(10s+1)}$

（3）$G(s)=\dfrac{10}{s(0.2s+1)(0.5s+1)}$

（4）$G(s)=\dfrac{10}{s(0.2s+1)}$

（5）$G(s)=\dfrac{10}{s^2(0.2s+1)}$

（6）$G(s)=\dfrac{10}{s^2(0.2s+1)(0.5s+1)}$

试根据 Nyquist 图的一般形状特点，指出图 4-57 中各开环 Nyquist 图与上述开环传递函数的对应关系。

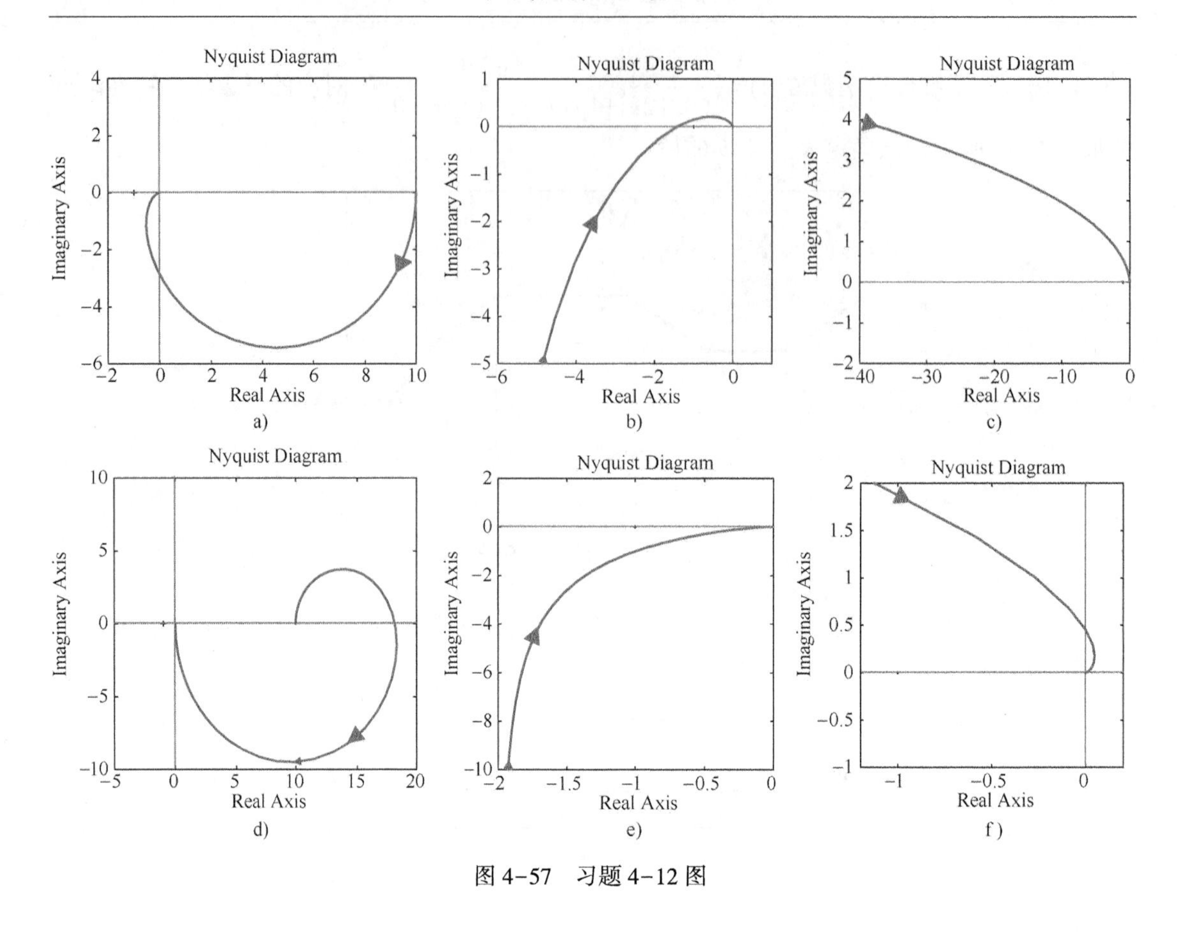

图 4-57　习题 4-12 图

第5章　控制系统的稳定性

［学习要求］：

- 理解系统稳定性的定义；
- 掌握系统稳定的充分必要条件；
- 熟练运用劳斯判据和奈奎斯特判据判断闭环系统的稳定性；
- 掌握通过求解相位裕度和幅值裕度，量化分析系统的相对稳定性。

系统的稳定性是自动控制系统能否在实际中应用的首要条件，也是反映控制系统性能的重要指标之一。因此，分析控制系统的稳定性是经典控制理论的重要内容之一。本章着重介绍线性定常系统稳定性的分析以及提高系统相对稳定性的方法。

首先，介绍系统稳定性的基本概念，给出稳定性的定义，推导出系统稳定的充分必要条件和系统稳定的必要条件。其次，详细阐述劳斯判据和奈奎斯特判据的基本原理、稳定性判断方法和应用。最后，引入稳定裕度的概念，通过相位裕度和幅值裕度的计算，获得量化分析以及提高系统相对稳定性的方法。

5.1　稳定性的基本概念

5.1.1　系统的稳定性

控制系统在实际运行过程中，总会受到外界和内部某些因素的扰动，例如，负载或电源的扰动、环境温度的改变、系统结构参数的变化等。如果系统稳定，当受到扰动时，系统平衡状态被打破，但是经过动态调整过程后，系统能够恢复到平衡状态；如果系统不稳定，即使扰动消除，系统也无法恢复到原来的平衡状态。而系统能够稳定工作是非常重要的先决条件。

第1章图1-12a所示的蒸汽机离心调速系统，由离心机构、比较机构和转换机构组成，是闭环控制系统。当蒸汽机工作时，由于外部负载的扰动，蒸汽机的输出转速发生变化，反馈环节离心机构的张开角度也会随之发生变化，从而带动比较机构的滑筒上升或下降，通过转换机构的杠杆，调节进气阀门的开合，使蒸汽进气量的大小得到调节。对于稳定的系统，通过离心调速器的反馈控制，蒸汽机的输出转速能够恢复到期望值。但是，由于离心机构的惯性作用，会导致蒸汽机实际输出转速围绕期望值发生振荡。具体而言，当输出转速达到期望值时，由于惯性作用，离心机构带动滑筒继续上升或下降，导致输出转速围绕期望值产生振荡。

那么，系统输出量围绕期望值的振荡趋势可能会出现收敛的、发散的、持续振荡等不同状态。系统稳定与否，需要通过稳定性判据预先判断。

5.1.2　稳定性的定义

系统的稳定性定义为，处于某一平衡状态的系统，当受到外界或内部因素的扰动时，系统偏离平衡状态，当扰动消失后，经过足够长的时间，如果系统能够恢复到原来的平衡状态，或进入新的平衡状态，则系统是稳定的；否则，如果系统不能恢复到平衡状态，则系统是不稳定的。稳定性是系统自身的一种固有特性，与外界输入无关，对于线性系统，稳定性只取决于系统自身的结构参数，而与初始条件以及外部作用无关。

一个处于平衡状态的线性系统，因受到外界扰动作用偏离了原平衡状态，不论扰动引起的初始偏差有多大，当扰动消除后，系统能够恢复到原平衡状态，则这种系统就称作大范围稳定的系统。如果系统受到外界扰动后，只有当扰动引起的初始偏差小于某一范围时，系统才能在扰动消除后恢复到原平衡状态，则这种系统就称为小范围稳定的系统。那么，对于稳定的线性系统，必然在大范围内和小范围内都能够稳定，只有非线性系统才可能有小范围稳定而大范围不稳定的情况。当然，这种纯线性系统在实际中是不存在的，实际的线性系统大多是经过“小偏差”线性化处理后得到的。因此，用线性微分方程来分析系统的稳定性，只限于扰动引起的初始偏差小于某一微小范围的小范围稳定的系统，这一类问题属于“小偏差”稳定性问题。本章讨论线性系统的稳定性问题，从理论分析的角度研究大范围稳定的系统，但是当考虑其所对应的实际物理系统时，还是要假设扰动引起的初始偏差不超出系统的线性化范围。

上述定义的系统的稳定性，也称为渐近稳定性。渐近稳定性是稳定的线性定常系统的一种特性，即线性定常系统如果稳定，就一定是渐近稳定的。因此，如果不加以说明，本章所讨论的稳定性均指渐近稳定性。

5.1.3 系统稳定的条件

系统的稳定性定义表明，系统的稳定性与外界条件无关，只取决于系统自身的固有特性，与输入和扰动等外在激励无关。若要判断系统的稳定性，就需要从理论上将系统抽象成数学模型，从模型中推导出传递函数，根据传递函数中的参数分析系统稳定的条件。

1. 系统稳定的充分必要条件

设线性系统在初始条件为零时，一个单位脉冲信号 $\delta(t)$ 作用于系统，这相当于系统在零位置平衡状态时，受到一个脉冲扰动，那么系统偏离平衡状态，产生一个输出，为单位脉冲响应 $x_o(t)$。如果 $x_o(t)$ 随着时间的推移趋近于零，即 $\lim_{t\to\infty}x_o(t)=0$，则该系统是稳定的；如果 $x_o(t)$ 随着时间的推移而不断增大，即 $\lim_{t\to\infty}x_o(t)=\infty$，则该系统是不稳定的。

下面引入系统的传递函数，通过求解单位脉冲响应 $x_o(t)$ 来推导出系统稳定的充分必要条件。图 5-1 为闭环控制系统的框图，那么该系统的闭环传递函数为

$$\Phi(s)=\frac{X_o(s)}{X_i(s)}=\frac{G(s)}{1+G(s)H(s)} \tag{5-1}$$

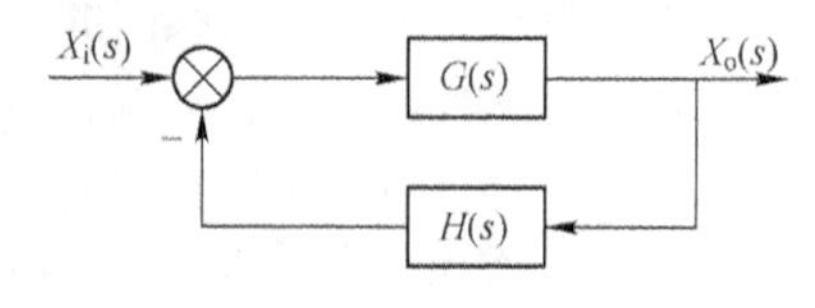

图 5-1 闭环控制系统框图

在一般情况下，$G(s)$ 与 $H(s)$ 都是关于 s 的多项式之比，因此闭环传递函数 $\Phi(s)$ 可以表示成关于 s 的多项式之比，并且分子、分母可以表示为因式乘积的形式，即

$$\Phi(s)=\frac{M(s)}{D(s)}=\frac{b_0s^m+b_1s^{m-1}+\cdots+b_{m-1}s+b_m}{a_0s^n+a_1s^{n-1}+\cdots+a_{n-1}s+a_n}=\frac{K\prod\limits_{i=1}^{m}(s-z_i)}{\prod\limits_{j=1}^{n}(s-p_j)},\quad n\geqslant m \tag{5-2}$$

式中，$K=b_0/a_0$；z_i 为 $M(s)=0$ 的根，是闭环零点；p_j 为 $D(s)=0$ 的根，是闭环极点或者称为闭环特征方程 $D(s)=0$ 的特征根。

由于单位脉冲函数 $\delta(t)$ 的拉氏变换为 1，并设系统为欠阻尼状态 $0<\xi<1$，所以系统输出的拉氏变换为

$$X_o(s)=\sum_{j=1}^{q}\frac{A_j}{s-p_j}+\sum_{k=1}^{r}\frac{B_k s+C_k}{s^2+2\xi_k\omega_k s+\omega_k^2} \tag{5-3}$$

式中，系数 A_j 是 $X_o(s)$ 在闭环实数极点 s_j 处的留数，可按下式计算：

$$A_j=\lim_{t\to\infty}(s-p_j)X_o(s),\quad j=1,2,\cdots,q$$

B_k 和 C_k 是 $X_o(s)$ 在闭环复数极点 $s=-\xi_k\omega_k\pm j\omega_k\sqrt{1-\xi_k^2}$ 处与留数有关的常系数。

设初始条件为零，将式（5-3）进行拉氏反变换，可得系统的单位脉冲响应为

$$\begin{aligned}x_o(t)=&\sum_{j=1}^{q}A_j e^{p_j t}+\sum_{k=1}^{r}B_k e^{-\xi_k\omega_k t}\cos(\omega_k\sqrt{1-\xi_k^2})t+\\&\sum_{k=1}^{r}\frac{C_k-B_k\xi_k\omega_k}{\omega_k\sqrt{1-\xi_k^2}}e^{-\xi_k\omega_k t}\sin(\omega_k\sqrt{1-\xi_k^2})t,\quad t\geqslant 0\end{aligned} \tag{5-4}$$

分析式（5-4）可知，若要满足系统的稳定性，那么随着时间的推移，当时间趋于无穷大时，系统的响应必须收敛于零，即 $\lim\limits_{t\to\infty}x_o(t)=0$，等式（5-4）右边各指数项必须呈衰减变化趋势，即 p_j 和 $-\xi_k\omega_k$ 必须为负实数。而 p_j 和 $-\xi_k\omega_k$ 又分别是该系统闭环传递函数的实数极点和复数极点的实部，因此，当且仅当系统的特征根全部具有负实部时，系统是稳定的。相反，若系统的特征根中有一个或一个以上的正实数根或复数根的实部为正，则当时间趋于无穷大时，该系统的输出也会趋向于无穷大，即 $\lim\limits_{t\to\infty}x_o(t)=\infty$，那么系统是不稳定的。还有一种特殊情况，若系统的特征根中有一个或一个以上的零实数根或复数根的实部为零，其余的特征根均为负实数或具有负实部，则系统的输出趋于常数或呈等幅正、余弦振荡，那么系统为临界稳定状态，即处于稳定和不稳定的临界状态。

由此得出，系统稳定的充分必要条件是，闭环系统特征方程的所有特征根均具有负实部，也可描述为，系统闭环传递函数的极点均位于［s］平面的左半平面。如果不满足这个条件，则系统是不稳定的。

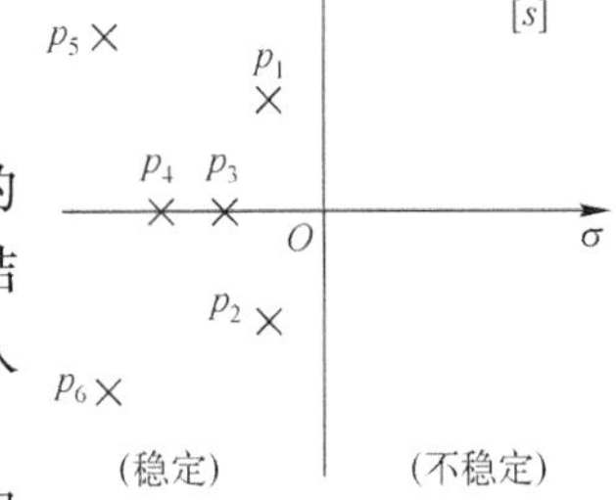

图 5-2　系统的极点在［s］平面的分布

根据线性系统稳定的充分必要条件，不难得出以下结论：

1）线性系统的稳定性仅与其闭环极点在［s］平面上分布的位置有关，如图 5-2 所示，而这种分布位置仅仅取决于系统的结构与参数，因此，系统的稳定性是自身的固有特性，与外部输入信号无关。

2）稳定的线性系统对幅值有界的激励的响应必然是幅值有界的，这是由于响应过程的瞬态响应分量随时间的推移最终衰减为零。

3）如果线性系统有一个或一个以上的闭环极点位于［s］平面的虚轴上，其余极点分布在［s］平面的左半平面，则系统处于临界稳定状态，从工程实际角度看，一般认为这种临界稳定也属于不稳定状态。

2. 系统稳定的必要条件

根据式（5-2），令闭环传递函数的分母为零，得到闭环特征方程如下：

$$D(s)=a_0s^n+a_1s^{n-1}+\cdots+a_{n-1}s+a_n=0 \tag{5-5}$$

式中，$a_0, a_1, \cdots, a_n$ 为特征方程的系数，将系数 a_0 提取出来，并将方程左边写成因式乘积的形式，即

$$\begin{aligned} D(s) &= a_0\left(s^n+\frac{a_1}{a_0}s^{n-1}+\cdots+\frac{a_{n-1}}{a_0}s+\frac{a_n}{a_0}\right) \\ &= a_0(s-p_1)(s-p_2)\cdots(s-p_n)=0 \end{aligned} \tag{5-6}$$

式中，$p_1, p_2, \cdots, p_n$ 为特征根，根据高阶代数方程根与系数的关系，可得如下结果：

$$\begin{aligned} \frac{a_1}{a_0} &= (-1)^1\sum_{i=1}^{n}p_i \\ \frac{a_2}{a_0} &= (-1)^2\sum_{i,j=1}^{n}p_ip_j \\ \frac{a_3}{a_0} &= (-1)^3\sum_{i,j,k=1}^{n}p_ip_jp_k \\ &\vdots \\ \frac{a_n}{a_0} &= (-1)^n\prod_{i=1}^{n}p_i \end{aligned} \tag{5-7}$$

若要使系统的全部特征根均具有负实部，则必须满足以下条件：

1）特征方程的各项系数 a_i 均不为零。

2）特征方程的各项系数 a_i 都必须具有相同的符号。

所以系统稳定的必要条件是，特征方程的各项系数具有相同的符号，并且系数不为零。在实际应用中，一般取 $a_0>0$，那么特征方程的各项系数均为正，即 $a_i>0$ 是满足系统稳定的必要条件。那么在判断系统稳定性之前，可预先检查一下系统特征方程的系数是否满足系统稳定的必要条件，如果满足，则进一步判断系统是否满足稳定的充分必要条件。如果特征方程的系数中有异号系数或零系数，则直接得出结论，此系统不稳定。

例 5-1 某单位反馈系统，其开环传递函数如下，试判断闭环系统的稳定性。

$$G(s)=\frac{K}{s(Ts+1)},\quad K>0, T>0$$

解 该系统的闭环传递函数为

$$G(s)=\frac{K}{Ts^2+s+K}$$

闭环特征方程如下：

$$Ts^2+s+K=0$$

由于方程中的系数 T 和 K 均大于零，所以满足系统稳定的必要条件。进一步求解方程的特征根为

$$p_{1,2}=\frac{-1\pm\sqrt{1-4TK}}{2T}$$

当 $TK<1/4$ 时，特征方程有两个不等的负实根；当 $TK=1/4$ 时，特征方程有两个相等的负实根；当 $TK>1/4$ 时，特征方程有一对共轭复根，并且均具有负实部。通过以上分析得出结论，该系统特征根均为负实根或实部为负数，满足稳定的充分必要条件，系统是稳定的。

根据系统稳定的充分必要条件，若要判断系统是否稳定，直接的方法是求解特征方程的根，进而判断特征根实部符号的正负，来确定系统是否稳定。对于一、二阶系统，可以通过直接求解特征根来判断系统是否稳定。然而，对于三阶以上的系统，求特征方程的根是非常麻烦的，往往需要利用计算机编程解算。因此，希望利用闭环特征方程的系数与根的关系或者利用数学模型的几何特性，获得系统稳定的依据。常用的稳定性判别方法有以下几种。

1）劳斯（Routh）判据：这是一种代数判据，利用闭环特征方程的系数建立劳斯阵列，根据劳斯阵列中元素符号的正负，来判断系统是否稳定。

2）赫尔维茨（Hurwitz）判据：这也是一种代数判据，利用闭环特征方程的系数，按照一定的规则构成赫尔维茨行列式，根据行列式各元素的符号正负，来判断系统是否稳定。由于赫尔维茨判据需要对行列式的元素进行计算，所以对于高阶系统，计算过程较为复杂，该判据更适用于低阶系统。

劳斯判据与赫尔维茨判据都是利用闭环特征方程的系数与根的关系来判断闭环系统的稳定性，有相同之处，都属于代数判据，所以也可以将两个判据联合称为劳斯-赫尔维茨判据。

3）奈奎斯特（Nyquist）判据：这是一种在复变函数理论基础上建立的几何判据。利用 Nyquist 图和 Bode 图中的开环频率特性曲线的几何形态和演变规律，来判断系统是否稳定。

4）李雅普诺夫（Lyapunov）方法：上述几种方法主要适用于线性系统稳定性的判断，而李雅普诺夫方法不仅适用于线性系统，更适用于非线性系统稳定性的判断。该方法是利用李雅普诺夫函数的特征来确定系统的稳定性。

本章主要介绍劳斯判据和奈奎斯特判据。

5.2　劳斯判据

劳斯于 1877 年提出稳定性判据，该判据不必求解微分方程，只要将闭环特征方程的系数按照一定的代数运算规则进行计算并将计算结果填入劳斯阵列，根据劳斯阵列中第一列元素的符号的正负来判断系统是否稳定。

5.2.1　劳斯阵列的建立

设线性系统的特征方程为

$$a_0s^n+a_1s^{n-1}+\cdots+a_{n-1}s+a_n=0 \tag{5-8}$$

根据特征方程的系数构成劳斯阵列如下：

$$\begin{array}{c|ccccc}
s^n & a_0 & a_2 & a_4 & a_6 & \cdots \\
s^{n-1} & a_1 & a_3 & a_5 & a_7 & \cdots \\
s^{n-2} & b_1 & b_2 & b_3 & b_4 & \cdots \\
s^{n-3} & c_1 & c_2 & c_3 & c_4 & \cdots \\
\vdots & \vdots & \vdots & \vdots & \vdots & \\
s^2 & d_1 & d_2 & & & \\
s^1 & e_1 & & & & \\
s^0 & f_1 & & & &
\end{array} \tag{5-9}$$

劳斯阵列构成的规则如下：

1）以一条竖线将劳斯阵列分成左右两边，竖线左边 $s^n, s^{n-1}, \cdots, s^1, s^0$ 表示特征方程各次项对应的位置，仅作为行的标识符。

2）竖线右边的第一行和第二行各元素由特征方程的各项系数构成，由 s 的最高次幂项系数开始，奇数项系数依次填入第一行，偶数项系数依次填入第二行，如果第二行最后一个系数不存在，则用零替补。

3）从劳斯阵列的第三行开始到最后一行对应的各个元素由第一行和第二行系数经过代数运算获得，代数运算规则为，计算式的分母为上一行第一列元素，分子为上两行对应四个元素对角乘积之差，每一行一直计算到元素值等于零为止，计算过程一直持续到最后一行为止。元素的计算式如下：

$$\begin{aligned}
b_1 &= \frac{a_1a_2-a_0a_3}{a_1} \\
b_2 &= \frac{a_1a_4-a_0a_5}{a_1} \\
b_3 &= \frac{a_1a_6-a_0a_7}{a_1} \\
&\vdots \\
c_1 &= \frac{b_1a_3-a_1b_2}{b_1} \\
c_2 &= \frac{b_1a_5-a_1b_3}{b_1} \\
c_3 &= \frac{b_1a_7-a_1b_4}{b_1} \\
&\vdots
\end{aligned} \tag{5-10}$$

为了简化代数值的计算，可以在劳斯阵列构造之前，先化简特征方程的系数，再构造劳斯阵列各个元素，这不会改变系统稳定性的结论。

5.2.2 劳斯判据的定义

劳斯判据：如果劳斯阵列中的第一列元素的符号全部为正，则系统稳定；否则，如果第一列出现符号为负的元素，则系统不稳定。并且劳斯阵列第一列元素符号改变的次数等于特征方程含有正实部特征根的个数，即不稳定根的个数。

例 5-2 设闭环控制系统的特征方程如下，试判断该系统的稳定性。

$$s^5+6s^4+2s^3+3s^2+2s+6=0$$

解 特征方程的系数的符号全部为正，满足系统稳定的必要条件。

构造劳斯阵列如下：

$$\begin{array}{c|ccc}
s^5 & 1 & 2 & 2 \\
s^4 & 6 & 3 & 6 \\
s^3 & \dfrac{3}{2} & 1 & 0 \\
s^2 & -1 & 6 & 0 \\
s^1 & 10 & 0 & \\
s^0 & 2 & &
\end{array}$$

劳斯阵列第一列有一个元素的符号为负，根据劳斯判据，系统不稳定。并且，劳斯阵列第一列元素符号正负变化两次，所以该系统有两个不稳定的根。

5.2.3　劳斯判据的几种特殊情况

在应用劳斯判据判别系统稳定性时，会遇到以下两种特殊情况：

（1）劳斯阵列中第一列某个元素的值为零，而其他各元素不为零，或不全为零

遇到这种情况时，首先可以用一个任意小的正数 ε 代替这个值为零的元素，然后继续进行代数计算产生其他元素，构造劳斯阵列。这样处理的原因是，劳斯阵列第一列中出现值为零的元素，零无法作为分母参与代数计算产生下一行元素，为了克服这个问题，用 ε 代替零。尽管这样做会使特征方程的系数有一个很小的变动，只要系数变动足够小，那么特征根在［s］平面上虚轴左半平面或右半平面分布的情况几乎不变。

例 5-3　某系统的特征方程如下，试用劳斯判据判断该系统的稳定性。

$$s^4+3s^3+4s^2+12s+6=0$$

解　特征方程的系数的符号全部为正，满足系统稳定的必要条件。

构造劳斯阵列如下，第三行第一个元素为零，用 ε 代替零，计算其余元素。

$$\begin{array}{c|ccc}
s^4 & 1 & 4 & 6 \\
s^3 & 3 & 12 & 0 \\
s^2 & 0\leftarrow\varepsilon & 16 & 0 \\
s^1 & \dfrac{12\varepsilon-48}{\varepsilon} & 0 & \\
s^0 & 16 & &
\end{array}$$

令 $\varepsilon\to0$，劳斯阵列第一列 s^1 行的元素 $\dfrac{12\varepsilon-48}{\varepsilon}<0$，所以该系统不稳定。劳斯阵列第一列元素符号正负变化两次，所以得到初步结论，该系统有两个不稳定的根。进一步将特征方程写成因式乘积的形式如下：

$$\begin{aligned}&s^4+3s^3+4s^2+12s+6\\&=(s+2)^2\left(s-0.5+\mathrm{j}\,\frac{\sqrt{15}}{2}\right)\left(s-0.5-\mathrm{j}\,\frac{\sqrt{15}}{2}\right)\end{aligned}$$

可以清楚地看出，特征方程有一对实部为正的共轭复根 $s_{1,2}=0.5\pm\mathrm{j}\,\dfrac{\sqrt{15}}{2}$，导致系统不稳定。

需要注意的是，如果特征方程存在共轭虚根，即极点在［s］平面虚轴上，那么用 ε 代替零元素，可能无法得到正确的判断结果，需要具体求解特征根来进一步判断。

（2）劳斯阵列中某一行元素全部为零，其余行元素不为零

遇到这种情况，可以做如下处理：

1）如果劳斯阵列中第 k 行元素全为零，那么用 $k-1$ 行元素构造辅助方程，辅助方程的最高阶次为 $n-k+2$，按照降幂排列，s 的幂次递降 2。

2）对辅助方程求一阶微分，获得新的方程，该方程的系数用于替换 k 行的元素零，继续进行代数计算获得其他行的元素，构造劳斯阵列。

3）根据劳斯判据判断系统的稳定性，并且求解辅助方程，获得部分特征根，判断其符

号，验证系统稳定性的结论。

例 5-4 某系统的特征方程如下，试用劳斯判据判断该系统的稳定性。

$$s^5+2s^4+24s^3+48s^2-25s-50=0$$

解 首先，该特征方程中出现 2 个系数符号为负，不满足系统稳定的必要条件，因此可初步判断该系统不稳定。

其次，构造劳斯阵列如下：

$$\begin{array}{c|ccc} s^5 & 1 & 24 & -25 \\ s^4 & 2 & 48 & -50 \\ s^3 & 0 & 0 & 0 \end{array}$$

当计算到 s^3 行时，出现该行元素全部为零的情况，那么替换 0 元素的步骤如下：

1）用上一行 s^4 行的元素构造辅助方程：

$$2s^4+48s^2-50=0$$

2）对辅助方程求导，得到方程如下：

$$8s^3+96s=0$$

化简系数，得到

$$s^3+12s=0$$

用该方程的系数 1 和 12 替换零行的元素，继续计算剩余行的元素，构造劳斯阵列如下：

$$\begin{array}{c|ccc} s^5 & 1 & 24 & -25 \\ s^4 & 2 & 48 & -50 \\ s^3 & 0\leftarrow 1 & 0\leftarrow 12 & 0 \\ s^2 & 24 & -50 & \\ s^1 & 14.1 & & \\ s^0 & -50 & & \end{array}$$

3）观察第一列元素的符号，出现一个负号的元素，该系统不稳定，并且符号变化一次，有一个不稳定根。

求解辅助方程 $2s^4+48s^2-50=0$，得到特征根为 $s_{1,2}=\pm1$，$s_{3,4}=\pm j5$，表明，有一个特征根 $s=1$ 位于［s］平面的右边，引起系统不稳定，而另外一对共轭复根位于［s］平面的虚轴上，对应系统的临界稳定状态。综合分析，该系统不稳定。

劳斯阵列中某一行元素全部为零，表明特征方程的根会出现以下几种情况：

- 特征方程中至少存在一对符号相反的实根。
- 特征方程中至少存在一对或多对共轭虚根。
- 特征方程中存在以虚轴为对称的两对共轭复根。

共轭虚根对应着系统临界稳定的状态，因此在设计系统时，也可以利用某一行元素全部为零的条件，来求解系统稳定的临界值。

5.2.4 劳斯判据的应用

应用劳斯判据不但可以判断闭环系统的稳定性，以及对于不稳定的系统，确定不稳定根的个数，而且还能够确定满足闭环系统稳定的主要参数的取值范围、确定系统处于稳定边界的参数取值、分析主要参数对系统稳定性的影响，以及为了满足闭环系统的相对稳定性，判断系统特征根位于［s］平面 $s=-a$（a 为大于 0 的常数）左侧或右侧的数量，为闭环控制系统的设计与性能分析提供参考。

例 5-5　已知一个单位反馈系统，开环传递函数如下，试用劳斯判据确定使系统稳定的 K 值范围。

$$G(s)=\frac{K}{s(s^2+s+1)(s+2)}$$

解　构造系统的闭环传递函数为

$$\Phi(s)=\frac{G(s)}{1+G(s)}=\frac{K}{s(s^2+s+1)(s+2)+K}$$

系统的闭环特征方程为

$$s^4+3s^3+3s^2+2s+K=0$$

构造劳斯阵列如下：

$$\begin{array}{c|ccc} s^4 & 1 & 3 & K \\ s^3 & 3 & 2 & 0 \\ s^2 & \frac{7}{3} & K & \\ s^1 & 2-\frac{9}{7}K & 0 & \\ s^0 & K & & \end{array}$$

根据劳斯判据，满足系统稳定的条件是，劳斯阵列第一列元素符号全部为正，即

$$\begin{cases} K>0 \\ 2-\frac{9}{7}K>0 \end{cases}$$

最后求得，使系统稳定的 K 值范围为 $0<K<\frac{14}{9}$。

例 5-6　已知闭环控制系统的框图如图 5-3 所示，已知参数 $\xi=0.2$，$\omega_n=86.6$。

（1）试确定满足闭环系统稳定的 T 的取值范围。

（2）如果要求闭环特征根全部位于［s］平面 $s=-1$ 的左侧，问 T 的取值范围多大？

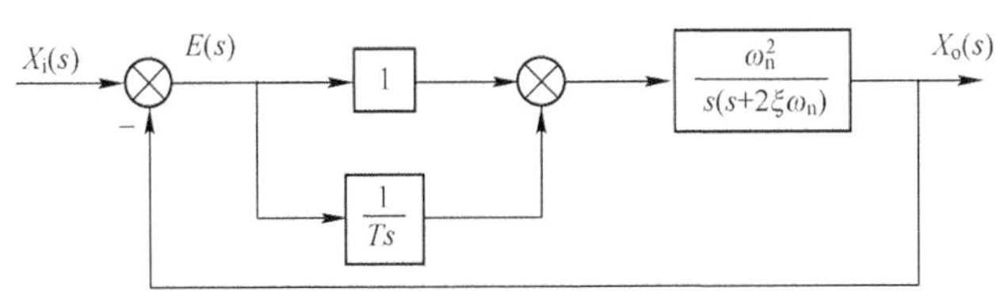

图 5-3　例 5-6 系统框图

解　（1）根据系统框图，系统的闭环传递函数为

$$\Phi(s)=\frac{\omega_n^2(Ts+1)}{Ts^2(s+2\xi\omega)+\omega_n^2(Ts+1)}$$

闭环特征方程为

$$Ts^3+2\xi\omega_n Ts^2+T\omega_n^2 s+\omega_n^2=0$$

将参数 $\xi=0.2$，$\omega_n=86.6$ 代入特征方程，得到

$$Ts^3+34.6Ts^2+7500Ts+7500=0$$

构造劳斯阵列如下：

$$\begin{array}{c|cc} s^3 & T & 7500T \\ s^2 & 34.6T & 7500 \\ s^1 & 7500T-216.8 & 0 \\ s^0 & 7500 & \end{array}$$

若要满足闭环系统稳定，要求劳斯阵列第一列元素大于零，即满足

$$\begin{cases} T>0 \\ 7500T-216.8>0 \end{cases}$$

确定 T 的取值范围为 $T>0.029$。

（2）令 $s=z-1$，将其代入原特征方程，得到

$$T(z-1)^3+34.6T(z-1)^2+7500T(z-1)+7500=0$$

化简该方程，得到

$$Tz^3+31.6Tz^2+7433.8Tz+7500-7466.4T=0$$

根据新的特征方程，构造劳斯阵列如下：

$$\begin{array}{c|cc} z^3 & T & 7433.8T \\ z^2 & 31.6T & 7500-7466.4T \\ z^1 & 7699.8T-237 & 0 \\ z^0 & 7500-7466.4T & \end{array}$$

若要满足闭环系统稳定，要求劳斯阵列第一列元素大于零，即满足

$$\begin{cases} T>0 \\ 7699.8T-237>0 \\ 7500-7466.4T>0 \end{cases}$$

最后确定满足闭环特征根全部位于［s］平面 $s=-1$ 的左侧，T 的取值范围为 $0.031<T<1$。

劳斯判据是一种用解析方法判断系统稳定性的代数判据，既适用于判断闭环系统的稳定性，也可判断开环系统以及系统中部分环节组成的子系统的稳定性，只要在分析时采用各自对应的特征方程即可。劳斯判据的优势是无须直接求解微分方程，直接利用闭环特征方程的系数进行简单的代数计算构成劳斯阵列，依据系统稳定的充分必要条件判断闭环系统的稳定性。劳斯判据的不足之处是只能判断闭环系统稳定与否，以及导致系统不稳定的特征根的数目，但是无法确定系统的稳定程度，以及无法建立衡量系统稳定程度的量化指标。

5.3 奈奎斯特判据

奈奎斯特判据是由奈奎斯特于 1932 年提出的。奈奎斯特判据是一种基于开环系统的频率特性图，即 Nyquist 图，来判断闭环系统稳定性的频域判据。应用奈奎斯特判据无须求解闭环系统的特征根，而是根据系统开环频率特性曲线在极坐标中的分布位置和展开方向，获得与特征根分布位置的映射关系，从而判断闭环系统稳定与否。该判据的优势在于，当系统的传递函数或系统中某些环节的传递函数未知时，可以通过实验方法获得对应的频率特性曲

线，进而判断闭环系统的稳定性，因此奈奎斯特判据的应用更加广泛。

奈奎斯特判据是一种几何判据，那么几何判据可以解决代数判据无法获得系统相对稳定性的问题。因为代数判据只能获得系统的特征根分布在［s］平面虚轴左边或右边的信息，判断系统稳定与不稳定，但是应用代数判据无法了解系统结构参数对稳定性的影响。而应用几何判据能够揭示系统结构参数对系统稳定性的影响，并通过稳定裕度计算对相对稳定性进行量化分析。因此，奈奎斯特判据能提供进一步提高和改善系统动态特性以及稳定性的途径。接下来详细介绍奈奎斯特判据的原理。

5.3.1　奈奎斯特判据的数学基础

根据系统稳定的充分必要条件，系统的稳定性取决于系统特征根在［s］平面的分布位置，如果有特征根分布于［s］平面虚轴的右边，则闭环系统是不稳定的。因此简单来讲，分析是否有特征根分布于［s］平面虚轴的右边，就可以判断系统是否稳定，这就是奈奎斯特判据的思路。

奈奎斯特判据的数学基础是复变函数中的辐角定理。设 $F(s)$ 是复变函数，s 是自变量，$F(s)$ 与 s 之间存在着函数的映射关系，这种映射关系可以通过几何方法来描述。在复域内取两个复平面，分别为［s］平面和［F］平面，那么 $F(s)$ 与 s 的映射关系可以通过两个平面轨迹的映射关系来揭示，而奈奎斯特判据就是利用这种映射轨迹的辐角关系获得特征根分布位置的信息，揭示这种映射关系依据的是辐角定理。

1. 辐角定理（柯西定理）

设有一个复变函数

$$F(s)=\frac{K(s-z_1)(s-z_2)\cdots(s-z_m)}{(s-p_1)(s-p_2)\cdots(s-p_n)},\quad n\geqslant m \tag{5-11}$$

式中，s 为复变量，表示为 $s=\sigma+\mathrm{j}\omega$；复变函数 $F(s)$ 表示为 $F(s)=\mu+\mathrm{j}v$；z_i 与 p_i 为 $F(s)$ 的零点和极点。

设 $F(s)$ 为单值复变函数，其零点 z_i 和极点 p_i 分布在［s］平面内，如图 5-4a 所示；在［s］平面上的解析点 s_i 对应的映射点 $F(s_i)$ 分布于［F］复平面内，如图 5-4b 所示。若在［s］平面上任取一条封闭曲线 L_s，该曲线不经过 $F(s)$ 的奇点，则在［F］平面上必然有一条映射曲线 L_F 与之对应。

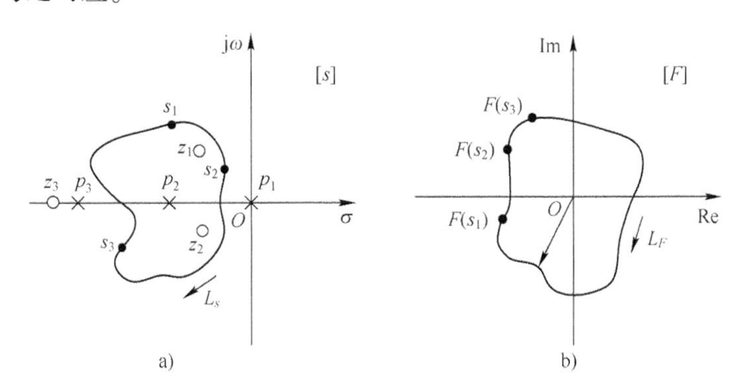

图 5-4　［s］平面与［F］平面的映射关系

a)［s］平面　b)［F］平面

令［s］平面上自变量 s 作为动点顺时针沿着曲线 L_s 运动一周，因为 $F(s)$ 为单值复变函数，并且动点 s 的运动具有连续性且不经过 $F(s)$ 的奇点，所以向量 $F(s)$ 在［F］平面以原点为中心顺时针旋转一圈，即映射曲线 L_F 顺时针包围原点一圈。而［F］平面上映射曲线 L_F 包围原点的圈数与［s］平面上 L_s 包围 $F(s)$ 的零点和极点的个数，有唯一的对应关系。具体叙述如下：

若［s］平面上封闭曲线 L_s 包围 $F(s)$ 的 Z 个零点，则［F］平面上映射曲线 L_F 将绕原点顺时针旋转 Z 圈；同理，若［s］平面上封闭曲线 L_s 包围 $F(s)$ 的 P 个极点，则［F］平面上映射曲线 L_F 将绕原点逆时针旋转 P 圈；若［s］平面上封闭曲线 L_s 包围 $F(s)$ 的 Z 个零点和 P 个极点，则［F］平面上映射曲线 L_F 将绕原点顺时针旋转的圈数为 N，并且有

$$N=Z-P \tag{5-12}$$

当 L_F 顺时针包围原点 N 圈时，$N>0$；当 L_F 逆时针包围原点 N 圈时，$N<0$；当 L_F 不包围原点时，$N=0$。

$N=Z-P$ 是依据辐角定理延伸出的结论。在复变函数中辐角定理有严格的数学证明，本书为了便于读者理解，结合几何图形对其原理进行简要说明。复变函数 $F(s)$ 的辐角为

$$\angle F(s)=\sum_{i=1}^{m}\angle(s-z_i)-\sum_{j=1}^{n}\angle(s-p_j) \tag{5-13}$$

通常规定该辐角顺时针方向为负，逆时针方向为正。假设［s］平面上封闭曲线 L_s 包围 $F(s)$ 的一个零点 z_1，其他零点和极点均位于 L_s 之外，当动点 s 顺时针沿着曲线 L_s 运动一周时，向量 $(s-z_1)$ 的相角变化 -2π 弧度，而其他向量 $(s-z_i)$ $(i\neq1)$ 和 $(s-p_j)$ 的相角变化为零，由式（5-13）可知，$F(s)$ 的辐角变化为各个向量相角的代数和，也变化 -2π 弧度，相当于［F］平面上映射曲线 L_F 绕原点顺时针旋转一圈，如图 5-5 所示。

若［s］平面上封闭曲线 L_s 包围 $F(s)$ 的 Z 个零点，当动点 s 沿着曲线 L_s 运动一周时，由式（5-13）可知，$F(s)$ 的辐角变化为 $-2\pi\cdot Z$ 弧度，那么对应于［F］平面上映射曲线 L_F 将绕原点顺时针旋转 Z 圈；同理，若［s］平面上封闭曲线 L_s 包围 $F(s)$ 的 P 个极点，$F(s)$ 的辐角变化为 $2\pi\cdot P$ 弧度，那么对应于［F］平面上映射曲线 L_F 将绕原点逆时针旋转 P 圈；若［s］平面上封闭曲线 L_s 包围 $F(s)$ 的 Z 个零点和 P 个极点，$F(s)$ 的辐角变化为 $2\pi\cdot(Z-P)$ 弧度，那么对应于［F］平面上映射曲线 L_F 将绕原点顺时针旋转 $N=Z-P$ 圈，或逆时针旋转 $N=P-Z$ 圈。

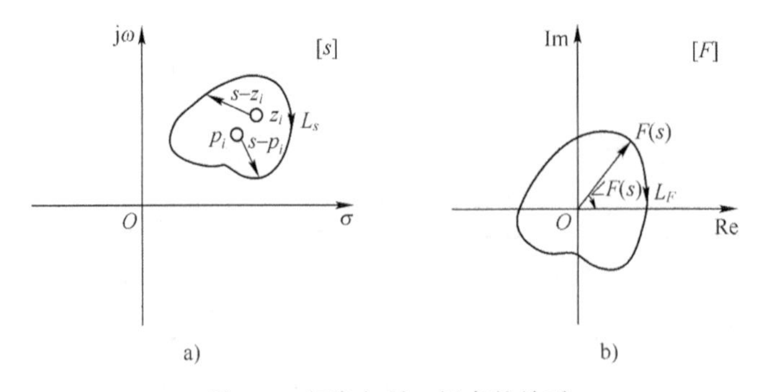

图 5-5 辐角与零、极点的关系

a)［s］平面 b)［F］平面

辐角定理揭示了［s］平面上的封闭曲线 L_s 与［F］平面上映射曲线 L_F 之间辐角变化

的映射关系，而利用辐角定理作为奈奎斯特判据的数学基础，恰恰只关注辐角变化的映射关系，利用这个关系就能为奈奎斯特判据判断系统的稳定性提供依据。

2. 辅助函数 $F(s)$ 与开环、闭环传递函数的零点和极点的关系

如图5-1所示闭环控制系统，该系统的闭环传递函数为

$$\Phi(s)=\frac{G(s)}{1+G(s)H(s)}$$

式中，$G(s)H(s)$ 为系统的开环传递函数，将 $G(s)H(s)$ 表示成如下的形式：

$$G(s)H(s)=\frac{K(s-z_1)(s-z_2)\cdots(s-z_m)}{(s-p_1)(s-p_2)\cdots(s-p_n)}=\frac{K\prod_{i=1}^{m}(s-z_i)}{\prod_{j=1}^{n}(s-p_j)},\quad n\geqslant m \tag{5-14}$$

为了简化推导过程，式中忽略积分环节。引入辅助函数 $F(s)$，令 $F(s)=1+G(s)H(s)$，参照式（5-14），$F(s)$ 可展开如下：

$$F(s)=1+\frac{K\prod_{i=1}^{m}(s-z_i)}{\prod_{j=1}^{n}(s-p_j)}=\frac{\prod_{j=1}^{n}(s-p_j)+K\prod_{i=1}^{m}(s-z_i)}{\prod_{j=1}^{n}(s-p_j)}=\frac{K'\prod_{i=1}^{n}(s-s_i)}{\prod_{j=1}^{n}(s-p_j)} \tag{5-15}$$

通过上述推导可知，辅助函数 $F(s)$ 与闭环传递函数 $\Phi(s)$ 和开环传递函数 $G(s)H(s)$ 之间的零点和极点有着对应关系。具体而言：

1）$F(s)$ 的零点就是闭环传递函数 $\Phi(s)$ 的极点。

2）$F(s)$ 的极点就是开环传递函数 $G(s)H(s)$ 的极点。

辅助函数 $F(s)$ 建立了系统开环极点和闭环极点与 $F(s)$ 零、极点之间的关系，这就为应用辐角定理来获得频域内的系统稳定性判据创造了条件。根据系统稳定的充分必要条件，当闭环传递函数的极点全部位于［s］平面的左半平面时，也就是［s］平面的右半平面没有闭环极点，则闭环系统稳定。那么，判断［s］平面的右半平面是否有闭环极点，就转化为判断［s］平面的右半平面是否有 $F(s)$ 的零点。

3. 映射曲线与开环频率特性曲线的关系

根据辐角定理，［s］平面的右半平面是否有 $F(s)$ 的零点，无须通过求解闭环特征方程的根来判断，因为通过［F］平面上映射曲线 L_F 绕原点旋转的圈数，就可以判断［s］平面右半平面零、极点的分布。$F(s)$ 是便于推导奈奎斯特判据引用的辅助函数，通常能够直接获得的是系统的开环频率特性曲线，根据 $F(s)=1+G(s)H(s)$，令 $s=\mathrm{j}\omega$，可得 $F(\mathrm{j}\omega)=1+G(\mathrm{j}\omega)H(\mathrm{j}\omega)$，那么 $G(\mathrm{j}\omega)H(\mathrm{j}\omega)=F(\mathrm{j}\omega)-1$，$G(\mathrm{j}\omega)H(\mathrm{j}\omega)$ 为系统的开环频率特性，其曲线画在［GH］平面极坐标中，称为Nyquist曲线。$G(\mathrm{j}\omega)H(\mathrm{j}\omega)$ 与 $F(\mathrm{j}\omega)$ 只相差常数1，所以［F］平面上的映射曲线 L_F 与［GH］平面上的开环频率特性曲线 $G(\mathrm{j}\omega)H(\mathrm{j}\omega)$ 的形状完全相同，只是二者沿着实轴方向上相对平移了一个长度单位，［F］平面上的原点对应着［GH］平面上的 $(-1,\mathrm{j}0)$ 点。因此，［F］平面上的映射曲线 L_F 包围原点的圈数等于［GH］平面上的开环频率特性曲线 $G(\mathrm{j}\omega)H(\mathrm{j}\omega)$ 包围 $(-1,\mathrm{j}0)$ 点的圈数，$F(\mathrm{j}\omega)$ 与 $G(\mathrm{j}\omega)H(\mathrm{j}\omega)$ 的平移关系如图5-6所示。

4. $F(s)$ 在［s］平面的虚轴上无极点，封闭曲线 L_s 的确定

奈奎斯特判据的思路是依据［s］平面的右半平面是否有零点，来判断闭环系统是否稳

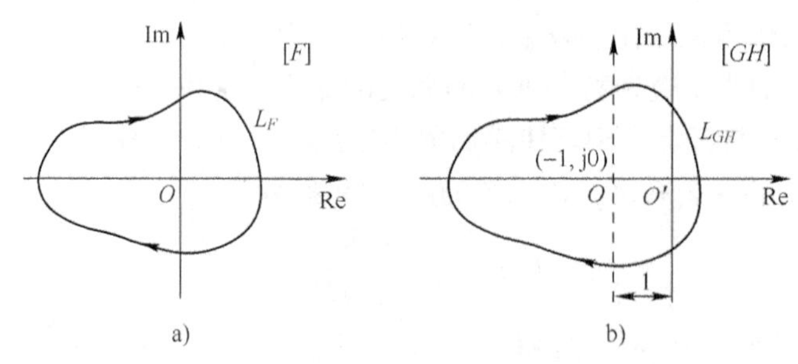

图 5-6 ［F］平面与［GH］平面的平移关系

a)［F］平面 b)［GH］平面

定，那么，如何在［s］平面上选择恰当的封闭曲线 L_s，使它包围整个右半平面？

$F(s)$在［s］平面的虚轴上无极点时，封闭曲线 L_s 的轨迹具体规定如下。

1）正虚轴 $s=\mathrm{j}\omega$：在正虚轴上 $s=\mathrm{j}\omega$，s 的实部为零，虚部的频率为 $\omega=0\to+\infty$，封闭曲线 L_s 沿着虚轴从原点 O 出发到正无穷，构成曲线①。

2）半径为无穷大的圆弧：以原点 O 为圆心，半径为无穷大，沿着顺时针方向画半圆弧 $s=\lim\limits_{R\to\infty}R\mathrm{e}^{\mathrm{j}\theta}$，式中，$R\to\infty$，$\theta=90°\to-90°$，构成曲线②。

3）负虚轴 $s=-\mathrm{j}\omega$：封闭曲线 L_s 沿着负虚轴，从负无穷远运动到原点 O，构成曲线③。

如图 5-7a 所示，分段曲线①、②、③即虚轴和半圆弧构成完整的封闭曲线 L_s，这个半径无穷大的曲线包围了［s］平面的整个右半平面，那么只要封闭曲线 L_s 内包围了 $F(s)$的零点或极点，就等同于这些零点或极点一定分布在［s］平面的右半平面。

封闭曲线 L_s 映射的开环频率特性曲线 $G(\mathrm{j}\omega)H(\mathrm{j}\omega)$如图 5-7b 所示，当 $\omega=-\infty\to+\infty$ 时，曲线从负实轴出发，沿着顺时针方向跨越第二、一、四、三象限回到出发点，曲线运动的圈数由开环辐角变化范围决定，图中给出的开环频率特性曲线没有具体所指，只是一个一般情况的示意图。

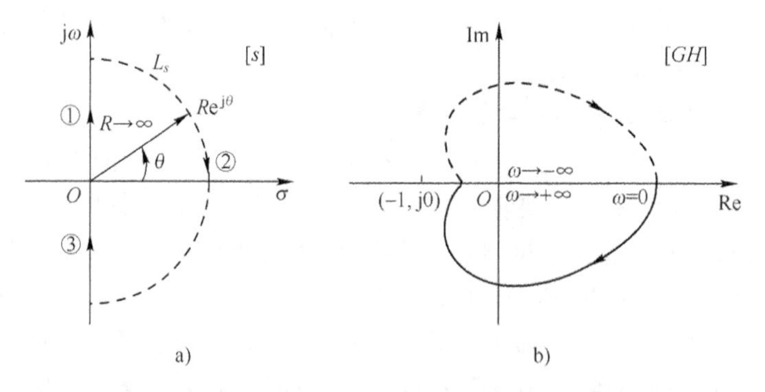

图 5-7 ［s］平面的封闭曲线与［GH］平面的开环频率特性曲线

a)［s］平面 b)［GH］平面

5. $F(s)$在［s］平面的虚轴上有极点，封闭曲线 L_s 的确定

根据辐角定理，封闭曲线 L_s 不能通过 $F(s)$的极点，所以，当 $F(s)$在［s］平面的虚轴原点上有极点时，必须修正封闭曲线，使其绕过极点。具体修正方法如下：在图 5-8a 所示封闭曲线 L_s 沿着虚轴经过原点附近时，以原点为圆心、无穷小为半径沿着逆时针方向画一个半圆弧绕过原点 O，半圆弧为 $s=\lim\limits_{r\to0}r\mathrm{e}^{\mathrm{j}\theta}$，构成曲线④，式中，$r\to0$，$\theta=-90°\to90°$。分段曲线①、②、③、④构成完整的修正曲线 L_s'，该曲线即绕过了 $F(s)$位于［s］平面虚轴上的极点，也包围了［s］平面的整个右平面。

修正曲线在［GH］平面上的映射，用开环传递函数来表示：

$$G(s)H(s)=\frac{K(s-z_1)(s-z_2)\cdots(s-z_m)}{s^{\nu}(s-p_1)(s-p_2)\cdots(s-p_n)},\quad n\geqslant m \tag{5-16}$$

当 $s=\lim\limits_{r\to 0}re^{j\theta}$时，

$$G(s)H(s)\mid_{s=\lim\limits_{r\to 0}re^{j\theta}}=\lim_{r\to 0}\frac{K'}{r^{\nu}}e^{-j\nu\theta} \tag{5-17}$$

根据式（5-17），［s］平面的半圆弧 $s=\lim\limits_{r\to 0}re^{j\theta}$，映射到［$GH$］平面上，当频率由 $\omega=0^-$ 到 $\omega=0^+$时，映射曲线为半径无穷大的圆弧，圆弧顺时针旋转 $\nu\pi$ 弧度；而［s］平面的封闭曲线的其他各段，包括虚轴和半径为无穷大的圆弧，映射到［GH］平面上的曲线，与 $F(s)$ 在［s］平面的虚轴上无极点时情况相同。

当 $\nu=1$ 时，［GH］平面上的映射曲线如图 5-8b 所示，实线部分为［s］平面的封闭曲线的映射曲线，而虚线部分为［s］平面绕原点的修正圆弧的映射曲线，也称为辅助曲线，该曲线从 $\omega=0^-$开始以无穷大为半径，沿着顺时针方向旋转$-180°$到 $\omega=0^+$，在虚轴负无穷远处与实线相交。

当 $\nu=2$ 时，［GH］平面上的映射曲线如图 5-8c 所示，实线部分为［s］平面的封闭曲线的映射曲线，虚线部分为辅助曲线，该曲线从 $\omega=0^-$开始以无穷大为半径，沿着顺时针方向旋转$-2\times180°$到 $\omega=0^+$，在负实轴负无穷远处与实线相交。

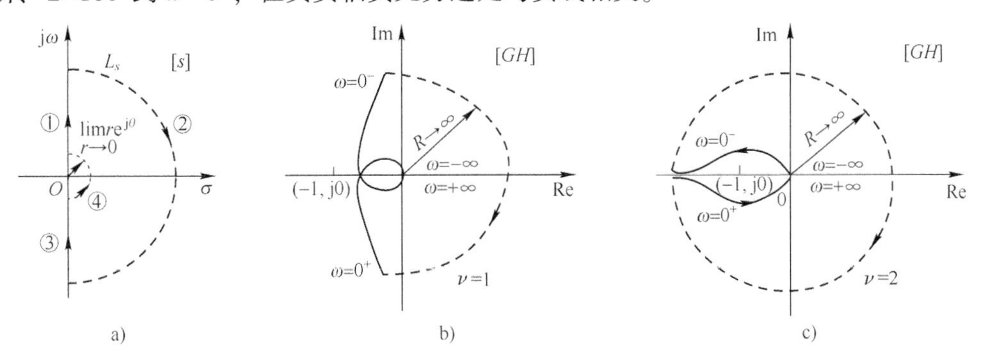

图 5-8　［s］平面的修正曲线与［GH］平面的辅助曲线

a）［s］平面　b）［GH］平面 $\nu=1$　c）［GH］平面 $\nu=2$

由于当 $\omega=-\infty\to+\infty$ 时，开环频率特性曲线在［GH］平面上是以实轴为对称的，所以也可以在 $\omega=0\to+\infty$ 时，画半条曲线，那么辅助曲线就可以从开环频率特性曲线的起始端以无穷大为半径，逆时针方向旋转 $\nu 90°$画圆弧，与实轴相交，如图 5-9 所示。

通过以上两种情况讨论，当 $F(s)$在［s］平面的虚轴原点上无极点时，［s］平面上的封闭曲线无须修正，而［GH］平面上的映射曲线也无须修正；但是当 $F(s)$在［s］平面的虚轴原点上有极点时，［s］平面上的封闭曲线需要修正，绕过虚轴原点上的极点，而［GH］平面上的映射曲线也需要修正。

封闭曲线 L_s 经过上述方法处理后，既满足了辐角定理的适用条件，也合理地包围了［s］平面整个右半平面，需要注意两点：一是当计算 $F(s)$位于［s］平面右面的极点个数时，应不包括 $F(s)$位于虚轴上的极点数；二是在［GH］平面上绘制映射曲线时，需要补充

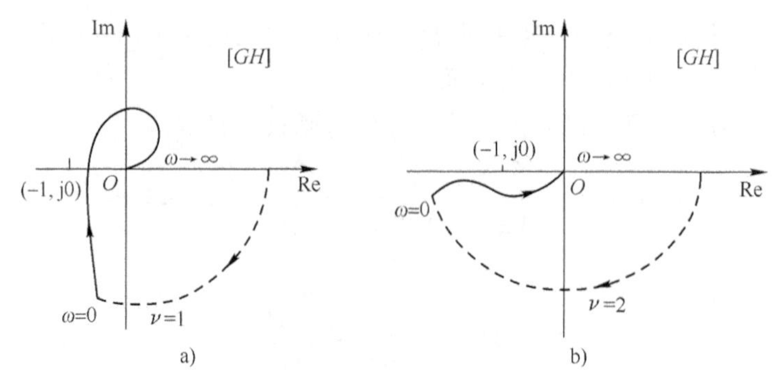

图 5-9　$\omega=0\to+\infty$ 时［GH］的辅助曲线

a）$\nu=1$　b）$\nu=2$

［s］平面半径为无穷小的半圆弧所映射的修正曲线。

5.3.2　奈奎斯特判据的应用

奈奎斯特判据通过分析系统的开环频率特性曲线的分布情况，来判断闭环系统的稳定性。如果 $F(s)$ 在［s］平面的右半平面有 Z 个零点、P 个极点，那么［F］平面上映射曲线 L_F 顺时针绕原点的圈数为 $N=Z-P$，转换到［GH］平面上相当于开环频率特性曲线 $G(\mathrm{j}\omega)H(\mathrm{j}\omega)$ 顺时针绕$(-1,\mathrm{j}0)$点的圈数 $N=Z-P$。再根据系统稳定的充分必要条件，在［s］平面的右半平面闭环极点数为零，即 $F(s)$ 在［s］平面右半平面的零点数 $Z=0$，则闭环系统稳定，此时开环频率特性曲线 $G(\mathrm{j}\omega)H(\mathrm{j}\omega)$ 逆时针绕$(-1,\mathrm{j}0)$点的圈数 $N=P$。

奈奎斯特判据具体表述如下：

当 ω 由$-\infty$变化到$+\infty$时，若［GH］平面上开环频率特性曲线 $G(\mathrm{j}\omega)H(\mathrm{j}\omega)$ 逆时针方向包围$(-1,\mathrm{j}0)$点 P 圈，即 $N=P$（$Z=0$），则闭环系统稳定。

当［s］平面右面的开环极点数为零时，即 $P=0$，若［GH］平面上开环频率特性曲线 $G(\mathrm{j}\omega)H(\mathrm{j}\omega)$ 不包围$(-1,\mathrm{j}0)$点，即 $N=P=0$（$Z=0$），则闭环系统稳定。

可以进一步推断出，当 ω 由$-\infty$变化到$+\infty$时，若［GH］平面上开环频率特性曲线 $G(\mathrm{j}\omega)H(\mathrm{j}\omega)$ 逆时针方向，或者顺时针方向包围$(-1,\mathrm{j}0)$点的圈数 $N\neq P$（$Z\neq0$），则闭环系统不稳定。

在应用奈奎斯特判据时，需要做几点说明：

1）尽管奈奎斯特判据的思路是根据系统的闭环极点是否分布在［s］平面的右半平面，来判断闭环系统是否稳定，但是却并不利用［s］平面，而是在［GH］平面上通过观察开环频率特性曲线 $G(\mathrm{j}\omega)H(\mathrm{j}\omega)$ 是否包围$(-1,\mathrm{j}0)$点，以及包围该点的方向和圈数来判断闭环系统的稳定性。

2）当 $P=0$ 时，即开环传递函数 $G_{\mathrm{k}}(s)$ 在［s］平面右半平面无极点，表明系统开环稳定，但是闭环系统是否稳定，还要看［GH］平面上开环频率特性曲线 $G(\mathrm{j}\omega)H(\mathrm{j}\omega)$ 是否包围$(-1,\mathrm{j}0)$点，如果不包围，$N=P=0$，则闭环系统稳定；如果包围，无论顺时针还是逆时针包围，$N\neq P$，那么闭环系统不稳定。因此，系统开环稳定，并不等同于闭环系统稳定。

3）当 $P\neq0$ 时，即开环传递函数 $G_{\mathrm{k}}(s)$ 在［s］平面右半平面存在极点，表明系统开环不稳定，但是闭环系统也有可能稳定。如果［GH］平面上开环频率特性曲线 $G(\mathrm{j}\omega)H(\mathrm{j}\omega)$ 逆时针包围$(-1,\mathrm{j}0)$点 P 圈，即 $N=P$，则闭环系统稳定。因此，系统开环不稳定，闭环系统也可以稳定；如果 $G(\mathrm{j}\omega)H(\mathrm{j}\omega)$ 顺时针包围 $(-1,\mathrm{j}0)$ 点，表明，$Z\neq0$，那么 $N\neq P$，闭环系统不稳定。

4）[GH] 平面上开环频率特性曲线 $G(\mathrm{j}\omega)H(\mathrm{j}\omega)$ 是关于实轴对称的，即 $G(-\mathrm{j}\omega)H(-\mathrm{j}\omega)$ 与 $G(\mathrm{j}\omega)H(\mathrm{j}\omega)$ 幅值相等，而相位是反相的，即 $|G(-\mathrm{j}\omega)H(-\mathrm{j}\omega)|=|G(\mathrm{j}\omega)H(\mathrm{j}\omega)|$，$-\angle G(-\mathrm{j}\omega)H(-\mathrm{j}\omega)=\angle G(\mathrm{j}\omega)H(\mathrm{j}\omega)$，因此，只要利用 ω 由 0 变化到 $+\infty$ 的开环频率特性曲线 $G(\mathrm{j}\omega)H(\mathrm{j}\omega)$ 的轨迹，就可判断闭环系统的稳定性。

那么奈奎斯特判据可简化为，当 ω 由 0 变化到 $+\infty$ 时，若 [GH] 平面上开环频率特性曲线 $G(\mathrm{j}\omega)H(\mathrm{j}\omega)$ 逆时针方向包围 $(-1,\mathrm{j}0)$ 点 $P/2$ 圈，即 $N=P/2$，则闭环系统稳定。

1. 无积分环节的系统稳定性判断

例 5-7　图 5-10 为系统的 Nyquist 曲线，其中图 5-10a、b 所示的系统开环稳定 $P=0$，利用奈奎斯特判据判断闭环系统的稳定性。

解　1）图 5-10a 中，当 ω 由 0 变化到 $+\infty$ 时，Nyquist 曲线从正实轴出发，经过三个象限，辐角变化 $-270°$ 回到原点，Nyquist 曲线并未包围 $(-1,\mathrm{j}0)$ 点，$N=0$，又已知系统开环稳定 $P=0$，所以 $N=P$，闭环系统稳定。

2）图 5-10b 中，当 ω 由 0 变化到 $+\infty$ 时，Nyquist 曲线从正实轴出发，经过三个象限，幅角变化 $-270°$ 回到原点，Nyquist 曲线顺时针包围 $(-1,\mathrm{j}0)$ 点 1 圈，$N=1$，又已知系统开环稳定 $P=0$，所以 $N\neq P$，闭环系统不稳定。

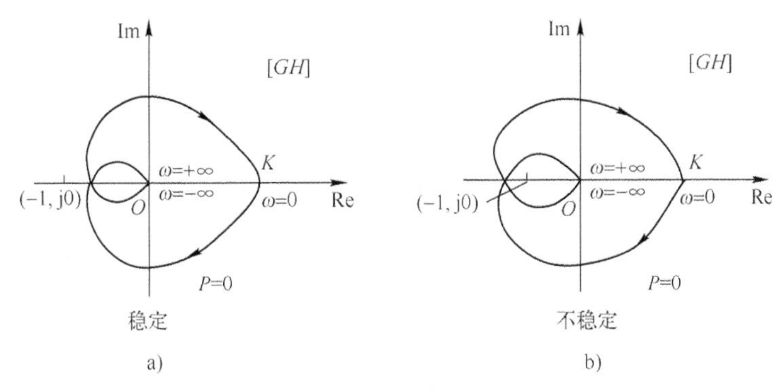

图 5-10　例 5-7 的 Nyquist 曲线
a）曲线 1　b）曲线 2

例 5-8　已知系统的开环传递函数如下，试绘制 Nyquist 曲线，并判断闭环系统的稳定性。

$$G_{\mathrm{k}}(s)=\frac{25}{(s+1)(s^2+2s+5)}$$

解　将开环传递函数化为标准形式，即

$$G_{\mathrm{k}}(s)=\frac{5\times5}{(s+1)(s^2+2s+5)}$$

计算 Nyquist 曲线的起点与终点的幅值与相位值。

当 $\omega=0$ 时，$A(\omega)=\dfrac{5}{\sqrt{1+(\omega)^2}}\dfrac{1}{\sqrt{(1+0.2\omega^2)^2+(0.4\omega)^2}}=5$

$$\varphi(\omega)=-\arctan\omega-\arctan0.4\omega=0°$$

当 $\omega\to\infty$ 时，$A(\omega)=0$，$\varphi(\omega)=-270°$。

根据这两个点绘制 Nyquist 曲线如图 5-11 所示。开环传递函数 $G(s)H(s)$ 在［s］平面右半平面无极点，$P=0$。当 ω 由 0 变化到 $+\infty$ 时，Nyquist 曲线从正实轴出发，顺时针经过三个象限回到原点，辐角变化范围为 0°～−270°，顺时针包围$(-1,\mathrm{j}0)$点 1 圈，$N=1$，所以 $N\neq P$，该闭环系统不稳定。

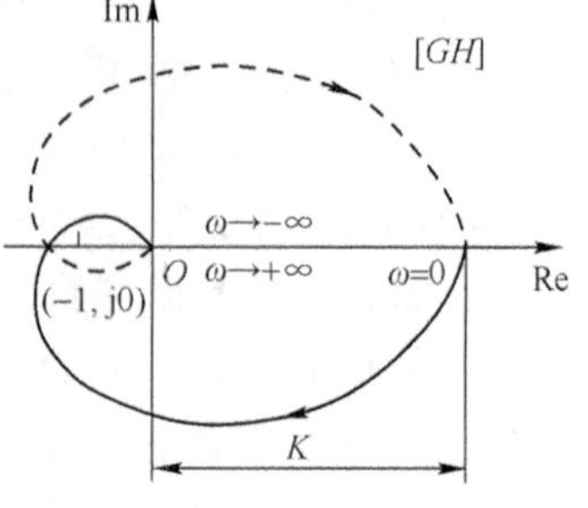

图 5-11　例 5-8 的 Nyquist 曲线

2. 有积分环节的系统稳定性判断

例 5-9　已知系统的开环传递函数如下，试绘制 Nyquist 曲线，并判断闭环系统的稳定性。

$$G(s)H(s)=\frac{K}{s(T^2s^2+2\xi Ts+1)},\quad 0<\xi<1$$

解　计算 Nyquist 曲线的起点与终点的幅值与相位值。

当 $\omega=0$ 时，$A(\omega)=\dfrac{K}{\omega\sqrt{(1-T^2\omega^2)^2+(2\xi T\omega)^2}}\to\infty$

$$\varphi(\omega)=-90°-\arctan\frac{2\xi T\omega}{1-T^2\omega^2}=-90°$$

当 $\omega\to\infty$ 时，$A(\omega)=0$，$\varphi(\omega)=-270°$。

根据这两个点绘制 Nyquist 曲线如图 5-12 所示。开环传递函数 $G(s)H(s)$ 在［s］平面右半平面无极点，$P=0$。当 ω 由 0 变化到 $+\infty$ 时，Nyquist 曲线于第三象限从 $\varphi(\omega)=-90°$虚轴负无穷出发，顺时针穿过负实轴，与负实轴交点为$-\dfrac{KT}{2\xi}$，从第二象限 $\varphi(\omega)=-270°$回到原点。开环传递函数有一个积分环节，在［GH］平面上画辅助修正曲线，如图中虚线所示。由于参数 K、T、ξ 不确定，所以需要进一步讨论 Nyquist 曲线与负实轴的交点位置，当 ω 由 0 变化到 $+\infty$ 时：

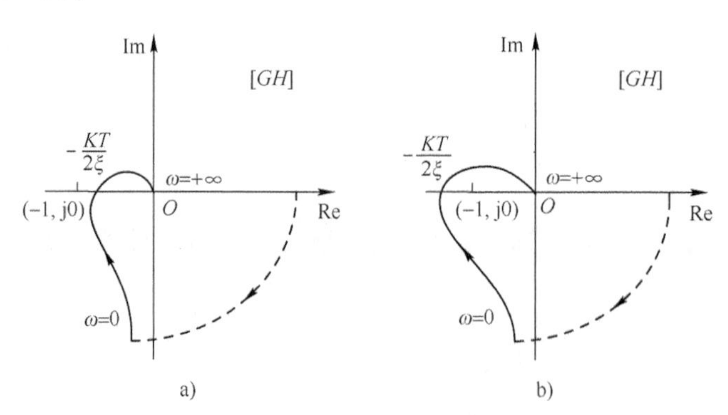

图 5-12　例 5-9 的 Nyquist 曲线

a) $-\dfrac{KT}{2\xi}>-1$　b) $-\dfrac{KT}{2\xi}<-1$

1）当$-\dfrac{KT}{2\xi}>-1$ 时，如图 5-12a 所示，Nyquist 曲线不包围$(-1,\mathrm{j}0)$点，$N=0$，所以 $N=P$，闭环系统稳定。

2）当$-\frac{KT}{2\xi}<-1$时，如图 5-12b 所示，Nyquist 曲线顺时针包围$(-1, \mathrm{j}0)$点 1 圈，$N=1$，所以$N \neq P$，闭环系统不稳定。

3）当$-\frac{KT}{2\xi}=-1$时，Nyquist 曲线穿过$(-1, \mathrm{j}0)$点，闭环系统处于临界稳定状态。

例 5-10　已知系统开环传递函数如下，试绘制 Nyquist 曲线，并判断闭环系统的稳定性。

$$G(s)H(s)=\frac{4s+1}{s^2(s+1)(2s+1)}$$

解　计算 Nyquist 曲线的起点与终点的幅值与相位值。

当$\omega=0$时，$A(\omega)=\frac{\sqrt{1+(4\omega)^2}}{\omega\sqrt{1+(\omega)^2}\sqrt{1+(2\omega)^2}}\to\infty$

$$\varphi(\omega)=\arctan 4\omega-180°-\arctan\omega-\arctan 2\omega=-180°$$

当$\omega\to\infty$时，$A(\omega)=0$，$\varphi(\omega)=-270°$。

根据这两个点绘制 Nyquist 曲线如图 5-13 所示。开环传递函数$G(s)H(s)$在［s］平面右半平面无极点，$P=0$。当ω由 0 变化到$+\infty$时，Nyquist 曲线于第三象限从$\varphi(\omega)=-180°$负实轴负无穷出发，与负实轴交于$(-10.6, \mathrm{j}0)$点，顺时针穿越负实轴，从第二象限$\varphi(\omega)=-270°$回到原点。因为开环传递函数有 2 个积分环节，所以在［s］平面原点有 2 个极点，需要在［GH］平面做辅助修正曲线，如图中虚线所示。

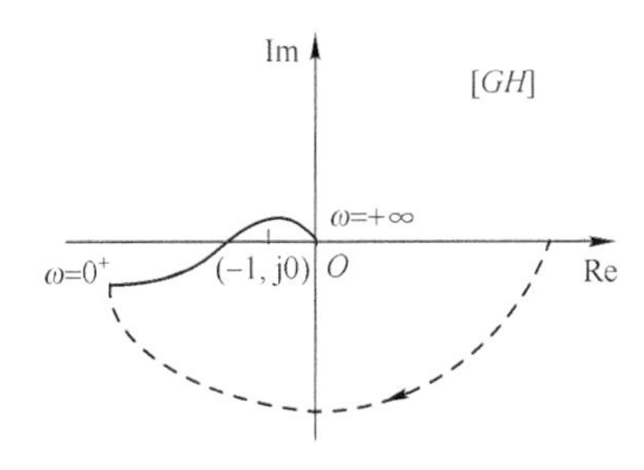

图 5-13　例 5-10 的 Nyquist 曲线

当ω由 0 变化到$+\infty$时，Nyquist 曲线顺时针包围$(-1, \mathrm{j}0)$点 1 圈，$N=1$，所以$N \neq P$，闭环系统不稳定。

3. 含有延时环节的系统稳定性判断

在机械工程实际中，许多系统都含有延时环节，延时环节的特性是不改变系统的幅频特性，但是却会改变系统的相频特性，使相位滞后变大，并且延时τ越大，相位滞后越大。因此延时环节会通过增大相位滞后量，影响系统的稳定性。

例 5-11　某系统框图如图 5-14 所示，试判断该系统的稳定性。

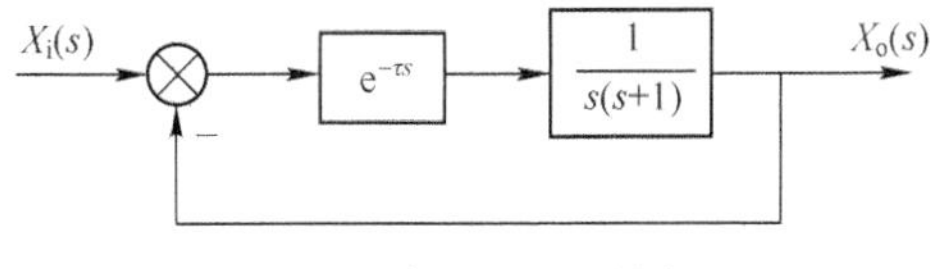

图 5-14　例 5-11 系统框图

解 该系统的开环传递函数为

$$G(s)H(s)=\frac{e^{-\tau s}}{s(s+1)}$$

开环频率特性为

$$G(j\omega)H(j\omega)=\frac{e^{-j\tau\omega}}{j\omega(1+j\omega)}=\frac{1}{j\omega(1+j\omega)}e^{-j\tau\omega}$$

计算 Nyquist 曲线的起点与终点的幅值与相位值。

当 $\omega=0$ 时，$A(\omega)=\dfrac{1}{\omega\sqrt{1+\omega^2}}\to\infty$

$$\varphi(\omega)=-90^\circ-\tau\omega-\arctan\omega=-90^\circ$$

当 $\omega\to\infty$ 时，$A(\omega)=0$

$$\varphi(\omega)=-180^\circ-\tau\omega$$

如果 $\tau=0$，$\varphi(\omega)=-180^\circ\sim-90^\circ$，Nyquist 曲线分布在第三象限；

如果 $\tau>0$，那么随着 τ 的增大，$\varphi(\omega)$ 也随之增大，导致 Nyquist 曲线进入第一、二象限。

绘制 Nyquist 曲线如图 5-15 所示。开环传递函数 $G(s)H(s)$ 在［s］平面右半平面无极点，$P=0$。当 ω 由 0 变化到 $+\infty$ 时，如果 $\tau=0$，Nyquist 曲线在第三象限从负虚轴负无穷出发，辐角从 -90° 变化到 -180°，仍然从第三象限回到原点，此时，Nyquist 曲线不包围 $(-1,j0)$ 点，闭环系统稳定；如果 $\tau>0$，Nyquist 曲线越来越接近 $(-1,j0)$ 点，当 $\tau=1.15$ 时，Nyquist 曲线经过 $(-1,j0)$ 点，系统处于不稳定的临近状态；当 $\tau<1.15$ 时，Nyquist 曲线不包围 $(-1,j0)$ 点，闭环系统稳定；当 $\tau>1.15$ 时，Nyquist 曲线包围 $(-1,j0)$ 点，系统处于不稳定状态。

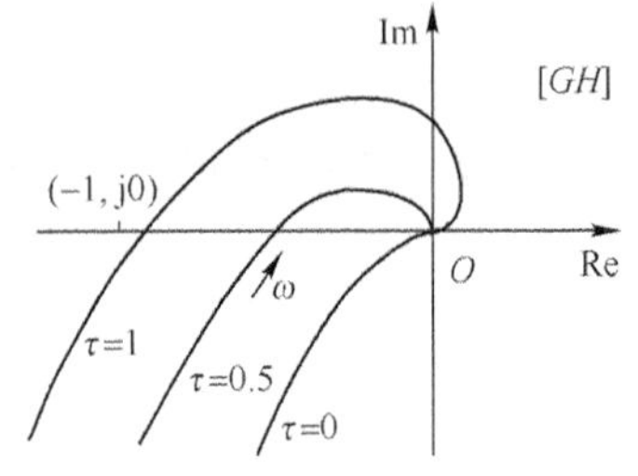

图 5-15　例 5-11 延时 τ 取不同值时 Nyquist 曲线

通过这道例题得出结论，串联延时环节，对系统的稳定性是不利的，如果系统串联延时环节，那么要保证延时 τ 的值尽量小。

5.3.3　对数奈奎斯特判据

在频域内，极坐标图与对数坐标图具有一定的对应关系，因此，奈奎斯特判据可以应用到 Bode 图中，利用对数频率特性曲线的分布规律来判断闭环系统的稳定性，这也称为频域内的对数稳定判据，或伯德稳定判据。由于工程实际中，即使系统的数学模型是未知的，Bode 图也可以通过实验来获得，因此，对数稳定判据在工程上也得到了广泛应用。

1. Nyquist 图与 Bode 图的对应关系

1）如图 5-16 所示，在极坐标中画一条 Nyquist 曲线 $G(j\omega)H(j\omega)$，令其模为 1，该曲线就是一个单位圆，而 1 的对数值为 0 dB，表达式如下。

单位圆的模为 1：$|G(j\omega)H(j\omega)|=1$

1 的对数幅频特性值为 0：$20\lg|G(j\omega)H(j\omega)|=20\lg1=0$

那么，极坐标图上的单位圆对应着 Bode 图上的 0 dB 线。

2）如图 5-16 所示，在极坐标中负实轴上任意一点所对应的辐角都为 -180°，因此，极坐标中的负实轴对应对数坐标中的-180°相频特性曲线。

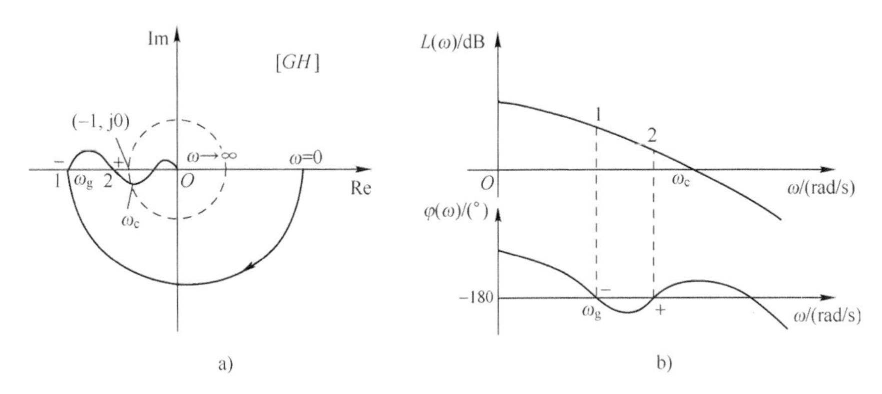

图 5-16　Nyquist 图与 Bode 图

a）Nyquist 图　b）Bode 图

3）再定义两个特殊频率，在极坐标中 Nyquist 曲线与单位圆的交点所对应的频率，定义为幅值穿越频率，或剪切频率，记为 ω_c；转换到对数坐标中，对数幅频特性曲线与 0 dB 线的交点所对应的频率，就是幅值穿越频率。

4）在极坐标中 Nyquist 曲线与负实轴的交点所对应的频率，定义为相位穿越频率，记为 ω_g；转换到对数坐标中，相频曲线与 $\varphi(\omega)=-180°$线的交点所对应的频率，就是相位穿越频率。

2. 穿越的概念

对于比较复杂的高阶系统，或者含有作用较大的微分环节时，开环频率特性曲线的轨迹就比较复杂。如图 5-16 所示，在极坐标中，Nyquist 曲线可能多次穿越负实轴，对应于对数坐标中，相频曲线多次穿越 $\varphi(\omega)=-180°$线，那么，判断 Nyquist 曲线包围$(-1,\mathrm{j}0)$点的圈数就很困难。为了解决这一问题，引入穿越的概念。

在极坐标中，正负穿越定义为，Nyquist 曲线在$(-1,\mathrm{j}0)$点左侧，由上向下穿越负实轴为正穿越，而由下向上穿越负实轴为负穿越。

设 N 为 Nyquist 曲线在$(-1,\mathrm{j}0)$点的左侧穿越负实轴的次数，沿着频率 ω 增加的方向，N^+为 Nyquist 曲线正穿越负实轴次数的和，N^-为 Nyquist 曲线负穿越负实轴次数的和，则当 ω 由 0 变化到$+\infty$时，穿越次数计算如下：

$$N=N^+-N^- \tag{5-18}$$

由式（5-18）可知，Nyquist 曲线负穿越一次，正穿越一次，因此穿越次数之差为零 $N=N^+-N^-=0$，相当于 Nyquist 曲线顺时针包围$(-1,\mathrm{j}0)$点的圈数为零，即 $N=0$。

转换到对数坐标中，正负穿越定义为，在对数幅频特性曲线位于 0 dB 线以上，取正值的范围内，相频曲线由下向上穿越 $\varphi(\omega)=-180°$线为正穿越，相频曲线由上向下穿越 $\varphi(\omega)=-180°$线为负穿越。

奈奎斯特判据也可以表述为，当 ω 由 0 变化到$+\infty$时，如果 Nyquist 曲线在$(-1,\mathrm{j}0)$点左侧正、负穿越负实轴次数之差 $N=P/2$，闭环系统稳定，否则，闭环系统不稳定。转换到 Bode 图中，在对数幅频特性曲线位于 0 dB 线以上的范围内，相频曲线正、负穿越-180°线次数之差 $N=P/2$，闭环系统稳定，否则，闭环系统不稳定。

例 5-12　已知一组 Bode 图如图 5-17 所示，图中 P 为开环系统位于［s］平面右半平面极点数，即开环不稳定根的个数，试判断闭环系统的稳定性。

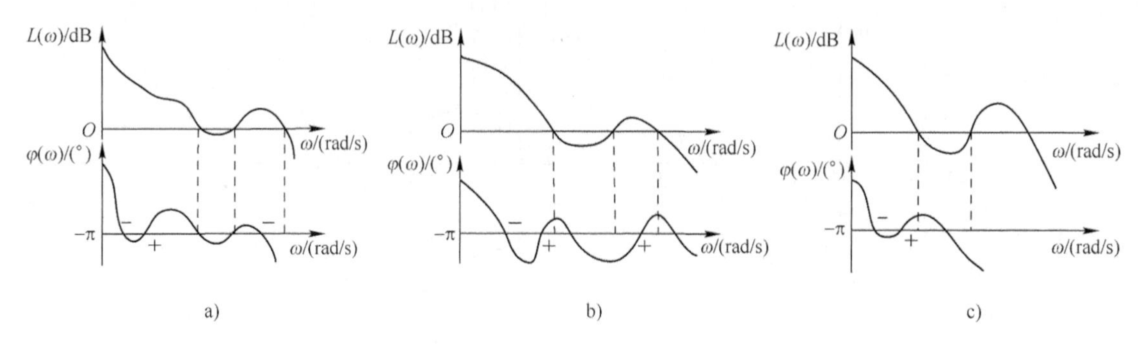

图 5-17　例 5-12 的 Bode 图

a）$P=2$，$N\neq P/2$　b）$P=2$，$N=P/2$　c）$P=0$，$N=P/2$

解　1）如图 5-17a 所示，在对数幅频特性曲线位于 0 dB 线以上的范围内，相频曲线负穿越 2 次，$N^-=2$，正穿越 1 次，$N^+=1$，$N=N^+-N^-=-1$，已知 $P=2$，所以 $N\neq P/2$，闭环系统不稳定。

2）如图 5-17b 所示，在对数幅频特性曲线位于 0 dB 线以上的范围内，相频曲线负穿越 1 次，$N^-=1$，正穿越 2 次，$N^+=2$，$N=N^+-N^-=1$，已知 $P=2$，所以 $N=P/2$，闭环系统稳定。

3）如图 5-17c 所示，在对数幅频特性曲线位于 0 dB 线以上的范围内，相频曲线负穿越 1 次，$N^-=1$，正穿越 1 次，$N^+=1$，$N=N^+-N^-=0$，已知 $P=0$，所以 $N=P/2$，闭环系统稳定。

例 5-13　已知一组 Nyquist 图如图 5-18 所示，所对应的系统开环稳定，$P=0$，图中 ν 为系统含有积分环节的数量，试判断闭环系统的稳定性。

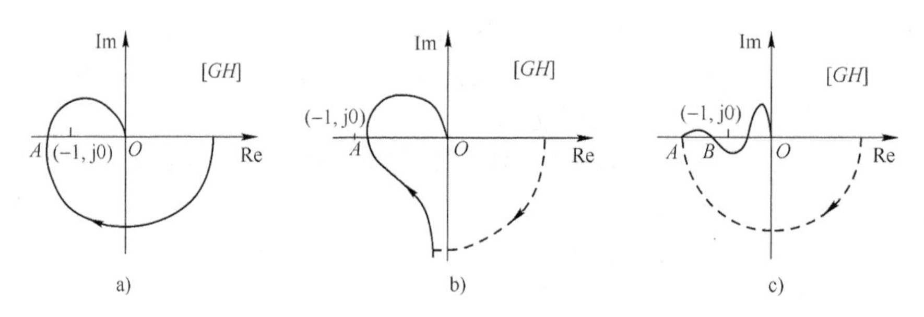

图 5-18　例 5-13 的 Nyquist 图

a）$\nu=0$　b）$\nu=1$　c）$\nu=2$

解　根据 Nyquist 曲线穿越次数来判断闭环系统是否稳定。

1）如图 5-18a 所示，Nyquist 曲线在$(-1,j0)$点左侧，从下向上穿越负实轴 1 次，负穿越 1 次，$N^-=1$，$N^+=0$，$N=N^+-N^-=-1$，$N\neq P/2$，所以闭环系统不稳定。

2）如图 5-18b 所示，因为 $\nu=1$，系统含有 1 个积分环节，图中虚线为辅助修正曲线，Nyquist 曲线正、负穿越次数均为 0，$N^-=0$，$N^+=0$，$N=N^+-N^-=0$，$N=P/2$，所以闭环系统稳定。

3）如图 5-18c 所示，因为 $\nu=2$，系统含有 2 个积分环节，图中虚线为辅助修正曲线，

Nyquist 曲线负穿越 1 次，正穿越 1 次，$N^{-}=1$，$N^{+}=1$，$N=N^{+}-N^{-}=0$，$N=P/2$，所以闭环系统稳定。

3. 对数稳定判据

对数稳定判据是奈奎斯特判据转换到对数坐标上的另一种形式，具体叙述如下：

当 ω 由 0 变化到 $+\infty$ 时，如果系统开环不稳定，即 $P\neq0$，在对数幅频特性曲线位于 0 dB 线以上的范围内，相频特性曲线正负穿越 $\varphi(\omega)=-180°$ 线次数之差为 $P/2$，即 $N=P/2$，则闭环系统稳定，否则，如果 $N\neq P/2$，则闭环系统不稳定。

推论：如果系统开环稳定，即 $P=0$，在对数幅频特性曲线位于 0 dB 线以上的范围内，相频特性曲线正负穿越 $\varphi(\omega)=-180°$ 线次数之差为 0，即 $N=0$，则闭环系统稳定，否则，闭环系统不稳定。

需要说明的是，一般的开环系统多为最小相位系统，$P=0$，那么对于组成环节较少的系统，无论是在极坐标中还是对数坐标中，可以不用正、负穿越次数来判断闭环系统的稳定性，而是通过比较幅值穿越频率 ω_c 与相位穿越频率 ω_g 的大小，来判断闭环系统的稳定性。

假设系统开环稳定，$P=0$，如图 5-19a、c 所示，当幅值穿越频率小于相位穿越频率时，即 $\omega_c<\omega_g$，闭环系统稳定。

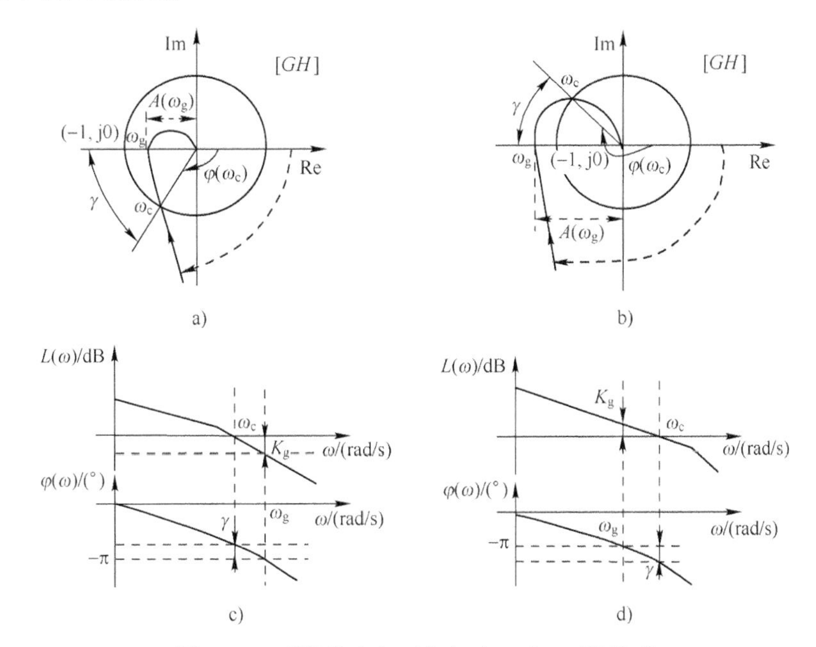

图 5-19　系统稳定与不稳定时 ω_c 与 ω_g 的关系

a）Nyquist 曲线，稳定　b）Nyquist 曲线，不稳定　c）Bode 图，稳定　d）Bode 图，不稳定

如图 5-19b、d 所示，当幅值穿越频率大于相位穿越频率时，即 $\omega_c>\omega_g$，闭环系统不稳定。

显然，当 $\omega_c=\omega_g$ 时，Nyquist 曲线穿越$(-1,j0)$点，幅值穿越频率和相位穿越频率与$(-1,j0)$点重合，闭环系统处于临界稳定状态。

对数稳定判据具有一定的优点：

1）对数坐标中，可以用分段渐近线近似画幅频特性图，作图简单方便。

2）Bode 图能直观地观察开环频率特性所对应的各个环节的对数幅频曲线，方便找出造成系统不稳定的环节，从而合理选择参数进行校正。

3）当调整开环增益时，只需在对数坐标中，上、下平移对数幅频曲线即可，方便观察频域指标的变化。

所以，分析系统的稳定性，对系统进行设计与校正，借助 Bode 图更方便。

例 5-14 单位反馈系统的开环传递函数如下，当 $K=0.8$ 时，分别用奈奎斯特判据和对数稳定判据判断闭环系统的稳定性。

$$G(s)H(s)=\frac{K\left(s+\dfrac{1}{2}\right)}{s^2(s+1)(s+2)}$$

解 系统的开环频率特性为

$$G(\mathrm{j}\omega)H(\mathrm{j}\omega)=\frac{0.8\left(\dfrac{1}{2}+\mathrm{j}\omega\right)}{-\omega^2(1+\mathrm{j}\omega)(2+\mathrm{j}\omega)}$$

分别画出 Nyquist 图和 Bode 图，如图 5-20 所示。根据开环传递函数，系统开环稳定，$P=0$。

1）由于开环传递函数含有 2 个积分环节，所以，对 Nyquist 曲线做辅助修正曲线，如图 5-20a 虚线所示。当 ω 由 0 变化到 $+\infty$ 时，Nyquist 曲线不包围$(-1,\mathrm{j}0)$点，根据奈奎斯特判据，$N=P/2$，闭环系统稳定。

2）根据 Bode 图所示，$\omega_c<\omega_g$，所以闭环系统稳定。

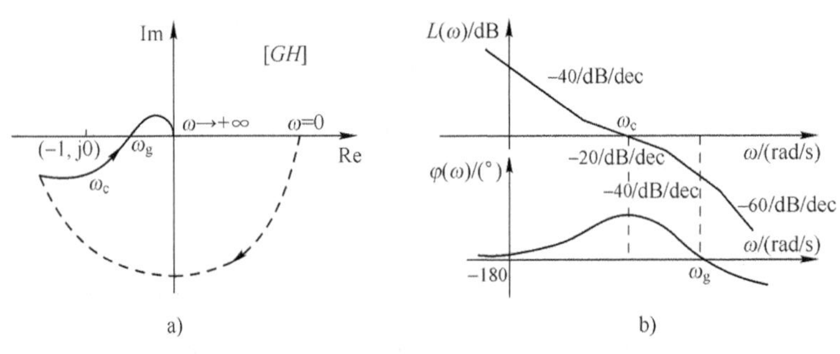

图 5-20 例 5-14 的 Nyquist 图和 Bode 图

a）Nyquist 图 b）Bode 图

例 5-15 单位反馈系统的开环传递函数如下，试用对数稳定判据判断闭环系统的稳定性。

$$G(s)H(s)=\frac{100(s+0.8)^2}{s(s+0.2)^2(s+50)(s+200)}$$

解 由开环传递函数可知，系统开环稳定，$P=0$。绘制 Bode 图如图 5-21 所示，由幅频特性图得知，幅值穿越频率为 $\omega_c=10\ \mathrm{rad/s}$，在 $\omega<\omega_c$ 范围内，所对应的相频曲线并没有穿越 $-180°$线，所以正、负穿越次数都为 0，$N=P/2$，闭环系统稳定。另外也可通过比较 $\omega_c<\omega_g$，得出闭环系统稳定的结论。

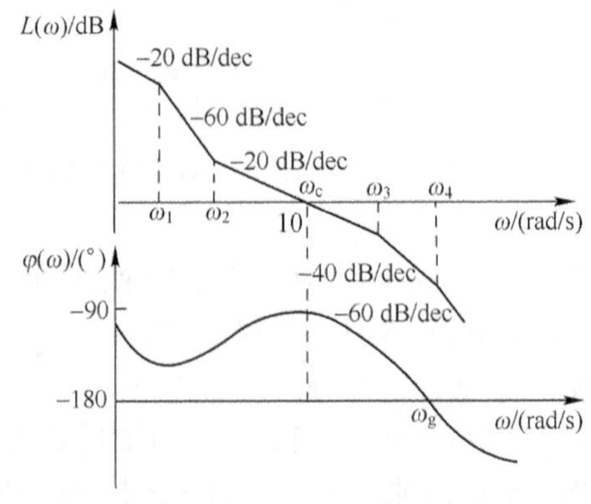

图 5-21 例 5-15 的 Bode 图

5.4　系统的相对稳定性

在设计和分析控制系统时，给系统建立数学模型，通常需要对一些实际参数进行简化处理，那么数学模型与实际物理系统之间就存在着一定的偏差，也许根据稳定性判据，数学模型是稳定的，但是可能处于稳定的边缘，那么实际系统一旦受到外部或内部的扰动，就可能落入不稳定的状态。因此，仅仅利用稳定性判据判断闭环系统是否稳定是远远不够的，还需要获知系统相对稳定的程度，即系统的稳定裕度，允许系统在一定量的扰动和参数变化下仍然保持稳定，这就是系统的相对稳定性问题。

5.4.1　稳定裕度

图 5-22 借助时间响应曲线的变化，揭示了系统开环频率特性曲线 $G(j\omega)H(j\omega)$ 对 $(-1,j0)$ 点的接近程度对系统稳定性的影响。图 5-22a 表明当 Nyquist 曲线 $G(j\omega)H(j\omega)$ 位于 $(-1,j0)$ 点左侧时，时间响应曲线振荡逐渐增大，对应闭环系统不稳定；图 5-22b 表明当 Nyquist 曲线 $G(j\omega)H(j\omega)$ 通过 $(-1,j0)$ 点时，时间响应曲线出现持续振荡现象，闭环系统处于临界稳定状态；图 5-22c 表明当 Nyquist 曲线 $G(j\omega)H(j\omega)$ 位于 $(-1,j0)$ 点右侧时，时间响应曲线出现衰减振荡的倾向，闭环系统是稳定的；图 5-22d 表明当 Nyquist 曲线 $G(j\omega)H(j\omega)$ 位于 $(-1,j0)$ 点右侧并且远离该点时，时间响应曲线衰减振荡幅度进一步减小，趋于稳态较快，闭环系统的稳定性更好。

可以看出，在系统稳定的前提下，Nyquist 曲线 $G(j\omega)H(j\omega)$ 距离 $(-1,j0)$ 点的远近，反映出系统的相对稳定程度，Nyquist 曲线 $G(j\omega)H(j\omega)$ 越远离 $(-1,j0)$ 点，系统的相对稳定性就越好。因此，在频域内通常利用开环频率特性曲线 $G(j\omega)H(j\omega)$ 对 $(-1,j0)$ 点的靠近程度来表示闭环系统的相对稳定性，这种靠近程度用稳定裕度来量化地度量。所谓稳定裕度是用来衡量闭环系统相对稳定性的指标，具体分为相位裕度与幅值裕度。

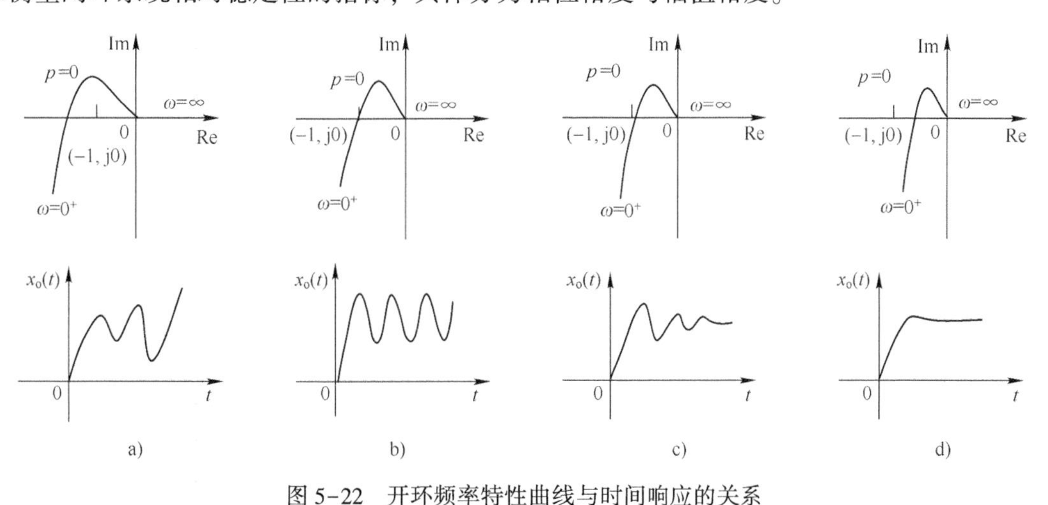

图 5-22　开环频率特性曲线与时间响应的关系

a) $(-1,j0)$ 点左侧　b) 穿过 $(-1,j0)$ 点　c) $(-1,j0)$ 点右侧　d) $(-1,j0)$ 点右侧并远离

1. 相位裕度 γ

所谓相位裕度是指在幅值穿越频率 ω_c 上，使系统达到不稳定状态所需要附加的相位滞后量，以 γ 表示。相位裕度计算式如下：

$$\gamma=\varphi(\omega_c)-(-180°)=180°+\varphi(\omega_c) \tag{5-19}$$

式中，ω_c 为幅值穿越频率；$\varphi(\omega_c)$ 为幅值穿越频率 ω_c 所对应的相角。

图 5-23a、b 给出了系统开环稳定条件下，闭环系统稳定时极坐标图与 Bode 图中稳定裕度的具体位置。在图 5-23a 极坐标图中，Nyquist 曲线不包围(-1,j0)点，所以该曲线与单位圆交于第三象限，相位裕度 γ 位于负实轴下方，$\gamma>0$。在图 5-23b 所示 Bode 图中，幅值穿越频率 ω_c 处，$\varphi(\omega_c)$ 的相位与-180°之差为相位裕度 γ，位于-180°线的上方。

图 5-23c、d 给出了系统开环稳定条件下，闭环系统不稳定时极坐标图与 Bode 图中稳定裕度的具体位置。在图 5-23c 极坐标图中，Nyquist 曲线顺时针包围(-1,j0)点，所以该曲线与单位圆交于第二象限，相位裕度 γ 位于负实轴上方，$\gamma<0$。在图 5-23d 所示 Bode 图中，幅值穿越频率 ω_c 处，$\varphi(\omega_c)$ 的相位小于-180°，所以相位裕度 γ 位于-180°线的下方。

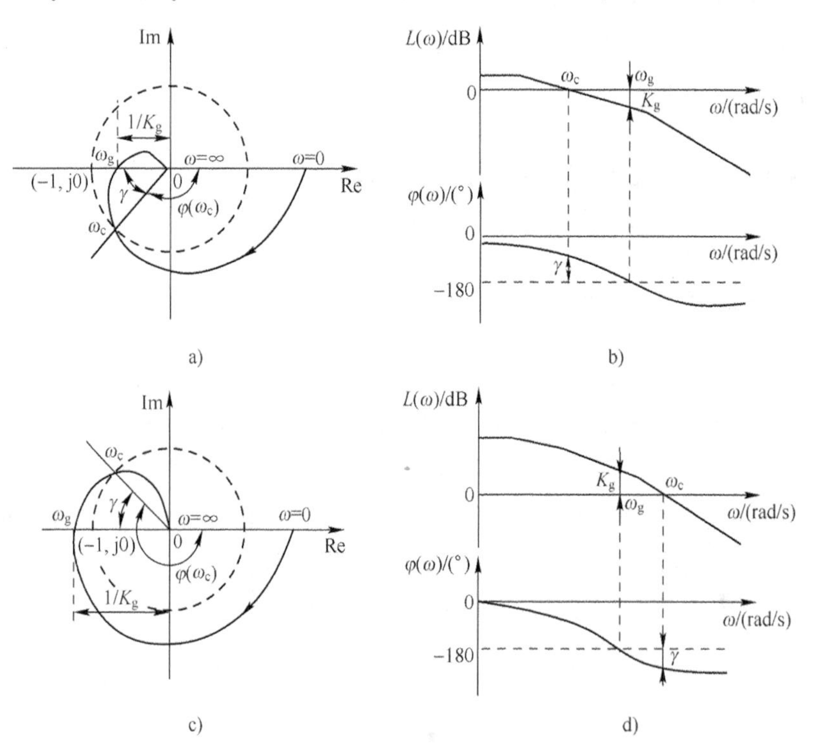

图 5-23　稳定裕度在极坐标图与 Bode 图中的位置

a）极坐标，稳定　b）Bode 图，稳定　c）极坐标，不稳定　d）Bode 图，不稳定

可见，相位裕度 γ 的正负能够反映闭环系统是否稳定，如果 $\gamma>0$，闭环系统稳定，如果 $\gamma<0$，闭环系统不稳定，$\gamma=0$，闭环系统为临界稳定。当然，判断闭环系统的稳定性不能单独依据相位裕度 γ 的正负，还要同时观察幅值裕度的正负。

2. 幅值裕度 K_g

所谓幅值裕度是指在相位穿越频率 ω_g 上，使幅频特性值达到 1，即 $|G(j\omega)H(j\omega)|=1$，所应增大的开环增益的倍数，用 K_g 表示，单位为 dB。幅值裕度可以通过以下算式求得：

$$K_g=\frac{1}{A(\omega_g)}=\frac{1}{|G(j\omega_g)H(j\omega_g)|} \tag{5-20}$$

由式（5-20）可以看出，幅值裕度 K_g 是相位穿越频率 ω_g 对应的幅值的倒数。

幅值裕度 K_g 也可以用对数形式来表达：

$$K_g(\text{dB})=20\lg K_g=-20\lg A(\omega_g)=-20\lg G(j\omega_g)H(j\omega_g) \tag{5-21}$$

在图 5-23a 所示极坐标图中，在闭环系统稳定的情况下，Nyquist 曲线不包围点(-1, j0)，所以该曲线与负实轴的交点在单位圆的内部，$A(\omega_g)<1$，所以 $K_g>1$。在图 5-23b 所示 Bode 图中，相位穿越频率 ω_g 所对应的幅值裕度 K_g 位于 0 dB 线以下，$K_g(\text{dB})>0$。

在图 5-23c 所示极坐标图中，在闭环系统不稳定的情况下，Nyquist 曲线顺时针包围(-1, j0)点，所以该曲线与负实轴的交点在单位圆的外部，$A(\omega_g)>1$，所以 $K_g<1$。在图 5-23d 所示 Bode 图中，相位穿越频率 ω_g 所对应的幅值裕度 K_g 位于 0 dB 线以上，$K_g(\text{dB})<0$。

在对数坐标中，用 $K_g(\text{dB})$ 表示系统的幅值裕度，$K_g(\text{dB})$ 的正负能够反映闭环系统是否稳定。如果 $K_g(\text{dB})>0$，闭环系统稳定；如果 $K_g(\text{dB})<0$，闭环系统不稳定；$K_g(\text{dB})=0$，闭环系统为临界稳定。

分析系统的相对稳定性不能单独地分析相位裕度或幅值裕度，而是要同时考虑二者。工程实际中，为了保证系统具有足够的稳定裕度，并获得良好的动态性能，一般要求，相位裕度 $\gamma=30°\sim60°$，幅值裕度 $K_g(\text{dB})>6\text{ dB}$。

5.4.2　稳定裕度的计算

计算稳定裕度的方法通常有解析法和图示法，利用解析法计算准确性高，但是计算过程烦琐，利用图示法计算过程简单，但是幅频曲线采用了渐近线的近似画法，求解结果可能存在一定的误差。如果有条件能够借助程序生成图例，则尽量综合两种方法，通过读取图中的点坐标和曲线交点的值获得部分参数，再进一步计算稳定裕度。

例 5-16　已知最小相位系统的开环传递函数如下，试求系统的相位裕度与幅值裕度，并判断系统的稳定性。

$$G(s)H(s)=\frac{40}{s(s^2+2s+25)}$$

解　(1) 利用解析法求解

系统的开环频率特性为

$$G(j\omega)H(j\omega)=\frac{40}{j\omega(25-\omega^2+j2\omega)}$$

其幅频特性和相频特性分别为

$$A(\omega)=\frac{40}{\omega\sqrt{(25-\omega^2)^2+4\omega^2}}$$

$$\varphi(\omega)=-90°-\arctan\frac{2\omega}{25-\omega^2}$$

令 $A(\omega_c)=\dfrac{40}{\omega_c\sqrt{(25-\omega_c^2)^2+4\omega_c^2}}=1$，求出 $\omega_c=1.82\text{ rad/s}$，计算相位裕度：

$$\gamma=180°+\varphi(\omega_c)=180°-90°-\arctan\frac{2\omega_c}{25-\omega_c^2}=80.5°$$

计算幅值裕度：令 $\varphi(\omega_g)=-90°-\arctan\dfrac{2\omega_g}{25-\omega_g^2}=-180°$，求出 $\omega_g=5\ \mathrm{rad/s}$，代入幅值裕度计算公式：

$$K_g=\frac{1}{|G(j\omega_g)H(j\omega_g)|}=1.25$$

幅值裕度的对数值为

$$K_g(\mathrm{dB})=-20\lg1.25\ \mathrm{dB}=1.94\ \mathrm{dB}$$

根据求解结果，相位裕度 $\gamma=80.5°>0$，幅值裕度 $K_g(\mathrm{dB})=1.94\ \mathrm{dB}>0$，二者均大于零，因此判断该闭环系统是稳定的。

（2）利用图示法求解

Bode 图如图 5-24 所示，在幅频特性图中，读出对数幅频特性曲线与 0 dB 线的交点频率 $\omega_c=1.82\ \mathrm{rad/s}$，在相频特性图中，$\varphi(\omega_c)$ 与 $-180°$ 线之间的相位差，即相位裕度 $\gamma=80.5°$，相频曲线与 $-180°$ 线的交点频率 $\omega_g=5\ \mathrm{rad/s}$，$\omega_g$ 对应的对数幅频值与 0 dB 线之间的差值，即幅值裕度 $K_g(\mathrm{dB})=1.94\ \mathrm{dB}$。读图表明，相位裕度和幅值裕度均大于零，闭环系统是稳定的。

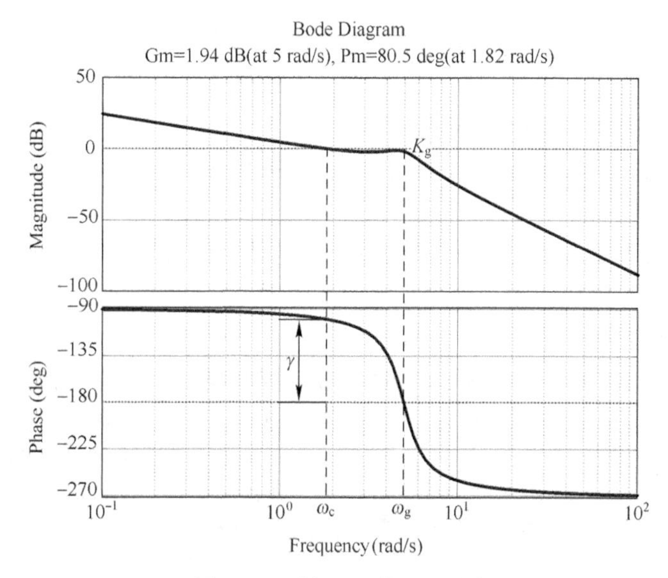

图 5-24　例 5-16 的 Bode 图

例 5-17　已知单位反馈系统，开环传递函数如下，试确定满足相位裕度为 $\gamma=45°$ 时，系统的开环增益 K，并确定此时的幅值裕度。

$$G(s)H(s)=\frac{K}{s(s+1)(3s+1)}$$

解　（1）利用解析法求解开环增益 K

由相位裕度的定义可知，当 $\gamma=45°$ 时，幅值穿越频率 ω_c 对应的相角为

$$\varphi(\omega_c)=\gamma-180°=-135°$$

根据开环传递函数，相频特性由一个积分环节和二个惯性环节决定，则

$$\varphi(\omega_c)=-90°-\arctan\omega_c-\arctan3\omega_c=-135°$$

整理上式得到

$$\arctan\omega_c+\arctan3\omega_c=45°$$

进而计算出 $\omega_c=0.215$ rad/s。

根据 ω_c 所对应的幅频特性的值为 1 来计算系统的开环增益 K，有

$$A(\omega_c)=|G(j\omega_c)H(j\omega_c)|=\left|\frac{K}{j\omega_c(1+j\omega_c)(1+3j\omega_c)}\right|=1$$

解得满足相位裕度为 $\gamma=45°$时，开环增益 $K=0.26$。

（2）解析计算与读图求幅值裕度

系统开环频率特性为

$$G(j\omega)H(j\omega)=\frac{0.215}{j\omega(1+j\omega)(1+3j\omega)}$$

$$=\frac{-0.5\omega^2}{16\omega^4+(\omega-3\omega^3)^2}-j\frac{0.125(\omega-3\omega^3)}{16\omega^4+(\omega-3\omega^3)^2}$$

当 $\omega=\omega_g$ 时，令开环频率特性的虚部为 0，则

$$\frac{0.125(\omega-3\omega^3)}{16\omega^4+(\omega-3\omega^3)^2}=0$$

得到 $\omega-3\omega^3=0$，解得 $\omega_g=\frac{\sqrt{3}}{3}$ rad/s。

对应的幅值裕度为

$$K_g=-20\lg G(j\omega_g)H(j\omega_g)=14\text{ dB}$$

绘制 Bode 图如图 5-25 所示，读图得 $K_g=14.2$ dB，验证了解析计算幅值裕度与读图结果是一致的。

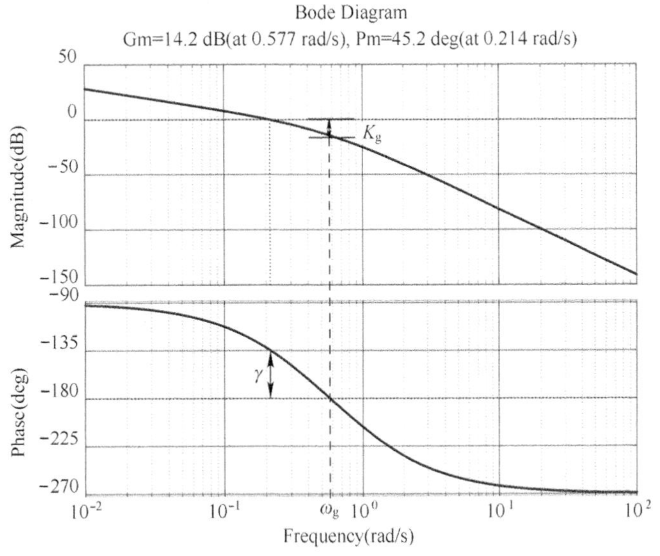

图 5-25　例 5-17 的 Bode 图

例 5-18 已知单位反馈系统开环传递函数如下，当 $K=10$ 和 $K=100$ 时，绘制 Bode 图，求相位裕度 γ 和幅值裕度 K_g，并分别判断闭环系统的稳定性。

$$G(s)H(s)=\frac{K}{s(s+1)(0.2s+1)}$$

解 当 $K=10$ 时，开环传递函数为

$$G(s)H(s)=\frac{2}{s(s+1)(0.2s+1)}$$

当 $K=100$ 时，开环传递函数为

$$G(s)H(s)=\frac{20}{s(s+1)(0.2s+1)}$$

绘制 Bode 图如图 5-26 所示，读图可得

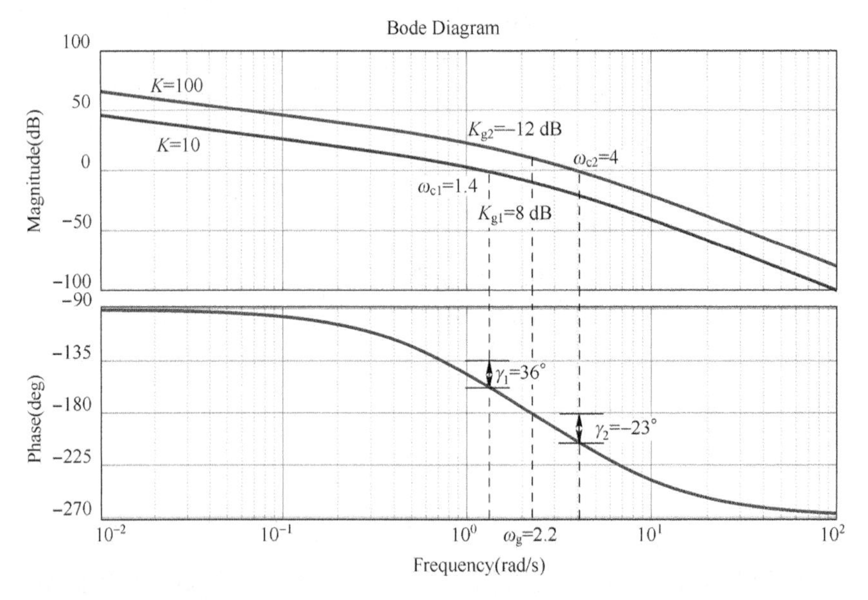

图 5-26 例 5-18 的 Bode 图

当 $K=10$ 时，$\omega_{c1}=1.4\,\text{rad/s}$，$\gamma=36°$，$\omega_g=2.2\,\text{rad/s}$，$K_g=8\,\text{dB}$，相位裕度和幅值裕度均大于零，因此闭环系统稳定。

当 $K=100$ 时，$\omega_{c2}=4\,\text{rad/s}$，$\gamma=-23°$，$\omega_g=2.2\,\text{rad/s}$，$K_g=-12\,\text{dB}$，相位裕度和幅值裕度均小于零，因此闭环系统不稳定。

分析例 5-18 可知，系数 K 由 10 增大 10 倍到 100，导致开环增益也增大 10 倍，幅频特性曲线向上平移 20 dB，导致幅值穿越频率由 $\omega_{c1}=1.4\,\text{rad/s}$ 向右平移增大到 $\omega_{c2}=4\,\text{rad/s}$，相位穿越频率 $\omega_g=2.2\,\text{rad/s}$，$\omega_{c2}>\omega_g$，相位裕度和幅值裕度均出现负值，导致闭环系统不稳定。因此增加开环增益尽管能够提高系统的稳态精度和动态响应特性，但是开环增益过大也会导致系统不稳定。

5.5 工程实例：履带车转向控制系统设计

履带车因其地面附着力强，非常适用于路况恶劣的条件下作业，如雪地、山坡、草地、

耕地等，被广泛应用于军事国防、野外救援运输、大型工程建设、采矿、农耕等。履带车当转向时，两侧履带以不同的速度运行，利用速度差实现车辆的转向。履带车的转向控制系统，涉及控制参数的设计问题。图 5-27 为履带车。图 5-28 为转向控制系统框图。设计目标如下：

图 5-27　履带车

1）为动力传动系统的开环增益 K 和控制器系数 a 选择合适的值，满足系统的稳定性，并使系统对速度输入的稳态误差小于输入信号斜率的 24%。

2）根据确定的 K 和 a 计算系统的稳定裕度，并判断是否满足转向控制系统的稳定性。

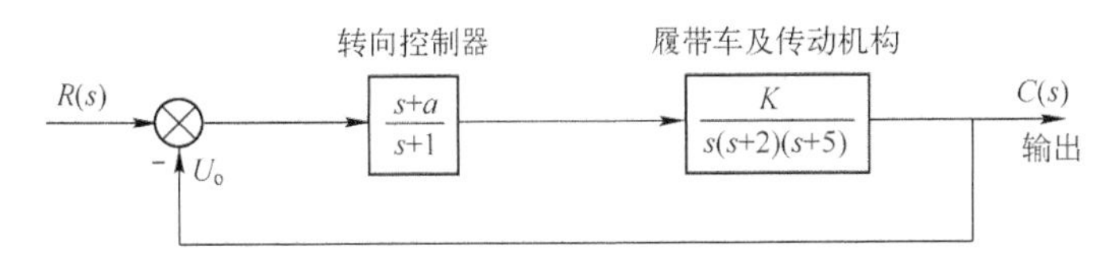

图 5-28　履带车转向控制系统框图

问题的分析求解：

1）根据系统框图，该系统的闭环传递函数为

$$\Phi(s)=\frac{K(s+a)}{s(s+1)(s+2)(s+5)+K(s+a)}$$

闭环特征方程为

$$s^4+8s^3+17s^2+(K+10)s+Ka=0$$

建立劳斯阵列

$$\begin{array}{c|ccc} s^4 & 1 & 17 & Ka \\ s^3 & 8 & K+10 & 0 \\ s^2 & c_1 & Ka & \\ s^1 & d_1 & 0 & \\ s^0 & Ka & & \end{array}$$

其中 $c_1=17-\dfrac{K+10}{8}$，$d_1=\dfrac{c1(K+10)-8Ka}{c1}$。

为了满足系统的稳定性，由劳斯判据可知，劳斯数列第一列元素需大于零，即

$$\begin{cases} c_1>0 \\ d_1>0 \\ Ka>0 \end{cases}$$

由 $c_1>0$ 可以直接确定 K 的取值上限，$K<126$，又因为 K 是开环增益，所以 $K>0$，那么 K 的取值范围为 $0<K<126$。由 $Ka>0$ 确定 $a>0$。但是由 $d_1>0$ 不等式中，有 2 个变量，无法进一步确定 K 和 a 的取值范围。再利用案例中另外一个约束条件，即系统对速度输入的稳态误差小于输入信号斜率的 24%。

速度输入信号为 $r(t)=At$；

速度误差系数为 $K_v=\lim\limits_{k\to\infty}sG_c(s)G(s)=\dfrac{1}{10}Ka$；

稳态误差为 $e_{ss}=\dfrac{A}{K_v}=\dfrac{10A}{Ka}$。

由已知条件可知 $e_{ss}=\dfrac{10A}{Ka}<0.24A$，所以 $Ka>41.7$，那么只要满足 K 与 a 的乘积大于 41.7，如图 5-29 所示，K 与 a 的取值只要在 $K-a$ 容许区域就满足目标要求。最后选择两组取值，一组为 $K=70$，$a=0.6$，另一组为 $K=50$，$a=0.84$，两组取值都满足 $Ka=42>41.7$。

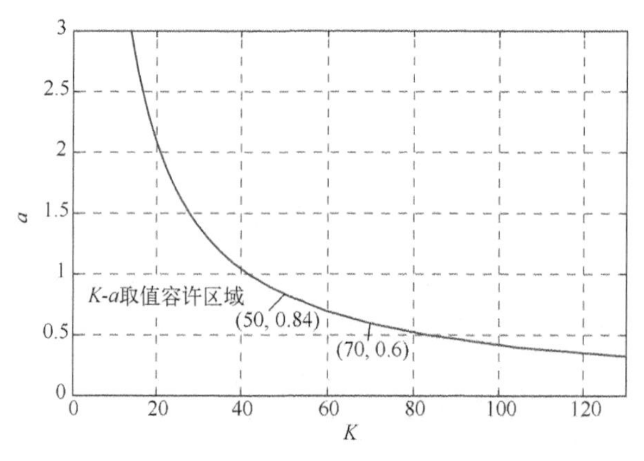

图 5-29　系统稳定的 K 与 a 取值容许区域

2）根据两组取值 $K=70$，$a=0.6$ 和 $K=50$，$a=0.84$，绘制 Bode 图并求稳定裕度。Bode 图如图 5-30 所示，两组取值对应的开环增益分别为 $20\lg70=37$ dB，$20\lg50=34$ dB，分贝值相差很小，所以 Bode 图曲线很贴近，那么计算出的稳定裕度也相差不多：

$$K_1=70,\ \mathrm{Gm}_1=2.3\ \mathrm{dB},\ \omega_{g1}=3.6\ \mathrm{rad/s},\ \mathrm{Pm}_1=7.7°,\ \omega_{p1}=3.1\ \mathrm{rad/s}$$

$$K_2=50,\ \mathrm{Gm}_2=3.9\ \mathrm{dB},\ \omega_{g2}=3.3\ \mathrm{rad/s},\ \mathrm{Pm}_2=12.6°,\ \omega_{p2}=2.6\ \mathrm{rad/s}$$

其中，Gm 为幅值裕度，ω_g 为相位穿越频率，Pm 为相位裕度，ω_p 为幅值穿越频率。

对应两组取值，幅值裕度和相位裕度均大于零，因此满足闭环系统稳定的要求。

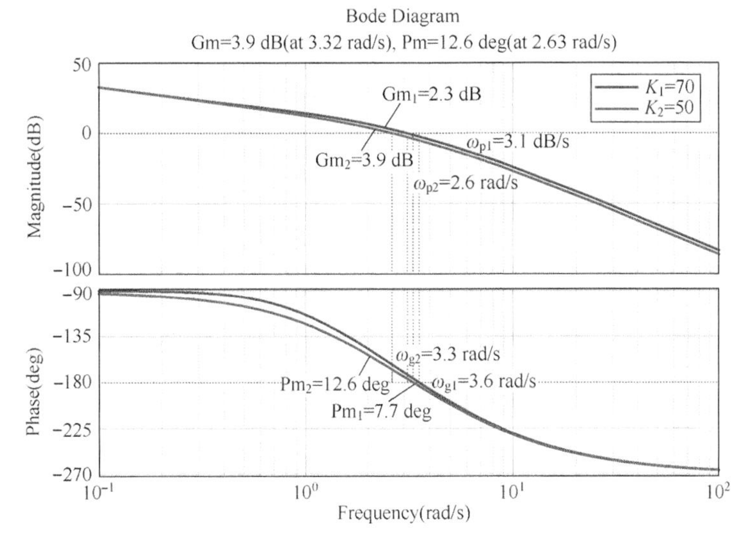

图 5-30　K 与 a 两组取值对应的 Bode 图

5.6　系统稳定性分析的 MATLAB 程序

控制系统稳定性的分析可以采用劳斯判据、奈奎斯特判据和对数稳定判据等。针对这三种系统稳定性判别方法，具体介绍如何通过 MATLAB 软件编程来实现。

1. 劳斯判据的 MATLAB 实现

根据系统稳定的充分必要条件，劳斯判据是通过判断闭环特征根的实部是否为负，来获得闭环系统是否稳定的。在 MATLAB 中，求闭环特征方程的根是利用 roots( )这个函数实现的。其调用格式为

```
roots(P)
```

其中，参数 P 为闭环特征方程按照降幂排列的系数矢量，roots(P)求解的根存放于系统变量 ans 中。根据求解根的结果，判断根的实部符号的正负，进一步得出系统稳定性的结论。在求解特征根的同时，如果要绘制闭环系统零、极点分布图，观察零、极点在复平面上的分布位置，则可以利用 pzmap( )这个函数实现。其调用格式为

```
pzmap(G)
```

其中，参数 G 为传递函数。

例 5-19　已知闭环系统的传递函数如下，试通过求闭环特征根判断闭环系统的稳定性。

$$G(s)=\frac{10s^2+15s+5}{8s^4+20s^3+18s^2+12s+6}$$

解　MATLAB 程序如下：

```
>>num=[10 15 5];                    %闭环传递函数分子
>>den=[8 20 18 12 6];               %闭环传递函数分母
```

```
>>G=tf(num,den)                          %闭环传递函数
>>p=roots(den);                          %求闭环特征方程的根
>>disp('特征根:');                        %字符提示
>>disp(p);                               %显示特征根
>>y=find(real(p)>0);                     %查找实部大于0的特征根并赋值给向量y
>>x=length(y);                           %求向量y的元素的个数并赋值给x
>>if x>0                                 %判断如果x>0，有实部大于0的根
>>disp('系统不稳定');                      %显示“系统不稳定”
>>else disp('系统稳定')                    %否则显示“系统稳定”
>>end
```

程序运行结果如下：

```
G =
     10 s^2 + 15 s + 5
  ------------------------------------------
  8 s^4 + 20 s^3 + 18 s^2 + 12 s + 6

特征根
  -1.3550 + 0.0000i
  -1.0000 + 0.0000i
  -0.0725 + 0.7404i
  -0.0725 - 0.7404i
系统稳定
```

程序运行结果表明，系统的特征根的实部全部为负，因此显示结论“系统稳定”。

例 5-20 已知单位反馈系统的开环传递函数如下，试画出闭环系统零、极点分布图，并根据闭环极点的分布，判断闭环系统的稳定性。

$$G_k(s)=\frac{100(s+2)}{s(s+1)(s+20)}$$

解 MATLAB 程序如下：

```
>>K=100;                                     %开环增益K
>>num=[1 2];                                 %开环系统分子
>> den=conv(conv([1 0],[1 1]),[1 20]);       %开环系统分母
>>Gk=tf(K*num,den)                           %开环传递函数
>>Gc=feedback(Gk,1);                         %闭环传递函数
>>pzmap(Gc)                                  %绘制零、极点分布图(见图5-31)
>>p=eig(Gc);                                 %求闭环特征根
>>disp('特征根');                             %“特征根”字符提示
>>disp(p);                                   %显示特征根
```

程序运行结果如下：

```
Gk =
        100 s + 200
  ------------------------
  s^3 + 21 s^2 + 20 s
 Continuous-time transfer function.
特征根
  -12.8990
   -5.0000
   -3.1010
```

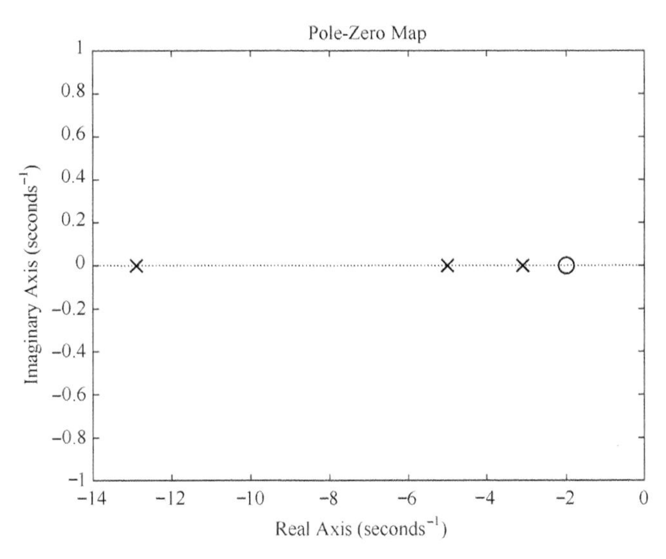

图 5-31　例 5-20 系统的零、极点分布图

程序运行结果表明，系统的闭环特征根均分布在［s］平面的左半平面，计算特征根实部为负，所以闭环系统稳定。

2. 奈奎斯特判据及稳定裕度计算的 MATLAB 实现

奈奎斯特判据是利用系统开环频率特性曲线在复平面内是否包围(-1,j0)点，以及逆时针包围(-1,j0)点的圈数是否与系统开环不稳定根的个数相等的信息，来判断闭环系统的稳定性的。在 MATLAB 程序中，可以通过画 Nyquist 图观察曲线的分布，判断闭环系统是否稳定，也可以通过观察 Bode 图中的开环频率特性曲线的分布，判断闭环系统的稳定性。

如果需要分析系统的相对稳定性，可以求解稳定裕度。在 MATLAB 程序中，用函数 margin( )求系统的稳定裕度，其调用格式为

```
margin(sys)
[Gm,Pm,ωg,ωp]=margin(sys)
[Gm,Pm,ωg,ωp]=margin(mag,phase,ω)
```

函数 margin(sys)可以绘制 Bode 图，并求出幅值裕度、相位裕度以及二者对应的角频率，并将计算值显示在 Bode 图上方。参数 sys 为系统开环传递函数。指令［Gm,Pm,ω_g,ω_p］=margin(sys)是根据开环传递函数，分别求出幅值裕度 Gm、相位裕度 Pm、幅值穿越频率 ω_g 和相位穿越频率 ω_p，不绘制 Bode 图。指令［Gm,Pm,ω_g,ω_p］=margin(mag,phase,ω)在求解 4 个参数时，由用户指定角频率范围。

例 5-21　已知系统开环传递函数如下，试用对数稳定判据判断闭环系统的稳定性。

$$G_k(s)=\frac{10^{-3}(100s+1)^2}{s^2(10s+1)(0.125s+1)(0.05s+1)}$$

解　MATLAB 程序如下：

```
>>K=10^(-3);                                              %开环增益
>>num=K*conv([100 1],[100 1]);                            %开环传递函数分子
>>den=conv(conv([1 0 0],[10 1]),conv([0.125 1],[0.05 1])); %开环传递函数分母
>>Gk=tf(num,den)                                          %开环传递函数
>>bode(Gk)                                                %绘制 Bode 图(见图 5-32)
>>grid on                                                 %打开网格线
```

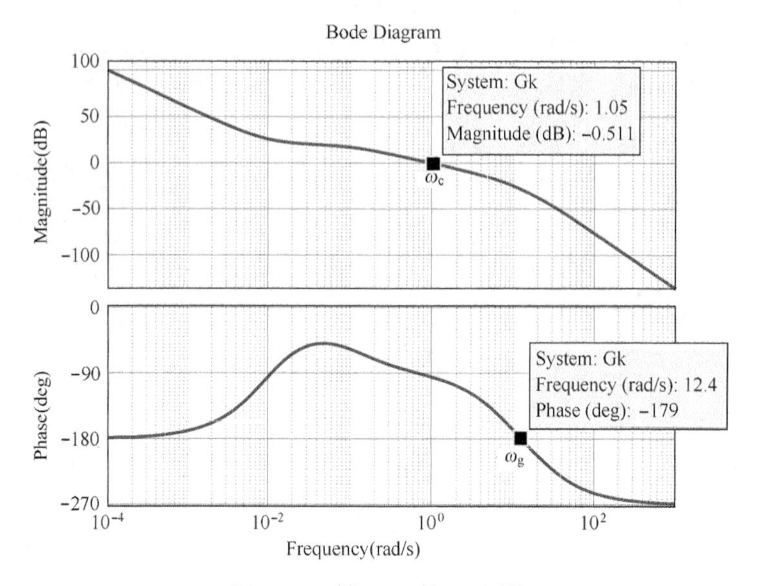

图 5-32　例 5-21 的 Bode 图

程序运行结果如下：

```
Gk =
            10 s^2 + 0.2 s + 0.001
  ------------------------------------------------
  0.0625 s^5 + 1.756 s^4 + 10.18 s^3 + s^2
```

根据开环传递函数可知，系统开环稳定，$P=0$，根据图 5-32 可知，幅频图中的幅值穿越频率 ω_c 小于相频图中的相位穿越频率 ω_g，即对应对数幅频曲线位于 0 dB 线以上的部分，相频曲线并没有穿越-180°线，那么根据对数稳定判据，该闭环系统是稳定的。

例 5-22　已知单位反馈系统开环传递函数如下，绘制 Bode 图并求出稳定裕度，判断闭环系统的稳定性。

$$G_k(s)=\frac{10}{s(2s+1)(s^2+0.5s+1)}$$

解　MATLAB 程序如下：

```
>>num=[10];                                   %开环传递函数分子
>>den=conv(conv([1 0],[2 1]), [1 0.5 1]);     %开环传递函数分母
>>margin(num,den)                             %绘制 Bode 图并计算稳定裕度
>>grid on                                     %打开网格线
>>[Gm,Pm,Wg,Wp]=margin(num,den)               %计算稳定裕度和频率
```

程序运行结果如下：

```
Gm=
    0.0750
Pm=
    -136.3866
ωg=
    0.7067
ωp=
    1.6210
```

图 5-33 为 Bode 图，根据稳定裕度的计算结果，幅值裕度为 Gm=−22.5 dB（对应值为 0.075），相位裕度为 Pm=−136°，幅值穿越频率为 ω_g=0.7 rad/s，相位穿越频率为 ω_p=1.6 rad/s。因为幅值裕度和相位裕度都小于零，所以闭环系统不稳定，该结论也可以根据图 5-33 的 Bode 图中 $\omega_c>\omega_g$ 判断出来。

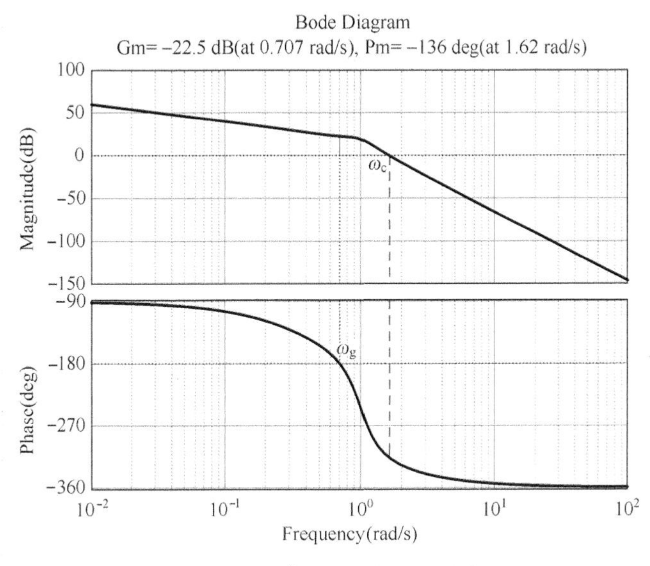

图 5-33　例 5-22 的 Bode 图

例 5-23　已知电动机速度控制系统框图如图 5-34 所示，试分别绘制 Nyquist 曲线和 Bode 图，并判断闭环系统的稳定性。

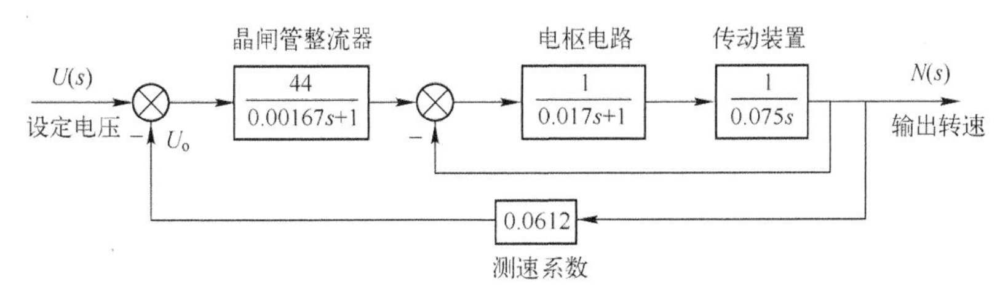

图 5-34　例 5-23 系统框图

解　MATLAB 程序如下：

（1）绘制 Nyquist 图并判断闭环系统稳定性

```
>>num1=[1]; den1=[0.017 1]; sys1=tf(num1,den1);            %电枢电路传递函数
>>num2=[1]; den2=[0.075 0]; sys2=tf(num2,den2);            %传动装置传递函数
>>S=feedback(sys1 * sys2,1);                                %局部闭环传递函数
>>num3=[44]; den3=[0.00167 1]; sys3=tf(num3,den3);         %晶闸管整流器传递函数
>>GH=0.0612 * sys3 * S                                      %系统开环传递函数
>>nyquist(GH)                                               %绘制 Nyquist 图(见图 5-35)
>>den=[2.129e-6 0.0014 0.07667 1];                          %开环特征方程系数
>>roots(den)                                                %计算开环特征根
```

程序运行结果如下：

```
GH =
                    2.693
  ---------------------------------------------------
  2.129e-06 s^3 + 0.0014 s^2 + 0.07667 s + 1
ans =
  -598.7503
  -38.4137
  -20.4217
```

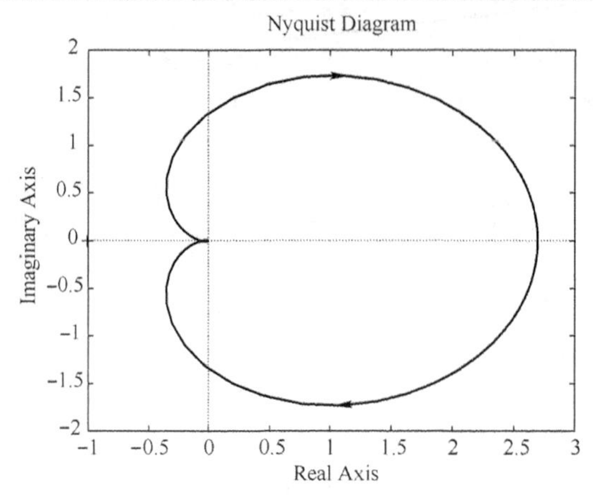

图 5-35　例 5-23 的 Nyquist 图

程序运行结果表明，系统开环稳定，$P=0$，根据图 5-35 所示 Nyquist 图，Nyquist 曲线不包围$(-1,j0)$点，$N=P=0$，因此闭环系统稳定。

（2）绘制 Bode 图并判断闭环系统稳定性

```
>>num1=[1];den1=[0.017 1];sys1=tf(num1,den1);            %电枢电路传递函数
>>num2=[1];den2=[0.075 0]; sys2=tf(num2,den2);           %传动装置传递函数
>>S=feedback(sys1 * sys2,1);                             %局部闭环传递函数
>>num3=[44];den3=[0.00167 1]; sys3=tf(num3,den3);        %晶闸管整流器传递函数
>>GH=0.0612 * sys3 * S;                                  %系统开环传递函数
>>margin(GH); grid on                                    %绘制 Bode 图(见图 5-36)
>> [Gm,Pm,Wg,Wp]=margin(num,den)                         %计算稳定裕度和频率
```

程序运行结果如下：

```
Gm =
   18.3571
Pm=
   74.5395
ω_g =
   189.7802
ω_p =
   35.0208
```

程序运行结果表明，幅值裕度为 Gm = 25.3 dB（对应值为 18.3571），相位裕度为 Pm = 74.5°；相位穿越频率为 $\omega_g=190\,\text{rad/s}$，幅值穿越频率为 $\omega_p=35\,\text{rad/s}$。因为幅值裕度和相位裕度都大于零，所以闭环系统稳定，该结论与利用 Nyquist 曲线判断结论一致。

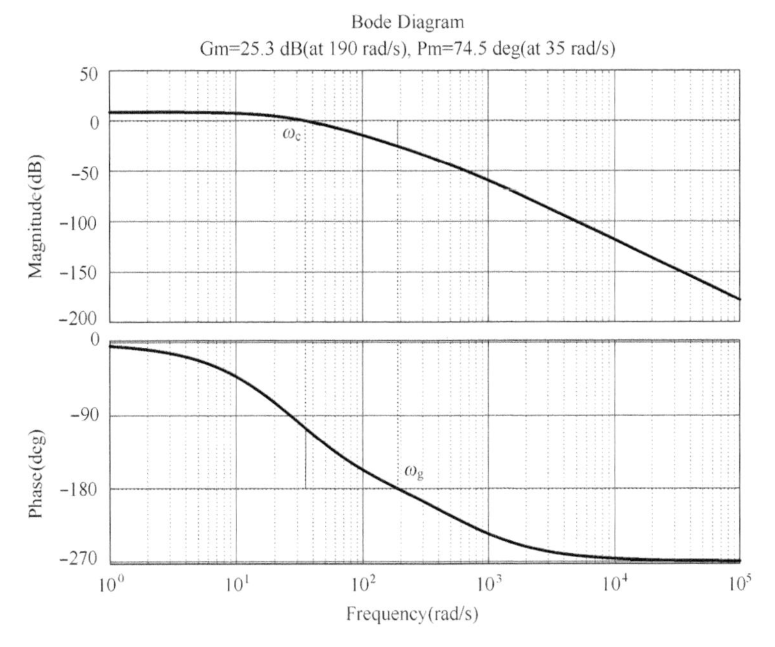

图 5-36　例 5-23 的 Bode 图

[本章知识总结]:

1. 系统的稳定性是指，处于某一平衡状态的系统，当受到外界或内部因素的扰动时，系统偏离平衡状态，当扰动消失后，经过足够长的时间，如果系统能够恢复到原来的平衡状态或进入新的平衡状态，则系统是稳定的；否则，如果系统不能恢复到平衡状态，则系统是不稳定的。系统的稳定性取决于系统自身的结构和参数，与输入无关。

2. 系统稳定的充分必要条件是，系统特征方程的全部特征根均具有负实部，或系统闭环传递函数的极点均位于 [s] 平面的左半平面。如果系统特征方程的系数均大于零，则满足稳定的必要条件。

3. 劳斯判据是一种代数判据，是利用系统特征方程的系数，按照一定的运算规则构造劳斯阵列，如果劳斯阵列中的第一列元素的符号全部为正，则系统稳定；否则，如果第一列出现符号为负的元素，则系统不稳定。劳斯阵列第一列元素符号改变的次数等于特征方程含有不稳定根的个数。

4. 奈奎斯特稳定判据是一种几何判据，是利用系统开环频率特性曲线在极坐标中是否包围$(-1,\mathrm{j}0)$点来判断闭环系统的稳定性。当 ω 由$-\infty$变化到$+\infty$时，若 [GH] 平面上开环频率特性曲线 $G(\mathrm{j}\omega)H(\mathrm{j}\omega)$ 逆时针方向包围$(-1,\mathrm{j}0)$点 P 圈，即 $N=P$，则闭环系统稳定；否则闭环系统不稳定。

5. 稳定裕度是表征系统相对稳定性的参数，具体可用相位裕度和幅值裕度来表示，通过对系统稳定裕度的求解和分析，能够获得提高系统相对稳定性的方法。相位裕度是指在幅值穿越频率处，使系统达到不稳定状态所需要附加的相位滞后量，以 γ 表示。幅值裕度是指在相位穿越频率处，使幅频特性值达到 1，所应增大的开环增益的倍数，用 K_g 表示。

习题

5-1　系统稳定性的定义以及系统稳定的充分必要条件是什么？

5-2　简述奈奎斯特稳定判据的主要内容。

5-3　已知一组特征方程如下，利用劳斯判据判断闭环系统的稳定性，如果系统不稳定，求出特征方程在［s］平面右半平面根的个数。

（1）$s^4+2s^3+2s^2+4s+10=0$

（2）$s^5+s^4+3s^3+9s^2+16s+10=0$

（3）$s^5+2s^4+12s^3+24s^2+23s+46=0$

（4）$s^6+3s^5+5s^4+9s^3+8s^2+6s+4=0$

5-4　已知单位反馈系统开环传递函数如下，试确定满足闭环系统稳定的参数 K 和 ξ 的值。

$$G(s)H(s)=\frac{K}{s(0.01s^2+0.2K\xi s+1)}$$

5-5　已知系统框图如图 5-37 所示，试求参数 K 和 a 取何值时，系统将以角频率 $\omega=2\ \text{rad/s}$ 持续振荡。

5-6　已知系统框图如图 5-38 所示，其中 $T_1=0.1\ \text{s}$，$T_2=0.25\ \text{s}$。试求：（1）满足系统稳定时 K 的取值范围；（2）当系统的特征根位于 $s=-1$ 垂线左侧时，K 的取值范围。

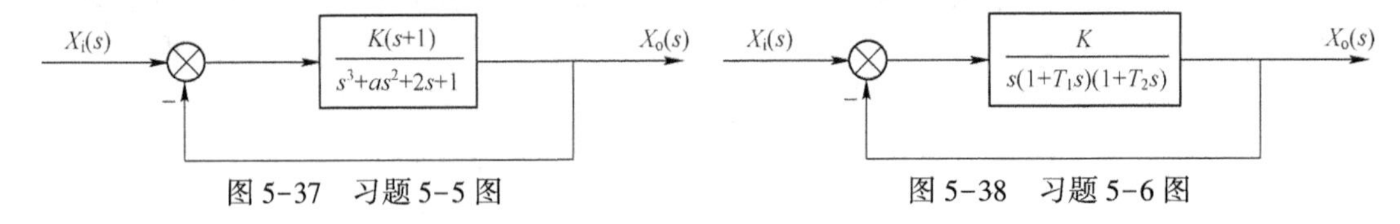

图 5-37　习题 5-5 图　　　　图 5-38　习题 5-6 图

5-7　已知单位反馈系统的闭环特征方程为 $s^3+As^2+20s+K=0$，在斜坡输入 $x_i(t)=\frac{1}{2}t$ 作用下，稳态误差为 0.08，试确定满足闭环系统稳定的 A 和 K 的取值范围。

5-8　已知系统框图如图 5-39 所示，求 K 取何值时，满足闭环系统稳定。

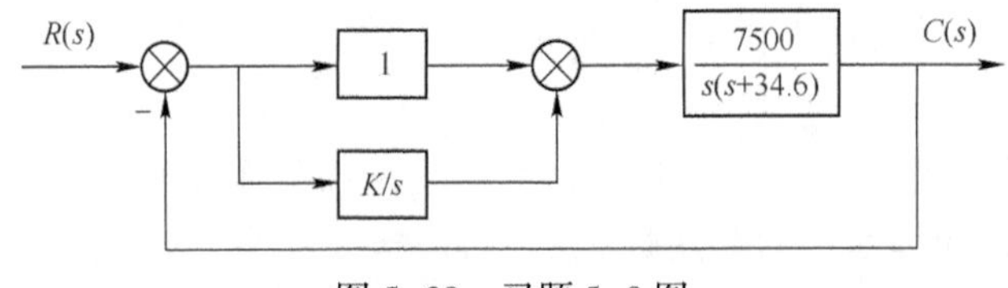

图 5-39　习题 5-8 图

5-9　已知一组开环频率特性的极坐标图如图 5-40 所示，其中 P 为开环不稳定根的个数，ν 为开环传递函数含有积分环节的数目，试利用奈奎斯特判据判断闭环系统的稳定性。

5-10　已知一组系统框图如图 5-41 所示，试利用奈奎斯特判据判断闭环系统的稳定性。(可用 MATLAB 程序求解)

5-11　已知单位反馈系统，开环传递函数如下，试确定满足相位裕度为 $\gamma=45°$时，系统的开环增益 K，并确定截止频率 ω_c 的值。

$$G(s)H(s)=\frac{K}{s(s+1)(10s+1)}$$

5-12　已知一个位置控制系统原理图如图 5-42a 所示，系统框图如图 5-42b 所示，其中 $K=10^5$，求系统的相位裕度、幅值裕度、截止频率 ω_c 和幅值穿越频率 ω_g。

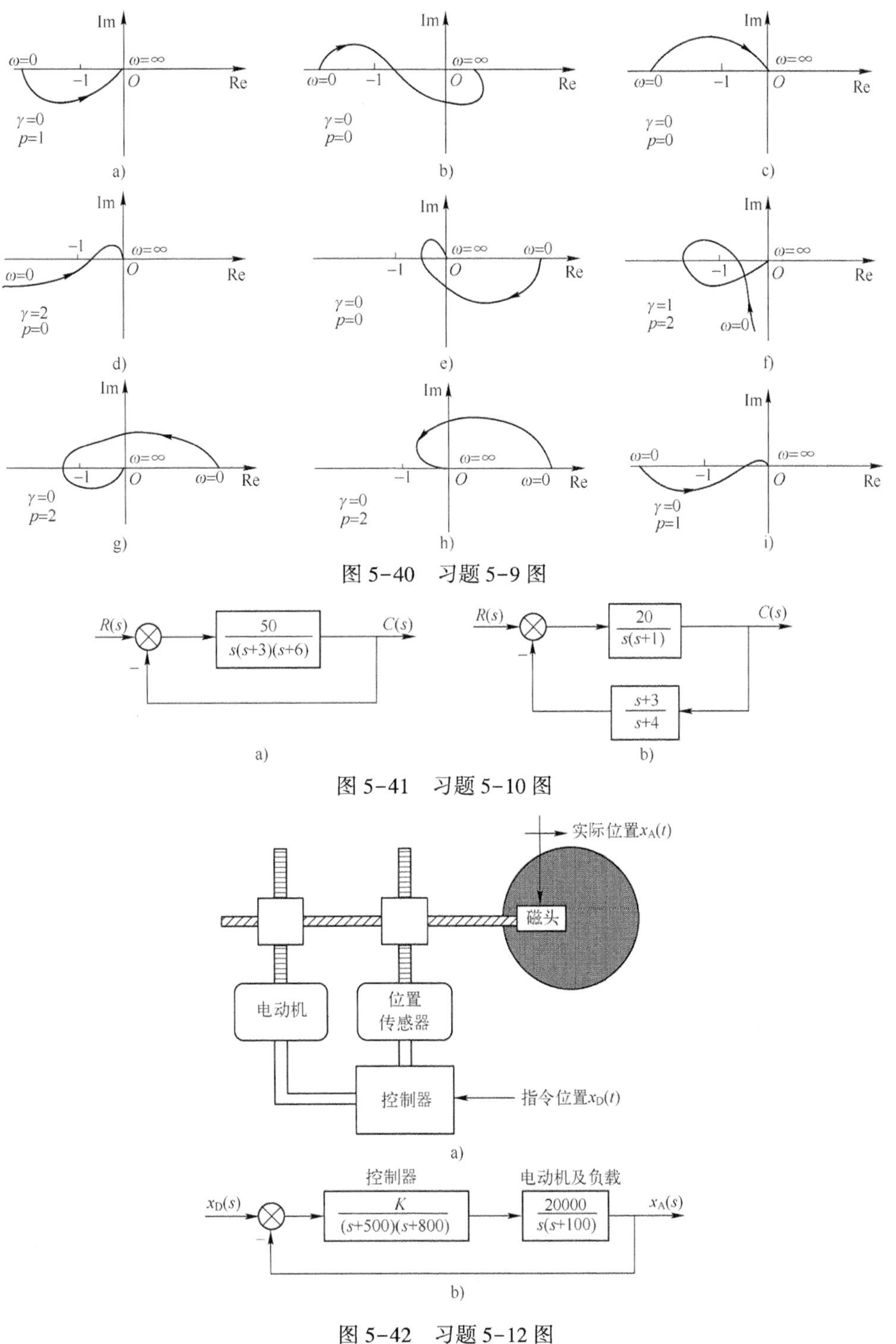

图 5-40　习题 5-9 图

图 5-41　习题 5-10 图

图 5-42　习题 5-12 图

a）位置控制系统原理图　b）系统框图

第 6 章　控制系统的设计与校正

[学习要求]:

- 了解系统时域性能指标和频域性能指标之间的关系;
- 掌握系统校正的概念;
- 掌握串联校正的设计方法，以及 PID 校正的原理;
- 理解期望特性法，以及反馈校正的设计方法。

经典控制理论中，在满足控制系统稳定的前提下，可以通过调整原系统的结构参数改善系统的稳态或动态性能，但是由于原系统参数的可调范围有限，仅仅调整结构参数难以达到多项性能指标的要求，因此，需要在原系统中引入校正环节来解决问题。通过分析控制系统的数学模型，确定系统校正方案，在系统结构中的合适位置，设计一个校正装置或控制器，以达到期望性能指标，确定校正装置或控制器的结构与参数，完成系统校正。

根据技术指标要求设计控制系统，需要进行分析计算，既要保证所设计的系统有良好的性能，满足给定技术指标的要求，又要考虑加工、经济性、可靠性的问题。本章主要研究线性定常控制系统的校正方法。

6.1　系统校正

6.1.1　系统校正的概念

系统校正是引入校正环节使系统的传递函数发生变化，使得系统的零点和极点重新分布，或适当地增加零点和极点，以满足系统性能要求。

对系统进行校正有串联校正和反馈校正等方式，对同一控制系统可以采用不同的校正方法，都能够满足性能指标的要求。在工程实际中，选择系统校正的方案，既要保证良好的控制性能，又要考虑到工艺性、经济性，以及使用寿命、体积、重量等因素，以便获取最优方案。

系统的校正方案通常是根据系统性能指标的综合计算与分析而确定的。当性能指标以单位阶跃响应的峰值时间、最大超调量和调整时间等时域指标给出，或以系统的相位裕度、幅值裕度及闭环幅频特性的相对谐振峰值、带宽等频域指标给出时，可以通过时域性能指标和频域性能指标之间相互转换，应用以频率响应法原理为基础的凑试设计法进行系统校正。凑试法通常适合设计和校正单输入单输出的线性定常系统。一般情况下，设计者依据经验运用凑试法，可以设计出满足给定性能指标的控制系统，但是还需要对校正后的系统进行验证。如发现系统校正后不能使性能指标全部得到满足，则需通过调整系统结构参数，如调整系统的开环增益、在系统中引进校正元件等办法，重复进行上述设计与校正过程，直到全部满足给定的性能指标为止。在利用上述凑试法设计与校正控制系统时，对一个设计者来说，灵活的设计思路和丰富的设计经验都将起着很重要的作用。

综上所述，控制系统的设计与校正问题，是在下列已知条件的基础上进行的，即

1）已知控制系统的特性与参数。

2）已知对控制系统提出的全部性能指标。

根据第一个条件初步确定一个切实可行的校正方案，在此基础上，根据第二个条件利用本章介绍的理论与方法确定校正元件的参数。

注意，控制系统的设计与校正和系统分析既有联系又有差异。系统分析，是在已知控制系统的结构组成及其全部参数的基础上，求解系统的各项性能指标，以及这些性能指标与系统参数间的关系。而系统设计与校正，是在给定系统基础上，按控制系统应有的性能指标，寻求全面满足性能指标的校正方案，并合理确定校正元件的参数。因此，系统设计与校正可能存在不止一个方案，也就是说，能全面满足性能指标的控制系统并不是唯一的。

6.1.2　系统的性能指标

在对控制系统进行设计与校正时，当被控对象确定以后，就可以根据具体需要对控制系统提出相应的性能要求，涉及系统的稳定性、准确性和快速性，因此，除了已知系统不可变部分的参数外，还需要知道对控制系统提出的各种具体性能指标。性能指标通常是由使用单位或被控对象的设计制造单位提出的。不同的控制系统对性能指标的要求应有不同。例如，位置控制系统对平稳性和稳态精度要求较高，而伺服系统则侧重于快速性要求。

性能指标的确定应能准确反映实际系统的需要。第一，从成本考虑，设计的性能指标不应当比给定任务所需要的指标更高。例如，若系统的性能要求是具备较高的快速性，则不必对系统的稳态精度提出过高要求。第二，由于各个性能指标之间存在一定的矛盾性，很难实现各个指标同时达到最优，所以，在设计中要对性能指标综合衡量，有所侧重。第三，实际系统的性能指标，会受到组成元部件的固有误差、非线性特性、能耗、电源的功率以及机械强度等各种实际物理条件的制约。如果要求控制系统应具备较快的响应速度，则应考虑系统能够提供的较大的速度和加速度，以及系统容许的强度极限。除了一般性指标外，具体系统往往还有一些特殊要求，如低速平稳性、对变载荷的适应性等，也必须在系统设计时加以考虑。

在控制系统设计与校正时，依据性能指标的形式，通常采用时域法或频域法。时域性能指标以单位阶跃响应的峰值时间、调节时间、超调量、阻尼比、稳态误差等时域特征量给出，频域性能指标以系统的相位裕度、幅值裕度、谐振峰值、闭环带宽、静态误差系数等频域特征量给出。目前，工程上习惯采用频域法，通过近似公式在时域与频域之间进行两种指标的互换。

常用的时域性能指标包括：调节时间 t_s、最大超调量 M_p、峰值时间 t_p、上升时间 t_r，以及稳态误差、静态误差系数等。从实用的角度来看，时域指标比较直观，对系统的要求也常常以时域指标的形式提出。

常用的频域性能指标包括：相位裕度 γ、幅值裕度 K_g、截止频率 ω_b、频带宽度 $0\sim\omega_b$、谐振频率 ω_r 和谐振峰值 M_r 等。在采用频域法的设计中，常常将时域性能指标转换成频域性能指标。

系统设计与校正经常出现的时域性能指标和频域性能指标，以及二者之间的关系如下。

（1）时域性能指标

最大超调量：$M_p = e^{-\frac{\pi\xi}{\sqrt{1-\xi^2}}}\times 100\%$

调节时间：$t_s = \dfrac{3.5}{\xi\omega_n}$ 或 $\omega_c t_s = \dfrac{1}{\tan\gamma}$

（2）频域性能指标

谐振峰值：$M_r = \dfrac{1}{2\xi\sqrt{1-\xi^2}}, \xi \leqslant 0.707$

谐振频率：$\omega_r = \omega_n\sqrt{1-2\xi^2}, \xi \leqslant 0.707$

截止频率：$\omega_b = \omega_n\sqrt{1-2\xi^2+\sqrt{2-4\xi^2+4\xi^2}}$

剪切频率：$\omega_c = \omega_n\sqrt{\sqrt{1+4\xi^4}-2\xi^2}$

相位裕度：$\gamma = \arctan\dfrac{\xi}{\sqrt{\sqrt{1+4\xi^4}-2\xi^2}}$

（3）时域性能指标与频域性能指标之间的关系

谐振峰值与相位裕度的关系：$M_r = \dfrac{1}{\sin\gamma}$

最大超调量与谐振峰值的关系：$M_p = [0.16+0.4(M_r-1)]\times 100\%$

调节时间与剪切频率的关系：$t_s = \dfrac{K\pi}{\omega_c}$

式中，$K = 2+1.5(M_r-1)+2.5(M_r-1)^2, 1 \leqslant M_r \leqslant 1.8$。

6.1.3 校正的分类

按照校正装置在系统中的连接方法不同，校正方法可以分为串联校正和并联校正。究竟选用哪种校正方法，取决于系统中的信号性质、技术实现的方便性、可供选用的元件、抗干扰性要求、经济性要求、环境使用条件以及设计者的经验等因素。

如果校正装置串联在系统的前向通道中，称这种校正为串联校正，如图 6-1 所示。串

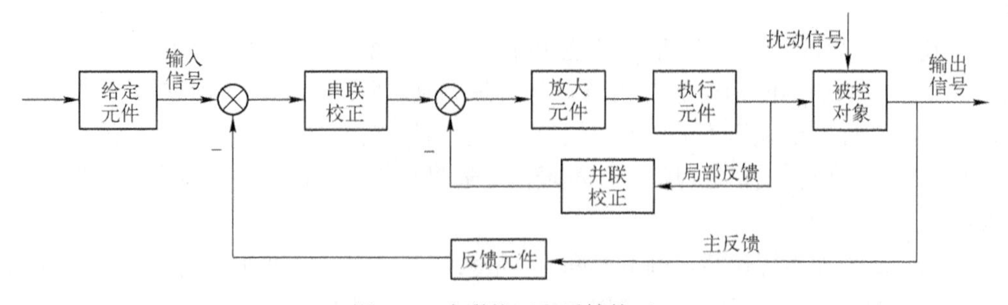

图 6-1　串联校正和反馈校正

联校正装置主要分为相位超前校正、相位滞后校正和相位滞后-超前校正。

如果校正装置与前向通道某些环节进行并联，称这种校正为并联校正，并联校正也称为反馈校正。

一般来说，串联校正设计比反馈校正设计简单，也比较容易对信号进行各种必要形式的变换。在直流控制系统中，由于传递直流电压信号，适于采用串联校正；在交流载波控制系统中，如果采用串联校正，一般校正环节应接在解调器和滤波器之后，否则由于参数变化和载频漂移，校正装置的工作稳定性很差。串联校正装置又分为无源和有源两类。无源串联校正装置通常由 RC 无源网络构成，结构简单，成本低廉，但会使信号在变换过程中产生幅值衰减，且其输入阻抗较低，输出阻抗又较高，因此常常需要附加放大器，以补偿其幅值衰减，并进行阻抗匹配。为了避免功率损耗，无源串联校正装置通常安置在前向通路中能量较低的部位上。有源串联校正装置由运算放大器和 RC 网络组成，其参数可以根据需要调整，因此在工业自动化设备中，经常采用由电动（或气动）单元构成的 PID 控制器（或称 PID 调节器），它由比例单元、微分单元和积分单元组合而成，可以实现各种要求的控制规律。

在实际控制系统中，反馈校正所需元件数目比串联校正少。由于反馈信号通常由系统输出端或放大器输出级供给，信号是从高功率点传向低功率点，所以反馈校正一般无须附加放大器。此外，反馈校正尚可消除系统原有部分参数波动对系统性能的影响。对于性能指标要求较高的控制系统的设计和校正中，常常兼用串联校正与反馈校正两种方式。

6.2　串联校正

串联校正中，校正环节串联在系统框图中的前向通道，为了减少功率损耗，串联校正环节一般都放在前向通道的前端及低功率部分。串联校正主要包括相位超前校正、相位滞后校正和相位滞后-超前校正。相位超前校正主要用于改善闭环系统的动态特性，对于系统的稳态精度影响较小；相位滞后校正可以明显地改善系统的稳态性能，但会使动态响应过程变缓；而相位滞后-超前校正则把两者的校正特性结合起来，用于动态特性与稳态特性均要求较高的系统。下面介绍这三种串联校正装置的设计与实现方法。

6.2.1　相位超前校正

1. 相位超前校正网络

典型的相位超前校正是 RC 相位超前校正网络，如图 6-2 所示。

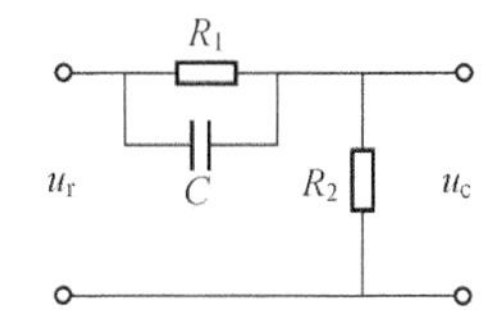

图 6-2　RC 相位超前校正网络

该校正环节的传递函数为

$$G_c(s)=\frac{U_c(s)}{U_r(s)}=\frac{R_2}{R_1+R_2}\frac{R_1Cs+1}{\frac{R_2}{R_1+R_2}R_1Cs+1} \tag{6-1}$$

式中，设 $\frac{R_2}{R_1+R_2}=\alpha<1$，$R_1C=T$，将参数代入式（6-1），整理得到相位超前校正网络的传递函数为

$$G_c(s)=\alpha\frac{Ts+1}{\alpha Ts+1} \tag{6-2}$$

2. 相位超前校正的频率特性

相位超前校正的主要作用是利用环节的超前相角，补偿原系统的滞后相位，提高系统的相对稳定性；利用环节的对数幅频曲线的正斜率，减小原系统幅频曲线中频段的负斜率，改善系统的动态特性。相位超前校正通常通过在系统的前向通道串联校正网络来实现。相位超前校正网络的 Bode 图如图 6-3 所示。图中对数幅频特性曲线具有正斜率，相频特性具有超前的相角，表明校正环节在正弦信号作用下的稳态输出电压的相位超前于输入信号的相位，故称该环节为相位超前校正。

超前校正能够产生足够大的相位超前角，使系统的动态特性得到改善，但是低频段幅频特性的斜率为零，该校正环节对稳态精度的提高影响较小。相位超前校正环节的超前相角和正幅值斜率起到了增大原系统的稳定裕度，以及提高快速性的作用，但缺点是，校正环节使系统高频段的幅频特性上移了 20lgα，这会削弱系统抗高频干扰的能力，因此在高频干扰比较严重的情况下，一般不用相位超前校正。

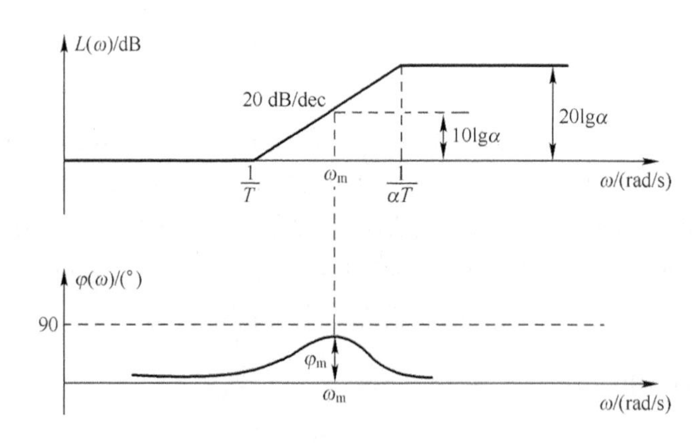

图 6-3　相位超前校正网络的 Bode 图

3. 相位超前校正的设计步骤

相位超前校正充分利用了相位超前网络或 PD 控制器的相位超前特性。只要正确地将相位超前网络的截止频率$\frac{1}{\alpha T}$和$\frac{1}{T}$选在待校正系统截止频率的两旁，并适当选择参数 α 和 T，就可以改变已校正系统的截止频率和相位裕度，以满足预期性能指标的要求，从而改善闭环系统的动态性能。闭环系统的稳态性能要求，可通过选择已校正系统的开环增益来保证。

相位超前校正装置的设计步骤如下：

1）根据对稳态误差的要求，确定开环增益K。

2）利用求得的开环增益K，绘制原系统的Bode图，确定校正前的相位裕度和幅值裕度。

3）确定所需要增加的超前相角

$$\varphi_m=\gamma_2-\gamma_1+(5°\sim12°) \tag{6-3}$$

式中，γ_2为系统校正后的相位裕度；γ_1为系统校正前的相位裕度。

由于超前校正网络在中频段和高频段有幅值增益，使校正后的幅值穿越频率相对于校正前的幅值穿越频率后移，导致系统校正后，在幅值穿越频率处有更大的相位衰减，所以需要补偿5°~12°。

4）根据φ_m计算衰减系数α

$$\alpha=\frac{1-\sin\varphi_m}{1+\sin\varphi_m} \tag{6-4}$$

5）确定校正前对数幅值等于$-20\lg\frac{1}{\sqrt{\alpha}}$所对应的频率$\omega_c$，并以此作为新的幅值穿越频率。

$$\omega_c=\omega_m=\frac{1}{T\sqrt{\alpha}}$$

6）确定相位超前校正网络的参数T

$$T=\frac{1}{\omega_m\sqrt{\alpha}} \tag{6-5}$$

7）得出校正装置传递函数

$$G_c(s)=\frac{Ts+1}{\alpha Ts+1},\quad \alpha<1 \tag{6-6}$$

8）画出校正后的系统Bode图，校验系统的性能指标是否满足要求，如果不满足预期性能指标要求，从第3）步开始重复校正过程。

4. 相位超前校正的特点

相位超前校正的特点如下：

1）相位超前校正主要对未校正系统在中频段的特性进行校正。

2）相位超前校正可以提高系统响应快速性。

3）系统的稳态精度变化不大。

4）相位超前校正有一定的适用范围。在未校正系统的截止频率附近，相频特性的变化率如果很大，单独采用相位超前校正的效果不理想。

串联相位超前校正是通过PD控制器实现的，故具有提高未校正系统阻尼的效果。有两个问题需要注意：一是，若校正系统要求的幅值穿越频率，即剪切频率大于未校正系统的剪切频率时，则应采用通过PD控制器实现的串联相位超前校正方案。二是，加宽系统带宽可以提高系统的响应速度，但同时也将削弱系统抑制高频干扰的能力，因此在校正控制系统时需全面考虑带宽的扩展问题。还应明确串联相位超前校正的适用范围，当给定的系统不可变部分除含积分环节外，距虚轴最近的开环极点是一对共轭复极点时，采用在未校正系统的开环极点与零点分布中引进附加负实零点与极点的串联相位超前校正，不能有效补偿该共轭复极点对系统性能的影响，因此校正效果不明显。

例 6-1 设Ⅰ型单位反馈系统的开环传递函数如下，要求设计串联校正装置，使系统具有 $K=12$ 及 $\gamma\geqslant 40°$的性能指标。

$$G_0(s)=\frac{K}{s(s+1)}$$

解 当 $K=12$ 时，未校正系统的 Bode 图如图 6-4 中的曲线 G_0所示，可以读出其剪切频率 $\omega_{c0}\approx 3.5\ s^{-1}$。于是未校正系统的相位裕度为

$$\gamma_0=180°-90°-\arctan\omega_{c0}=16.12°<40°$$

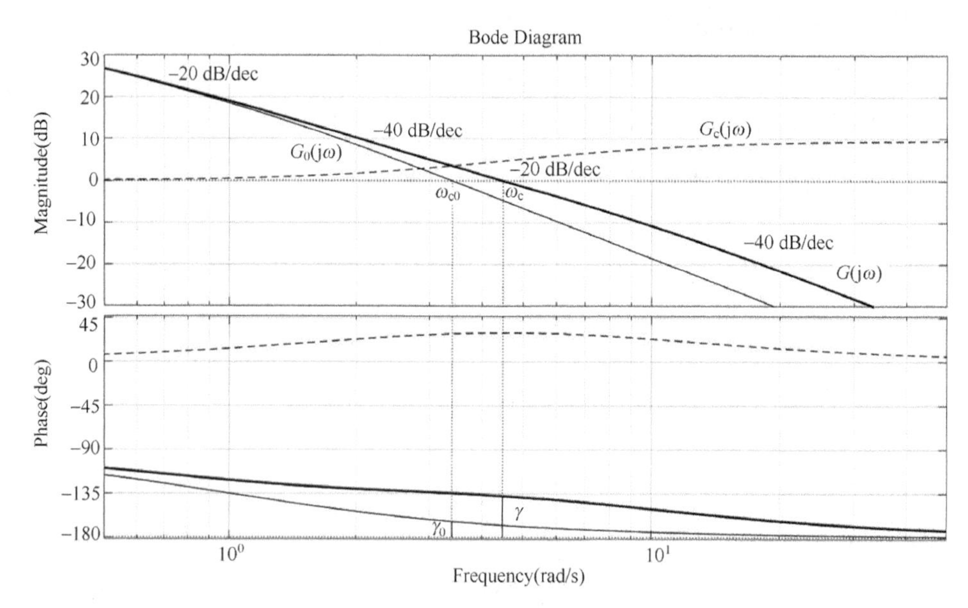

图 6-4 例 6-1 的系统 Bode 图

为了满足预期相位裕度的要求，引入串联相位超前校正网络。在校正后系统剪切频率对应的相位，即超前相角应为

$$\varphi_m=40°-16.2°+6.2°\approx 30°$$

因此，计算出校正环节的系数 α

$$\alpha=\frac{1-\sin 30°}{1+\sin 30°}=0.334$$

在校正后系统剪切频率 $\omega_c=\omega_m$处，校正网络的增益应为 $10\lg\dfrac{1}{0.334}=4.77\ \text{dB}$。

从图中读出未校正系统增益为 -4.77 dB 处的频率，即为校正后系统的剪切频率 ω_c，即

$$\omega_c=\omega_{c0}\sqrt[4]{3}=4.55\ s^{-1}=\omega_m$$

校正网络的两个转折频率分别为

$$\omega_1=\frac{1}{T}=\omega_m\sqrt{\alpha}=2.63\ \text{rad/s}$$

$$\omega_2=\frac{1}{\alpha T}=\frac{\omega_m}{\sqrt{\alpha}}=7.9\ \text{rad/s}$$

为补偿超前校正网络衰减的开环增益，系统的放大倍数需要提高$\frac{1}{\alpha}=3$倍。

经过相位超前校正后，系统的开环传递函数为

$$G(s)=G_c(s)G_0(s)=\frac{12\left(\frac{1}{2.63}s+1\right)}{s(s+1)\left(\frac{1}{7.9}s+1\right)}$$

其相位裕度为

$$\gamma=180°-90°+\arctan4.55/2.63-\arctan4.55-\arctan4.55/7.9\approx42°$$

符合预期相位裕度 40°的要求。

6.2.2　相位滞后校正

1. 相位滞后校正网络

图 6-5 所示为 RC 相位滞后校正网络。

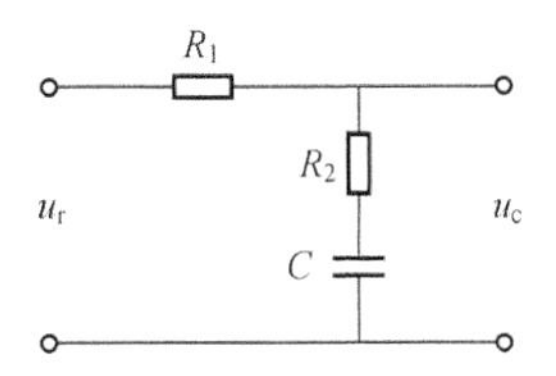

图 6-5　RC 相位滞后校正网络

其传递函数为

$$G_c(s)=\frac{U_c(s)}{U_r(s)}=\frac{R_2Cs+1}{\frac{R_1+R_2}{R_2}R_2Cs+1}$$

设 $R_2C=T$，$\frac{R_1+R_2}{R_2}=\beta>1$，则相位滞后校正传递函数为

$$G_c(s)=\frac{Ts+1}{\beta Ts+1} \tag{6-7}$$

2. 相位滞后校正的频率特性

相位滞后校正网络的 Bode 图如图 6-6 所示。

最大滞后相位为

$$\varphi_m'=-\arcsin\frac{\beta-1}{\beta+1} \tag{6-8}$$

$$\beta=\frac{1+\sin(-\varphi_m')}{1-\sin(-\varphi_m')} \tag{6-9}$$

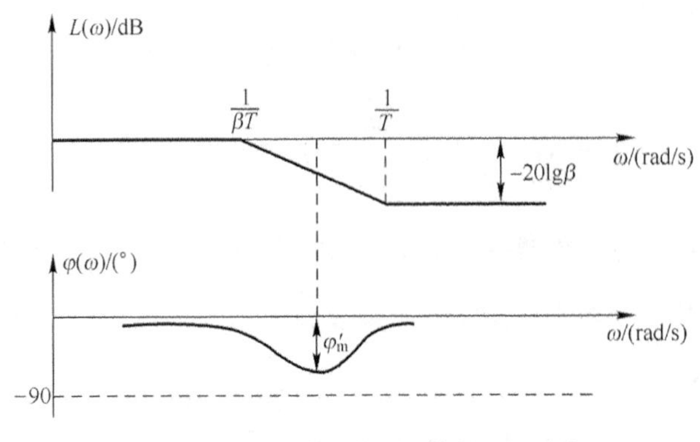

图 6-6　相位滞后校正网络的 Bode 图

由此可见，相位滞后校正利用校正网络对数幅频特性的负斜率段，使被校正系统高频段幅值衰减，幅值穿越频率左移，从而获得满足要求的相位裕度。其相位滞后特性对系统影响越小越好，故应尽量使产生最大滞后相位的频率远离校正后系统的幅值穿越频率，减小对系统动态性能的不利影响，一般可取

$$\omega_2=\frac{1}{T}=\frac{\omega_c}{10}\sim\frac{\omega_c}{2} \tag{6-10}$$

利用滞后网络或 PI 控制器进行串联校正的基本原理是，利用滞后网络或 PI 控制器的高频幅值衰减特性，使已校正系统幅值穿越频率下降，从而使系统获得足够的相位裕度。因此，滞后网络的最大滞后角应力求避免发生在系统幅值穿越频率附近。在系统响应速度要求不高而抑制噪声电平性能要求较高的情况下，可考虑采用相位滞后校正。此外，如果待校正系统已具备满意的动态性能，仅稳态性能不满足指标要求，也可以采用相位滞后校正以提高系统的稳态精度，同时保持其动态性能仍然满足性能指标要求。

由图 6-6 可知，相位滞后校正环节是一个低通滤波器，因为当频率高于$\frac{1}{T}$时，增益全部下降 $20\lg\beta$，而相位减小不多。如果把这段频率范围的增益提高到原来的增益值，当然低频段的增益就提高了。如果$\frac{1}{T}$比校正前系统的幅值穿越频率小很多，那么即使加入这种相位滞后环节，穿越频率附近的相位也不会发生什么变化，系统响应速度等也几乎不会受影响。实际上，相位滞后校正的机理并不是相位滞后，而是使得大于$\frac{1}{T}$的高频段内的增益全部下降，并且保证在这个频段内的相位变化很小。根据上述理由，β 和$\frac{1}{T}$要选得尽可能大，但考虑到实现的可能性也不能选得过分大。一般取 $\beta_{\max}=20$，$\frac{1}{T}=7\sim8\ \mathrm{s}^{-1}$。常用 $\beta_{\max}=10$，$\frac{1}{T}=3\sim5\ \mathrm{s}^{-1}$。

3. 相位滞后校正的设计步骤

相位滞后校正的主要作用是在高频段造成衰减，以便能使系统获得充足的相位裕量。相位滞后特性并非滞后校正的预期结果。用频率响应法设计相位滞后校正装置的主要步骤如下：

1）根据对稳态误差的要求，确定系统的开环增益 K。

2）根据已确定的开环增益，绘制未校正系统的开环 Bode 图，获取系统的相位裕量及幅值裕量。

3）若系统的相位裕量、幅值裕量不满足要求，应选择新的幅值穿越频率。新的幅值穿越频率应选在相位等于$-180°$加上必要的相位裕量（系统要求的相位裕量再增加 $5°\sim12°$）所对应的频率上。

4）确定滞后网络的转折频率 $\omega=\dfrac{1}{T}$，这一点应低于新的幅值交界频率 1~10 倍频程。

$$\frac{1}{T}=\frac{\omega_c}{10}\sim\frac{\omega_c}{2} \tag{6-11}$$

5）确定校正前幅频曲线在新的幅值穿越频率处下降到 0 dB 所需要的衰减量，这一衰减量等于$-20\lg\beta$，从而确定 β。然后确定另一个转折频率 $\omega=\dfrac{1}{\beta T}$。

6）若全部指标都满足要求，把 T 和 β 代入式（6-7），求出滞后网络的传递函数。

$$G_c(s)=\frac{Ts+1}{\beta Ts+1},\quad \beta>1 \tag{6-12}$$

4. 相位滞后校正的特点

相位滞后校正的特点如下：

1）可以改善系统的稳态性能，对系统的动态性能影响不大。

2）相位滞后校正实质上是一个低通滤波器，它对低频段信号有很好的放大能力，从而减小稳态误差，但其对高频信号的衰减有可能增加系统的不稳定性。因此应把相位滞后校正环节加在系统的低频段。

3）相位滞后校正对系统响应的快速性有一定的不利影响。

串联相位滞后校正的作用主要在于提高系统的开环增益，从而改善控制系统的稳态性能，而尽量不影响系统原有的动态性能，因此它主要用于未校正系统或经串联超前校正的系统的动态性能满足给定性能指标要求，只需增大开环增益以提高控制精度的一类系统中。从串联相位滞后校正的频率响应来看，它本质上是一种低通滤波器。因此，校正的系统对低频信号具有较强的放大能力，从而可降低系统的稳态误差；而对频率较高的信号系统表现出明显的衰减特性，从而可提高抗高频干扰的能力。

例 6-2　系统原有部分的开环传递函数为

$$G_0(s)=\frac{K}{s(s+1)\left(\dfrac{1}{4}s+1\right)}$$

试设计串联校正装置，使系统满足下列性能指标：$K\geqslant5$，$\gamma\geqslant40°$，$\omega_c\geqslant0.5\ \mathrm{rad/s}$。

解　(1) 分析原系统

以 $K=5$ 代入未校正系统的开环传递函数中，并绘制 Bode 图如图 6-7 所示。

$$\omega_{c0}\approx2.2\ \mathrm{rad/s}$$

由图中可得

$$\gamma_0=-5.1°$$

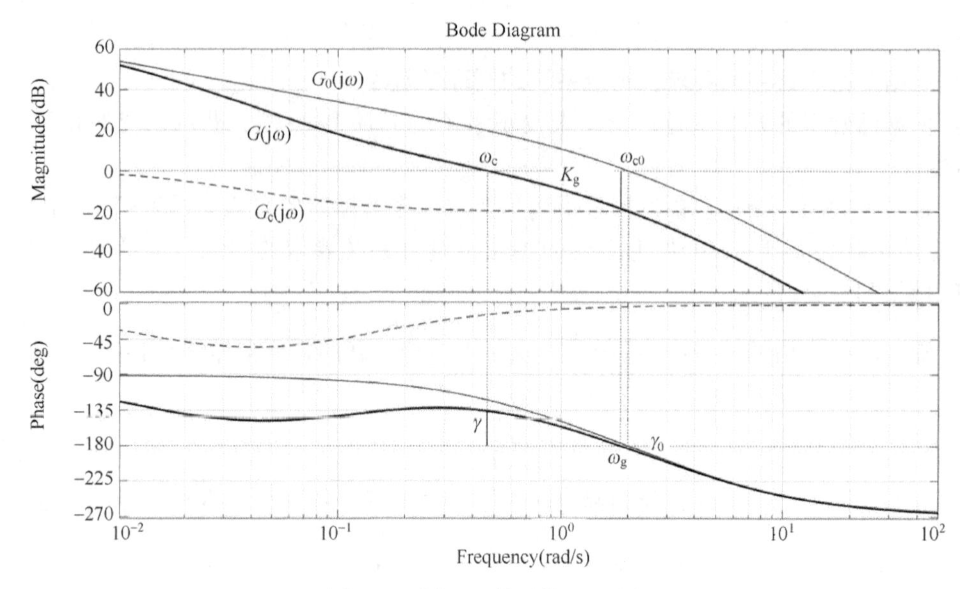

图 6-7　例 6-2 的系统 Bode 图

可见未校正系统是不稳定的。

（2）设计校正环节

未校正系统相频特性中对应于相位裕度为 $\gamma=\gamma_0+\varepsilon=40°+15°=55°$ 时的频率 ω_c。由于原曲线 55°相位裕度处的 ω 为 0.52 rad/s，符合系统剪切频率 $\omega_c\geqslant 0.5$ rad/s 的要求，故可选为校正后系统的剪切频率 ω_c，当 $\omega=\omega_c=0.52$ rad/s 时，令未校正系统的开环增益为 $20\lg\beta$，由图可见，根据对数幅频特性曲线对应的 $\omega=0.52$ rad/s 处的幅值 20 dB，得出

$$20\lg\beta=20$$

选择校正系数

$$\beta\approx 10$$

确定校正环节转折频率

$$\omega_2=\frac{1}{T}=\frac{\omega_c}{4}=0.13\ \text{rad/s}$$

则

$$\omega_1=\frac{1}{\beta T}=0.013\ \text{rad/s}$$

于是，相位滞后校正网络的传递函数为

$$G_c(s)=\frac{s+0.13}{s+0.013}=\frac{7.7s+1}{77s+1}$$

校正后系统的开环传递函数为

$$G(s)=G_c(s)G_0(s)=\frac{5(7.7s+1)}{s(77s+1)(s+1)(0.25s+1)}$$

校验校正后系统的相位裕度为

$$\gamma=180°-90°-\arctan 77\omega_c-\arctan\omega_c-\arctan 0.25\omega_c+\arctan 7.7\omega_c=42.5°>40°$$

还可以计算相位滞后校正网络在 ω_c时的滞后相位为

$$\arctan 7.7\omega_c-\arctan 77\omega_c=-12.6°$$

说明，取 $\varepsilon=15°$是正确的。

相位滞后校正与相位超前校正两种方法，在完成系统校正任务方面是相同的，但有以下不同之处：

1）相位超前校正是利用超前网络的相位超前特性，而相位滞后校正则是利用滞后网络的高频幅值衰减特性。

2）为了满足严格的稳态性能要求，当采用无源校正网络时，相位超前校正要求一定的附加增益，而相位滞后校正一般不需要附加增益。

3）对于同一系统，采用相位超前校正的系统带宽大于采用滞后校正的系统带宽。从提高系统响应速度的观点来看，希望系统带宽越大越好；与此同时，带宽越大则系统越易受噪声干扰的影响，因此如果系统输入端噪声电平较高，一般不宜选用相位超前校正。

最后指出，在有些应用方面，采用相位滞后校正可能会得出时间常数大到不能实现的结果。这种不良后果的出现，是由于需要在足够小的频率值上安置相位滞后校正网络第一个转折频率$\frac{1}{T}$，以保证在需要的频率范围内产生有效的高频幅值衰减特性所致。在这种情况下，最好采用串联相位滞后-超前校正。

6.2.3　相位滞后-超前校正

1. 相位滞后-超前校正网络

图 6-8 所示为 RC 滞后-超前校正网络。

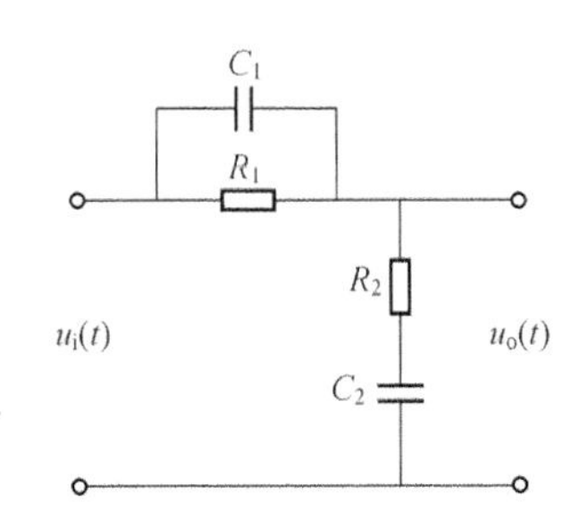

图 6-8　相位滞后-超前校正网络

其传递函数为

$$G_c(s)=\frac{U_o(s)}{U_i(s)}=\frac{(R_1C_1s+1)(R_2C_2s+1)}{(R_1C_1s+1)(R_2Cs+1)+R_1C_2s} \tag{6-13}$$

设 $R_1C_1=T_1, R_2C_2=T_2, R_1C_1R_2C_2=T_1T_2$，取 $T_2>T_1$，并使

$$R_1C_1+R_2C_2+R_1C_2=\frac{T_1}{\beta}+\beta T_2,\quad \beta>1$$

相位滞后-超前校正的传递函数为

$$G_c(s)=\frac{(T_1s+1)(T_2s+1)}{\left(\frac{T_1}{\beta}s+1\right)(\beta T_2s+1)}=\frac{T_1s+1}{\frac{T_1}{\beta}s+1}\frac{T_2s+1}{\beta T_2s+1} \tag{6-14}$$

2. 相位滞后-超前校正的频率特性

相位滞后-超前校正网络的 Bode 图如图 6-9 所示。

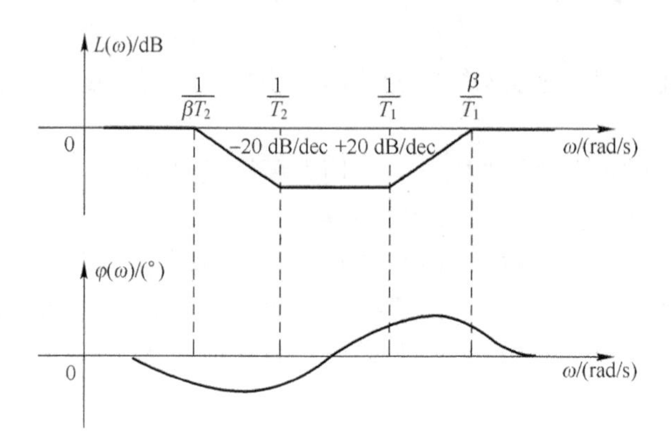

图 6-9　相位滞后-超前校正网络的 Bode 图

可以看出，曲线的低频部分具有负斜率和负相移，起滞后校正作用，后一段具有正斜率和正相移，起超前校正作用，且高频段和低频段均无衰减。

3. 相位滞后-超前校正的设计步骤

用 Bode 图确定相位滞后-超前校正装置，实际上是设计超前装置和滞后装置两种方法的结合。

1）根据稳态性能要求确定开环增益 K。

2）绘制待校正系统的对数幅频特性，求出待校正系统的穿越频率 ω_{c0}处的相位裕度 γ_0 及幅值裕度 L_0。

3）在待校正系统对数幅频特性上，选择斜率从-20 dB/dec 变为 -40 dB/dec 的转折频率作为校正网络超前部分的转折频率 ω_b。ω_b的这种选法，可以降低已校正系统的阶次，且可保证中频区为期望的-20 dB/dec，并占据较宽的频带。

4）根据响应速度要求，选择系统的穿越频率 ω_c和校正网络衰减$\frac{1}{\alpha}$。要保证已校正系统的穿越频率为所选的 ω_c，下列等式应成立：

$$-20\lg\alpha+L(\omega_c)+20\lg T_b\omega_c=0 \tag{6-15}$$

式中，$T_b=\frac{1}{\omega_b}$；$L(\omega_c)+20\lg T_b\omega_c$可由待校正系统对数幅频特性的 -20 dB/dec 延长线在 ω_c的数值确定。因此，可以求出 α。

5）根据相位裕度要求，估算校正网络滞后部分的转折频率 ω_α。

6）校验已校正系统的各项性能指标。

4. 相位滞后-超前校正的特点

这种校正方法兼有滞后校正和超前校正的优点，即已校正系统响应速度较快，超调量较小，抑制高频噪声的性能也较好。当待校正系统不稳定，且要求校正后系统的响应速度、相位裕度和稳态精度较高时，以采用相位滞后-超前校正为宜。其基本原理是利用滞后超前网络的超前部分来增大系统的相位裕度，同时利用滞后部分来改善系统的稳态性能。

例 6-3　设待校正系统开环传递函数为

$$G_0(s)=\frac{K_v}{s(s+1)\left(\frac{1}{2}s+1\right)}$$

要求设计校正装置，使系统满足下列性能指标：$e_{ss}\leqslant 0.1$，相位裕度 $\gamma\geqslant 50°$，幅值裕度 $K\geqslant 10\ \mathrm{dB}$，$t_s<3\ \mathrm{s}$。

解　1）首先确定开环增益，取

$$K=\frac{1}{e_{ss}}=10$$

2）根据确定的开环增益，画出系统校正前的 Bode 图，待校正系统对数幅频特性 $L_0(\omega)$ 如图 6-10 所示，图中，最低频段为-20 dB/dec 斜率直线，其延长线交 ω 轴于 180 rad/s，该值即 K_v 的数值。由图得待校正系统穿越频率 $\omega_{c0}=12.6\ \mathrm{rad/s}$，待校正系统的相位裕度 $\gamma_0=-32°$，幅值裕度 $K_g=-30\ \mathrm{dB}$，表明待校正系统不稳定。

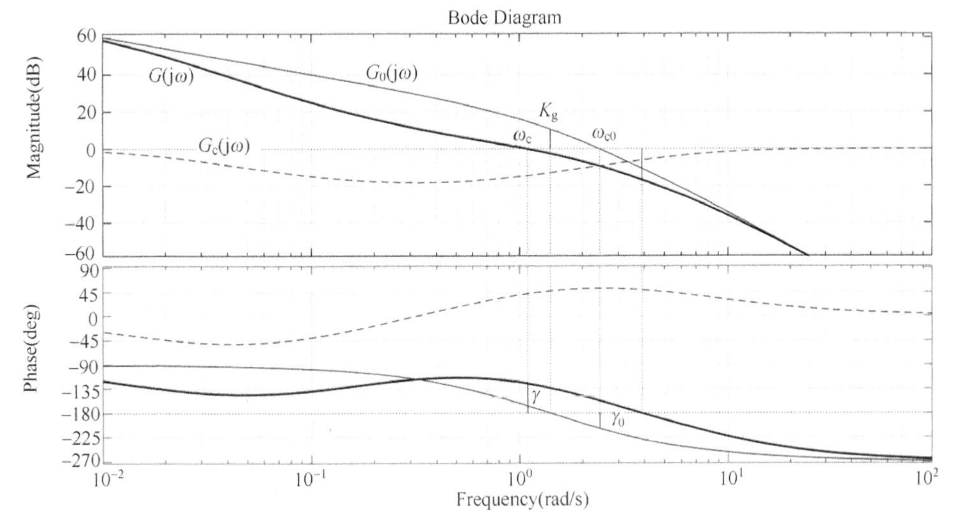

图 6-10　例 6-3 的系统 Bode 图

由于待校正系统在截止频率处的相位滞后远小于-180°，且响应速度有一定要求，故应优先考虑采用串联滞后-超前校正。分析如下：

考虑采用滞后-超前校正。要把待校正系统的相位裕度从-32°提高到 45°，至少选用两级串联超前网络。显然，校正后系统的幅值穿越频率将过大，可能超过 25 rad/s。从理论上说，穿越频率越大，则系统的响应速度越快。系统动态过程的调节时间近似为 0.34 s，这将比性能指标要求提高近 10 倍。以伺服电动机系统校正为例，分析发现：①伺服电动机将出现速度饱和，这是因为超前校正系统要求伺服机构输出的变化速率超过了伺服电动机的最大输出转速，所以，0.34 s 的调节时间将变得毫无意义；②系统带宽过大，造成输出噪声电平过高；③需要附加前置放大器，使系统结构复杂化。

3）确定滞后校正装置的传递函数。为了使系统具有较快的响应速度，取校正后的穿越频率 $\omega_c=1.5\ \mathrm{rad/s}$，取 $\gamma=50°$，选择滞后校正装置的转折频率 $\omega_2=\frac{1}{T_2}=\frac{\omega_c}{10}=0.15\ \mathrm{rad/s}$，选 $\beta=10$，$\omega_1=\frac{1}{\beta T_2}=0.015\ \mathrm{rad/s}$，则 $T_2=6.67\ \mathrm{s}$，$\beta T_2=66.7\ \mathrm{s}$，滞后校正装置的传递函数为

$$G_c(s)=\frac{T_2s+1}{\beta T_2s+1}=\frac{6.67s+1}{66.7s+1}$$

4）确定超前校正装置的传递函数。在幅值穿越频率 $\omega_c=1.5\ \mathrm{rad/s}$ 处，$L(\omega_c)\approx 13\ \mathrm{dB}$，所以校正环节在该频率点上应产生 $-13\ \mathrm{dB}$ 增益。因此，在 Bode 图上过点 $\omega=1.5\ \mathrm{rad/s}$，$L(\omega)=-13\ \mathrm{dB}$，画斜率为 $-20\ \mathrm{dB/dec}$ 的斜线，与 0 dB 线及 $-20\ \mathrm{dB}$ 线的交点即是超前校正装置的极点和零点。求得 $T_1\approx 1.43\ \mathrm{s}$，则超前校正装置的传递函数为

$$\frac{T_1s+1}{\frac{1}{\beta}T_1s+1}=\frac{1.43s+1}{0.143s+1}$$

相位滞后-超前校正装置的传递函数为

$$G_c(s)=\frac{T_1s+1}{\frac{T_1}{\beta}s+1}\ \frac{T_2s+1}{\beta T_2s+1}=\frac{6.67s+1}{66.7s+1}\ \frac{1.43s+1}{0.143s+1}$$

5）画出校正后系统的 Bode 图，并校验系统的性能指标。

滞后-超前校正装置的对数频率特性 G_c 以及校正后系统的 Bode 图如图 6-10 所示，校正后系统的相位裕度为 50°，幅值裕度为 17 dB，稳态速度误差等于 0.1，$K=K_v=180\ \mathrm{s^{-1}}$ 满足系统的性能指标要求。

6.3 PID 校正

在工程实际中，按偏差的比例（P）、积分（I）和微分（D）进行控制的 PID 控制器（PID 校正器）是应用最为广泛的一种控制器，其调节原理简单、易于整定、使用方便和适用性强，对于数学模型不易精确求得、参数变化较大的被控对象，采用 PID 校正往往能得到满意的控制效果。

PID 校正是一种负反馈闭环控制，PID 控制器通常与被控对象串联连接，作串联校正环节。PID 控制器结构改变灵活，比例与微分、积分的不同组合可分别构成 PD、PI、PID 控制器。单由比例环节构成的控制器为比例控制器（P 控制器），其实现比较简单，作用相当于串联校正中的增益调整，即增大系统的比例系数可以减小稳态误差，提高系统的控制精度。

6.3.1 P 控制器

比例控制器简称 P 控制器，它就是一个放大倍数可调整的放大器。控制器的输出信号 $c(t)$ 与输入信号 $e(t)$ 成比例，即

$$c(t)=K_{\mathrm{P}}e(t) \tag{6-16}$$

其中，K_{P}为比例系数，或称 P 控制器的增益。

P 控制器的框图如图 6-11 所示。

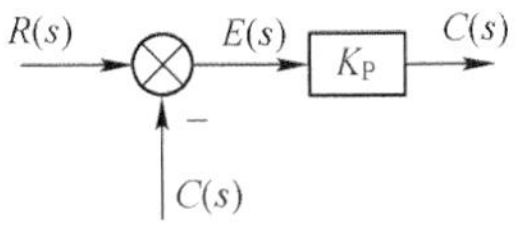

$R(s)$ → ⊗ → $E(s)$ → K_{P} → $C(s)$，反馈 $C(s)$（−）

图 6-11　P 控制器框图

P 控制器的传递函数为

$$G_{\mathrm{c}}(s)=\frac{C(s)}{E(s)}=K_{\mathrm{P}} \tag{6-17}$$

P 控制器的频率特性、对数幅频特性和相频特性分别为

$$G_{\mathrm{c}}(\mathrm{j}\omega)=K_{\mathrm{P}} \tag{6-18}$$

$$L_{\mathrm{c}}(\omega)=20\lg K_{\mathrm{P}} \tag{6-19}$$

$$\varphi_{\mathrm{c}}(\omega)=0° \tag{6-20}$$

从时域角度看，提高比例控制器的放大系数就是提高系统的开环放大系数，因此可以减小系统的稳态误差，提高控制精度。此外，增大 K_{P}后，控制器的输出量 $c(t)$ 成比例增大，从而能提高系统的响应速度。从频域角度看，提高比例控制器的放大系数，对数幅频特性曲线平行向上移动，幅值穿越频率 ω_{c}提高，响应速度因此而提高。

当开环放大系数增加时，闭环系统将由稳定变成不稳定，这几乎是普遍现象。实际系统中，除了传递函数所显示的环节以外，还存在很多小时间常数的相角为负的环节，如惯性环节、振荡环节。当开环放大系数小时，幅值穿越频率低，这些小时间常数的环节的转折频率远远高于幅值穿越频率，对动态性能影响很小。当放大系数提高时，对数幅频特性曲线向上平移，小时间常数的环节起作用，它们的负相角将使相位裕度减小，甚至使相位裕度为负。对数幅频渐近线在穿越频率处的斜率也将更陡。这些都会使系统稳定裕度变小，振荡增强，甚至导致不稳定。

所以，采用比例控制器，提高它的放大系数，可以减小稳态误差，提高响应速度，但很可能降低稳定性，甚至造成系统不稳定。

6.3.2　PD 控制器

1. PD 控制器定义

具有比例加微分控制规律的控制器称为 PD 控制器。PD 控制器的输出信号 $c(t)$成比例地反映偏差信号 $e(t)$和偏差信号 $e(t)$的导数，即

$$c(t)=K_{\mathrm{P}}e(t)+K_{\mathrm{P}}\tau\frac{\mathrm{d}e(t)}{\mathrm{d}t} \tag{6-21}$$

其中，K_{P}为比例系数，τ 为微分时间常数，二者都是可调参数，框图如图 6-12 所示。

PD 控制器的传递函数为

$$\frac{C(s)}{E(s)}=K_{\mathrm{P}}(1+\tau s) \tag{6-22}$$

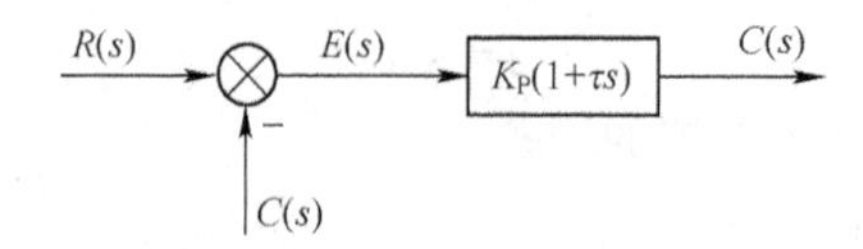

图 6-12　PD 控制器框图

PD 控制器的频率特性为

$$G_c(j\omega)=1+j\tau\omega \tag{6-23}$$

其对数幅频特性和相频特性为

$$G_c(j\omega)=20\lg\sqrt{1+j\tau^2\omega^2} \tag{6-24}$$

$$\varphi_c(\omega)=\arctan\tau\omega \tag{6-25}$$

PD 控制器可以增加系统的相位裕度，提高系统的稳定性；可以增大系统的幅值穿越频率，提高系统的动态性能。但是，由于系统的高频增益上升，系统的抗高频干扰能力减弱。

PD 控制规律中的微分控制规律能反映输入信号的变化趋势，具有预测特性。但要注意的是，微分控制作用不能预测不存在的作用。

2. 有源 PD 网络

PD 控制器可用运算放大器和电阻、电容组成的有源网络来实现，如图 6-13 所示，根据复阻抗概念，有

$$Z_1=\frac{R_1}{R_1C_2s+1},\quad Z_2=R_2$$

传递函数为

$$G(s)=\frac{U_o(s)}{U_i(s)}=\frac{Z_2(s)}{Z_1(s)}=\frac{R_2}{R_1}(1+R_1C_1s) \tag{6-26}$$

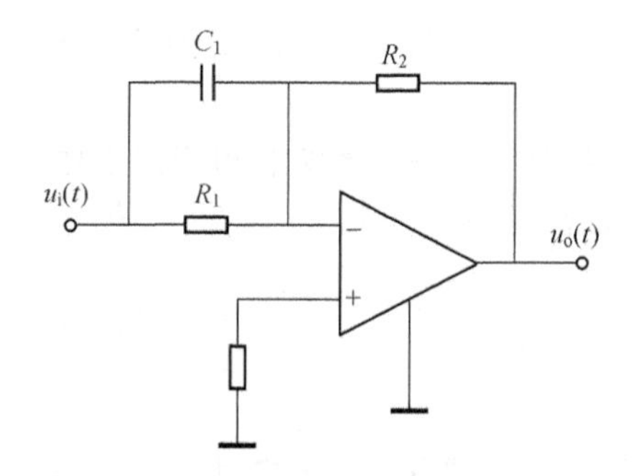

图 6-13　有源 PD 校正网络

6.3.3　PI 控制器

1. PI 控制器定义

具有比例和积分控制规律的控制器简称 PI 控制器，它的输出信号 $c(t)$ 与偏差 $e(t)$ 及其积分成比例，即具有比例和积分控制规律的控制器称为 PI 控制器，如图 6-14 所示。

$$c(t)=K_Pe(t)+K_P\frac{1}{T_I}\int e(t)\,dt \tag{6-27}$$

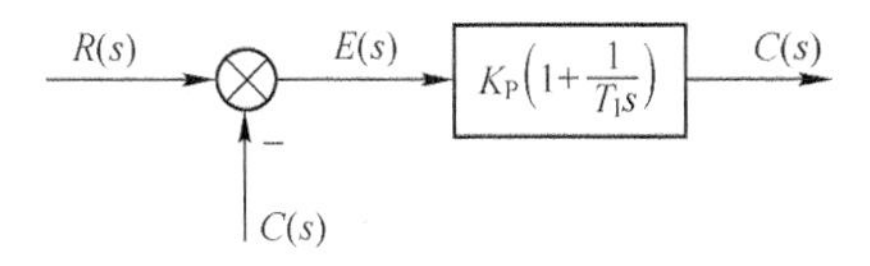

图 6-14　PI 控制器框图

PI 控制器的传递函数为

$$\frac{C(s)}{E(s)}=K_P\left(1+\frac{1}{T_I s}\right) \tag{6-28}$$

式中，K_P为比例系数，T_I为积分时间常数，二者都是可调参数。

PI 控制器的频率特性为

$$G_c(j\omega)=\frac{1+jT_I\omega}{jT_I\omega} \tag{6-29}$$

其对数幅频特性和相频特性为

$$L_c(\omega)=20\lg\sqrt{1+T_I^2\omega^2}-20\lg T_I\omega \tag{6-30}$$

$$\varphi_c(\omega)=\arctan T_I\omega-90° \tag{6-31}$$

PI 控制器的加入，使系统的型次提高，提高了系统的稳态精度，但系统的稳定性变差，相当于滞后校正。

2. 有源 PI 网络

有源 PI 校正网络如图 6-15 所示。

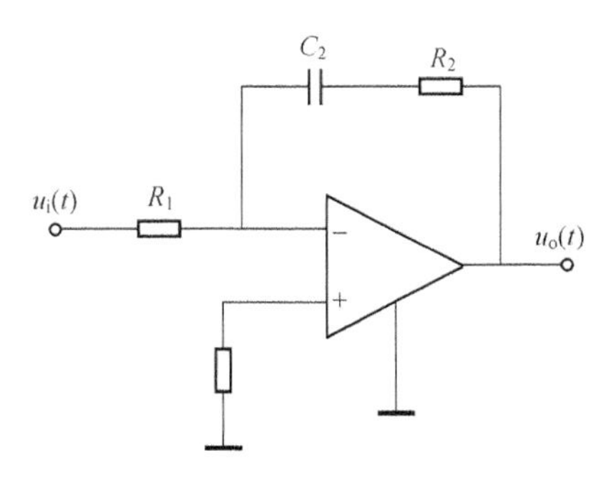

图 6-15　有源 PI 校正网络

根据复阻抗概念，则有

$$Z_1=R_1,\quad Z_2=R_2+\frac{1}{C_2 s}$$

传递函数为

$$G(s)=\frac{U_o(s)}{U_i(s)}=\frac{Z_2(s)}{Z_1(s)}=\frac{R_2}{R_1}\left(1+\frac{1}{R_2C_2s}\right) \tag{6-32}$$

6.3.4　PID 控制器

1. PID 控制器定义

具有比例、积分和微分控制规律的控制器称为 PID 控制器，如图 6-16 所示。

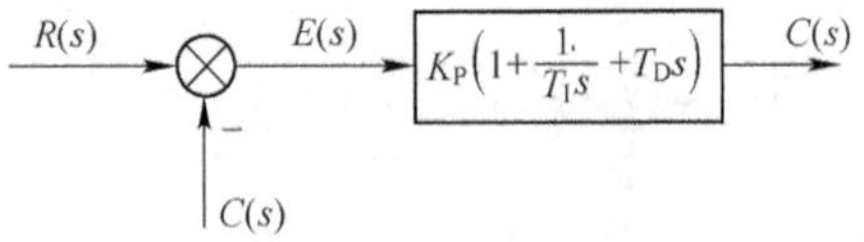

图 6-16　PID 控制器框图

$$c(t)=K_{\mathrm{P}}e(t)+K_{\mathrm{P}}\frac{1}{T_{\mathrm{I}}}\int e(t)\,\mathrm{d}t+K_{\mathrm{P}}T_{\mathrm{D}}\frac{\mathrm{d}e(t)}{\mathrm{d}t}\tag{6-33}$$

其中，K_{P}为比例系数，T_{I}为积分时间常数，T_{D} 为微分时间常数，均为可调参数。

PID 控制器的传递函数为

$$\frac{C(s)}{R(s)}=K_{\mathrm{P}}\left(1+\frac{1}{T_{\mathrm{I}}s}+T_{\mathrm{D}}s\right)\tag{6-34}$$

PID 控制器的频率特性为

$$G_{\mathrm{c}}(\mathrm{j}\omega)=1+\frac{1}{\mathrm{j}T_{\mathrm{I}}\omega}+\mathrm{j}T_{\mathrm{D}}\omega\tag{6-35}$$

令 $\omega_{\mathrm{I}}=\dfrac{1}{T_{\mathrm{I}}}$，$\omega_{\mathrm{D}}=\dfrac{1}{T_{\mathrm{D}}}$，且设 $\omega_{\mathrm{I}}<\omega_{\mathrm{D}}$（即 $T_{\mathrm{I}}>T_{\mathrm{D}}$），则有

$$G_{\mathrm{c}}(\mathrm{j}\omega)=\frac{\left(1+\mathrm{j}\dfrac{\omega}{\omega_{\mathrm{I}}}-\dfrac{\omega^2}{\omega_{\mathrm{I}}\omega_{\mathrm{D}}}\right)}{\mathrm{j}\dfrac{\omega}{\omega_{\mathrm{I}}}}\tag{6-36}$$

PID 控制器的对数幅频特性和对数相频特性分别为

$$L_{\mathrm{c}}(\omega)=20\lg\sqrt{\left(1-\frac{\omega^2}{\omega_{\mathrm{I}}\omega_{\mathrm{D}}}\right)^2+\frac{\omega^2}{\omega_{\mathrm{I}}^2}}-20\lg\frac{\omega}{\omega_{\mathrm{I}}}\tag{6-37}$$

$$\varphi_{\mathrm{c}}(\omega)=\arctan\frac{\dfrac{\omega}{\omega_{\mathrm{I}}}}{1-\dfrac{\omega^2}{\omega_{\mathrm{I}}\omega_{\mathrm{D}}}}-90^{\circ}\tag{6-38}$$

其作用相当于滞后-超前校正。

2. 有源 PID 网络

有源 PID 校正网络如图 6-17 所示。

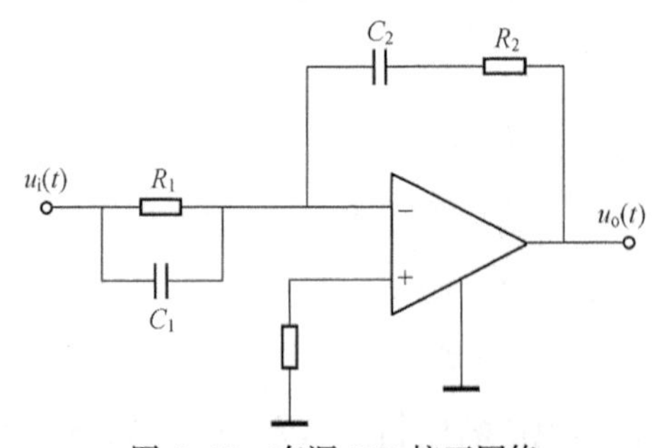

图 6-17　有源 PID 校正网络

根据复阻抗概念，有

$$Z_1=\frac{R_1\frac{1}{C_1 s}}{R_1+\frac{1}{C_1 s}},\quad Z_2=R_2+\frac{1}{C_2 s}$$

其传递函数为

$$G(s)=\frac{U_o(s)}{U_i(s)}=\frac{Z_2(s)}{Z_1(s)}=\frac{R_1C_1+R_2C_2}{R_1C_2}\left(1+\frac{1}{R_2C_2+R_1C_1 s}+\frac{R_1C_1R_2C_2}{R_1C_1+R_2C_2}\right) \tag{6-39}$$

6.4 系统的期望特性与反馈校正

6.4.1 系统的期望特性

系统的期望特性通常是指满足给定性能指标的系统开环幅频特性 $20\lg|G(j\omega)|$，由于这种特性只通过幅频特性来表示，而不考虑相频特性，故期望特性概念仅适用最小相位系统。根据给定性能指标，获得系统期望特性的步骤如下：

1）根据对系统型别及稳态误差要求，通过性能指标及开环增益绘制期望特性的低频区幅频特性。

2）根据对系统响应速度及阻尼程度要求，通过穿越频率 ω_c、相位裕量 γ、中频区宽度 h 及中频区幅频特性的上下限角频率 ω_2 与 ω_3 绘制期望特性的中频区幅频特性。为确保系统具有足够的相位裕量，取中频区幅频特性斜率等于-20 dB/dec。

3）绘制期望特性的低、中频区幅频特性之间的过渡幅频特性，其斜率一般取 -40 dB/dec。

4）根据对系统幅值裕度 $20\lg K_g$ 及抑制高频干扰的要求，绘制期望特性的高频区幅频特性。一般地，为使校正环节具有比较简单的特性以便于实现，要求期望特性的高频区特性在斜率上尽量与满足抑制高频干扰要求的系统不可变部分幅频特性在这一频带里的斜率一致，或使两者的高频区幅频特性完全相同。

5）绘制期望特性的中、高频区幅频特性之间的过渡幅频特性，其斜率一般取-40 dB/dec。

例 6-4　设已知某系统不可变部分的传递函数为

$$G_0(s)=\frac{K}{s(0.25s+1)(0.04s+1)(0.01s+1)(0.005s+1)}$$

若满足性能指标：误差系数 $K_p=0$ 及 $K_v=\frac{1}{200}\,\mathrm{s}^{-1}$，单位阶跃响应超调量 $M_p\leqslant 45\%$，单位阶跃响应调整时间 $t_s\leqslant 0.8\,\mathrm{s}$，幅值裕量 $K_g\geqslant 6\,\mathrm{dB}$，试绘制给定系统的期望特性。

解　(1) 绘制期望特性的低频区幅频特性

根据给定性能指标要求，由 $K_p=0$ 及 $K_v=\frac{1}{200}\,\mathrm{s}^{-1}$ 求得校正系统型别 $\nu=1$ 及开环增益 $K=\frac{1}{K_v}=200\,\mathrm{s}^{-1}$。又由给定系统不可变部分的传递函数看到，未校正系统已满足 $\nu=1$ 的要求。按

$\nu=1$ 及 $K=\dfrac{1}{K_{\mathrm{v}}}=200\ \mathrm{s}^{-1}$ 绘制的期望特性低频区幅频特性，其斜率等于-20 dB/dec，在 $\omega=100\ \mathrm{rad/s}$ 处低频幅频特性延长线与0 dB 线相交，如图 6-18 所示。

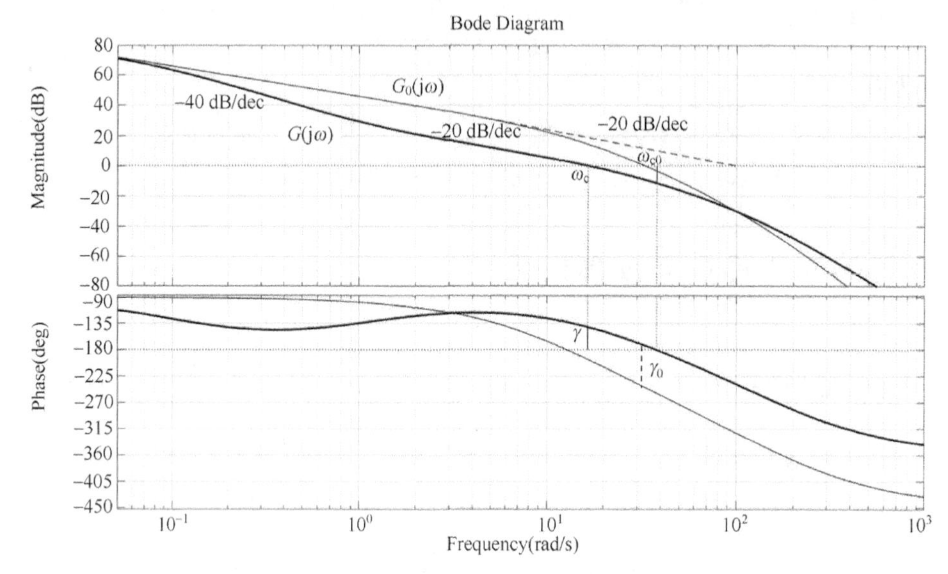

图 6-18　例 6-4 校正前与校正后的系统 Bode 图

（2）绘制期望特性的中频区幅频特性

将给定的时域指标 $M_{\mathrm{p}}\leqslant 45\%$，$t_{\mathrm{s}}\leqslant 0.8\ \mathrm{s}$，换算成频域指标 γ、h、ω_{c}。由经验公式求得 $M_{\mathrm{r}}=1.74$，$\gamma\approx 35°$，按式

$$h\geqslant\frac{1+\sin\gamma}{1-\sin\gamma}=\frac{1+\sin 40°}{1-\sin 40°}$$

算得中频区宽度 $h\geqslant 4.6$，由经验公式

$$t_{\mathrm{s}}=\frac{\pi}{\omega_{\mathrm{c}}}[2+1.5(M_{\mathrm{r}}-1)+2.5(M_{\mathrm{r}}-1)^2]=0.8\ \mathrm{s}$$

求得期望幅频特性曲线的 $\omega_{\mathrm{c}}=11.1\ \mathrm{rad/s}$。

过 $\omega_{\mathrm{c}}=11.1\ \mathrm{rad/s}$ 画斜率为-20 dB/dec 的直线，这便是期望特性的中频区幅频特性。其上、下限角频率 ω_2 及 ω_3 的取值范围应按不等式

$$\omega_2<\omega_{\mathrm{c}}\frac{M_{\mathrm{r}}-1}{M_{\mathrm{r}}}$$

$$\omega_3>\omega_{\mathrm{c}}\frac{M_{\mathrm{r}}+1}{M_{\mathrm{r}}}$$

来确定，它们分别是 $\omega_2<2.8\ \mathrm{rad/s}$，$\omega_3>19.3\ \mathrm{rad/s}$。初选 $\omega_2=\dfrac{1}{10}\omega_{\mathrm{c}}=1.1\ \mathrm{rad/s}$，$\omega_3=25\ \mathrm{rad/s}$，可得中频段的实际宽度为

$$h=\frac{\omega_3}{\omega_2}=\frac{25}{1.1}\approx 22$$

满足 $h\geqslant 4.6$ 的要求，即根据上面初选的角频率 ω_2 及 ω_3 可以保证相位裕度 $\gamma\approx 35°$ 的要求。

（3）绘制期望特性低、中频区特性间的过渡幅频特性

画 $-40\,\text{dB/dec}$ 的直线，与 $-20\,\text{dB/dec}$ 线交于 $\omega_2=\frac{1}{10}\omega_c=1.1\,\text{rad/s}$ 处。这条直线与低频区特性相交，其交点对应的角频率 ω_1 从图 6-18 求得为 0.11 rad/s。角频率 $\omega_1=0.11\,\text{rad/s}$ 及 $\omega_2=1.1\,\text{rad/s}$ 分别为期望特性由低频到高频的第一及第二个转折频率。

（4）绘制期望特性的高频区特性

根据 $\nu=1$ 及 $K=\frac{1}{K_v}=200\,\text{s}^{-1}$ 要求，绘制系统不可变部分 $G_0(s)$ 的幅频特性 $20\lg|G_0(\text{j}\omega)|$，如图 6-18 所示。幅频特性 $20\lg|G_0(\text{j}\omega)|$ 的高频区特性斜率为 $-60\sim-10\,\text{dB/dec}$。这表明，未校正系统具有良好的抑制高频干扰能力，故可使期望特性的高频区特性与 $20\lg|G_0(\text{j}\omega)|$ 的高频区特性相同。

（5）绘制期望特性中、高频区特性间的过渡特性

找出期望特性中频区幅频特性与过 $\omega_3=25\,\text{rad/s}$ 的横轴垂线的交点，并通过该交点画斜率等于 $-40\,\text{dB/dec}$ 的直线。这条直线与高频区特性相交，从图 6-18 求得其交点对应的角频率 $\omega_4=100\,\text{rad/s}$，便是期望特性由低频到高频的第四个转折频率。它的第五个转折频率 $\omega_5=200\,\text{rad/s}$。

（6）验算性能指标

根据初步绘制的期望特性 $20\lg|G(\text{j}\omega)|$ 求得对应的系统开环传递函数为

$$G(s)=\frac{200\left(\frac{1}{1.1}s+1\right)}{s\left(\frac{1}{0.11}s+1\right)(0.04s+1)(0.01s+1)(0.005s+1)}$$

由开环频率响应计算出相位裕度，中频区宽度及幅值裕度分别为

$$\gamma\approx39.1°>35°,\quad h=22>4.6,\quad K_g=11.6\,\text{dB}\geqslant6\,\text{dB}$$

它们完全满足给定性能指标要求，故初步绘制的期望特性即可作为给定系统的正式期望特性而不必加以修正。

6.4.2　反馈校正

自动控制系统需要对系统控制量进行检测，将检测的输出量反馈回去与输入比较而形成闭环控制，除了这种整体的外环反馈，还可以采用局部反馈的方法改善系统性能，简称反馈校正。所谓反馈校正，是从系统的某一环节的输出中取出信号，经过反馈环节加到该环节前面某一环节的输入端，与该输入信号相叠加，从而形成一个局部内回路，如图 6-19 所示。

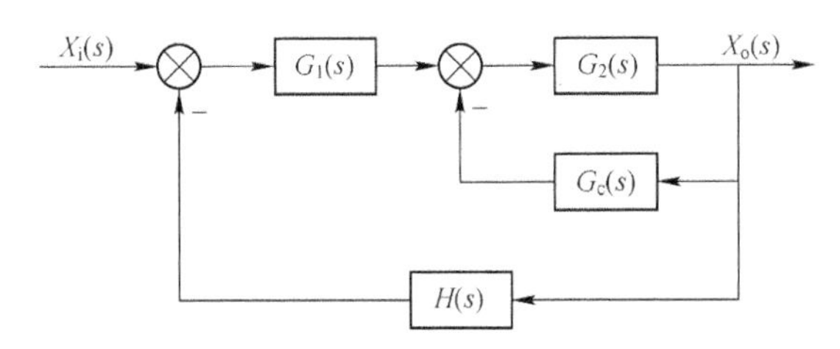

图 6-19　反馈校正环节

对于机械位置伺服系统，常用的反馈元件是测速发电机。采用测速发电机的反馈设计将增加系统的制造成本并使系统结构复杂。但为了保证系统良好可靠的性能，高精度伺服系统广泛采用反馈控制方法。

对于电子线路而言，反馈很容易实现，所以反馈设计在电子线路中获得了极广泛的应用。例如，在所有的电子放大器中，都要采用反馈来稳定工作点、稳定放大倍数、减小非线性失真及扩展频带宽度。

在反馈校正中，若反馈传递函数 $G_c(s)=K$，则称为位置反馈；若反馈传递函数 $G_c(s)=Ks$，则称为速度反馈，若反馈传递函数 $G_c(s)=Ks^2$，则称为加速度反馈。

1. 反馈校正的功能

反馈校正的功能如下：

1）负反馈可以减弱参数变化对系统性能的影响。在控制系统中，为了减弱系统对参数变化的敏感性，通常有效的措施之一就是采用负反馈。在图 6-20 所示开环控制系统中，设因参数变化而产生的系统传递函数 $G(s)$ 的变化为 $dG(s)$ 以及相应的输出变化为 $dX_o(s)$。这时，开环系统的输出为

$$X_o(s)+dX_o(s)=[G(s)+dG(s)]X_i(s) \tag{6-40}$$

因为 $X_o(s)=G(s)X_i(s)$，则有

$$dX_o(s)=dG(s)X_i(s) \tag{6-41}$$

式（6-41）说明，对开环系统来说，参数变化对系统输出的影响与传递函数的变化 $dG(s)$ 成正比。然而，在图 6-20 所示闭环系统中，如果发生上述的参数变化，则闭环系统的输出为

$$X_o(s)+dX_o(s)=\frac{G(s)+dG(s)}{1+[G(s)+dG(s)]}X_i(s) \tag{6-42}$$

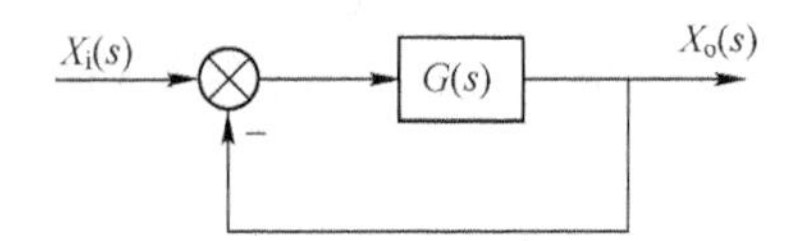

图 6-20 反馈校正框图

通常 $|G(s)|\gg|dG(s)|$，于是近似有

$$dX_o(s)=\frac{dG(s)}{1+G(s)}X_i(s) \tag{6-43}$$

式（6-43）表明，因参数变化闭环系统输出的变化将是开环系统中这类变化的 $\frac{1}{1+G(s)}$。由于通常 $|1+G(s)|\gg1$，所以负反馈能大大减弱参数变化对控制系统性能的影响。因此，如果说为了提高开环控制系统抑制参数变化这类干扰的能力，必须选用高精度元件，那么对采用负反馈的闭环系统来说，基于式（6-43），可选用精度较低的元件。下面举例说明负反馈在降低参数变化对系统性能影响方面的作用。

如图 6-21 所示多环系统中，前向通道中的环节 $G_2(s)$ 被负反馈 $H_2(s)$ 所包围，得到内反馈回路的传递函数为

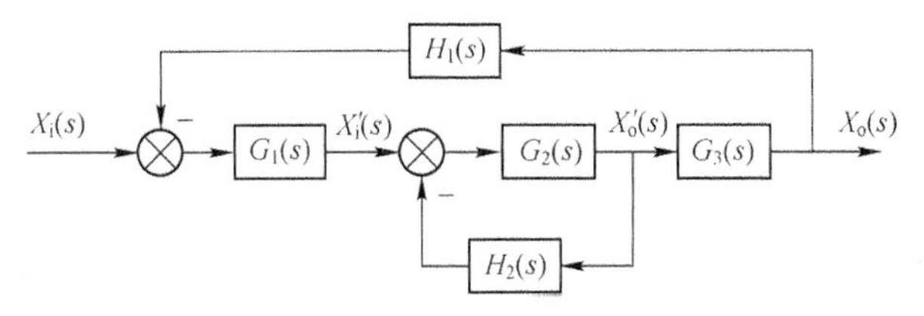

图 6-21　多环反馈控制系统框图

$$\frac{X_o'(s)}{X_i'(s)}=\frac{G_2(s)}{1+G_2(s)H_2(s)} \tag{6-44}$$

其频率响应为

$$\frac{X_o'(j\omega)}{X_i'(j\omega)}=\frac{G_2(j\omega)}{1+G_2(j\omega)H_2(j\omega)} \tag{6-45}$$

可见，如果满足 $|G_2(j\omega)H_2(j\omega)|\gg 1$，则式（6-45）可以近似写成

$$\frac{X_o'(j\omega)}{X_i'(j\omega)}\approx\frac{G_2(j\omega)}{G_2(j\omega)H_2(j\omega)}=\frac{1}{H_2(j\omega)} \tag{6-46}$$

式（6-46）说明，含负反馈的环路特性，如能满足一定条件，则可用反馈通道传递函数 $H_2(s)$ 的倒数等效描述。因此，控制系统的特性由传递函数

$$\frac{X_o(s)}{X_i(s)}=\frac{G_1(s)G_3(s)}{H_2(s)+G_1(s)G_3(s)H_1(s)} \tag{6-47}$$

来描述，它将不受 $G_2(s)$ 参数变化的影响。

负反馈的上述特点是十分重要的。这是因为一般来说，前向通道中的不可变部分特性，包括被控对象特性在内，其参数稳定性大多与被控对象自身的因素有关，通常较难控制。而反馈通道环节 $H_2(s)$ 的特性是由设计者确定的，它的参数稳定性取决于选用元件的质量，所以对反馈通道使用的元件如能加以精心挑选，便比较容易做到使其特性不受工作条件改变的影响，从而可以保证控制系统特性的稳定。

2）负反馈可以消除系统不可变部分中不希望有的特性。基于式（6-46）和式（6-47），假如在图 6-21 所示系统中，不可变部分中的特性 $G_2(s)$ 是不希望的，则通过适当地选择反馈通道的传递函数 $H_2(s)$，用其倒数代替原来的 $G_2(s)$，并使之具有需要的特性，便可以通过这种置换的办法来改善控制系统的性能。

例如，若要求环节 $G_2(s)$ 的零点去补偿环节 $G_1(s)$ 或 $G_3(s)$ 所含靠近虚轴的极点，则由于 $G_2(s)$ 那些靠近虚轴的零点代表较强的微分作用，这不仅在具体实现上可能会遇到困难，而且强烈的微分作用又会增加系统对高频干扰的敏感性，因此 $G_2(s)$ 变成了具有不希望特性的环节。但如能在满足条件式（6-47）基础上应用负反馈通过 $H_2(s)$ 的极点实现 $G_2(s)$ 应具有的零点，便可避免上述应用微分环节带来的缺点，增强系统抑制噪声的能力。

3）比例负反馈可以减弱为其包围的环节的惯性，从而将扩展该环节的带宽，提高响应速度。设有惯性环节的传递函数为

$$G(s)=\frac{K}{Ts+1} \tag{6-48}$$

采用反馈环节为 K_f，其闭环传递函数为

$$\Phi(s)=\frac{X_o(s)}{X_i(s)}=\frac{K'}{1+T's} \tag{6-49}$$

式中，$K'=\dfrac{K}{1+KK_{\mathrm{f}}}$；$T'=\dfrac{T}{1+KK_{\mathrm{f}}}$。

式（6-49）说明，含有比例负反馈的惯性环节，其动态特性仍由惯性环节来描述，只是其中的时间常数T'和增益K'不同于采用反馈前的T与K。由于$1+KK_{\mathrm{f}}>1$，时间常数$T'<T$，即惯性将有所减弱，其减弱程度大致与反馈系数K_{f}成反比。也就是说，比例负反馈越强，反馈后的时间常数T'将越小，即惯性越小。采用比例负反馈后，增益将因之而降低。一般来说，这是不希望的，通常因比例负反馈而降低的增益可以通过提高放大环节的增益来补偿，以保持系统开环增益不变。

惯性环节采用比例负反馈后，由于惯性的减弱，可使其带宽得到扩展，由下式

$$\left|\frac{K}{1+\mathrm{j}\omega_{\mathrm{b}}T}\right|=\frac{K}{\sqrt{2}}$$

得到无反馈时的惯性环节的截止频率为

$$\omega_{\mathrm{b}}=\frac{1}{T}$$

含有比例负反馈时的截止频率为

$$\omega_{\mathrm{b}}'=\frac{1+KK_{\mathrm{f}}}{T}$$

在增益K保持不变的情况下，含有比例负反馈时的带宽将较无反馈时的带宽增大$1+KK_{\mathrm{f}}$倍。

采用比例负反馈可使环节或系统的带宽得到扩展的概念与比例负反馈能提高环节或系统的响应速度的概念是一致的。基于这个概念，采用比例负反馈减弱系统中较大的惯性，从而使系统的动态性能得到改善，这是在设计控制系统时常应用的一种有效方法。

4）微分负反馈将增加系统的阻尼。如图6-22所示为一个引入微分负反馈的二阶系统。

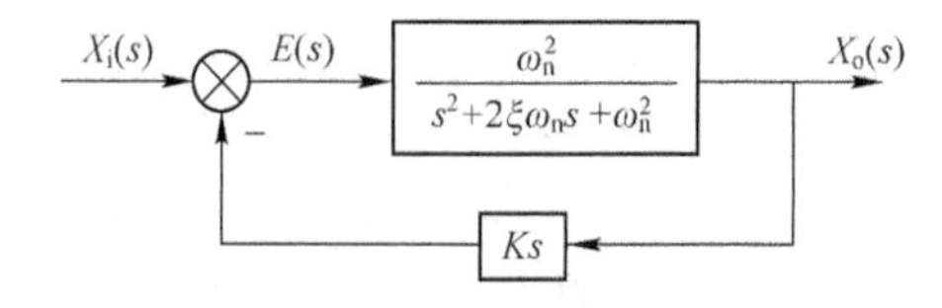

图6-22　具有微分负反馈的二阶系统

原系统传递函数为

$$G(s)=\frac{\omega_{\mathrm{n}}^2}{s^2+2\xi\omega_{\mathrm{n}}s+\omega_{\mathrm{n}}^2}$$

在加入微分反馈环节以后，系统的传递函数为

$$G(s)=\frac{\omega_{\mathrm{n}}^2}{s^2+(2\xi\omega_{\mathrm{n}}+K\omega_{\mathrm{n}}^2)s+\omega_{\mathrm{n}}^2}$$

引入微分反馈以后，系统的阻尼比为

$$\xi'=\xi+\frac{1}{2}K\omega_{\mathrm{n}}$$

可见，校正后系统的阻尼比有较大提高，但不影响固有频率ω_{n}，因此微分负反馈可以增加阻尼比，改善系统的相对稳定性。

2. 反馈校正装置的设计

反馈校正的设计步骤如下：

1）根据给定性能指标，结合系统不可变部分的频率响应 $G_0(\mathrm{j}\omega)$，绘制给定系统的期望特性 $20\lg|G_0(\mathrm{j}\omega)|$。

2）初选期望特性 $20\lg|G(\mathrm{j}\omega)|$ 的中频区幅频特性的倒特性，即取中频区幅频特性对称于横轴的镜像幅频特性为反馈校正通道频率响应 $H(\mathrm{j}\omega)$ 的幅频特性 $20\lg|H(\mathrm{j}\omega)|$。

3）根据系统不可变部分频率响应及反馈通道频率响应的幅频特性，绘制幅频特性

$$20\lg|G_0(\mathrm{j}\omega)H(\mathrm{j}\omega)|=20\lg|G_0(\mathrm{j}\omega)|+20\lg|H(\mathrm{j}\omega)|$$

4）根据幅频特性 $20\lg|G_0(\mathrm{j}\omega)H(\mathrm{j}\omega)|$ 检验初选的反馈通道频率响应 $H(\mathrm{j}\omega)$。若系统期望特性 $20\lg|G(\mathrm{j}\omega)|$ 的中频区特性位于 $20\lg|G_0(\mathrm{j}\omega)H(\mathrm{j}\omega)|>0\ \mathrm{dB}$ 频带之内，且在穿越频率 ω_c 附近频域 $20\lg|G_0(\mathrm{j}\omega)H(\mathrm{j}\omega)|$ 远大于 0 dB，则说明初选 $H(\mathrm{j}\omega)$ 时所依据的条件 $G(\mathrm{j}\omega)\approx\dfrac{1}{H(\mathrm{j}\omega)}$ 是成立的；若系统期望特性 $20\lg|G(\mathrm{j}\omega)|$ 的低、高频区幅频特性分别位于 $20\lg|G_0(\mathrm{j}\omega)H(\mathrm{j}\omega)|<0\ \mathrm{dB}$ 频带内，则说明初选 $H(\mathrm{j}\omega)$ 时未考虑系统期望特性的低、高频区幅频特性是正确的，这是因为在这种情况下由于条件 $|G_0(\mathrm{j}\omega)H(\mathrm{j}\omega)|\ll1$ 基本得到满足而式 $G(\mathrm{j}\omega)\approx G_0(\mathrm{j}\omega)$ 成立，反馈校正作用实际上已不存在。于是，初选的反馈通道频率响应 $H(\mathrm{j}\omega)$ 如能满足上述条件便可认为选择合理而不必加以修正。

5）由幅频特性 $20\lg|H(\mathrm{j}\omega)|$ 写出相应的反馈校正传递函数 $H(s)$，并加以工程实现。

例 6-5　系统框图如图 6-23 所示，图中，$H(s)$ 是反馈补偿网络。系统的性能指标是，开环放大系数 $K=200$，最大超调 $M_p\leqslant25\%$，过渡过程时间 $t_s\leqslant0.5\ \mathrm{s}$，求反馈补偿网络。

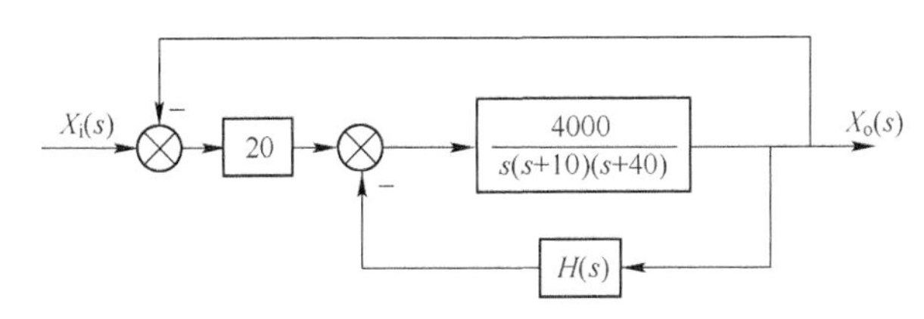

图 6-23　例 6-5 系统框图

解　1）未校正原系统 $G_0(s)=\dfrac{200}{s(0.1s+1)(0.025s+1)}$，绘制 $20\lg|G_0(\mathrm{j}\omega)|$，如图 6-24 所示。

2）依据时域性能指标绘制期望特性曲线。

$$t_s=\frac{\pi}{\omega_c}[2+1.5(M_r-1)+2.5(M_r-1)^2]$$

$$M_p=[0.16+0.4(M_r-1)]\times100\%$$

$$\omega_3>\omega_c\frac{M_r+1}{M_r}$$

$$\omega_2<\omega_c\frac{M_r-1}{M_r}$$

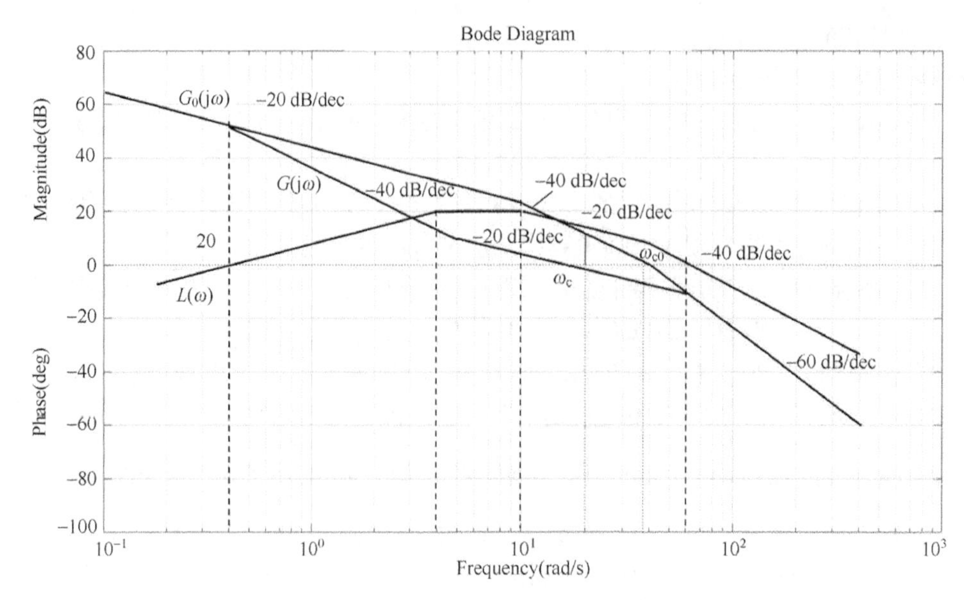

图 6-24 例 6-5 校正前与校正后的系统 Bode 图

由图 6-24 可知，穿越频率 $\omega_c=16$ rad/s，转折频率为 0.4 rad/s、4 rad/s、60 rad/s。$|G_2(\mathrm{j}\omega)H(\mathrm{j}\omega)|>1$，即 $20\lg|G_2(\mathrm{j}\omega)H(\mathrm{j}\omega)|>0$ dB 的频段内有

$$G_c(s)=\frac{G_1(s)G_2(s)}{1+G_2(s)H(s)}=\frac{G_0(s)}{G_2(s)H(s)}$$

得出 $L(\omega)=20\lg|G_2(\mathrm{j}\omega)H(\mathrm{j}\omega)|=20\lg|G_0(\mathrm{j}\omega)|-20\lg|G_c(\mathrm{j}\omega)|$。

利用上式在图 6-24 中绘出 $20\lg|G_2(\mathrm{j}\omega)H(\mathrm{j}\omega)|$。该折线与 0 dB 线交点的频率是 0.4 rad/s 和 60 rad/s。所以反馈校正环节起作用的频段是 $0.4\ \mathrm{rad/s}<\omega<60\ \mathrm{rad/s}$。其余频段，对 $20\lg|G_2(\mathrm{j}\omega)H(\mathrm{j}\omega)|$的要求就是小于 0 dB。最简单的方法就是让曲线保持穿越 0 dB 线时的斜率不变，不再增加环节。由图 6-24 可知，$G_2(\mathrm{j}\omega)H(\mathrm{j}\omega)$ 的转折频率为 $\omega_1=4$ rad/s，$\omega_2=10$ rad/s，$\omega_3=40$ rad/s。故

$$G_2(s)H(s)=\frac{K_1 s}{\left(\frac{1}{\omega_1}s+1\right)\left(\frac{1}{\omega_2}s+1\right)\left(\frac{1}{\omega_3}s+1\right)}$$

当 $\omega_1<4$ rad/s 时，$G_2(s)H(s)=K_1 s$，$20\lg|G_2(\mathrm{j}\omega)H(\mathrm{j}\omega)|=20\lg K_1\omega$。当 $K_1\omega=1$ 时，$\omega=0.4$ rad/s，故 $K_1=1/0.4=2.5$，于是有

$$G_2(s)H(s)=\frac{2.5s}{(0.25s+1)(0.1s+1)(0.025s+1)}$$

求得

$$H(s)=\frac{G_2(s)H(s)}{G_2(s)}=\frac{0.5s^2}{0.25s+1}$$

6.5 MATLAB 辅助设计与案例分析

本节借助 MATLAB 进一步讨论系统校正的设计问题，所采用的设计方法仍然是基于

Bode 图的频率分析法。现以直线丝杠滑台为例，运用 MATLAB 进行计算机辅助分析和设计，以获得满意的系统性能。

6.5.1　推导控制系统的传递函数

该系统由驱动装置、机械传动装置、检测装置、比较转换装置组成，如图 6-25 所示。其中，机械传动装置包含减速器、滚珠丝杠、滑台。

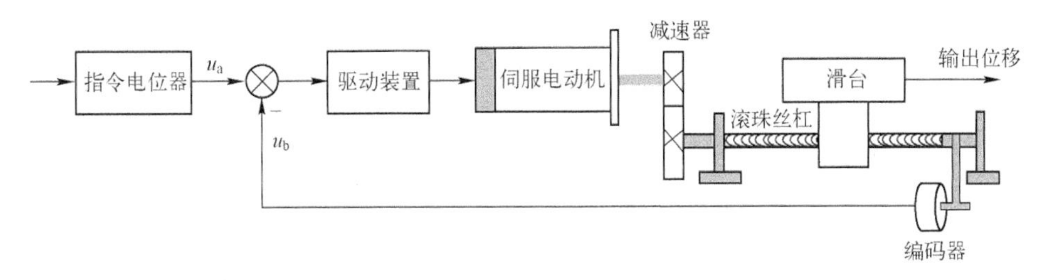

图 6-25　直线丝杠滑台结构图

驱动装置包含放大器、伺服电动机。

检测装置为编码器。

比较转换装置将输入信号与反馈信号进行比较，并将结果转化为电压信号。

在位置控制方式时，控制器将检测环节的输出 $U_b(s)=B(s)$ 与给定位置信号 $U_a(s)$ 进行比较得到偏差信号 $E(s)$，再经过放大环节输出到伺服电动机，电动机通过机械传动装置控制滑台输出位移，到达预定位置，完成位置控制过程。下面推导各部分的传递函数。

1. 驱动装置传递函数

（1）放大装置的传递函数

$$\frac{U(s)}{E(s)}=K_b$$

（2）伺服电动机的传递函数

对于电枢控制的他励直流伺服电动机如图 6-26 所示，u_f为磁场电压，作为输入信号，θ 为电机轴转角，作为输出信号，i_f、L_f、R_f分别为磁场绕组的电流、电感和电阻，T_m为电动机输出转矩，J、B 为折算到电动机轴上的等效转动惯量和等效阻尼，忽略不计等效刚度，则有电动机输出转矩为

$$T_m=Ki_f$$

式中，K 为电动机转矩常数。

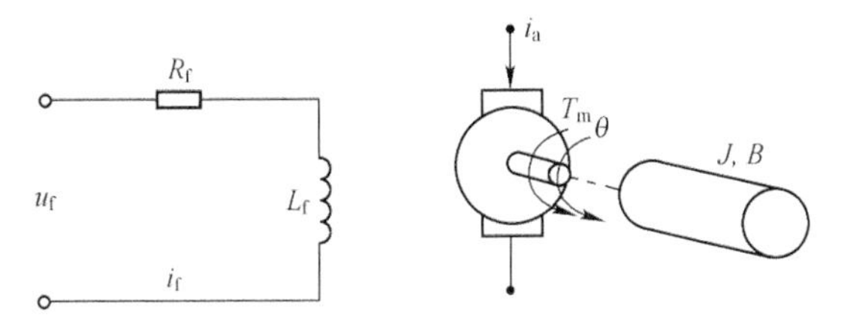

图 6-26　直流伺服电动机原理图

电动机的运动平衡方程为

$$J\frac{d^2\theta}{dt^2}+B\frac{d\theta}{dt}=T_m$$

内部电场回路方程为

$$L_f\frac{di_f}{dt}+R_f i_f=u_f$$

将以上各式取拉氏变换，则有

$$(Js^2+Bs)\theta(s)=KI_f(s)$$
$$(L_f s+R_f)I_f(s)=U_f(s)$$

整理求得伺服电动机的传递函数为

$$G_m(s)=\frac{\theta(s)}{U_f(s)}=\frac{K}{s(L_f s+R_f)(Js+B)}=\frac{K_a K_b K_m}{L_f Js^3+(J+R_f)s^2+R_f Js+K_c K_b K_m}$$

式中，$\frac{K}{R_f B}=K_m$为电动机增益；$\frac{L_f}{R_f}=T_f$为磁场电路时间常数；$\frac{J}{B}=T_e$为电枢旋转时间常数。

若不计磁场回路中的电感，为了方便分析，传递函数可以简化为

$$G_m(s)=\frac{\theta(s)}{U_f(s)}=\frac{K_m}{(J+R_f)s^2+R_f Js}$$

2. 机械传动装置传递函数

设电动机轴上的转动惯量为J_1，减速器与滚珠丝杠的转动惯量J_2，减速器的速比i，滚珠丝杠的螺距导程为P_h，工作台的质量为m，忽略机械传动部分的阻尼和摩擦以及转动刚性系数，则工作台的位移为

$$x_o(t)=\frac{P_h}{2\pi i}\theta$$

折算到电动机轴上的总转动惯量为

$$J=J_1+\frac{J_2}{i^2}+m\left(\frac{P_h}{2\pi i}\theta\right)^2$$

3. 检测装置传递函数

将编码器测得的实际位移量，以脉冲方式直接反馈到输入端，传递函数为1。

4. 比较转换装置传递函数

将指令脉冲与反馈脉冲比较，差值经过转换，变为电压信号，该环节为比例环节，增益为K_a。最后得到原系统框图如图6-27a所示，等效变换之后的框图如图6-27b所示。

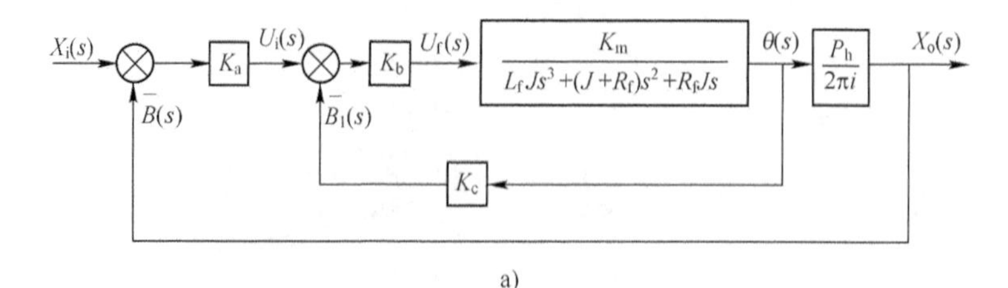

图6-27 系统框图

a）原系统框图

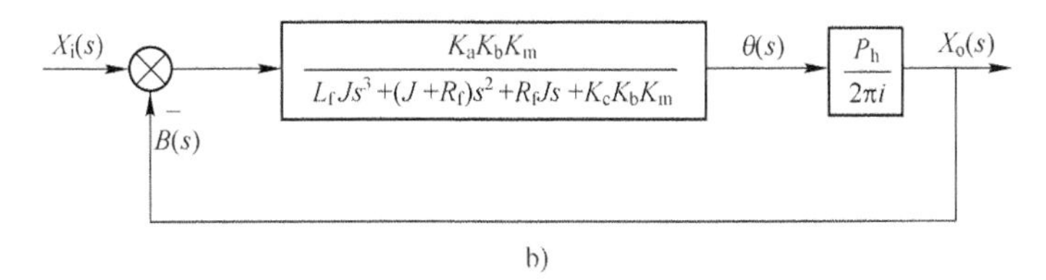

图 6-27　系统框图（续）
b）等效变换后系统框图

6.5.2　用 MATLAB 软件进行分析和设计

1. 性能分析

若令 $K_b=40$，$K_m=2000$，$K_c=1$，$K_a=1$，$L_f=0.001$，$J=200$，$R_f=10$，$\dfrac{P_h}{2\pi i}=1$，则开环传递函数为

$$G_k(s)=\frac{160000}{s(0.2s^2+210s+2000)}$$

用 MATLAB 提供的 margin 函数可以求出系统的幅值裕度、相位裕度和穿越频率。

程序如下：

```
>>G=tf([160000],[0.2 210 2000 0]);
>>[Gm1 Pm1 Wg1 Wc1]=margin(G);
>>bode(G)
```

程序运行结果如图 6-28 所示。

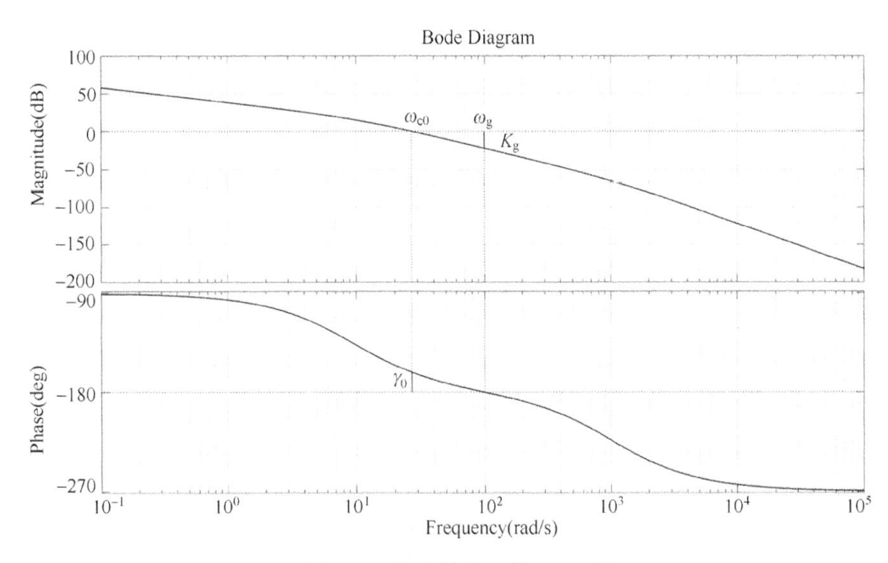

图 6-28　校正前的系统 Bode 图

由图 6-28 可见，幅值裕度为 21.9 dB，相位裕度为 18.2°，幅值穿越频率为 26.9 rad/s，相位穿越频率为 100 rad/s，系统稳定，但相对稳定性不高，要求相位裕度应该大于 45°，可以采用相位超前校正改善系统性能。

2. 求超前校正装置的传递函数

带有超前校正环节的系统框图如图 6-29 所示。

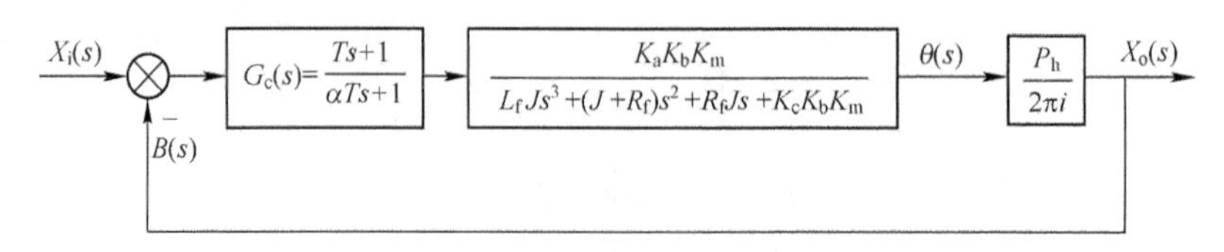

图 6-29 带有超前校正环节的系统框图

设超前校正传递函数为

$$G_c(s)=\frac{Ts+1}{\alpha Ts+1}$$

计算超前校正装置传递函数的 MATLAB 程序如下：

```
>>k0=160000;
>>nl=1;dl=conv ( conv ( [ 1 0 ], [ 0.2 210 2000] ) ;
>> sl=tf ( k0*n1,d1);                          %定义系统开环传递函数
>> [mag, phase, w ]=bode ( sl ) ;              %开环 Bode 图，返回开环幅频特性和相频特性
>> gama=45;gamal=gama+10;gama2=gamal * pi/180;    %确定校正装置提供的相位超前角
>> alfa=( 1 - sin ( gama2 ) )/ ( 1 + sin ( gama2 ) ) ;    %求 α 值
>>magdb=20 * log10(mag ) ;
>> am=10 * log10(alfa ) ;
>> wc=spline (magdb, w, am ) ;
>> T=1 / ( wc * sqrt ( alfa ) ) ;
>>alfat=alfa * T;
>> Gc=tf ( [ T 1], [ alfat 1 ] ) ;
>>Transfer function :
```

程序运行后，得到校正装置传递函数为

$$G_c(s)=\frac{0.052s+1}{0.011s+1}$$

3. 性能指标校验

验证校正后系统频域性能是否满足性能指标要求。根据校正后系统的结构和参数，绘出 Bode 图如图 6-30 所示。其 MATLAB 程序如下：

```
>> K0=160000
>> nl=l; dl =conv ( conv ( [ 1 0 ], [0.1  1 ]), [ 0. 001 1 ]);
>> sl=tf ( k0*nl, dl ) ;                       %定义系统开环传递函数
>> n2=[0. 052 1];d2=[0. 011 1];s2=tf ( n2,d2);   %定义校正装置的传递函数
>> sys=sl * s2;
>> margin ( sys ) ;
>> bode(sys);
>>hold;
>>bode(s1);
>>hold
```

由图 6-30 可知，相位裕度增大到 52°，幅值裕度为 28 dB，满足设计要求。

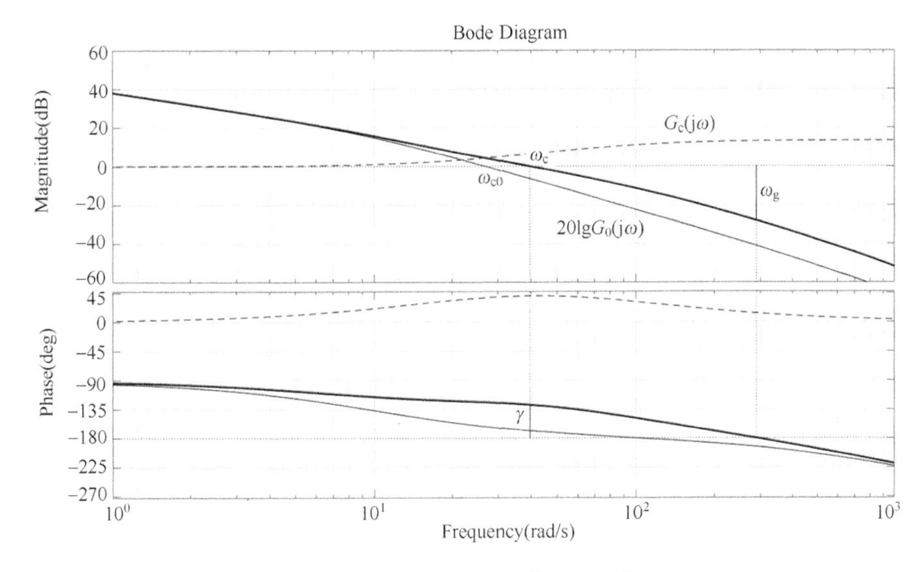

图 6-30　校正后的系统 Bode 图

[本章知识总结]：

1. 本章主要介绍了校正的原理和常见的几种校正方式，即串联校正、反馈校正和期望校正。校正的实质是在原系统中改变零、极点的分布，进而改变整个系统的稳态性和动态性。串联校正是本章的重点，根据环节作用不同分为相位超前校正、相位滞后校正和相位滞后-超前校正。

2. 校正环节也可用 PID 控制器实现，其作用在于提高系统的稳态控制精度，改善系统的动态性能，所以从系统的频率响应角度来看，PID 中的 PI 部分用来校正开环频率响应的低频区特性，而 PID 中 PD 部分的作用在于改变中频区特性的形状与参数，因此确定两者参数的过程基本上可以彼此独立地进行，其中关于确定校正参数的步骤和采用串联相位滞后校正或串联相位超前校正时确定校正参数的步骤完全相同。

3. 系统期望特性通常是指满足给定性能指标的系统开环渐近幅频特性 $20\lg G(j\omega)$。由于这种特性只通过幅频特性来表示，而不考虑相频特性，故期望特性概念仅适用最小相位系统。

4. 反馈校正也是广泛应用的校正方式之一，其可以改善局部环节的性能，减弱参数变化对系统性能的影响，消除不可变部分中不希望有的特性。

习题

6-1　在系统校正设计中，常用的性能指标有哪些？

6-2　什么是控制系统的校正？

6-3　系统在什么情况下采用相位超前校正、相位滞后校正和相位滞后-超前校正？

6-4　设单位反馈系统的开环传递函数为

$$G(s)=\frac{K}{s(s+3)(s+9)}$$

（1）如果要求系统在单位阶跃输入作用下的超调量 $M_p=20\%$，试确定 K 值；

（2）根据所确定的 K 值求出系统在单位阶跃输入作用下的调节时间 t，以及稳态速度误差系数；

（3）设计一种串联校正装置，满足 $K_v\geqslant 20$，$M_p\leqslant 15\%$。

6-5　已知单位负反馈系统的开环传递函数如下，试设计串联校正环节，使 $\gamma\geqslant 46°$，$\omega_c\geqslant 50\ \text{rad/s}$。

$$G(s)=\frac{200}{s(0.1s+1)}$$

6-6　设某控制系统的开环传递函数如下，要求校正后系统的相对谐振峰值 $M_r=1.4$，谐振频率 $\omega_r>10\ \text{rad/s}$，试设计串联校正环节。

$$G(s)=\frac{10}{s(0.05s+1)(0.25s+1)}$$

6-7　设单位负反馈系统的开环传递函数如下，要求系统响应速度信号的稳态误差 $e_{ss}\leqslant 1.5\%$，相位裕量 $\gamma\geqslant 46°$，试确定串联滞后校正环节的传递函数。

$$G(s)=\frac{K}{s(0.04s+1)}$$

6-8　设单位负反馈系统的开环传递函数为

$$G(s)=\frac{10}{s(0.1s+1)(0.5s+1)}$$

（1）试绘制出系统开环频率响应的 Bode 图，并求出其相位裕度与幅值裕度；

（2）当采用传递函数为 $G_c(s)=\dfrac{0.23s+1}{0.023s+1}$的串联校正环节时，试计算校正系统的相位裕度与幅值裕度，并讨论校正系统的性能。

6-9　设某控制系统的框图如图 6-31 所示，欲通过反馈校正使系统相位裕度 $\gamma=45°$，试确定反馈校正参数 K。

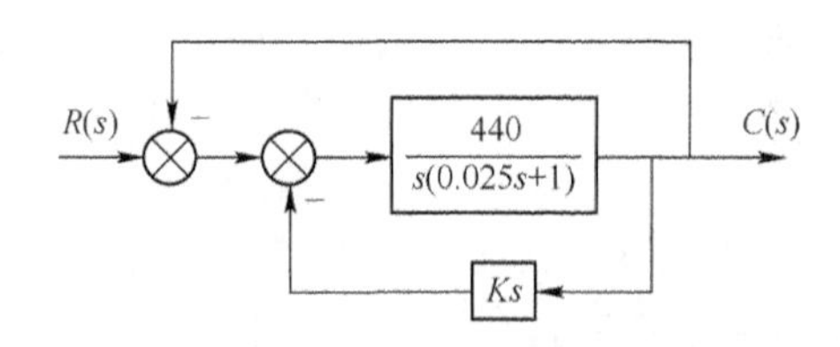

图 6-31　习题 6-9 图

6-10　设某单位负反馈系统的开环传递函数为 $G(s)=\dfrac{K_v}{s(0.1s+1)(0.2s+1)}$，若要求系统的开环增益 $K_v=30\ \text{s}^{-1}$，系统相位裕量 $\gamma\geqslant 45°$，系统截止频率 $\omega_b=12\ \text{rad/s}$，试确定串联滞后-超前校正环节的传递函数。

6-11　设某单位负反馈系统的开环传递函数为 $G(s)=\dfrac{K_v}{s(0.1s+1)(0.2s+1)}$，若要求系统

在速度信号 $r(t)=t$ 作用下的稳态误差 $e_{ss}\leqslant 1\%$，系统相位裕量 $\gamma\geqslant 40°$，试确定串联滞后-超前校正环节的传递函数。

6-12　某单位负反馈系统的开环传递函数为 $G(s)=\dfrac{K}{s(0.1s+1)(0.01s+1)}$，试设计串联校正装置，使系统期望特性满足下列指标：

（1）稳态速度误差系数 $K_v\geqslant 250\ \mathrm{s}^{-1}$；

（2）剪切频率 $\omega_c\geqslant 30\ \mathrm{rad/s}$；

（3）相位裕量 $\gamma\geqslant 45°$。

第 7 章　线性离散系统初步

［学习要求］：

- 了解线性离散系统的基本结构；
- 理解采样过程及采样定理的内容和意义；
- 掌握 Z 变换和 Z 反变换的方法；
- 了解离散系统的稳态性能分析和动态性能分析；
- 明确离散系统稳定性的充要条件；
- 熟悉离散校正设计的基本方法。

由于微电子技术、数字计算机技术和网络技术的迅速发展，数字计算机作为信号处理的工具在控制系统中的应用不断扩大。这种用数字计算机控制的系统是一类离散控制系统，亦即数字控制系统，该系统得到越来越广泛的应用，这是数字化技术发展的必然趋势。因此研究离散系统的控制理论与方法有着重要的意义。

离散系统与连续系统相比，既有本质上的不同，又有分析研究方面的相似性。利用 Z 变换法研究离散系统，可以把连续系统中的许多概念和方法，推广应用于线性离散系统。本章主要讨论线性离散系统的分析和校正方法，介绍离散系统的初步知识。

首先建立信号采样和保持的数学描述，然后介绍 Z 变换理论和脉冲传递函数，最后研究线性离散系统稳定性和性能的分析与校正方法。在离散系统校正部分，将主要讨论离散控制系统的校正方法。

7.1　离散控制系统概述

7.1.1　离散控制系统的结构与组成

如果控制系统中的所有信号都是时间变量的连续函数，则这样的系统称为连续系统；如果控制系统中有一处或几处信号是一串脉冲或数码，则这样的系统称为离散系统。

在各种采样控制系统中，用得最多的是误差采样控制的闭环采样系统，其典型结构图如图 7-1 所示。图中，S 为理想采样开关，其采样瞬时的脉冲幅值，等于相应采样瞬时误差信号 $\varepsilon(t)$的幅值，且采样持续时间 τ 趋于零；$G_h(s)$为保持器的传递函数；$G_0(s)$为被控对象的传递函数；$H(s)$为测量变送反馈元件的传递函数。采样开关 S 的输出 $\varepsilon^*(t)$的幅值，与其输入$\varepsilon(t)$的幅值之间存在线性关系。当采样开关和系统其余部分的传递函数都具有线性特性时，这样的系统就称为线性采样系统。

数字控制系统是一种以数字计算机为控制器去控制具有连续工作状态的被控对象的闭环控制系统。因此，数字控制系统包括工作于离散状态下的数字计算机和工作于连续状态下的被控对象两大部分。

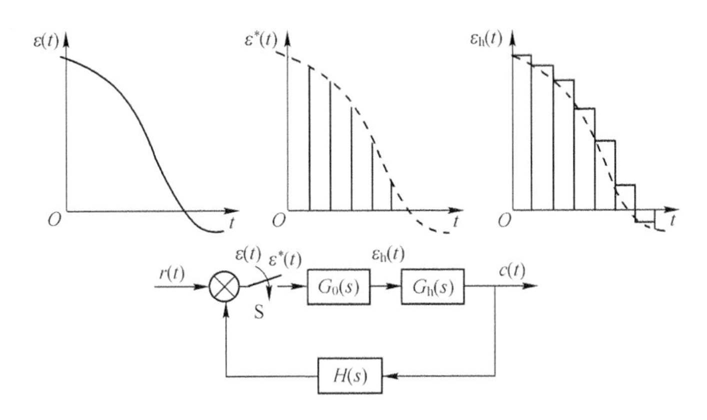

图 7-1 采样系统典型结构图

如图 7-2 所示是一个位置数字控制系统。在这个系统中指令输入计算机，由检测元件测得工作台的实际位置，位置数据由模/数（A/D）转换器转换成数字量，反馈到计算机，与给定的位置数字量进行比较，得出位置偏差信号。计算机用 PID 算法，把偏差电压转换成所需的控制信号，该控制信号经数/模（D/A）转换器将数字信号转变成直流电压输出到伺服电动机去控制丝杠的运动，将工作台的位置控制在要求的范围内。

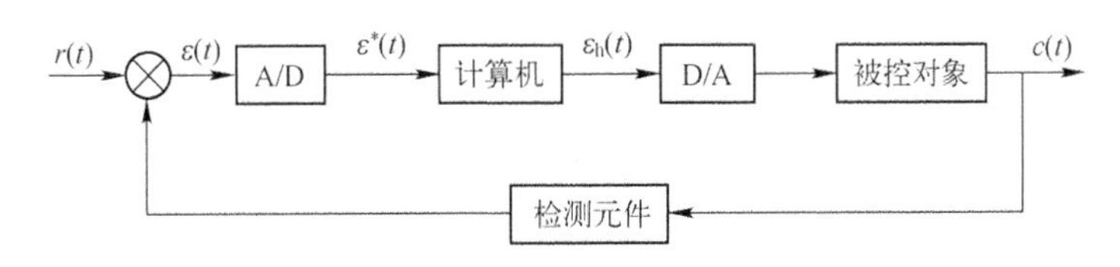

图 7-2 位置数字控制系统

7.1.2 离散控制系统的特点

离散控制系统较之相应的连续系统具有不同的特点：

1）由数字计算机构成的数字校正装置，效果比连续式校正装置好，且由软件实现的控制规律易于改变，控制灵活。

2）采样信号，特别是数字信号的传递可以有效地抑制噪声，从而提高了系统的抗干扰能力。

3）允许采用高灵敏度的控制元件，以提高系统的控制精度。

4）用一台计算机分时控制若干个系统，提高了设备的利用率，经济性好。

5）对于具有传输延迟，特别是大延迟的控制系统，可以引入采样的方式使系统保持稳定。

由于在离散系统中存在脉冲或数字信号，如果仍然沿用连续系统中的拉氏变换方法来建立系统各个环节的传递函数，则在运算过程中会出现复变量 s 的超越函数。为了克服这个障碍，需要采用 Z 变换法建立离散系统的数学模型。

7.2 信号的采样与复现

离散系统的特点是，系统中一处或几处的信号是脉冲序列或数字序列。要使用采样器把连续信号变换为脉冲信号，需使用保持器将脉冲信号变换为连续信号。

7.2.1 信号的采样

把连续信号变换为脉冲序列的装置称为采样器。如图 7-3 所示，用一个周期性闭合的采样开关 S，每隔 T 秒闭合一次，闭合的持续时间为 τ，就得到输出 $\varepsilon^*(t)$，即宽度等于 τ 的调幅脉冲序列。采样开关 S 的闭合时间 τ 通常为毫秒到微秒级，一般远小于采样周期 T 和系统连续部分的最大时间常数，可以认为 $\tau=0$。

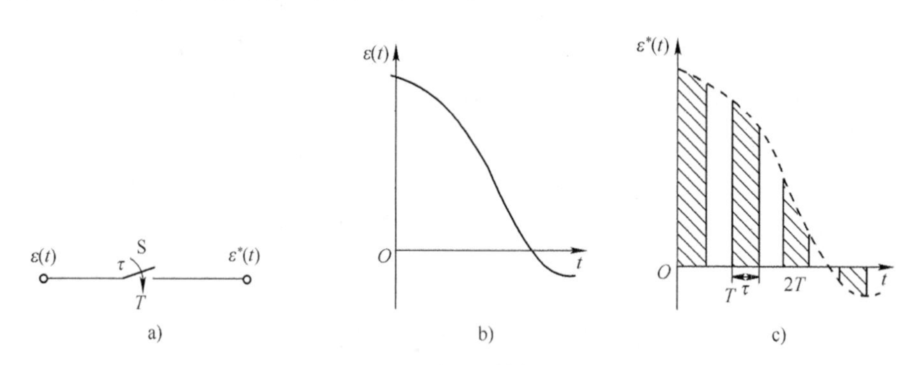

图 7-3 实际采样过程

a）采样开关 b）连续信号 c）采样器的输出信号

图 7-4a 为连续信号 $\varepsilon(t)$，图 7-4b 为理想单位脉冲序列 $\delta_T(t)$，图 7-4c 为采样器的输出信号 $\varepsilon^*(t)$，则有

$$\varepsilon^*(t)=\varepsilon(t)\delta_T(t) \tag{7-1}$$

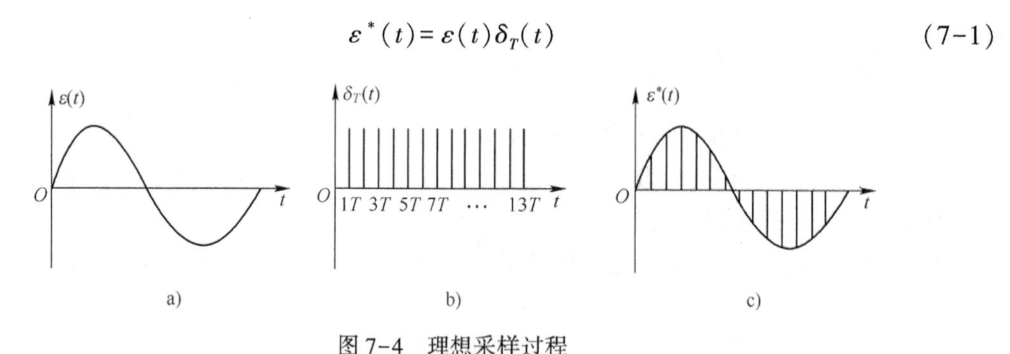

图 7-4 理想采样过程

a）连续信号 b）理想单位脉冲序列 c）采样器的输出信号

理想单位脉冲序列 $\delta_T(t)$ 可以表示为

$$\delta_T(t)=\sum_{n=0}^{\infty}\delta(t-nT) \tag{7-2}$$

其中，$\delta(t-nT)$ 是出现在时刻 $t=nT$、强度为 1 的单位脉冲。由于 $\varepsilon(t)$ 的数值仅在采样瞬时才有意义，所以式（7-1）可以写为

$$\varepsilon^*(t)=\sum_{n=0}^{\infty}\varepsilon(nT)\delta(t-nT) \tag{7-3}$$

7.2.2 采样定理

离散系统的采样周期越小，其采样得到的信号越接近连续系统，若采样周期 T 太大，两个采样点之间就有可能丢失重要信息，香农采样定理指出了从采样信号中不失真地复现原连续信号所必需的理论上的最小采样周期 T。

香农采样定理：如果采样频率 ω_s（或f_s）大于或等于 $2\omega_m$（或 $2f_m$），即

$$\omega_s \geqslant 2\omega_m \quad 或 \quad f_s \geqslant 2f_m \tag{7-4}$$

式中，ω_m（或f_m）为连续信号频谱的上限频率，则经采样得到的脉冲序列能无失真地复现原连续信号。

在满足香农采样定理条件下，理想采样器的特性如图 7-5 所示。图 7-5a 为连续信号的频谱；图 7-5b 为 $\omega_s \geqslant 2\omega_m$时采样信号的频谱；图 7-5c 为 $\omega_s<2\omega_m$时频率分量发生重叠的情况。

香农采样定理只是给出了一个选择采样周期 T 或采样频率f_s的指导原则，给出的是由采样脉冲序列无失真地再现原连续信号所允许的最大采样周期，或最低采样频率。

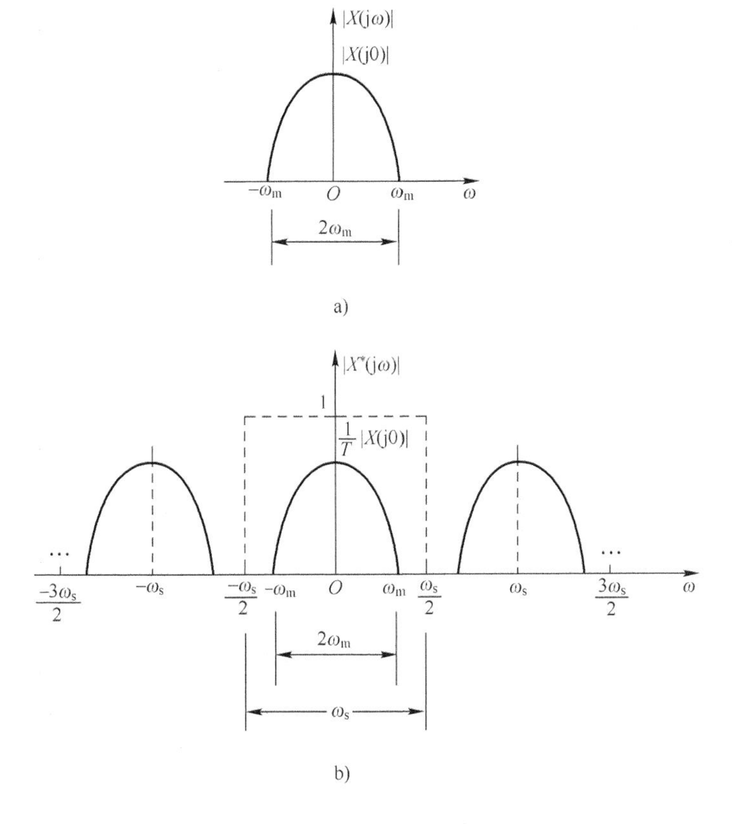

图 7-5　理想采样器特性

a）连续信号的频谱　b）$\omega_s \geqslant 2\omega_m$时采样信号的频谱

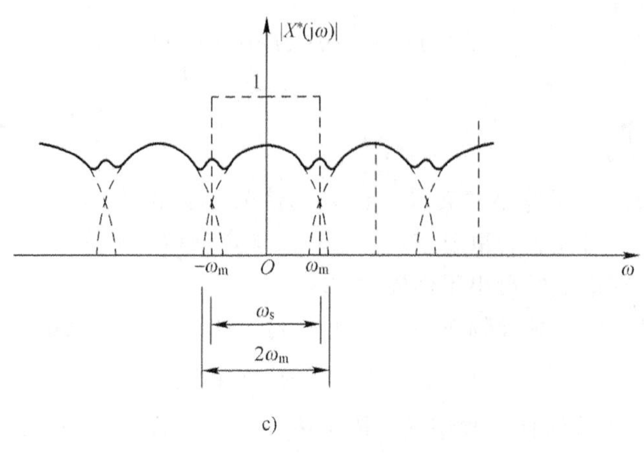

c)

图 7-5 理想采样器特性（续）

c）$\omega_s<2\omega_m$时采样信号的频谱

7.3 Z 变换与 Z 反变换

线性连续系统的数学模型是线性微分方程，采用拉氏变换对线性系统进行定量分析。对于线性离散系统，可用差分方程来描述，采用 Z 变换进行分析和求解。

Z 变换是从拉氏变换直接引申出来的一种变换方法，它实际上是采样函数拉氏变换的变形。因此，Z 变换又称为采样拉氏变换，是研究线性离散系统的重要数学工具。

7.3.1 Z 变换的定义

设连续函数 $\varepsilon(t)$满足拉氏变换定义条件，象函数为 $E(s)$，对于采样信号 $\varepsilon^*(t)$，其表达式为

$$\varepsilon^*(t)=\sum_{n=0}^{\infty}\varepsilon(nT)\delta(t-nT) \tag{7-5}$$

对采样信号 $\varepsilon^*(t)$进行拉氏变换，得到

$$E^*(s)=\sum_{n=0}^{\infty}\varepsilon(nT)\mathrm{e}^{-nsT} \tag{7-6}$$

为便于应用，令变量

$$z=\mathrm{e}^{sT} \tag{7-7}$$

式中，T 为采样周期内在复数平面上定义的一个复变量，通常称为 Z 变换算子。将式（7-6）代入式（7-7），则采样信号 $\varepsilon^*(t)$的 Z 变换定义为

$$E(z)=Z[\varepsilon^*(t)]=Z[\varepsilon(t)] \tag{7-8}$$

记为

$$E(z)=\sum_{n=0}^{\infty}\varepsilon(nT)z^{-n} \tag{7-9}$$

应当指出，Z 变换仅是一种在采样拉氏变换中，取 $z=\mathrm{e}^{Ts}$的变量置换。通过这种置换，可将 s 的超越函数转换为 z 的幂级数或 z 的有理分式。

7.3.2　Z 变换方法

根据 Z 变换的定义，将式（7-8）写成展开形式：

$$E(z)=\varepsilon(0)+\varepsilon(T)z^{-1}+\varepsilon(2T)z^{-2}+\cdots+\varepsilon(nT)z^{-n}+\cdots \tag{7-10}$$

式（7-10）是离散时间函数 $\varepsilon^*(t)$ 的一种无穷级数表达形式。显然，根据给定的理想采样开关的输入连续信号 $\varepsilon(t)$ 或其输出采样信号 $\varepsilon^*(t)$，以及采样周期 T，由式（7-10）立即可得 Z 变换的级数展开式。通常，对于常用函数 Z 变换的级数形式，都可以写出其闭合形式。

例 7-1　试求单位阶跃函数 $1(t)$ 的 Z 变换。

解　由于 $\varepsilon(t)=1(t)$ 在所有采样时刻上的采样值均为 1，即 $\varepsilon(nT)=1$，$n=0,1,2,\cdots,\infty$，故由式（7-10），有

$$E(z)=Z[1(t)]=1+z^{-1}+z^{-2}+\cdots+z^{-n}+\cdots=\frac{z}{z-1}$$

例 7-2　求 $x(t)=\mathrm{e}^{-aT}$ 的 Z 变换。

解

$$Z[\mathrm{e}^{-aT}]=\sum_{n=0}^{\infty}\mathrm{e}^{-naT}z^{-n}=1+\mathrm{e}^{-aT}z^{-1}+\mathrm{e}^{-2aT}z^{-2}+\cdots=\frac{z}{z-\mathrm{e}^{-aT}}$$

相同的 Z 变换对应于相同的采样函数但是不一定对应于相同的连续函数。

常用时间函数的 Z 变换见表 7-1。由表可见，这些函数的 Z 变换都是 z 的有理分式，且分母多项式的次数大于或等于分子多项式的次数。值得指出，表中各 Z 变换有理分式中，分母 z 多项式的最高次数与相应传递函数分母 s 多项式的最高次数相等。

表 7-1　常用时间函数的 Z 变换

拉氏变换	连续时间函数	Z 变换
$X(s)$	$x(t)$	$X(z)$
1	$\delta(t)$	1
e^{-kTs}	$\delta(t-kT)$	z^{-k}
$\frac{1}{s}$	$1(t)$	$\frac{z}{z-1}$
$\frac{1}{s^2}$	t	$\frac{Tz}{(z-1)^2}$
$\frac{1}{s^3}$	$\frac{1}{2}t^2$	$\frac{T^2z(z+1)}{2(z-1)^3}$
$\frac{1}{s+a}$	e^{-at}	$\frac{z}{z-\mathrm{e}^{-aT}}$
$\frac{1}{(s+a)^2}$	$t\mathrm{e}^{-at}$	$\frac{Tz\mathrm{e}^{-aT}}{(z-\mathrm{e}^{-aT})^2}$
$\frac{a}{s(s+a)}$	$1-\mathrm{e}^{-at}$	$\frac{z(1-\mathrm{e}^{-aT})}{(z-1)(z-\mathrm{e}^{-aT})}$
$\frac{1}{(s+a)(s+b)}$	$\frac{1}{b-a}(\mathrm{e}^{-at}-\mathrm{e}^{-bt})$	$\frac{1}{b-a}\left(\frac{z}{z-\mathrm{e}^{-aT}}-\frac{z}{z-\mathrm{e}^{-bT}}\right)$

（续）

拉 氏 变 换	连续时间函数	Z 变换
$\dfrac{\omega}{s^2+\omega^2}$	$\sin\omega t$	$\dfrac{z\sin\omega T}{z^2-2z\cos\omega T+1}$
$\dfrac{s}{s^2+\omega^2}$	$\cos\omega t$	$\dfrac{z(z-\cos\omega T)}{z^2-2z\cos\omega T+1}$
$\dfrac{\omega}{(s+a)^2+\omega^2}$	$\mathrm{e}^{-at}\sin\omega t$	$\dfrac{z\mathrm{e}^{-aT}\sin\omega T}{z^2-2z\mathrm{e}^{-aT}\cos\omega T+\mathrm{e}^{-2aT}}$
$\dfrac{s+a}{(s+a)^2+\omega^2}$	$\mathrm{e}^{-at}\cos\omega t$	$\dfrac{z(z-\mathrm{e}^{-aT}\cos\omega T)}{z^2-2z\mathrm{e}^{-aT}\cos\omega T+\mathrm{e}^{-2aT}}$

7.3.3 Z 变换性质

这里介绍 Z 变换的一些基本定理，可以使 Z 变换的应用变得简单和方便。

1. 线性定理

设连续时间函数 $x_1(t)$ 和 $x_2(t)$，若 $X_1(z)=Z[x_1(t)]$，$X_2(z)=Z[x_2(t)]$，a、b 为常数，则

$$Z[x_1(t)\pm x_2(t)]=X_1(z)\pm X_2(z) \tag{7-11}$$

$$Z[ax_1(t)]=aX_1(z),\quad Z[bx_2(t)]=bX_2(z) \tag{7-12}$$

2. 平移定理

设连续时间函数 $x(t)$，其 Z 变换为 $X(z)$，则有

$$Z[x(t-kT)]=z^{-k}X(z) \tag{7-13}$$

以及

$$Z[x(t+kT)]=z^k\left[X(z)-\sum_{n=0}^{k-1}x(nT)z^{-n}\right] \tag{7-14}$$

其中，k 为正整数。

在平移定理中，式（7-13）称为滞后定理；式（7-14）称为超前定理。

3. 终值定理

如果连续时间函数 $x(t)$ 的 Z 变换为 $X(z)$，函数序列 $x(nT)$ 为有限值（$n=0,1,2,\cdots$），且极限 $\lim\limits_{n\to\infty}x(nT)$ 存在，则函数序列的终值为

$$\lim_{n\to\infty}x(nT)=\lim_{n\to\infty}(z-1)X(z) \tag{7-15}$$

7.3.4 Z 反变换

Z 反变换是 Z 变换的逆运算，是已知象函数 $X(z)$，求相应原函数——离散序列 $x(nT)$ 的过程。记为

$$x(nT)=Z^{-1}[X(z)] \tag{7-16}$$

进行 Z 反变换时，信号序列仍是单边的，即当 $n<0$ 时，$x(nT)=0$。常用的 Z 反变换法有如下几种。

1. 部分分式法

部分分式法又称查表法，其基本思想是根据已知的 $X(z)$，通过查 Z 变换表找出相应的 $x^*(nT)$，或者 $x(nT)$。

由已知的 Z 变换象函数 $X(z)$ 求出极点 $z_1, z_2, \cdots, z_n$，再将 $X(z)/z$ 展开成如下部分分式之和：

$$\frac{X(z)}{z} = \sum_{i=1}^{n} \frac{A_i}{z - z_i}$$

由上式写出 $X(z)$ 的部分分式之和

$$X(z) = \sum_{i=1}^{n} \frac{A_i z}{z - z_i} \tag{7-17}$$

然后逐项查 Z 变换表，得到

$$x_i(nT) = Z^{-1}\left[\sum_{i=1}^{n} \frac{A_i z}{z - z_i}\right], \quad i = 1, 2, \cdots, n \tag{7-18}$$

最后写出已知 $X(z)$ 对应的采样函数

$$x^*(t) = \sum_{n=0}^{\infty} \sum_{i=1}^{n} x_i(nT)\delta(t - nT) \tag{7-19}$$

例 7-3　设 Z 变换函数如下，试求其 Z 反变换。

$$E(z) = \frac{10z}{(z-1)(z-2)}$$

解　因为

$$\frac{E(z)}{z} = -\frac{10}{z-1} + \frac{10}{z-2}$$

所以

$$E(z) = -\frac{10z}{z-1} + \frac{10z}{z-2}$$

查 Z 变换表 7-1，求得

$$Z^{-1}\left[\frac{z}{z-1}\right] = 1$$

$$Z^{-1}\left[\frac{z}{z-2}\right] = 2^n$$

最后得出原函数

$$\varepsilon^*(nT) = 10\sum_{n=0}^{\infty}(-1 + 2^n)\delta(t - nT)$$

$$\varepsilon(nT) = 10(-1+2^n), \quad n = 0, 1, 2, \cdots, \infty$$

由此可得

$$\varepsilon(0) = 0$$
$$\varepsilon(T) = 10$$
$$\varepsilon(2T) = 30$$
$$\vdots$$

2. 长除法

将连续时间函数 $x(t)$ 的 Z 变换 $X(z)$ 按 z^{-1} 升幂排列成两个多项式之比：

$$X(z)=\frac{b_0+b_1z^{-1}+b_2z^{-2}+\cdots+b_mz^{-m}}{a_0+a_1z^{-1}+a_2z^{-2}+\cdots+a_nz^{-n}},\quad m\leqslant n \tag{7-20}$$

通过对式（7-20）直接做长除法，得到按 z^{-1}升幂排列的无穷级数展开式：

$$X(z)=c_0+c_1z^{-1}+c_2z^{-2}+\cdots+c_nz^{-n}+\cdots=\sum_{n=0}^{\infty}c_nz^{-n} \tag{7-21}$$

系数 c_n就是采样脉冲序列 $x^*(t)$的脉冲强度。可以写出 $x^*(t)$的脉冲序列表达式为

$$x^*(t)=\sum_{n=0}^{\infty}c_n\delta(t-nT) \tag{7-22}$$

例 7-4 设 Z 变换函数如下，试用长除法求 $E(z)$ 的 Z 反变换。

$$E(z)=\frac{z^3+3z^2+1}{z^3-2z^2+0.5z}$$

解 将给定的 $E(z)$表示为

$$E(z)=\frac{1+3z^{-1}+z^{-3}}{1-2z^{-1}+0.5z^{-2}}$$

利用长除法得

$$E(z)=1+5z^{-1}+9.5z^{-2}+17.5z^{-3}+\cdots$$

由式（7-19）得采样函数

$$\varepsilon^*(t)=\delta(t)+3.5\delta(t-T)+9.5\delta(t-2T)+17.5\delta(t-3T)+\cdots$$

7.4 线性离散系统的传递函数

本节学习建立离散系统的数学模型，用以研究离散系统的性能。线性离散系统的数学模型有差分方程、脉冲传递函数。这里主要介绍差分方程及其解法、脉冲传递函数的基本概念，以及开环串联脉冲传递函数和闭环系统脉冲传递函数的建立方法。

7.4.1 线性常系数差分方程

一个线性连续系统可以用线性微分方程来表达。一个离散控制系统，由于它的输入是一个离散序列，输出也是一个离散序列，它的本质是输入序列变成输出序列的一种运算，而它的运算规律又取决于前后序列。一个线性离散控制系统，用 $r(n)$表示输入，$c(n)$表示输出，则可以用 n 阶差分方程来描述：

$$\begin{aligned}&c(k)+a_1c(k-1)+a_2c(k-2)+\cdots+a_{n-1}c(k-n+1)+a_nc(k-n)\\&=b_0r(k)+b_1r(k-1)+\cdots+b_{m-1}r(k-m+1)+b_mr(k-m)\end{aligned}$$

差分方程亦可表示为

$$c(k)=-\sum_{i=1}^{n}a_ic(k-i)+\sum_{j=0}^{m}b_jr(k-j) \tag{7-23}$$

可以将典型的二阶微分方程 $m\frac{\mathrm{d}^2x(t)}{\mathrm{d}t^2}+c\frac{\mathrm{d}x(t)}{\mathrm{d}t}+kx(t)=0$ 化为差分方程。首先用差分代替微分，一阶前向差分为

$$\Delta x(n)=x(n+1)-x(n)$$

二阶前向差分为

$$\begin{aligned}\Delta^2 x(n)&=\Delta[\Delta x(n)]=\Delta[x(n+1)-x(n)]\\&=\Delta x(n+1)-\Delta x(n)\\&=x(n+2)-2x(n+1)+x(n)\end{aligned}$$

可得

$$\frac{\mathrm{d}^2x(t)}{\mathrm{d}t^2}\approx\frac{\Delta^2x(n)}{T^2}=\frac{x(n+2)-2x(n+1)+x(n)}{T^2}$$

$$\frac{\mathrm{d}x(t)}{\mathrm{d}t}\approx\frac{\Delta x(n)}{T}=\frac{x(n+1)-x(n)}{T}$$

$$x(t)\approx x(n)$$

由上计算可得到差分方程

$$mx(n+2)+(cT-2m)x(n+1)+(m-cT+kT^2)x(n)=0$$

例 7-5　已知离散系统输出的 Z 变换函数如下，求系统的差分方程。

$$C(z)=\frac{1+z^{-1}+3z^{-2}}{3+2z^{-1}+3z^{-2}+4z^{-3}}R(z)$$

解　根据 $C(z)$ 的表达式有

$$(3+2z^{-1}+3z^{-2}+4z^{-3})C(z)=(1+z^{-1}+3z^{-2})R(z)$$

两边进行 Z 反变换，得系统的差分方程为

$$3c(n)+2c(n-1)+3c(n-2)+4c(n-3)=r(n)+r(n-1)+3r(n-2)$$

7.4.2　脉冲传递函数

1. 脉冲传递函数定义

分析线性离散控制系统时，脉冲传递函数是个很重要的概念。正如线性连续控制系统的特性可由传递函数来描述一样，线性离散控制系统的特性可通过脉冲传递函数来描述。

图 7-6 所示为典型开环线性数字控制系统的框图，$G(s)$ 为该系统连续部分的传递函数，连续部分的输入为采样周期等于 T 的脉冲序列 $r^*(t)$，其输出为经虚拟同步采样开关的脉冲序列 $c^*(t)$。$c^*(t)$ 反映连续输出 $c(t)$ 在采样时刻上的离散值。

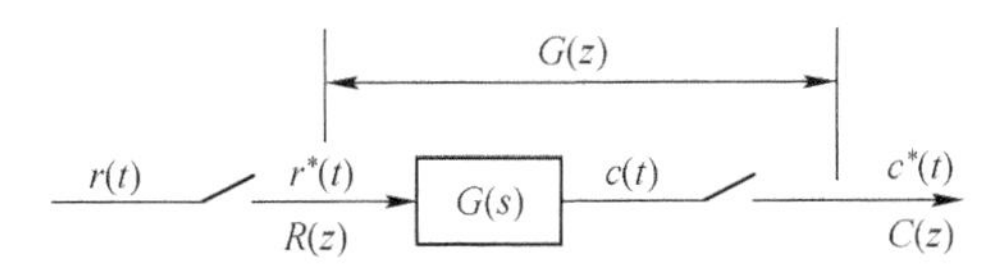

图 7-6　典型开环线性数字控制系统框图

脉冲传递函数的定义是，在零初始条件下，系统的输出量的离散信号的 Z 变换与输入离散信号的 Z 变换之比，称为系统的脉冲传递函数或 Z 传递函数。

$$G(z)=\frac{C(z)}{R(z)}=\frac{\sum\limits_{n=0}^{\infty}c(nT)z^{-n}}{\sum\limits_{n=0}^{\infty}r(nT)z^{-n}}\tag{7-24}$$

2. 脉冲传递函数求法

连续系统的脉冲传递函数 $G(z)$，可以通过其传递函数 $G(s)$ 来求取。根据式（7-24）可知，由 $G(s)$ 求 $G(z)$ 的方法是通过部分分式法求取相应的 Z 变换 $G(z)$，可以直接从 $G(s)$ 得到 $G(z)$，而不必逐步推导。

例 7-6 设开环系统传递函数 $G(s)=\dfrac{1}{s(0.1s+1)}$，试求其脉冲传递函数。

解 由 $G(s)=\dfrac{10}{s(s+10)}=\dfrac{1}{s}-\dfrac{1}{s+10}$，求得

$$G(z)=\frac{z}{z-1}-\frac{z}{z-e^{10T_0}}=\frac{z(1-e^{-10T_0})}{(z-1)(z-e^{-10T_0})}$$

对拉氏变换式取 Z 变换时，有如下结论可以应用。

1）若拉氏变换式中含有因子项 e^{-Ts} 时，可将 $e^{-Ts}=z^{-1}$ 提到 Z 变换符号之外，例如

$$Z[e^{-Ts}G(s)]=e^{-Ts}Z[G(s)]=z^{-1}Z[G(s)] \tag{7-25}$$

2）若拉氏变换式中含有因子项 $(1-e^{-Ts})$ 时，可将 $(1-e^{-Ts})=1-z^{-1}$ 提到 Z 变换符号之外，例如

$$Z[(1-e^{-Ts})G(s)]=(1-e^{-Ts})Z[G(s)]=(1-z^{-1})Z[G(s)] \tag{7-26}$$

3）对拉氏变换式的乘积取 Z 变换时，离散函数的拉氏变换可提到 Z 变换符号之外，例如

$$Z[X^*(s)G_1(s)G_2(s)]=X^*(s)Z[G_1(s)G_2(s)]=X(z)Z[G_1(s)G_2(s)] \tag{7-27}$$

7.4.3 开环串联脉冲传递函数

当开环离散系统由几个环节串联组成时，由于各环节之间采样开关的数目和位置不同，开环脉冲传递函数也不同。

1. 串联环节之间有采样开关

设开环离散系统如图 7-7 所示，在两个串联连续环节 $G_1(s)$ 和 $G_2(s)$ 之间，有理想采样开关隔开。根据脉冲传递函数定义，由图 7-7 可得

$$D(z)=G_1(z)R(z),\quad C(z)=G_2(z)D(z)$$

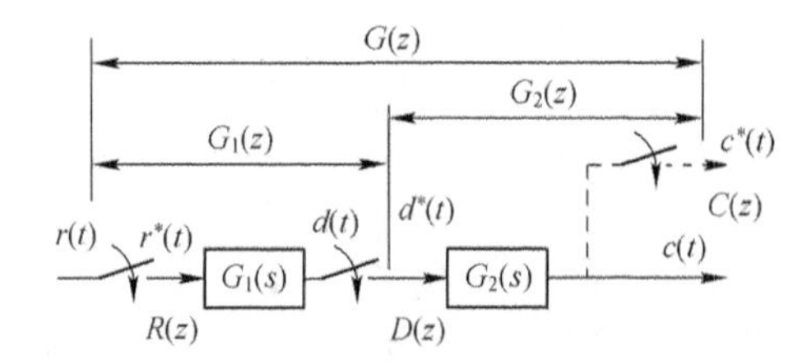

图 7-7 串联环节之间有采样开关的开环离散系统

其中，$G_1(z)$ 和 $G_2(z)$ 分别为 $G_1(s)$ 和 $G_2(s)$ 的脉冲传递函数。于是有

$$C(z)=G_2(z)G_1(z)R(z)$$

因此，开环系统脉冲传递函数

$$G(z)=\frac{C(z)}{R(z)}=G_1(z)G_2(z) \tag{7-28}$$

式（7-28）表明，有理想采样开关隔开的两个线性连续环节串联时的脉冲传递函数，等于这两个环节各自的脉冲传递函数之积。这一结论，可以推广到类似的 n 个环节相串联时的情况。

2. 串联环节之间无采样开关

设开环离散系统如图 7-8 所示，在两个串联连续环节 $G_1(s)$ 和 $G_2(s)$ 之间，没有理想采样开关，系统连续信号的拉氏变换为

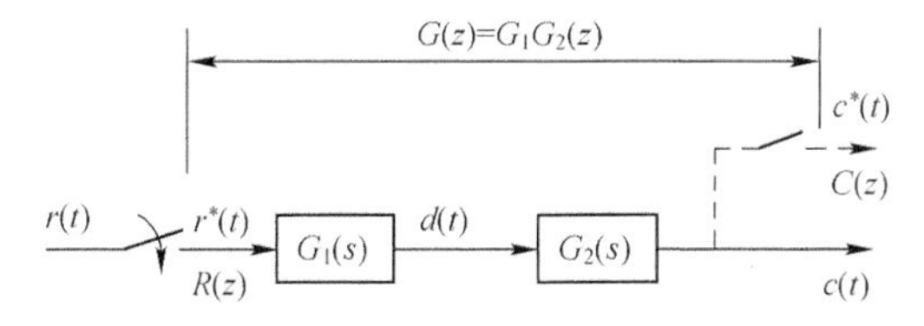

图 7-8　串联环节之间无采样开关的开环离散系统

$$C(s)=G_1(s)G_2(s)R^*(s)$$

式中，$R^*(s)$ 为输入采样信号 $r^*(t)$ 的拉氏变换，即

$$R^*(s)=\sum_{n=0}^{\infty}r(nT)\varepsilon^{-nsT}$$

$$G(z)=Z[G_1(s)G_2(s)]=G_1G_2(z) \tag{7-29}$$

式（7-29）表明，没有理想采样开关隔开的两个线性连续环节串联时的脉冲传递函数，等于这两个环节传递函数乘积后的相应 Z 变换。这一结论也可以推广到类似的 n 个环节相串联时的情况，即

$$G(z)=Z[G_1(s)G_2(s)\cdots G_n(s)]=G_1G_2\cdots G_n(z)$$

例 7-7　如图 7-7 和图 7-8 所示，$G(s)=\dfrac{1}{s}$，$G_2(s)=\dfrac{a}{s+a}$，输入信号 $r(t)=1(t)$，试求系统的脉冲传递函数 $G(z)$ 和输出的 Z 变换 $C(z)$。

解　对于图 7-7 系统，两个环节间有同步采样开关，则有

$$G(z)=\frac{C(z)}{R(z)}=G_1(z)G_2(z)=Z[G_1(s)]Z[G_2(s)]$$

$$=Z\left[\frac{a}{s+a}\right]\cdot\left[\frac{1}{s}\right]=\frac{az}{z-\mathrm{e}^{-aT}}\,\frac{z}{z-1}$$

$$=\frac{az^2}{(z-\mathrm{e}^{-aT})(z-1)}$$

对于图 7-8 系统，两个环节间没有同步开关，则有

$$G(z)=G_1G_2(z)=Z[G_1(s)G_2(s)]$$

$$=Z\left[\frac{a}{s(s+a)}\right]=Z\left[\frac{1}{s}-\frac{a}{s+a}\right]=\frac{z}{z-1}-\frac{z}{z-\mathrm{e}^{-aT}}$$

$$=\frac{z(1-\mathrm{e}^{-aT})}{(z-1)(z-\mathrm{e}^{-aT})}$$

在串联环节之间有无同步采样开关，脉冲传递函数是不一样的，即

$$G_1G_2(z)\neq G_1(z)G_2(z)$$

不同之处表现在其零点不同，极点仍然一样。这也是离散系统特有的现象。

3. 有零阶保持器时的开环系统脉冲传递函数

如图 7-9 所示为有零阶保持器的开环离散系统。图中，$G_h(s)$零阶保持器传递函数为

$$G_h(s)=\frac{1-e^{-T_0 s}}{s}$$

$G_0(s)$为连续部分传递函数，两个串联环节之间无同步采样开关隔离。

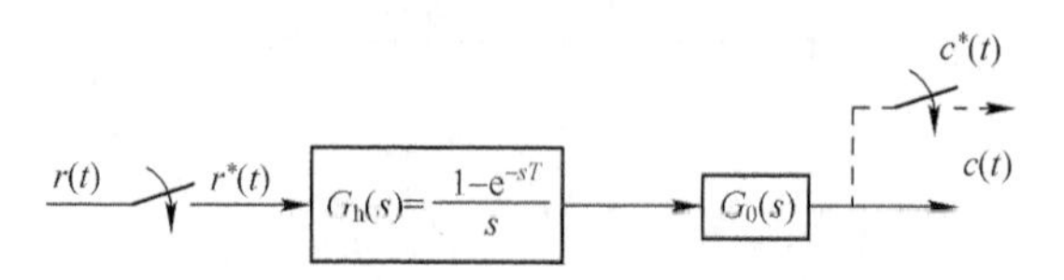

图 7-9　有零阶保持器的开环离散系统

系统连续信号的拉氏变换为

$$C(s)=\left[\frac{G_0(s)}{s}-e^{-sT_0}\frac{G_0(s)}{s}\right]R^*(s) \tag{7-30}$$

因为 $e^{-T_0 s}$ 为延迟一个采样周期的延迟环节，所以$\frac{e^{-T_0 s}G_0(s)}{s}$对应的采样输出比$\frac{G_0(s)}{s}$对应的采样输出延迟一个采样周期。根据平移定理及采样拉氏变换性质式（7-13），可得

$$C(z)=Z\left[\frac{G_0(s)}{s}\right]R(z)-z^{-1}Z\left[\frac{G_0(s)}{s}\right]R(z)$$

于是，有零阶保持器时，开环系统脉冲传递函数为

$$G(z)=\frac{C(z)}{R(z)}=(1-z^{-1})Z\left[\frac{G_0(s)}{s}\right] \tag{7-31}$$

例 7-8　设离散系统如图 7-9 所示，已知传递函数如下，试求系统的脉冲传递函数 $G(z)$。

$$G_0(s)=\frac{a}{s(s+a)}$$

解　因为

$$\frac{G_0(s)}{s}=\frac{a}{s^2(s+a)}=\frac{1}{s^2}-\frac{1}{a}\left(\frac{1}{s}-\frac{1}{s+a}\right)$$

$$Z\left[\frac{G_0(s)}{s}\right]=\frac{Tz}{(z-1)^2}-\frac{1}{a}\left(\frac{z}{z-1}-\frac{1}{z-e^{-aT}}\right)$$

$$=\frac{\frac{1}{a}z[(e^{-aT}+aT-1)z+(1-aTe^{-aT}-e^{-aT})]}{(z-1)^2(z-e^{-aT})}$$

因此，有零阶保持器的开环系统脉冲传递函数为

$$G(z)=\frac{\frac{1}{a}z[(e^{-aT}+aT-1)z+(1-aTe^{-aT}-e^{-aT})]}{(z-1)(z-e^{-aT})}$$

7.4.4　闭环系统脉冲传递函数

图 7-10 是一种比较常见的闭环离散系统框图。

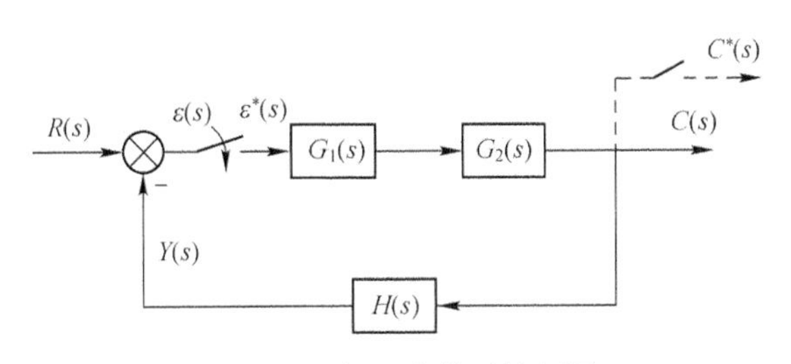

图 7-10　闭环离散系统框图

由图 7-10 可见，其开环脉冲传递函数为

$$G(z)=\frac{Y(z)}{E(z)}=G_1G_2H(z) \tag{7-32}$$

由

$$C(s)=G_1(s)G_2(s)\varepsilon^*(s) \tag{7-33}$$

$$\varepsilon(s)=R(s)-Y(s) \tag{7-34}$$

$$Y(s)=\varepsilon^*(s)G_1(s)G_2(s)H(s)$$

两边取 Z 变换可得

$$C(z)=\varepsilon(z)G_1G_2(z)$$

$$\varepsilon(z)=R(z)-Y(z)$$

$$Y(z)=\varepsilon(z)G_1G_2H(z)$$

整理方程组得到

$$\varepsilon(z)=R(z)-Y(z)=\frac{R(z)}{1+G_1G_2H(z)} \tag{7-35}$$

得到闭环离散系统对于输入量的脉冲传递函数为

$$\frac{C(z)}{R(z)}=\frac{G_1G_2(z)}{1+G_1G_2H(z)} \tag{7-36}$$

令闭环脉冲传递函数的分母多项式为零，便可得到闭环离散系统的特征方程

$$1+G_1G_2H(z)=0 \tag{7-37}$$

需要指出，闭环离散系统的脉冲传递函数不能从求 Z 变换得来，即

$$Z[\Phi(s)]\neq\Phi(z)$$

通过与上面类似的方法，还可以推导出采样器为不同配置形式的其他闭环系统的脉冲传递函数。但是，只要误差信号 $e(t)$ 处没有采样开关，输入采样信号 $r^*(t)$ 便不存在，此时不可能求出闭环离散系统对于输入量的脉冲传递函数，而只能求出输出采样信号的 Z 变换函数 $C(z)$，常见线性离散系统的框图及被控信号的 Z 变换 $C(z)$ 见表 7-2。

表 7-2　常见线性离散系统的框图及被控信号的 Z 变换

序　　号	系 统 框 图	$C(z)$计算式
1	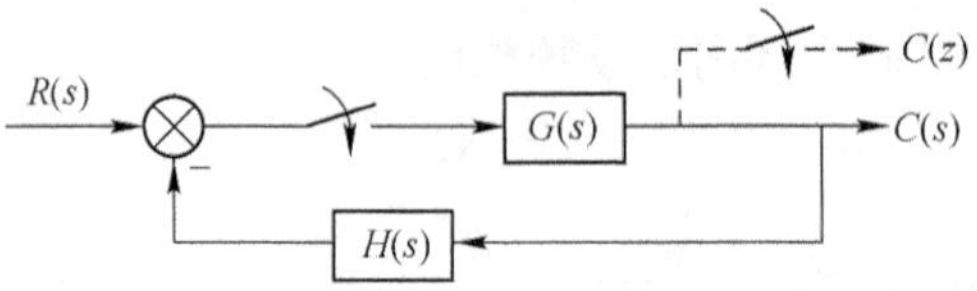	$\dfrac{G(z)R(z)}{1+GH(z)}$
2	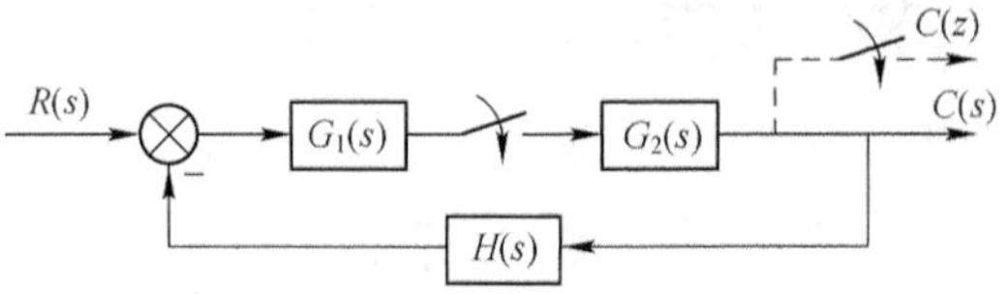	$\dfrac{RG_1(z)G_2(z)}{1+G_2HG_1(z)}$
3	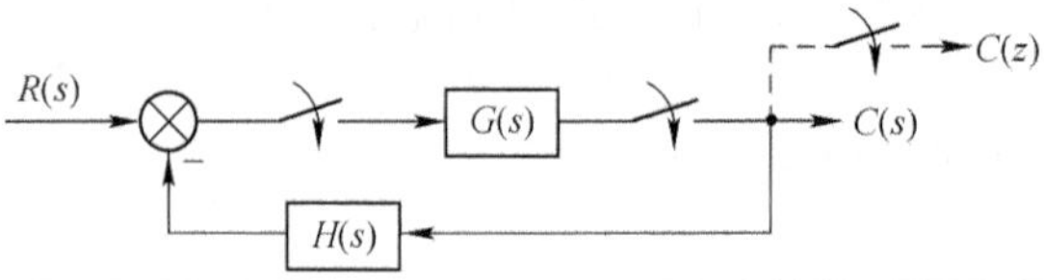	$\dfrac{G(z)R(z)}{1+G(z)H(z)}$
4	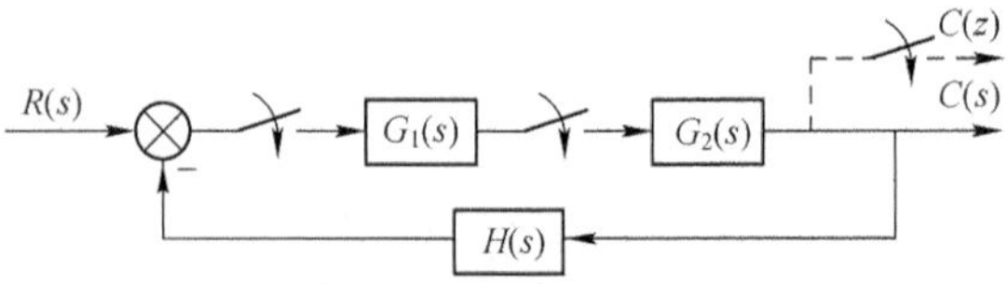	$\dfrac{G_1(z)G_2(z)R(z)}{1+G_1(z)G_2H(z)}$
5	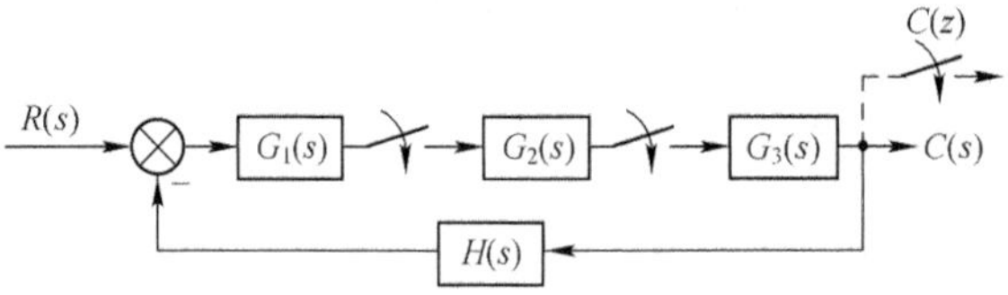	$\dfrac{RG_1(z)G_2(z)G_3(z)}{1+G_2(z)G_1G_3H(z)}$
6	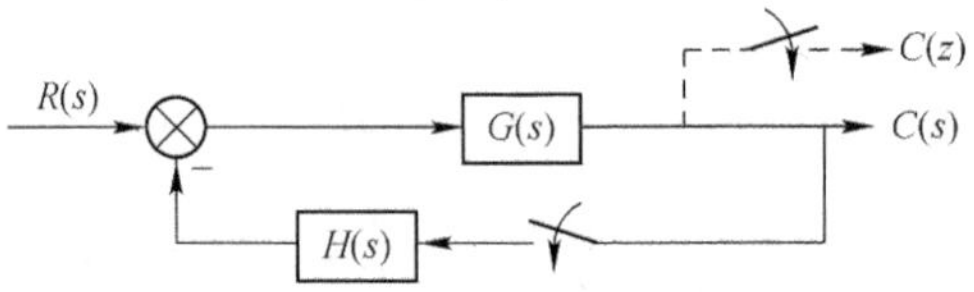	$\dfrac{RG(z)}{1+HG(z)}$
7	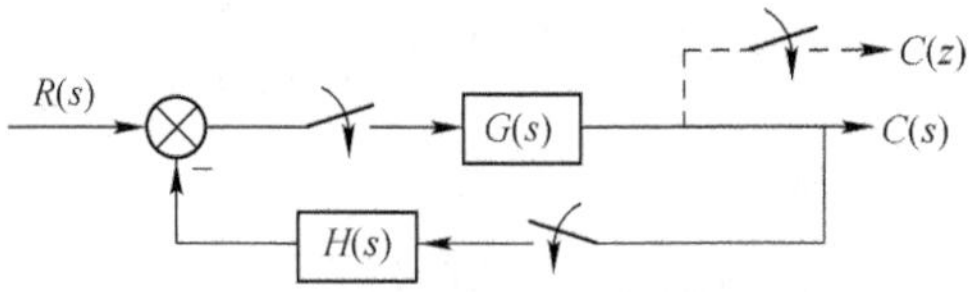	$\dfrac{G(z)R(z)}{1+G(z)H(z)}$
8	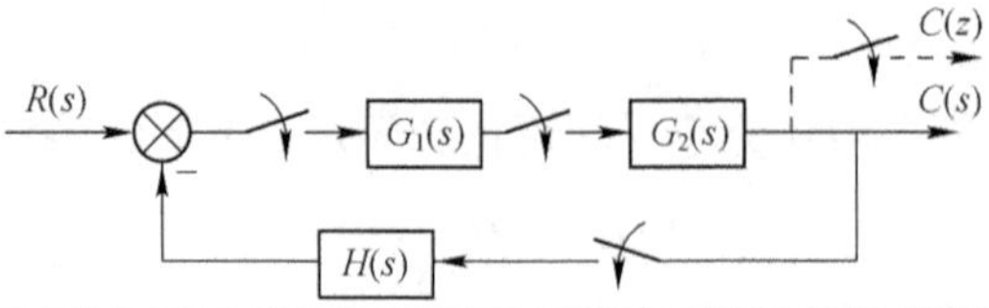	$\dfrac{G_1(z)G_2(z)R(z)}{1+G_1(z)G_2(z)H(z)}$

例 7-9　求图 7-11 所示线性离散系统的闭环脉冲传递函数。

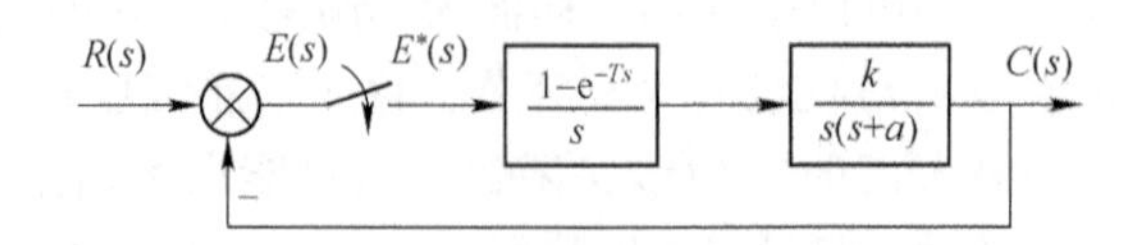

图 7-11　例 7-9 线性离散系统框图

解　系统开环脉冲传递函数为

$$G(z)=\frac{k[(\mathrm{e}^{-aT}+aT-1)z+(1-aT\mathrm{e}^{-aT}-\mathrm{e}^{-aT})]}{a^2(z-1)(z-\mathrm{e}^{-aT})}$$

偏差信号和输出信号对参考输入的闭环脉冲传递函数分别为

$$\frac{E(z)}{R(z)}=\frac{1}{1+G(z)}$$

$$=\frac{a^2(z-1)(z-\mathrm{e}^{-aT})}{a^2z^2+[k(aT-1+\mathrm{e}^{-aT})-a^2(1+\mathrm{e}^{-aT})]z+[k(1-\mathrm{e}^{-aT}-aT\mathrm{e}^{-aT})+a^2\mathrm{e}^{-aT}]}$$

$$\frac{C(z)}{R(z)}=\frac{G(z)}{1+G(z)}$$

$$=\frac{k[(aT-1+\mathrm{e}^{-aT})z+(1-\mathrm{e}^{-aT}-aT\mathrm{e}^{-aT})]}{a^2z^2+[k(aT-1+\mathrm{e}^{-aT})-a^2(1+\mathrm{e}^{-aT})]z+[k(1-\mathrm{e}^{-aT}-aT\mathrm{e}^{-aT})+a^2\mathrm{e}^{-aT}]}$$

7.5　离散系统的稳定性分析

稳定性是线性定常离散系统分析的重要内容。本节主要讨论如何在 Z 域和 ω 域中分析离散系统的稳定性。

为了把在[s]平面上分析连续系统稳定性的结果移植到在[z]平面上分析离散系统的稳定性，首先需要研究[s]平面与[z]平面的映射关系。

1. [s]平面到[z]平面的映射

在 Z 变换定义中，复变量 s 与复变量 z 的转换关系为

$$z=\mathrm{e}^{Ts}$$

式中，T 为采样周期。

[s]平面的任意点可表示为 $s=\sigma+\mathrm{j}\omega$，得到

$$z=\mathrm{e}^{(\sigma+\mathrm{j}\omega)T}=\mathrm{e}^{\sigma T}\mathrm{e}^{\mathrm{j}\omega T}=|z|\mathrm{e}^{\mathrm{j}\omega T} \tag{7-38}$$

于是得到[s]平面到[z]平面的基本映射关系

$$\mathrm{e}^{\sigma T}=|z|,\quad \angle z=\omega T \tag{7-39}$$

由式（7-39）可见，[s]平面的 $|s|=1$ 对应[z]平面的 $|z|=1$，即单位圆，如图 7-12 所示。

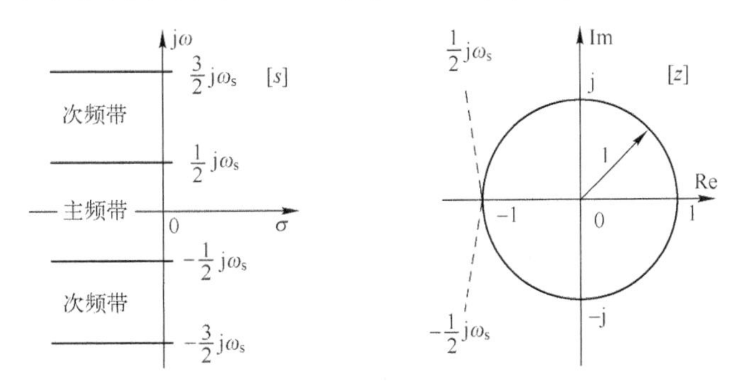

图 7-12　[s]平面到[z]平面的映射

当[s]平面上的点沿虚轴从-j∞移到 j∞时，[z]平面上的相应点已经沿着单位圆转过了无穷多圈。因此，[s]平面的虚轴在[z]平面的映像为单位圆。

在[s]平面左半部，复变量s的实部$\sigma<0$，因此$|z|<1$。这样，[s]平面的左半平面映射到[z]平面单位圆内部。同时，[s]平面的右半平面$\sigma>0$，映射到[z]平面单位圆外部。

从对[s]平面与[z]平面映射关系的分析可见，[s]平面上的稳定区域左半平面在[z]平面上的映像是单位圆内部区域，这说明，在[z]平面上，单位圆之内是[z]平面的稳定区域，单位圆之外是[z]平面的不稳定区域。[z]平面上单位圆是稳定区域和不稳定区域的分界线。[s]平面左半平面可以分成宽度为ω_s，频率范围是$\left(\frac{2n-1}{2}\right)\omega_s \sim \left(\frac{2n+1}{2}\right)\omega_s, n=0,\pm1,\pm2,\cdots$平行于横轴的无数多条带域，每一条带域都映射为[$z$]平面的单位圆内的圆域，其中$-\frac{1}{2}\omega_s<\omega<\frac{1}{2}\omega_s$的带域称为主频带，其余称为次频带。

2. 离散系统稳定的充分必要条件

若闭环脉冲传递函数为

$$\frac{C(z)}{R(z)}=\frac{G_1G_2(z)}{1+G_1G_2H(z)}$$

设闭环线性离散系统的特征方程的根，或闭环脉冲传递函数的极点为$z_1,z_2,\cdots,z_n$，则线性离散系统稳定的充要条件为，线性离散系统的全部特征根$z_i(i=1,2,\cdots,n)$都分布在[z]平面的单位圆内，或者说全部特征根的模都必须小于1，即$|z_i|<1(i=1,2,\cdots,n)$。

例 7-10 设离散系统如图7-13所示，其中$G(s)=\frac{10}{s(s+1)}$，$H(s)=1$，$T=1$，试分析该系统的稳定性。

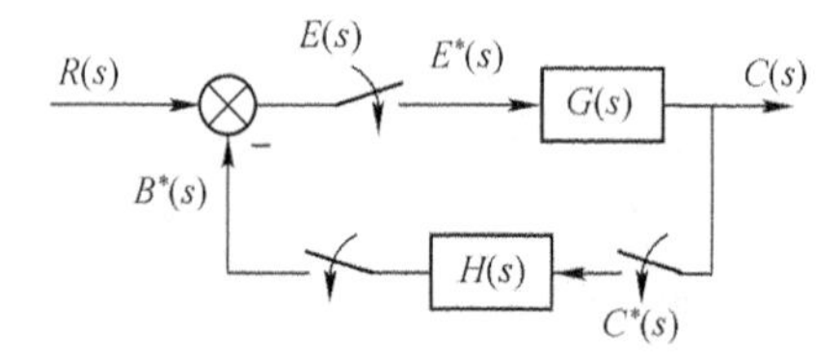

图 7-13　例 7-10 闭环离散系统框图

解　由已知$G(s)$可求出开环脉冲传递函数

$$G(z)=\frac{10(1-e^{-1})z}{(z-1)(z-e^{-1})}$$

闭环特征方程为

$$1+G(z)=1+\frac{10(1-e^{-1})z}{(z-1)(z-e^{-1})}=0$$

即

$$z^2+4.952z+0.368=0$$

解出特征方程的根

$$z_1=-0.076,\quad z_2=-4.876$$

因为$|z_2|>1$，所以该离散系统不稳定。

3. 离散系统的稳定性判据

在离散系统中需要判断系统特征方程的根是否都在[z]平面上的单位圆内。因此，不能直接使用连续系统中的劳斯判据，需要引入一种新的坐标变换，即 z 域到 ω 域线性变换，使[z]平面上的单位圆内区域，映射成［ω］平面上的左半平面。

ω 变换与劳斯稳定判据

如果令

$$z=\frac{\omega+1}{\omega-1} \tag{7-40}$$

则有

$$\omega=\frac{z+1}{z-1} \tag{7-41}$$

式（7-40）与式（7-41）表明，复变量 z 与 ω 互为线性变换，故 ω 变换又称双线性变换。令复变量

$$z=x+\mathrm{j}y,\quad \omega=u+\mathrm{j}v$$

代入式（7-41），得

$$\omega=u+\mathrm{j}v=\frac{(x^2+y^2)-1}{(x-1)^2+y^2}-\mathrm{j}\frac{2y}{(x-1)^2+y^2}$$

其中 $x^2+y^2=|z|^2$，当 z 的模为 1 时，表明 ω 平面的虚轴对应于[z]平面上的单位圆；当 $x^2+y^2<1$ 时，表明左半[ω]平面对应于[z]平面上单位圆内的区域；当 $x^2+y^2>1$ 时，表明右半[ω]平面对应于[z]平面上单位圆外的区域。[z]平面和[ω]平面的这种对应关系，如图 7-14 所示。

由 ω 变换可知，通过式（7-40），可将线性定常离散系统在[z]平面上的特征方程 $1+GH(z)=0$，转换为在[ω]平面上的特征方程 $1+GH(z)=0$。于是，离散系统稳定的充分必要条件，由特征方程 $1+GH(z)=0$ 的所有根位于[z]平面上的单位圆内，转换为特征方程 $1+GH(z)=0$ 的所有根位于左半［ω］平面。这后一种情况正好与在[s]平面上应用劳斯稳定判据的情况一样，所以根据 ω 域中的特征方程系数，可以直接应用劳斯表判断离散系统的稳定性，并相应地称为 ω 域中的劳斯稳定判据。

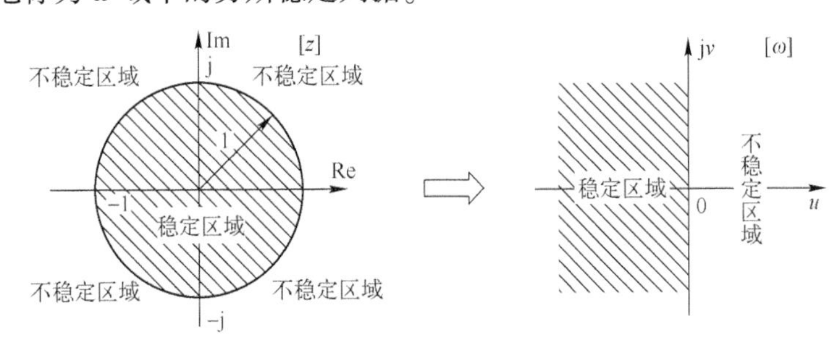

图 7-14　[z]平面与［ω］平面对应关系

例 7-11　设闭环离散传递函数的 Z 变换 $\dfrac{C(z)}{R(z)}=\dfrac{0.368z+0.264}{z^2-z+0.632}$，用劳斯判据判断系统的稳定性。

解　系统的特征方程为

$$z^2-z+0.632=0$$

将 $z=\frac{\omega+1}{\omega-1}$ 代入上式，整理后得到以 ω 为变量的特征方程

$$0.632\omega^2-0.736\omega+2.632=0$$

列出劳斯表

$$\begin{array}{lll} \omega^2 & 0.632 & 2.632 \\ \omega^1 & 0.736 & \\ \omega^0 & 2.632 & \end{array}$$

从劳斯表第一列系数可以看出，这个系统是稳定的。

7.6 离散系统的稳态性能分析

7.6.1 离散系统的稳态误差

研究系统的稳态精度，必须首先检验系统的稳定性。只有系统稳定，稳态性能才有意义。离散系统误差信号的脉冲序列 $\varepsilon^*(t)$，反映在采样时刻系统希望输出与实际输出之差。

误差信号的稳态分量称为稳态误差。当 $t\geqslant t_s$ 即过渡过程结束之后，系统误差信号的脉冲序列就是离散系统的稳态误差，一般记为 $\varepsilon_{ss}^*(t)$。$\varepsilon_{ss}^*(t)$ 是个随时间变化的信号，当时间 $t\to\infty$ 时，它的数值就是稳态误差终值 $\varepsilon_{ss}^*(\infty)$，即

$$\varepsilon_{ss}^*(\infty)=\lim_{t\to\infty}\varepsilon^*(t)=\lim_{t\to\infty}\varepsilon_{ss}^*(t)$$

设误差信号的 Z 变换为 $E(z)$，在满足 Z 变换终值定理使用条件的情况下，可以利用 Z 变换的终值定理求离散系统的稳态误差终值 $e_{ss}^*(\infty)$，即

$$e_{ss}^*(\infty)=\lim_{t\to\infty}e^*(t)=\lim_{z\to1}(z-1)E(z)=\lim_{z\to1}\frac{z-1}{1+G(z)}R(z) \tag{7-42}$$

线性定常离散系统的稳态误差，不但与系统本身的结构和参数有关，而且与输入序列的形式及幅值有关。除此以外，由于 $G(z)$ 还与采样周期 T 有关，以及多数的典型输入 $R(z)$ 也与 T 有关，因此离散系统的稳态误差数值与采样周期的选取也有关。

如果希望求出其他结构形式离散系统的稳态误差，或者希望求出离散系统在扰动作用下的稳态误差，只要求出系统误差的 Z 变换函数 $E(z)$ 或 $E_n(z)$，在离散系统稳定的前提下，同样可以应用 Z 变换的终值定理算出系统的稳态误差。

7.6.2 离散系统的型别与静态误差系数

开环脉冲传递函数 $G(z)$ 的极点与连续传递函数 $G(s)$ 的极点是相对应的。在离散系统中，把开环脉冲传递函数 $G(z)$ 具有 $z=1$ 的极点数 ν 作为划分离散系统型别的标准，类似地把 $G(z)$ 中 $\nu=0,1,2,\cdots$ 的系统，称为 0 型、Ⅰ型和Ⅱ型离散系统。

下面讨论图 7-15 所示的不同型别的离散系统在三种典型输入信号作用下的稳态误差，并建立离散系统静态误差系数的概念。

1. 单位阶跃输入时的稳态误差

当系统输入为单位阶跃函数 $r(t)=1(t)$ 时，其 Z 变换函数为

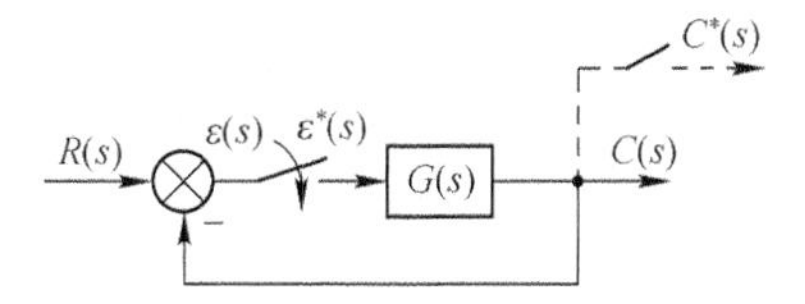

图 7-15　闭环离散系统框图

$$R(z)=\frac{z}{z-1}$$

因而，由式（7-42）知，稳态误差为

$$\varepsilon_{ss}(\infty)=\lim_{z\to1}\frac{z}{1+G(z)}=\frac{1}{\lim\limits_{z\to1}[1+G(z)]}=\frac{1}{1+K_p}$$

式中

$$K_p=\lim_{z\to1}G(z)$$

K_p称为静态位置误差系数。若 $G(z)$ 没有 $z=1$ 的极点，则 $K_p\neq\infty$，从而 $\varepsilon_{ss}(\infty)\neq0$，这样的系统称为 0 型离散系统；若 $G(z)$ 有一个或一个以上 $z=1$ 的极点，则 $K_p=\infty$，从而 $\varepsilon_{ss}(\infty)=0$，这样的系统相应称为Ⅰ型或Ⅰ型以上的离散系统。

因此，在单位阶跃函数作用下，0 型离散系统在采样瞬时存在位置误差；Ⅰ型或Ⅰ型以上的离散系统，在采样瞬时没有位置误差。这与连续系统十分相似。

2. 单位斜坡输入时的稳态误差

当系统输入为单位斜坡函数 $r(t)=t$ 时，其 Z 变换函数

$$R(z)=\frac{Tz}{(z-1)^2}$$

因而稳态误差为

$$\varepsilon_{ss}(\infty)=\lim_{z\to1}\frac{Tz}{(z-1)[1+G(z)]}=\frac{T}{\lim\limits_{z\to1}[(z-1)G(z)]}=\frac{T}{K_v}$$

上式也是离散系统在采样瞬时的稳态位置误差，可以仿照连续系统，称为速度误差。式中

$$K_v=\lim_{z\to1}(z-1)G(z) \tag{7-43}$$

称为静态速度误差系数。因为 0 型系统的 $K_v=0$，Ⅰ型系统的 K_v为有限值，Ⅱ型和Ⅱ型以上系统的 $K_v=\infty$，所以有如下结论：

0 型离散系统不能承受单位斜坡函数作用，Ⅰ型离散系统在单位斜坡函数作用下存在速度误差，Ⅱ型和Ⅱ型以上离散系统在单位斜坡函数作用下不存在稳态误差。

3. 单位加速度输入时的稳态误差

当系统输入为单位加速度函数 $r(t)=\frac{t^2}{2}$时，其 Z 变换函数

$$R(z)=\frac{T^2z(z+1)}{2(z-1)^2}$$

因而稳态误差为

$$\varepsilon_{ss}(\infty)=\lim_{z\to1}\frac{T^2z(z+1)}{2(z-1)^2[1+G(z)]}=\frac{T^2}{\lim\limits_{z\to1}(z-1)^2G(z)}=\frac{T^2}{K_a} \tag{7-44}$$

当然，上式也是系统的稳态位置误差，并称为加速度误差。式中

$$K_a=\lim_{z\to1}(z-1)^2G(z) \tag{7-45}$$

称为静态加速度误差系数。由于0型及Ⅰ型系统的$K_a=0$，Ⅱ型系统的K_a为常值，Ⅲ型及Ⅲ型以上系统的$K_a=\infty$，因此有如下结论成立：

0型及Ⅰ型离散系统不能承受单位加速度函数作用，Ⅱ型离散系统在单位加速度函数作用下存在加速度误差，只有Ⅲ型及Ⅲ型以上的离散系统在单位加速度函数作用下，才不存在采样瞬时的稳态位置误差。

不同型别单位反馈离散系统的稳态误差，见表7-3。

表7-3　离散系统的稳态误差

系统型别	输入信号		
	$r(t)=1(t)$	$r(t)=t$	$r(t)=\frac{1}{2}t^2$
0型	$\frac{1}{1+K_p}$	∞	∞
Ⅰ型	0	$\frac{T}{K_v}$	∞
Ⅱ型	0	0	$\frac{T^2}{K_a}$

7.7　离散系统的动态性能分析

应用Z变换法分析线性定常离散系统的动态性能，需根据其闭环脉冲传递函数，通过给定输入信号的Z变换$R(z)$，求取被控信号的Z变换$C(z)$，最后经反变换求取被控信号的脉冲序列$c^*(t)$。

假定输入为单位阶跃函数$1(t)$，闭环脉冲传递函数为$\Phi(z)=\frac{C(z)}{R(z)}$，其中，$R(z)=\frac{z}{z-1}$，则系统输出量的$Z$变换函数为

$$C(z)=\frac{z}{z-1}\Phi(z)$$

将上式展成幂级数形式，通过Z反变换，可以求出输出信号的脉冲序列$c^*(t)$。$c^*(t)$代表线性定常离散系统在单位阶跃输入作用下的响应过程。由于离散系统时域指标的定义与连续系统相同，故根据单位阶跃响应曲线$c(t)$可以方便地分析离散系统的动态性能。

例7-12　已知线性离散系统的闭环脉冲传递函数为

$$\frac{C(z)}{R(z)}=\frac{0.368z+0.264}{z^2-z+0.632}$$

输入信号$r(t)=1(t)$，采样周期$T=1\text{ s}$，试分析该系统的动态响应。

解
$$r(t)=1(t),\quad R(z)=\frac{z}{z-1}$$

则系统输出的 Z 变换为

$$C(z)=\frac{0.368z+0.264}{z^2-z+0.632}R(z)=\frac{0.368z+0.264}{z^2-z+0.632}\frac{z}{z-1}$$

$$=\frac{0.368z^{-1}+0.264z^{-2}}{1-2z^{-1}+0.632z^{-2}-0.632z^{-3}}$$

通过长除法，可将 $C(z)$ 展成无穷级数形式，即

$$C(z)=0.368z^{-1}+z^{-2}+1.4z^{-3}+1.4z^{-4}+1.147z^{-5}+0.895z^{-6}+0.802z^{-7}+0.868z^{-8}+0.993z^{-9}+1.077z^{-10}+1.081z^{-11}+1.032z^{-12}+0.981z^{-13}+0.961z^{-14}+0.973z^{-15}+0.997z^{-16}+1.015z^{-17}+\cdots$$

由 Z 变换的定义，求得 $c(t)$ 在各采样时刻的值 $c^*(t)(n=0,1,2,\cdots)$ 为

$$\begin{array}{lll}
c(0)=0 & c(T)=0.368 & c(2T)=1\\
c(3T)=1.4 & c(4T)=1.4 & c(5T)=1.147\\
c(6T)=0.895 & c(7T)=0.802 & c(8T)=0.868\\
c(9T)=0.993 & c(10T)=1.077 & c(11T)=1.081\\
c(12T)=1.032 & c(13T)=0.981 & c(14T)=0.961\\
c(15T)=0.973 & c(16T)=0.997 & c(17T)=1.015\\
\cdots & &
\end{array}$$

阶跃响应的离散信号即脉冲序列 $c^*(t)$ 为

$$c^*(t)=0.368\delta(t-T)+1\delta(t-2T)+1.4\delta(t-4T)+1.147\delta(t-5T)+\cdots$$

由 $c(nT)(n=0,1,2,\cdots)$ 的数值，可以绘出该离散系统的单位阶跃响应 $c^*(t)$，如图 7-16 所示。

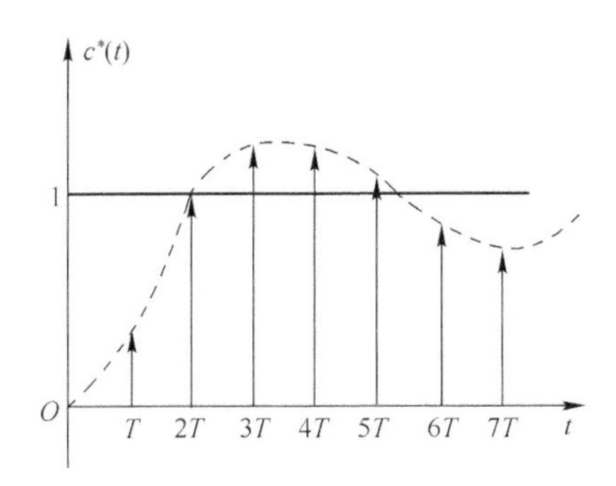

图 7-16　系统单位阶跃响应脉冲序列

可以求出给定离散系统的单位阶跃响应的超调 $\sigma_p\approx40\%$，$t_s\approx12\,\text{s}$，应当指出，由于离散系统的时域性能指标只能按采样时刻的采样值来计算，所以计算结果是近似的。

7.8　离散系统的数字校正

线性离散系统的设计方法，主要有模拟化设计和离散化设计两种。模拟化设计方法，把控制系统按模拟化进行分析，求出数字部分的等效连续环节，然后按连续系统理论设计校正装置，再将该校正装置数字化。离散化设计方法又称直接数字设计法，把控制系统按离散化进行分析，求出系统的脉冲传递函数，然后按离散系统理论设计数字控制器。

7.8.1 模拟化设计

模拟化设计方法的步骤如下：

1）根据性能指标的要求用连续系统的理论设计补偿环节 $D(s)$，零阶保持器对系统的影响应折算到被控对象中。

2）选择合适的离散化方法，由 $D(s)$ 求出离散形式的数字补偿装置脉冲传递函数 $D(z)$。

3）检查离散控制系统的性能是否满足设计的要求。

4）将 $D(z)$ 变为差分方程形式，并编制计算机程序来实现其控制规律。

模拟化设计应满足稳定性原则，即一个稳定的模拟补偿装置离散化后也应是一个稳定的数字补偿装置，如果模拟补偿装置只在[s]平面左半平面有极点，对应的数字补偿装置只应在[z]平面单位圆内有极点。数字补偿装置在主频带内的频率特性应与模拟补偿装置相近，这样才能起到设计时预期的补偿作用。对连续环节直接取 Z 变换会改变阶跃响应，一般不用。以常用的双线性变换法为例，由 Z 变换的定义、泰勒级数公式并略去高次项，有

$$z=e^{Ts}=\frac{e^{\frac{Ts}{2}}}{e^{-\frac{Ts}{2}}}=\frac{1+\frac{1}{2}Ts}{1-\frac{1}{2}Ts}$$

于是有

$$s=\frac{2z-1}{Tz+1}=\frac{2}{T}\frac{1-z^{-1}}{1+z^{-1}}$$

$$D(z)=D(s)\big|_{s=\frac{2z-1}{Tz+1}}$$

双线性变换法是最常用的一种离散化方法，它的几何意义实际上是用小梯形的面积来近似积分，如图 7-17 所示。

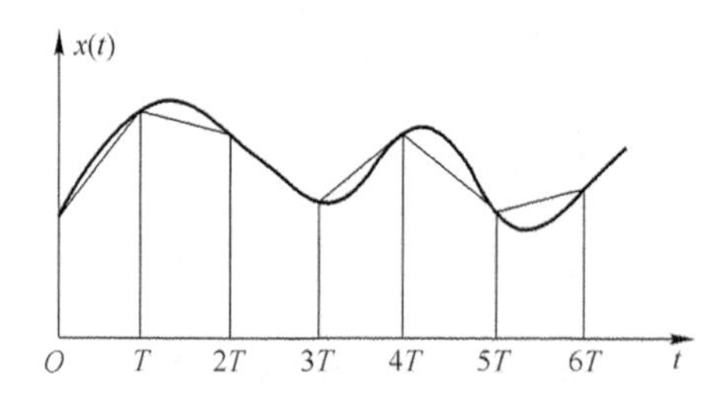

图 7-17 双线性变换法的几何意义

例 7-13 一个计算机控制系统的框图如图 7-18 所示。要求系统的开环放大倍数 $K_v \geqslant 30\,s^{-1}$，幅值穿越频率 $\omega_c \geqslant 15$ rad/s，相位裕度 $\gamma \geqslant 45°$。用模拟化方法设计数字控制器 $D(z)$。

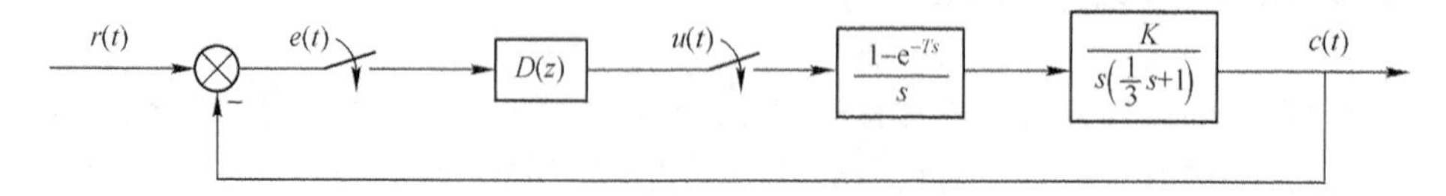

图 7-18 计算机控制系统框图

解　设零阶保持器的离散输入信号和连续输出信号分别是 $U^*(s)$ 和 $X(s)$。

$$e^{-Ts}=\frac{e^{-\frac{Ts}{2}}}{e^{\frac{Ts}{2}}}=\frac{1-\frac{1}{2}Ts}{1+\frac{1}{2}Ts}\Rightarrow\frac{X(s)}{U^*(s)}=\frac{1-e^{-Ts}}{s}=\frac{T}{\frac{1}{2}Ts+1}$$

$$|U^*(j\omega)|=\frac{1}{T}|U(j\omega)|\Rightarrow\left|\frac{X(j\omega)}{U(j\omega)}\right|=\frac{1}{T}\left|\frac{X(j\omega)}{U^*(j\omega)}\right|=\left|\frac{1}{1+\frac{1}{2}Tj\omega}\right|$$

带有零阶保持器的系统变成连续系统时，可认为零阶保持器的传递函数为

$$H_0(s)\approx\frac{1}{1+\frac{1}{2}Ts}$$

如果取采样周期 $T=0.01\text{ s}$，则采样频率为

$$f_s=\frac{2\pi}{T}=\frac{6.28}{0.01}\text{ Hz}=628\text{ Hz}\geqslant 10\omega_c$$

那么

$$H_0(s)\approx\frac{1}{1+0.005s}$$

如果取 $K_v=30\text{ s}^{-1}$，并考虑了零阶保持器的影响之后，未补偿系统的开环传递函数为

$$G(s)=H_0(s)G_0(s)=\frac{30}{s\left(\frac{1}{3}s+1\right)(0.005s+1)}$$

画出其对数幅频特性如图 7-19 所示，由图可知，未补偿系统幅值穿越频率为

$$\omega_c'=10\text{ rad/s}<15\text{ rad/s}$$

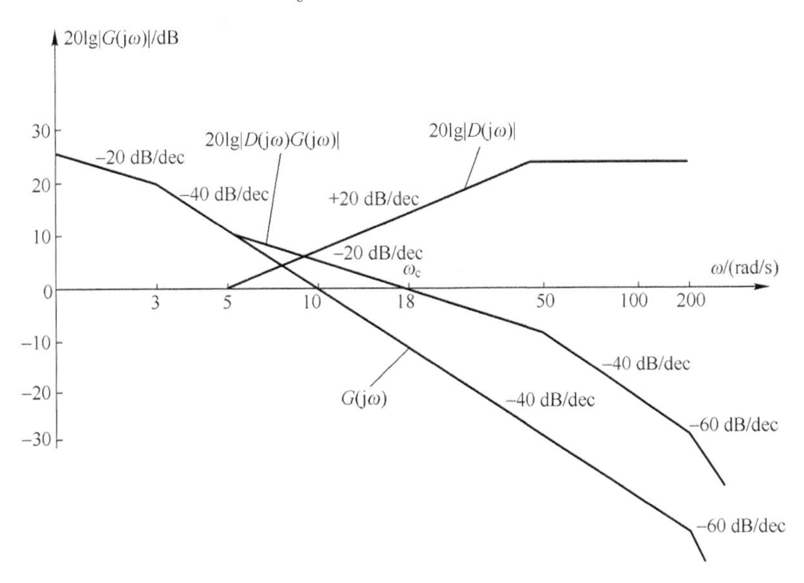

图 7-19　例 7-13 系统开环对数幅频特性

未补偿系统相位裕度为

$$\gamma_0=180°-90°-\arctan\frac{10}{3}-\arctan(0.005\times10)\approx14°<45°$$

未补偿系统的幅值穿越频率 ω_{c0} 和相位裕度 γ_0 都比要求的小，宜采用超前补偿展宽频带并增加相位裕度。采用串联超前补偿，补偿环节传递函数为

$$D(s)=\frac{T_2s+1}{T_1s+1}=\frac{0.2s+1}{0.02s+1}$$

补偿后系统的开环传递函数为

$$D(s)H_0(s)G_0(s)=\frac{30(0.2s+1)}{s\left(\frac{1}{3}s+1\right)(0.02s+1)(0.005s+1)}$$

补偿后系统的幅值穿越频率为 $\omega_c=18\text{ rad/s}$，相位裕度为

$$\gamma=180°-90°+\arctan(0.2\times18)-\arctan\frac{18}{3}-\arctan(0.02\times18)-\arctan(0.005\times18)\approx59°>45°$$

补偿后系统满足性能指标的要求。用双线性变换法将 $D(s)$ 离散化为数字控制器 $D(z)$：

$$D(z)=\frac{U(z)}{E(z)}=D(s)\Big|_{s=\frac{2}{T}\frac{1-z^{-1}}{1+z^{-1}}}=\frac{2T_2+T-(2T_2-T)z^{-1}}{2T_1+T-(2T_1-T)z^{-1}}=\frac{8.2-7.8z^{-1}}{1-0.6z^{-1}}$$

式中，$U(z)$ 和 $E(z)$ 分别为数字控制器输出和输入信号的 Z 变换。由上式可以得到

$$U(z)=8.2E(z)-7.8E(z)z^{-1}+0.6U(z)z^{-1}$$

可以得到差分方程

$$u(kT)=8.2e(kT)-7.8e[(k-1)T]+0.6u[(k-1)T]$$

可以看出，数字控制器 $D(z)$ 有一个零点和一个极点。由其所对应的差分方程可看出，数字控制器当 $t=nT$ 时刻的输出 $u(nT)$ 不仅与当前时刻的输入 $e(nT)$ 有关，还与前一个采样时刻的输入 $e[(n-1)T]$ 和输出 $u[(n-1)T]$ 有关。

7.8.2 离散系统的数字校正步骤

1. 数字控制器的脉冲传递函数

设离散系统如图 7-20 所示。图中，$D(z)$ 为数字控制器（数字校正装置）的脉冲传递函数，$G(s)$ 为保持器与被控对象的传递函数，$H(s)$ 为反馈测量装置的传递函数。

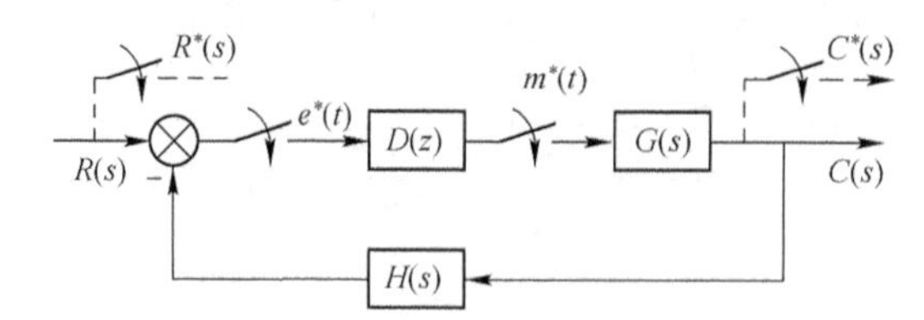

图 7-20 具有数字控制器的离散系统

设 $H(s)=1$，$G(s)$ 的 Z 变换为 $G(z)$，由图 7-20 可以求出系统的闭环脉冲传递函数

$$\Phi(z)=\frac{D(z)G(z)}{1+D(z)G(z)}=\frac{C(z)}{R(z)} \tag{7-46}$$

和误差脉冲传递函数

$$\Phi_e(z)=\frac{1}{1+D(z)G(z)}=\frac{E(z)}{R(z)} \tag{7-47}$$

则由式（7-46）和式（7-47）可以分别求出数字控制器的脉冲传递函数为

$$D(z)=\frac{\Phi(z)}{G(z)[1-\Phi(z)]} \tag{7-48}$$

或者

$$D(z)=\frac{1-\Phi_e(z)}{G(z)\Phi_e(z)} \tag{7-49}$$

显然

$$\Phi_e(z)=1-\Phi(z) \tag{7-50}$$

离散系统的数字校正问题是，根据对离散系统性能指标的要求，确定闭环脉冲传递函数 $\Phi(z)$ 或误差脉冲传递函数 $\Phi_e(z)$，然后利用式（7-49）或式（7-50）确定数字控制器的脉冲传递函数 $D(z)$，并加以实现。

2. 最少拍系统设计

在采样过程中，通常称一个采样周期为一拍。所谓最少拍系统，是指在典型输入作用下，能以有限拍结束响应过程，且在采样时刻上无稳态误差的离散系统。

最少拍系统的设计，是针对典型输入作用进行的。常见的典型输入有单位阶跃函数、单位速度函数和单位加速度函数，其 Z 变换分别为

$$Z[1(t)]=\frac{z}{z-1}=\frac{1}{1-z^{-1}}$$

$$Z[t]=\frac{Tz}{(z-1)^2}=\frac{Tz^{-1}}{(1-z^{-1})^2}$$

$$Z\left[\frac{1}{2}t^2\right]=\frac{T^2z(z+1)}{2(z-1)^3}=\frac{\frac{1}{2}T^2z^{-1}(1+z^{-1})}{(1-z^{-1})^3}$$

因此，典型输入可表示为

$$R(z)=\frac{A(z)}{(1-z^{-1})^m} \tag{7-51}$$

其中，$A(z)$ 是不含 $(1-z^{-1})$ 因子的 z^{-1} 多项式。

求出稳态误差 $\varepsilon_{ss}(\infty)$ 的表达式。由于误差信号 $\varepsilon(t)$ 的 Z 变换为

$$E(z)=\frac{\Phi_e(z)A(z)}{(1-z^{-1})^m} \tag{7-52}$$

由 Z 变换定义，式（7-52）可写为

$$E(z)=\sum_{n=0}^{\infty}\varepsilon(nT)z^{-n}=\varepsilon(0)+\varepsilon(T)z^{-1}+\varepsilon(2T)z^{-2}+\cdots$$

最少拍系统要求式（7-52）自某个 k 开始，在 $k\geqslant n$ 时，有

$$\varepsilon(kT)=\varepsilon[(k+1)T]=\varepsilon[(k+2)T]=\cdots=0$$

此时系统的动态过程在 $t=kT$ 时结束，其调节时间 $t_s=kT$。根据 Z 变换的终值定理，离散系统的稳态误差为

$$\varepsilon_{ss}(\infty)=\lim_{z\to1}(1-z^{-1})E(z)=\lim_{z\to1}(1-z^{-1})\frac{A(z)}{(1-z^{-1})^m}\Phi_e(z)$$

上式表明，使 $\varepsilon_{ss}(\infty)$ 为零的条件是 $\Phi_e(z)$ 中包含有 $(1-z^{-1})^m$ 的因子，即

$$\Phi_e(z)=(1-z^{-1})^m F(z) \tag{7-53}$$

式中，$F(z)$ 为不含 $(1-z^{-1})$ 因子的多项式。为了使求出的 $D(z)$ 简单，阶数最低，可取 $F(z)=1$。下面讨论最少拍系统在不同典型输入作用下，数字控制器脉冲传递函数 $D(z)$ 的确定方法。

(1) 单位阶跃输入

当 $r(t)=1(t)$ 时，$R(z)=\dfrac{z}{z-1}$，求得

$$\Phi_e(z)=1-z^{-1},\ \Phi(z)=z^{-1}$$

于是，$A(z)=1$，$m=1$，求得

$$C(z)=z^{-1}+z^{-2}+\cdots+z^{-n}+\cdots$$

表明 $e(0)=1$，$e(T)=e(2T)=\cdots=0$。可见，最少拍系统经过一拍便可完全跟踪输入 $r(t)=1(t)$，如图 7-21 所示。这样的离散系统称为一拍系统，其 $t_s=T$。

(2) 单位斜坡输入

当 $r(t)=t$ 时，有 $m=2$，$A(z)=Tz^{-1}$，故

$$\Phi_e(z)=(1-z^{-1})^m F(z)=(1-z^{-1})^2$$

$$\Phi(z)=1-\Phi_e(z)=2z^{-1}-z^{-2}$$

图 7-22 所示的单位斜坡响应序列，即

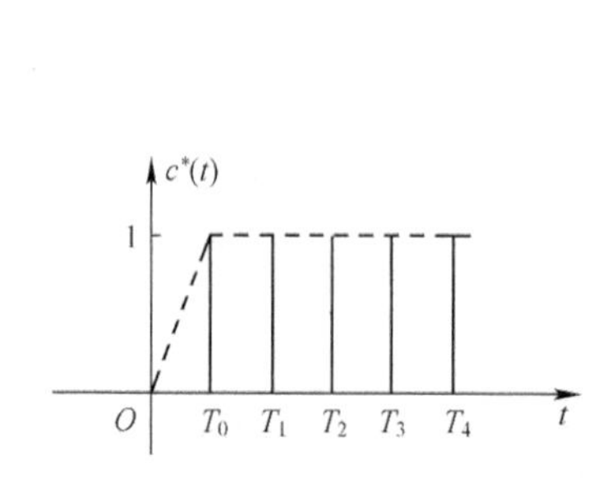

图 7-21　最少拍系统的单位阶跃响应

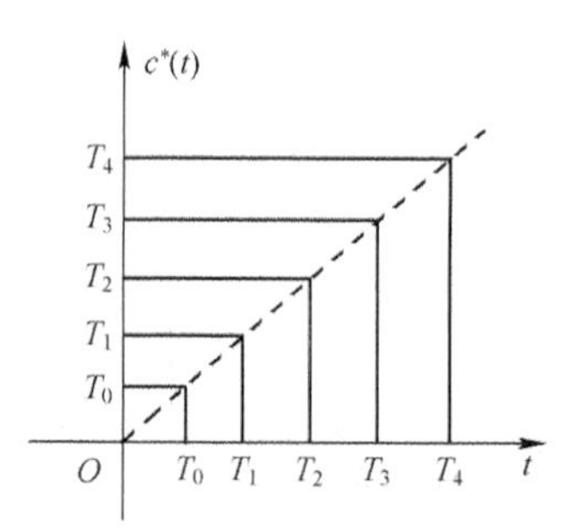

图 7-22　最少拍系统的单位斜坡响应

$$C(z)=\Phi(z)R(z)=(2z^{-1}-z^{-2})\frac{Tz^{-1}}{(1-z^{-1})^2}$$

$$=2Tz^{-2}+3Tz^{-3}+\cdots+nTz^{-n}+\cdots$$

基于 Z 变换定义，得到最少拍系统在单位斜坡作用下的输出序列为

$$e(0)=0,e(T)=0,e(2T)=2T,e(3T)=3T,\cdots,c(nT)=nT$$

(3) 单位加速度输入

当 $r(t)=\dfrac{1}{2}t^2$ 时，有 $A(z)=\dfrac{1}{2}T^2z^{-1}(1+z^{-1})$，可得闭环脉冲传递函数为

$$\Phi_e(z)=(1-z^{-1})^3$$

$$\Phi(z)=3z^{-1}-3z^{-2}+z^{-3}$$

误差脉冲序列及输出脉冲序列的 Z 变换分别为

$$E(z)=A(z)=\frac{1}{2}T^2z^{-1}+\frac{1}{2}T^2z^{-2}$$

$$C(z)=\Phi(z)R(z)=\frac{3}{2}T^2z^2+\frac{9}{2}T^2z^3+\cdots+\frac{n^2}{2}T^2z^n+\cdots$$

于是有

$$e(0)=0,e(T)=\frac{1}{2}T^2,e(2T)=\frac{1}{2}T^2,e(3T)=e(4T)=\cdots=0$$

$$c(0)=c(T)=0,c(2T)=1.5T^2,c(3T)=4.5T^2,\cdots$$

可见，最少拍系统经过三拍便可完全跟踪输入 $r(t)=\frac{1}{2}t^2$。根据 $c(nT)$ 的数值，可以绘出最少拍系统的单位加速度响应序列。这样的离散系统称为三拍系统，其调节时间为 $t_s=3T$。

应当指出，最少拍系统的调节时间，只与所选择的闭环脉冲传递函数 $\Phi(z)$ 的形式有关，而与典型输入信号的形式无关。例如针对单位斜坡输入设计的最少拍系统，可选择

$$\Phi(z)=2z^{-1}-z^{-2}$$

则不论在何种输入形式作用下，系统均有二拍的调节时间。

由图 7-22 可以总结出如下几点结论：

1）从快速性而言，按单位斜坡输入设计的最少拍系统，在各种典型输入作用下，其动态过程均为二拍。

2）从准确性而言，系统对单位阶跃输入和单位斜坡输入，在采样时刻均无稳态误差，但对单位加速度输入，采样时刻上的稳态误差为常量 T^2。

3）从动态性能而言，系统对单位斜坡输入下的响应性能较好，这是因为系统本身就是针对此而设计的，但系统对单位阶跃输入响应性能较差，有 100%的超调量，故按某种典型输入设计的最少拍系统，适应性较差。

4）从平稳性而言，在各种典型输入作用下系统进入稳态以后，在非采样时刻一般均存在纹波，从而增加系统的机械磨损，故上述最少拍系统的设计方法，只有理论意义，并不实用。

例 7-14　设单位反馈线性定常离散系统的连续部分和零阶保持器的传递函数分别为

$$G_0(s)=\frac{10}{s(s+1)},\quad G_h(s)=\frac{1-e^{-sT}}{s}$$

其中采样周期 $T=1\text{ s}$。若要求系统在单位斜坡输入时实现最少拍控制，试求数字控制器脉冲传递函数 $D(z)$。

解　系统开环传递函数为

$$G(s)=G_0(s)G_h(s)=\frac{10(1-e^{-sT})}{s^2(s+1)}$$

由于

$$Z\left[\frac{1}{s^2(s+1)}\right]=\frac{Tz}{(z-1)^2}-\frac{(1-e^{-T})z}{(z-1)(z-e^{-T})}$$

故有

$$G(z)=10(1-z^{-1})\left[\frac{Tz}{(z-1)^2}-\frac{(1-e^{-T})z}{(z-1)(z-e^{-T})}\right]$$
$$=\frac{3.68z^{-1}(1+0.717z^{-1})}{(1-z^{-1})(1-0.368z^{-1})}$$

根据 $r(t)=t$，最少拍系统应具有的闭环脉冲传递函数和误差脉冲传递函数为

$$\Phi(z)=2z^{-1}(1-0.5z^{-1}),\quad \Phi_e(z)=(1-z^{-1})^2$$

$\Phi_e(z)$的零点 $z=1$ 正好可以补偿 $G(z)$在单位圆上的极点 $z=1$；$\Phi(z)$已包含 $G(z)$的传递函数延迟 z^{-1}。因此，上述 $\Phi(z)$和 $\Phi_e(z)$满足对消 $G(z)$中的传递延迟 z^{-1}及补偿 $G(z)$在单位圆上极点 $z=1$ 的限制性要求，故算出的 $D(z)$，可以确保给定系统成为在 $r(t)=t$ 作用下的最少拍系统。求得

$$D(z)=\frac{\Phi(z)}{G(z)\Phi_e(z)}=\frac{0.543(1-0.368z^{-1})(1-0.5z^{-1})}{(1-z^{-1})(1+0.717z^{-1})}$$

[本章知识总结]:

本章主要介绍了离散控制系统的原理及分析方法。

1. 概括地讨论了连续信号转换为离散信号、离散信号恢复到连续信号的问题，以对离散信号有概括的了解，接着比较详细地介绍了信号的采样应遵循的定理，主要介绍了香农采样定理，讨论了采样频率 $\omega_s\geq 2\omega_m$才能保证不失真地表现原连续信号，这对建立正确的离散系统十分重要。

2. 介绍了 Z 变换与 Z 反变换，这是研究离散系统的数学基础。

3. 介绍了离散系统的传递函数概念，并学习了如何求取开环串联脉冲传递函数与闭环系统脉冲传递函数。其中开环串联脉冲传递函数分三种情况：①串联环节之间有采样开关；②串联环节之间无采样开关；③有零阶保持器时的开环系统脉冲传递函数。

4. 在引入传递函数的基础上介绍了对离散控制系统稳定性、稳态性能、动态性能的分析。最后简要介绍了离散控制系统的设计与校正。

习题

7-1 求下列函数的 Z 变换。

(1) $x(t)=\sin(5t)\cdot 1(t)$

(2) $x(t)=t$

(3) $x(t)=a^n$

(4) $F(s)=\dfrac{1}{s^2(s+a)}$

(5) $E(s)=\dfrac{1}{(s+a)(s+b)}$

7-2 试求下列函数的 Z 反变换。

(1) $E(z)=\dfrac{10z}{(z-1)(z-2)}$

（2）$E(z)=\dfrac{-2+z^{-1}}{1-2z^{-1}+z^{-2}}$

（3）$X(z)=\dfrac{z}{z-0.4}$

7-3　试求函数 $E(z)=\dfrac{z}{(z+1)(3z^2+1)}$的脉冲序列 $e^*(t)$。

7-4　设开环离散系统如图 7-23 所示，试求开环脉冲传递函数 $G(z)$。

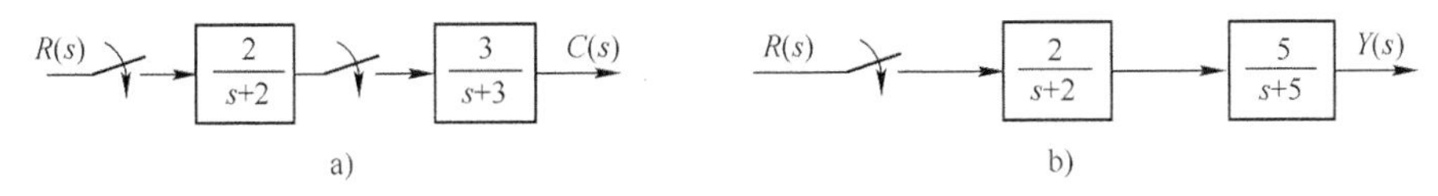

图 7-23　习题 7-4 图

7-5　试求图 7-24 所示闭环离散系统的脉冲传递函数。

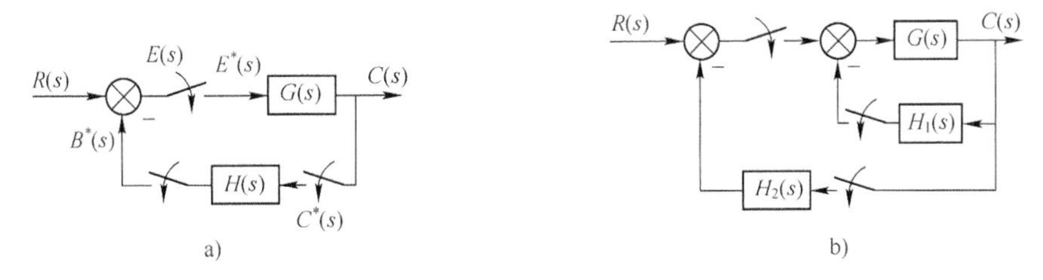

图 7-24　习题 7-5 图

7-6　设某离散系统的框图如图 7-25 所示，试求取该系统的单位阶跃响应，已知采样周期为 1 s。

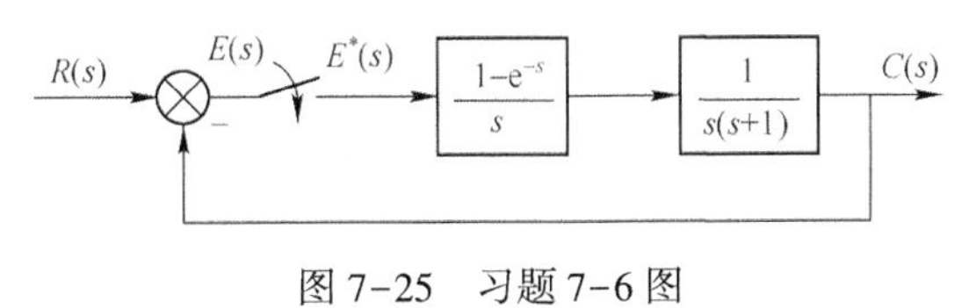

图 7-25　习题 7-6 图

7-7　试计算图 7-26 所示线性离散系统在下列输入信号作用下的稳态误差，设采样周期为 0.1 s。

（1）$r(t)=1(t)$

（2）$r(t)=t$

（3）$r(t)=t^2$

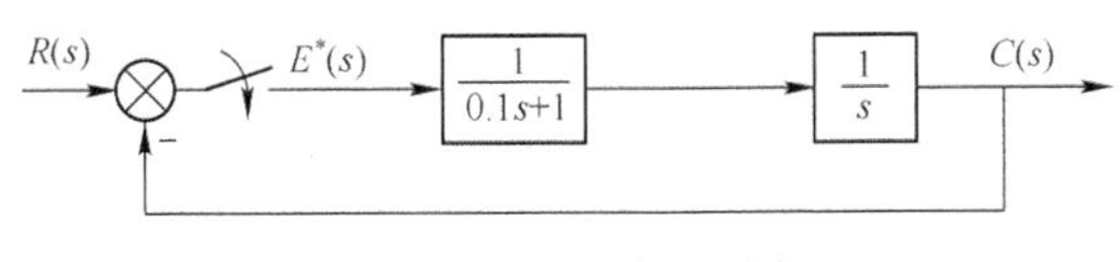

图 7-26　习题 7-7 图

7-8　试求如图 7-27 所示线性离散系统响应 $r(t)=1(t)$、t、t^2时的稳态误差，采样周期是 1 s。

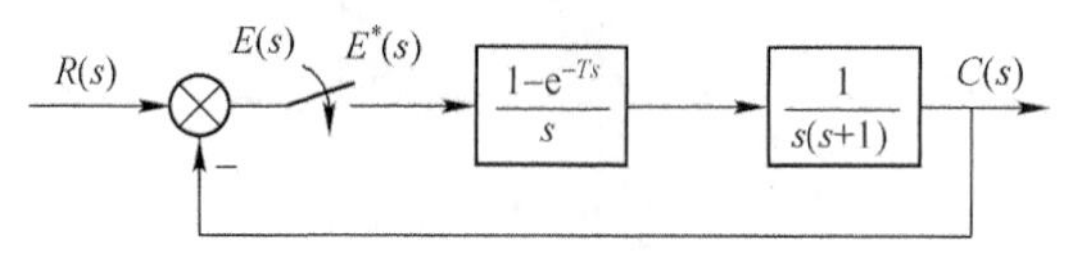

图 7-27　习题 7-8 图

7-9　设某线性离散控制系统框图如图 7-28 所示，其中参数 $T>0$，$K>0$，试确定给定系统性能稳定时 K 取值范围。

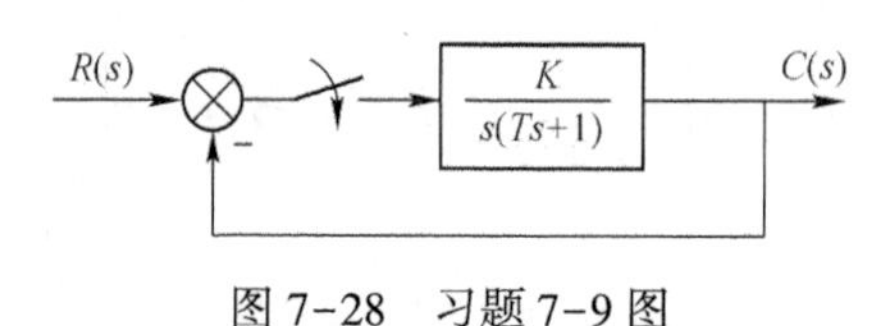

图 7-28　习题 7-9 图

7-10　设某离散系统的框图如图 7-29 所示，试分析该系统的稳定性，并确定使系统稳定的参数 K 的取值范围。

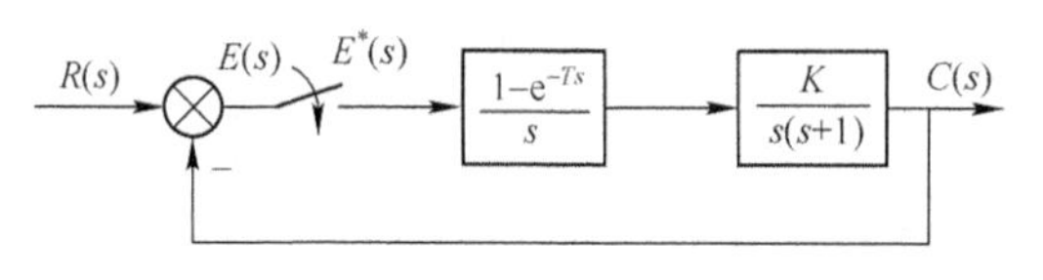

图 7-29　习题 7-10 图

7-11　试分析如图 7-30 所示线性离散系统的稳定性，采样周期为 0. 2 s。

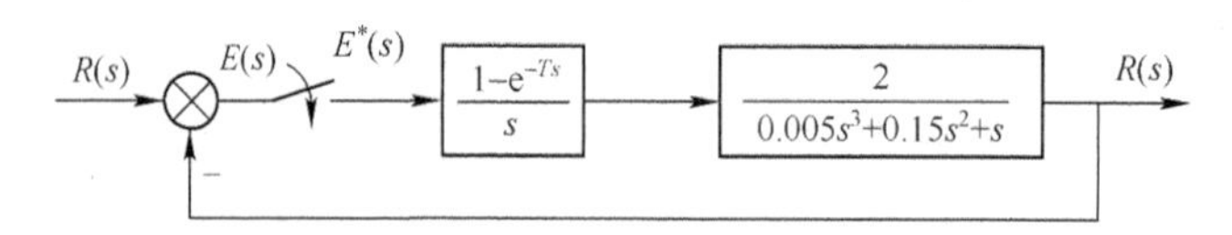

图 7-30　习题 7-11 图

7-12　一个计算机控制系统的框图如图 7-31 所示。要求系统的开环放大倍数 $K_v \geqslant 20\ \mathrm{s}^{-1}$，幅值穿越频率 $\omega_c \geqslant 10\ \mathrm{rad/s}$，相位裕度 $\gamma \geqslant 30°$。用模拟化方法设计数字控制器 $D(z)$。

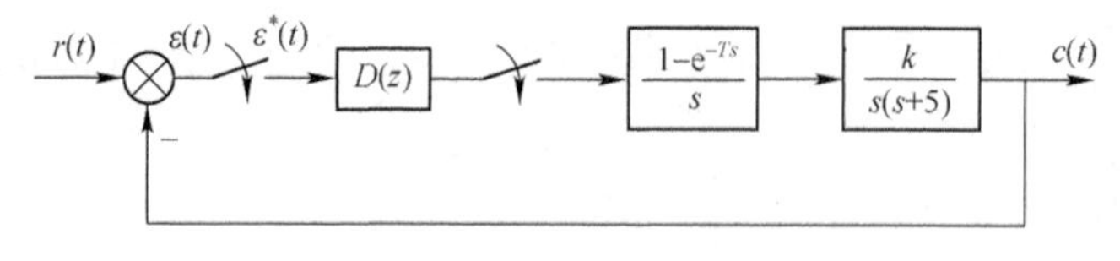

图 7-31　习题 7-12 图

参考文献

[1] 董惠娟，石胜君，彭高亮．机电系统控制基础［M］．2版．哈尔滨：哈尔滨工业大学出版社，2018.

[2] 胡寿松．自动控制原理［M］．7版．北京：科学出版社，2019.

[3] 杨叔子，杨克冲，吴波，等．机械工程控制基础［M］．8版．武汉：华中科技大学出版社，2023.

[4] 罗忠，宋伟刚，郝丽娜，等．机械工程控制基础［M］．3版．北京：科学出版社，2021.

[5] 王显正，莫锦秋，王旭永．控制理论基础［M］．3版．北京：科学出版社，2020.

[6] 彭珍瑞，殷红，董海棠．控制工程基础［M］．3版．北京：高等教育出版社，2022.

[7] 李友善．自动控制原理［M］．3版．北京：国防工业出版社，2014.

[8] 宋永端．自动控制原理：上册［M］．北京：机械工业出版社，2020.

[9] 董玉红，徐莉萍．机械工程控制基础［M］．2版．北京：机械工业出版社，2021.

[10] 黄家英．自动控制原理：上册［M］．2版．北京：高等教育出版社，2012.

[11] DORF R C，BISHOP R H. 现代控制系统：第13版［M］．谢红卫，孙志强，译．北京：电子工业出版社，2023.